Theory of Superconductivity

シュリーファー
超伝導の理論

J.R. シュリーファー [著]

樺沢 宇紀 [訳]

丸善プラネット株式会社

THEORY OF SUPERCONDUCTIVITY

REVISED PRINTING

J. R. SCHRIEFFER
Florida State University
Tallahassee, Florida

Copyright © 1999, 1964 by J. R. Schrieffer

All rights reserved. No part of this publication may be reproduced, stored in a retrieval system, or transmitted, in any form or by any means, electronic, mechanical, photocopying, recording, or otherwise, without the prior written permission of the publisher.

Japanese language edition published by Maruzen Planet Co., Ltd., © 2010, 2012
Japanese translation rights arranged with Westview Press, a member of the
Perseus Books Inc., Massachusetts through Tuttle-Mori Agency, Inc., Tokyo

PRINTED IN JAPAN

目 次

序	vii
改訂版への序	ix

第1章 緒論 … 1
  1.1 実験事実 … 3
  1.2 現象論的な理論 … 7

第2章 対形成理論 (BCS理論) … 21
  2.1 超伝導状態の物理的性質 … 21
  2.2 ひと組の電子対 (Cooper問題) … 24
  2.3 LandauによるFermi液体の理論 … 30
  2.4 対形成の近似 (BCS近似) … 32
  2.5 準粒子の励起 … 40
  2.6 運動方程式の線形化と有限温度の特性 … 45
  2.7 対形成理論に関する注意事項 … 53

第3章 対形成理論の応用 … 57
  3.1 対形成仮説の検証 … 57
  3.2 音波減衰 … 58
  3.3 核スピン緩和 (核磁気緩和) … 64
  3.4 電磁波の吸収 … 67
  3.5 コヒーレンス因子の物理的な起源 … 69
  3.6 電子のトンネル過程 … 72
  3.7 対形成理論の他の応用 … 80

第4章 電子-イオン系 　　83
- 4.1 電子-イオン系のハミルトニアン 83
- 4.2 裸のフォノン 85
- 4.3 裸の電子 88
- 4.4 電子-フォノン相互作用 90
- 4.5 電子-フォノン系のハミルトニアン 94

第5章 多体問題に対する場の量子論の方法 　　95
- 5.1 Schrödinger描像, Heisenberg描像, 相互作用描像 95
- 5.2 Green関数の定義 97
- 5.3 自由Fermi気体におけるGreen関数 99
- 5.4 Green関数のスペクトル表示 103
- 5.5 Green関数の解析的な性質 106
- 5.6 Green関数の物理的な解釈 107
- 5.7 スペクトル加重関数の解釈 110
- 5.8 フォノンのGreen関数 114
- 5.9 摂動級数とダイヤグラム 116
- 訳者補遺:ダイヤグラム規則の導出方法の概要 125

第6章 常伝導金属における素励起 　　127
- 6.1 Coulomb相互作用を持つ電子気体 127
- 6.2 電子-フォノン結合系 137

第7章 超伝導に対する場の量子論の応用 　　153
- 7.1 常伝導相の不安定性 153
- 7.2 南部-Gor'kov形式 157
- 7.3 絶対零度における励起スペクトル 168
- 7.4 有限温度への理論の拡張 180

第8章 超伝導体の電磁的な性質 　　189
- 8.1 Londonによる超流体の"堅さ"の概念 189
- 8.2 弱い外部磁場に対する応答 191
- 8.3 Meissner-Ochsenfeld効果 197
- 8.4 有限のqとωにおける電磁的性質 203

8.5	ゲージ不変性	207
8.6	結節部分関数と集団運動モード	216
8.7	磁束の量子化	222
8.8	Knightシフト	225
8.9	Ginsburg-Landau-Gor'kov理論	229

第9章　結言　235

付録A　第二量子化　239

A.1	占有数表示	239
A.2	ボゾン系の第二量子化	240
A.3	フェルミオン系の第二量子化	246

参考文献と註釈　249

訳者あとがき　259

序

　本書は1962年の秋にPennsylvania大学で行った一連の講義の副産物である．私は超伝導の全分野にわたる広範な総括を試みることをせず，むしろ超伝導の微視的理論の基礎を強調した．その結果，非常に興味深く重要ではあるが，本書で扱っていない題材も多い．たとえば微視的理論の第II種超伝導体（'硬い'超伝導体）への応用などは論じていない．本書は，微視的な理論が特定の問題に応用されているような一般の文献を読むために必要な予備知識を提供することを主要な目的としている．

　超伝導現象において基本的な対相関を記述するために，各種の文献において様々な形式が用いられている．この理由から，私はこのテキストにおいても，各種の技法を展開することにした．このため，いささか優美さには欠けたアプローチとなってしまったが，著者としてはこの欠点が，本書の有用さという観点から正当化されることを期待するものである．

　超伝導現象に関する実験事実と，いくつかの現象論的な理論に関する簡単なレビューを第1章として与える．第2章ではBardeen，Cooperおよび著者が提唱した元々の対形成理論を説明する．そして，この理論の様々な応用を第3章で取り上げる．ここまでの本書の最初の部分では，学部における標準的な量子論の講義で扱われるような量子力学の技法だけを用いる．一般の文献では多体系の簡便な記法として，第二量子化の形式もよく用いられているが，この形式については付録で概説する．

　第4章と第5章では，電子-イオン系を相互作用を持つ多体系として扱う技法を展開し，超伝導現象の起源となる実効的な電子間引力相互作用を，より現実に近い形で扱う方法を示す．それに加えて，強結合超伝導体で重要となる準粒子の強い減衰を扱うための前提となる基礎的な技法も提示する．第6章では常伝導金属における素励起を論じる．それを踏まえて第7章において，超伝導状態に対する場の量子論的な記述を展開する．第7章では超伝導の起源となる電子間相互作用の時間遅延による影響や，準粒子近似の破綻とその解決策を論じる．最後の第8章では，超伝導体の電磁的性質と，超伝導系における集団励起を扱う．

Drs. P. W. Anderson, J. Bardeen, L. P. Kadanoff, D. J. Scalapino, Y. Wada, and J. W. Wilkins の諸氏には，原稿執筆の間に多くの有益な議論をしていただいたことに感謝する．また Dr. F. Bassani と Dr. J. E. Robinson は1961年の春に私が Argonne 国立研究所で行った連続講演のノートを提供してくれた．第4章，第5章および付録の記述の多くの部分は彼らのノートにも依拠している．Mrs. Dorothea Hofford が原稿を速く正確にタイプしてくれたことにも深い謝意を表したい．最後に，本書の執筆期間における妻のひとかたならぬ協力にも感謝する．

J. R. Schrieffer

Philadelphia, Pennsylvania
July 1964

改訂版への序

 本書の初版を1964年に出版してから,超伝導の分野は拡大を続け,その活動水準も劇的な向上を遂げた. R. D. Parksが編集した"Superconductivity"全2巻は,この分野における'60年代末の時点の総合報告を与えている. 現在行われている超伝導研究の多くの報告はInternational Conference on Low Temperature PhysicsやApplied Superconductivity Conferenceなどの会議録(プロシーディング)に見いだすことができる.
 1964年以降,超伝導に関する多くの研究が進展を見せたが,たとえば第Ⅱ種超伝導体やAbrikosov渦糸格子などはその例である. これらの基礎的な理解に基づいて,超伝導磁石の技術が重要な応用分野へと発展した. Josephson(ジョセフソン)トンネル接合も興味深い多様な現象を示すことが明らかにされ,高感度の磁場計測や計算機のための素子として展開を見せている. 有機超伝導体の発見以降,材料探索も続いており,新たな超伝導物質を作製する技術も進んだ. ^{3}Heがスピン3重項(トリプレット)の超流動体として発見され,超伝導との対比において,注目すべき多くの性質が見出されている.
 理論面では,金属超伝導体における対相関と類似の機構が,原子核構造においても基本的な役割を担うという認識が早くから持たれた. 超伝導の理論は,著しく温度の高い中性子星の構造を理解するための基礎にもなっている. 対形成(つい)理論に内在していた破れた対称性の概念は,素粒子のゲージ理論を構築するために不可欠のものになった. おそらく他にも対形成(つい)理論から,新たな進展が誘発されてゆくであろう.
 この改訂版は,上述のような話題に関する解説を新たに与えることを意図したものではない. そのような説明は1冊の書籍の分量には収まらないからである. むしろここでは,超伝導理論の基礎的な部分が過去20年のあいだ変わっておらず,最近の進展もその基礎理論に立脚して構築されていることを指摘しておきたい. 読者が本書に対して,依然として,魅惑的で活発な研究分野への入門書として価値を見出して下さることを期待している.

J. Robert Schrieffer
Santa Barbara, 1983

第 1 章　緒論

　超伝導現象は，量子効果が真に巨視的な尺度で現れる注目すべき実例である [1]．超伝導体の中では，有限の割合の伝導電子が凝縮し，真の意味で"巨大分子"(もしくは'超流体') を形成している．超流体は系の体積全体へ拡がっており，全体としてまとまった挙動を示す．絶対零度では完全な凝縮が起こっており，すべての電子が超流体の形成に参加している．ただし凝縮によって量子力学的に強く影響を受けるのは，Fermi面付近にある電子に限られている．温度を絶対零度から上げてゆくと，電子の一部は凝縮体から蒸発して，弱く相互作用する素励起の気体 (もしくは'常流体') を形成する．常流体も系の体積全体へと拡がり，超流体と互いに浸透し合った形で並存する [2]．温度が系の臨界温度 T_c に近づくと，超流体の中に残る電子の割合もゼロに近づき，臨界温度に到達すると系は 2 次相転移を起こして超伝導状態から常伝導状態へ移行する．超伝導体と超流動 He^4 には重要な違いもあるが，超伝導体に対する二流体描像は，He^4 に対する二流体描像と形式的に類似関係が認められる [1,3]．

　超伝導体の驚くべき諸性質 (完全反磁性や直流抵抗の消失など [4]) は，超流体の特殊な励起スペクトルに関係している．後から見るように，超流体は "内部エネルギー" (すなわち超流体が内部粒子を束縛しているエネルギー) をほとんど変えずにポテンシャルの流れ (非回転的な流れ) を運ぶことが可能である．しかしながら超流体は回転的な流れを担うことが "できない"．超流動 He^4 の場合と同様に，超流体に不均一な速度を与えようとすると (すなわち運動量ベクトルの空間分布に回転 curl を強制的に導入すると) 超流体の一部は不可避的に常流体に変わる．常流体は超流体が内部粒子を束縛している力の恩恵に与れないので，このような速度分布の付与に伴って，系のエネルギーは著しく増加する．したがって超流体が，系の内部に速度分布 (角運動量など) を与える傾向を持つ磁場のような摂動に対して，ある種の "堅さ" (rigidity) を持つことは理に適っている．このような "堅さ" の概念を想定することによって，F. London は弱い外部磁場の下で超伝導体の巨視的試料が示す完全反磁性 (Meissner効果 [6]) と，Kamerlingh Onnes が 1911 年に発見した直流抵抗の消失 [7] を理論的に説明することができたのである [1,5]．

後から見るように，Bardeen（バーディーン），Cooper（クーパー）および著者Schrieffer（シュリーファー）によって提唱された超伝導の微視的理論 (BCS理論) [8] を，この種の二流体の観点から解釈することも可能である [9]．最低次の近似では，格子分極が媒介する電子間引力によって電子対（つい）が形成され，さらにそのような電子対の集団として超流体が形成される．これらの対（つい）は空間的に相互に"重なり合って"おり，対（つい）を形成する電子-電子間の相関に加えて，"対-対相関（つい-ついそうかん）"も強く働いていて，この相関が究極的に上述のような超流体波動関数の"堅さ"を生じる原因となる．一般的に言うと，これらの相関は超伝導体の素励起スペクトルにおけるエネルギーギャップの成因であり，ギャップの性質から超伝導体の多くの特異な特徴が (電磁的な性質も併せて) 導かれる．微視的理論では，常流体は系の素励起から形成される気体と見なされる．

Onnesによる注目すべき超伝導現象の発見から，微視的な超伝導理論が現れるまで半世紀もの時間を要したことは，この問題の物理的および数学的な複雑さを考慮するならば，おそらく驚くべきことではない．1950年にFröhlich（フレーリッヒ）による洞察 [10] が為されるまでは，凝縮現象の起源となる基本的な相互作用さえ理解されていなかった．彼は電子と結晶格子振動 (フォノン) の相互作用によって生じる実効的な電子間の引力相互作用が，凝縮をもたらす最も重要な要因であると提案した．これを受けてReynolds *et al.* [11] と Maxwell [12] は，超伝導体における同位体効果の実験をそれぞれ独立に行い，Fröhlichの見解に対する実験的な支持を与えた．Fröhlich [10] やBardeen [13] による初期の理論的な試みは，電子-フォノン相互作用を摂動として扱うものであったが，彼らは数学的な困難に直面した．この困難はSchafroth [14] が，非結合系からの任意の"有限"次数の摂動論においてMeissner効果を説明できないことの証明を与えたことによって強調された．それからMigdal（ミグダル）は摂動論の範囲内で素励起スペクトルにエネルギーギャップが現れないことを示した [15]．BCS理論では，電子-フォノン結合定数 g が解析的ではない e^{-1/g^2} という形で現れるが，これはSchafrothとMigdalの結果に整合している．

BCSの微視的理論は，基本的に超伝導現象の一般的特徴のすべてに対して説明を与え得る．この理論では，現実の金属における電子構造やフォノン構造，電子-フォノン相互作用の行列要素など詳細の不明な部分において，極めて粗雑な近似を採用しているにもかかわらず，定性的な面のみならず定量的にも驚くほど実験結果とよく一致する結果を与える．

本書では，この理論の基調となっている物理的な概念の説明を試みる．多体問題の形式を用いた議論も含まれることになるが，この形式も本文や式の中で入念に展開す

る予定である．理論と実験結果の精密な比較に関する詳細な議論には立ち入らないので，この問題については他の文献を参照されたい [9,16]．本章では超伝導現象に関する最も重要な一連の実験事実について，以下に簡単に言及しておく．慣例に従って，第Ⅰ種超伝導体 ('軟かい'ソフト超伝導体) と第Ⅱ種超伝導体 ('硬い'ハード超伝導体) を区別する．

1.1 実験事実

電磁的性質

第Ⅰ種超伝導体の直流電気抵抗はゼロである．この事実は，同じ温度において常伝導抵抗の 10^{15} 分の 1 以下という精度で確認されている [16f]．$T = 0$ における超伝導体の交流抵抗率は，理想的には臨界振動数 $\hbar\omega_g \sim 3.5 k_B T_c$ (これは凝縮体から素励起が生じ始める閾値エネルギーに相当する) までゼロを保つ．ただし実際のギャップ端は必ずしも完全に急峻ではないし，閾値以下で既に予兆的な電磁波の吸収が観測されるという報告例もある．有限温度では，有限の振動数領域 ($\omega > 0$) 全体において，有限の交流抵抗が見られる ($\omega < \omega_g$ でも熱的に励起されている常流体成分による吸収が起こるものと想定される)．$\omega \gg \omega_g$ における常伝導状態と超伝導状態の抵抗率は，温度によらず等しい．

Meissner and Ochsenfeldオクセンフェルト は 1933 年に超伝導体が完全な反磁性体として振舞うことを発見した [6]．外部の磁場 **B** は超伝導体の表面から $\lambda \simeq 500$ Å 程度までしか浸入することができず，超伝導体内部からは磁束が完全に排除される．仮に "振動数ゼロ" における電気抵抗の消失は，超伝導体内部に電場が (いかなる振動数においても) 存在しないことを意味するものと (誤って) 考えるならば，磁場が浸入している常伝導体を超伝導転移させるときに，Maxwell 方程式†,

$$\nabla \times \mathbf{E} = -\frac{1}{c}\frac{\partial \mathbf{B}}{\partial t} \tag{1.1}$$

から磁束がそのまま "凍結" して超伝導体内部に残るという結論が導かれるが，これは Meissner 効果の命題とは食い違っている．Meissner 効果とは，超伝導体内部から磁場が強制的に排除されるという効果である．肝心な点は超流体が交流に関して純粋に 誘導的インダクティヴ なインピーダンスを生じるということであり，インピーダンスがゼロになるのは振動数がゼロのときだけである [9]．このゼロでないインピーダンスによって **B** の排除が可能となる．

---

† (訳註) Gauss 単位系が採用されていることに注意されたい．また原書では **B** を " magnetic field "，H を単に " field " と称しているが，訳稿ではどちらも " 磁場 " としておく．

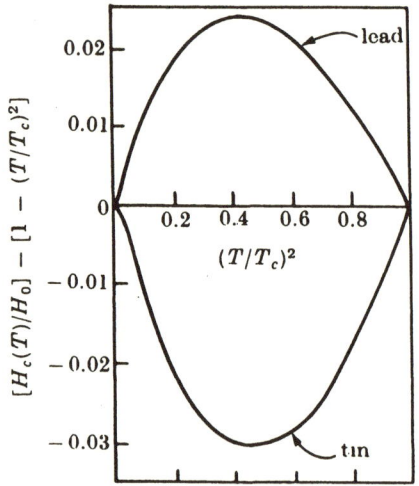

図 1.1 臨界磁場の温度依存性の Tuyn 則 $H_c(T) = H_c[1 - (T/T_c)^2]$ (Gorter-Casimir モデルによる予言) からのずれ.

外部磁場 H の下で,第 I 種超伝導体のバルク内部から磁束が完全に排除されると,超伝導体の自由エネルギーは単位体積あたり $H^2/8\pi$ だけ増加する [5]. 超伝導相への凝縮に伴うエネルギーの低減効果は有限のはずなので,超伝導状態の自由エネルギーと常伝導状態の自由エネルギーが互いに等しくなるような臨界磁場 $H_c(T)$ が存在しなければならない. $T = 0$ において臨界磁場は最大値 H_0 となり, $T = T_c$ において臨界磁場はゼロになる (図 1.1). Al, Sn, In, Pb などの典型的な第 I 種超伝導体の H_0 は数百 gauss である[‡]. Nb_3Sn のような第 II 種超伝導体では,外部磁場が"下部"臨界磁場 H_{c1} 以上になると磁束がバルク内部に浸入し始めるが [17,18],超伝導状態は"上部"臨界磁場 H_{c2} (10^5 gauss のオーダー) まで保持される. 第 II 種超伝導体では H_{c1} 以上において Meissner 効果が損なわれる.

超伝導体が円筒やリングのように通り抜けの可能な中空部 (穴) を備えている場合,その穴を貫通する磁束は任意の値を持つことができず, $hc/2e \simeq 2 \times 10^{-7}$ gauss cm^2 の整数倍に量子化される. London はこの値の 2 倍の単位での磁束量子化を予言していたが [1], Deaver and Fairbank [20a] および Doll and Näbauer [20b] は,それ

[‡](訳註) 数値例: $H_{0[Al]} \simeq 105$ gauss, $H_{0[Pb]} \simeq 803$ gauss. これ以降,弱結合超伝導体 (p.37 参照) の例として Al, 強結合超伝導体の例として Pb に関する数値を随時示してゆく. Sn と In の結合の強さは両者の中間であるが,弱結合の範疇と見なせる.

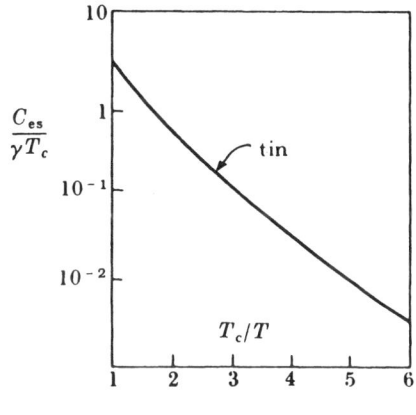

図1.2 Snの電子比熱.

それぞれ独立に，上述の正しい超伝導磁束量子の値を実験的に確認した．

熱力学的な性質

外部磁場がゼロの場合，T_c において 2 次相転移が起こる [21]．転移に伴って比熱は不連続な変化を示し，一般に転移温度 (臨界温度) 直下の比熱は，転移温度直上の常伝導電子比熱 γT_c に比べて約 3 倍となる．充分に熱処理を施した金属試料における超伝導転移の温度幅は 10^{-4} K 程度と極めて狭く，有限の転移幅が残ることは本質的な性質ではないと信じられている [22]．$T/T_c \to 0$ とすると，電子比熱は一般に $ae^{-b/T}$ という形で低下するが，これは素励起スペクトルにエネルギーギャップが存在することを反映した特性と解釈される．$T = 0$ におけるエネルギーギャップ[§]にあたる $2\Delta(0)$ と $k_B T_c$ の比は，通常は 3.5 程度であるが，Pb や Hg のような強結合超伝導体では，この比の値が 3.5 よりも大きい．Sn の比熱の温度依存性を図 1.2 に示す．$T \gtrsim T_c/2$ の温度領域における比熱の挙動は $\propto T^3$ と近似することができる．

外部磁場がある場合のバルクの N-S 転移は 1 次相転移となるので，潜熱が観測される [4]．

同位体効果

既に言及したように，同位体効果は超伝導現象において格子振動が本質的な役割を

[§](訳註) Δ は単独の素励起 (準粒子) が持つ最低エネルギーであり，これをエネルギーギャップと呼ぶ場合もあるが，超伝導体における素励起は電子対 (つい) の破壊によって 2 個ずつ生じるので，2Δ をエネルギーギャップと呼ぶ場合もある．数値例：$\Delta(0)_{[Al]} \simeq 0.17$ meV, $T_{c[Al]} \simeq 1.18$ K, $\Delta(0)_{[Pb]} \simeq 1.34$ meV, $T_{c[Pb]} \simeq 7.2$ K.

担うことを示している．絶対零度における臨界磁場 H_0 と転移温度 T_c は，超伝導材料を構成する原子を同位体に変更すると，同位体質量 M に依存して次のように変化する．

$$T_c \sim \frac{1}{M^\alpha} \sim H_0 \quad \left(\alpha \sim \frac{1}{2}\right) \tag{1.2}$$

したがって T_c と H_0 の値は軽い同位体ほど高い．原子核における中性子数の変更 (同位体置換) の主たる効果はイオン質量の変更なので，超伝導現象において格子振動が重要でないならば，これによって T_c が変わるべき理由はない．多くの超伝導材料金属は近似的に $\alpha = 0.45$ から 0.50 として扱えるが，同位体効果がこれよりも小さいか，ほとんど認められないような例外も Ru, Mo, Nb$_3$Sn, Os など少なくない [23]．しかし Garland が主張するように [24]，これらの例外によってフォノンの関与の可能性が排除されるわけではない．これらの物質における真の超伝導機構は今のところ確定していないが，電子-フォノン相互作用が関与していないとも考え難い．

エネルギーギャップ

超伝導体の素励起スペクトルにおけるエネルギーギャップを直接に観測する手段がいくつかある [16d,g]．たとえば既に述べたように，電磁波の吸収が起こり始める振動数の閾値からエネルギーギャップの値を調べることができる [25]．さらに単純な方法としては Giaever(ギエーヴァー) が行ったように，薄い (~ 20 Å) 酸化層を超伝導体で挟んだ構造を用いて，超伝導体間の電子のトンネル電流を測定する方法がある [26]．$T \to 0$ では，有限の電圧 V (に電子電荷を乗じたエネルギー値) がエネルギーギャップ 2Δ を超えない範囲において電流は流れない．温度を上げると $V < 2\Delta(T)$ でも有限の電流が流れるけれども，やはり $V = 2\Delta(T)$ の付近で電流特性に特徴的な構造が見られる．このような方法で測定されたエネルギーギャップの温度依存性を図1.3 に示す．エネルギーギャップの温度依存性は，音波減衰 [27]，核スピン緩和 [28,29]，不純物散乱に支配される電子の熱伝導 [30] などの方法でも測定できる．すべての方法において本質的に同じ結果が得られている．

コヒーレンス効果 (摂動の干渉効果)

超伝導体による電磁波や音波の吸収率，核スピン緩和率などを，単純な二流体モデルにおける常流体成分の寄与として説明しようとすると直ちに矛盾に直面する．実験事実としては，T を T_c から下げてゆくと音波吸収率は単調に減少するが [27]，核スピン緩和率は一旦増加して最大値に達してから減少してゼロになる [28]．常伝導状態のように電子-フォノン結合や電子-核スピン結合の効果が，それぞれの行列要素 (1

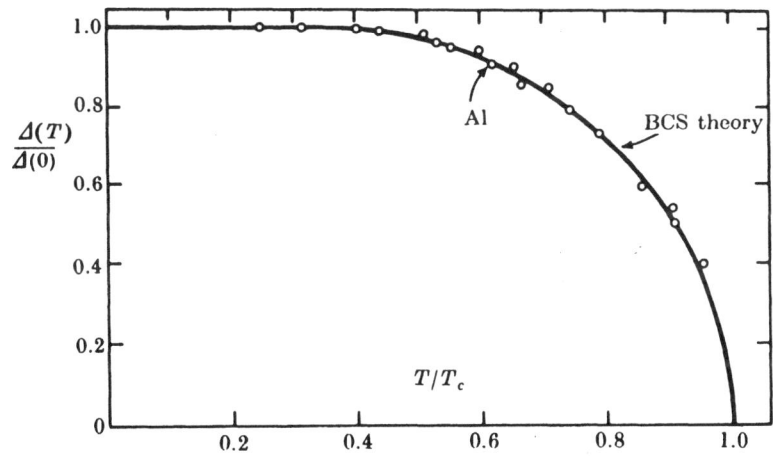

図1.3 電子トンネル電流によって測定した Al のエネルギーギャップの温度依存性.

電子の状態間遷移) からの個別の寄与の単純な総和として扱えるならば, 両者の温度依存性の挙動も共通するはずである. 超伝導体において 1 電子 (素励起) が関わる摂動過程の温度依存性に異なるタイプがあるという事実は, 超伝導状態では各行列要素間の関係が常伝導金属の場合と異なることを意味している. 後から見るように, 超伝導状態に適用される摂動項は, 各行列要素による寄与の可干渉的(コヒーレント)な線形結合の形で与えられる [8]. この線形結合の係数は結合の性質 (スカラー, ベクトル, スピン) にも依存するので, 相互作用項の絶対値の自乗の挙動は, 電子が音波 (スカラー) と結合するか, それとも電磁波 (ベクトル) や核磁気 (スピン) と結合するかによって違いが生じる[†].

1.2 現象論的な理論

Gorter-Casimir モデル

1934 年に Gorter and Casimir は, 上述の議論に沿った形の二流体モデルを展開した [2]. 彼らは x を "常流体" に含まれる電子 (常伝導電子) の割合, $(1-x)$ を超流体に含まれる電子 (超伝導電子) の割合としたときに, 電子系の単位体積あたりの

[†](訳註) 摂動項の時間反転に関する偶奇に対応して, 2 通りの干渉のタイプが生じる. 具体的な議論は第 3 章に与えられている.

自由エネルギーが，次のように表されるものと仮定した．

$$F(x, T) = x^{1/2} f_\mathrm{n}(T) + (1-x) f_\mathrm{s}(T) \tag{1.3}$$

f_n と f_s は，それぞれ次のように設定された．

$$f_\mathrm{n}(T) = -\frac{1}{2}\gamma T^2 \tag{1.4}$$

$$f_\mathrm{s}(T) = -\beta = \mathrm{const} \tag{1.5}$$

常伝導金属における電子系の自由エネルギーは，式(1.4)で与えられ，$(1-x) \to 0$ のとき，すなわち温度が T_c になったときに S相と N相の自由エネルギーは一致する．エネルギー $-\beta$ は超流体に関係する凝縮エネルギーを表す．T を固定して，$F(x, T)$ を最低にする条件が実現するものと考えるならば，温度 T における"常伝導"電子の割合 x は，次のように与えられる．

$$x = \left(\frac{T}{T_\mathrm{c}}\right)^4 \tag{1.6}$$

熱力学的な関係式[‡]，

$$\frac{H_\mathrm{c}^2(T)}{8\pi} = F_\mathrm{n}(T) - F_\mathrm{s}(T) \tag{1.7}$$

と，式(1.3)-(1.6)により，臨界磁場の温度依存性は次のように与えられる．

$$H_\mathrm{c}(T) = H_0 \left[1 - \left(\frac{T}{T_\mathrm{c}}\right)^2\right] \tag{1.8}$$

すなわち H_c は (T/T_c) の2次関数になるものと予言されるが，これは大雑把に見れば実験結果と整合している．更に，この自由エネルギーから，S相における電子比熱が次のように与えられる．

$$C_\mathrm{es}(T) = 3\gamma T_\mathrm{c} \left(\frac{T}{T_\mathrm{c}}\right)^3 \tag{1.9}$$

したがって T_c 直上の常伝導状態から T_c 直下の超伝導状態に転移する時に，電子比熱は不連続的に3倍になると予想されるが，これも実験結果と概ね一致する．しかしこの現象論は元々実験結果を再現するように作為的に構築されているので，実験と概ね合う結果が導かれるとしても，それは驚くべきことではない．x が常伝導電子の割合を表すのならば，f_n に掛かる x^r の指数 r は 1/2 よりもむしろ 1 と考える方が自然

[‡] (訳註) Gauss単位系で表されている磁場エネルギー $H_\mathrm{c}^2/8\pi$ は，SI単位系 (MKSA単位系) では $(1/2)\mu_0 H_\mathrm{c}^2 = (1/2)\mu_0^{-1} B_\mathrm{c}^2$ に置き換わる．

のはずであるし，凝縮エネルギー β も本来は定数ではなく，秩序を持つ凝縮相に参加する超伝導電子が増えれば増加すると考えたいところである．しかしながら Gorter-Casimir 理論を London 理論と組み合わせると，自明ではない予測が与えられる．残念ながら式(1.3) と微視的理論の間に合理的な関係性を見いだすことは難しい．

London 理論

Gorter-Casimir の考察に続いて，F. London と H. London は超伝導体の電磁的な性質を表す現象論的な理論を進展させた [1,31]．彼らの企ても二流体の概念に基づいていたが，超流体密度 n_s と常流体密度 n_n に加えて，それぞれの速度 $\mathbf{v}_s$ と $\mathbf{v}_n$ も議論に導入した．局所的な電荷を中性に保つ要請から，密度には $n_s + n_n = n$ という制約が課される．n は単位体積あたりの電子密度である．超流体と常流体の電流密度は，電場との関係において，それぞれ以下の式を満たすものと仮定される．

$$\frac{d\mathbf{J}_s}{dt} = \frac{n_s e^2}{m}\mathbf{E} \quad (\mathbf{J}_s = -en_s\mathbf{v}_s) \quad \text{[London の第 1 方程式]} \quad (1.10\text{a})$$

$$\mathbf{J}_n = \sigma_n \mathbf{E} \quad (\mathbf{J}_n = -en_n\mathbf{v}_n) \quad (1.10\text{b})$$

式(1.10a) は単に運動方程式 $\mathbf{F} = m\mathbf{a}$ を電荷 e，密度 n_s の粒子系に適用したものに過ぎない．常流体に対して有限の導電率 σ_n を生じさせる散乱機構が，超流体には働かないという扱い方になっている．

London 理論における第 2 の (有名な) 方程式は，電流密度と磁場の関係を，

$$\nabla \times \mathbf{J}_s = -\frac{n_s e^2}{mc}\mathbf{B} \quad \text{[London の第 2 方程式]} \quad (1.11)$$

のように与える．この式から Meissner 効果を導くことができるが，そのために，まず Maxwell 方程式の磁場の回転の式に対して，更に回転を施した式を考える．

$$\nabla \times \nabla \times \mathbf{B} = \frac{4\pi}{c}\nabla \times \mathbf{J}_s \quad (1.12)$$

ここでは定常的な Meissner 効果を考えるので，変位電流と常伝導電流 $\mathbf{J}_n$ を省いた．式(1.11) と式(1.12) を組み合わせると，次式が得られる．

$$\nabla^2 \mathbf{B} = \frac{4\pi n_s e^2}{mc^2}\mathbf{B} = \frac{1}{\lambda_L^2}\mathbf{B} \quad (1.13)$$

London の磁場浸入深さ λ_L は，次のように定義される[§]．

[§] (訳註) SI 単位系では，London の磁場浸入深さ (1.14) は $\lambda_L = (m/\mu_0 n_s e^2)^{1/2}$，London の第 2 方程式 (1.11) は $\nabla \times \mathbf{J}_s = -(n_s e^2/m)\mathbf{B} = -(1/\mu_0 \lambda_L^2)\mathbf{B}$ となる．式(1.12) の右辺の係数 $(4\pi/c)$ は μ_0 に置き換わる．式(1.14) によれば $\lambda_{L[Al]} \simeq 13$ nm, $\lambda_{L[Pb]} \simeq 15$ nm だが，より複雑な理論計算によると $\lambda_{L[Al]} \simeq 16$ nm, $\lambda_{L[Pb]} \simeq 37$ nm である．

$$\lambda_{\mathrm{L}} = \left(\frac{mc^2}{4\pi n_s e^2}\right)^{1/2} \tag{1.14}$$

式(1.13)を位置 $x = 0$ において超伝導体が平面の境界(表面)を持つ問題に適用すると、表面に平行な磁場は超伝導体内部 $(x > 0)$ において、次のように減衰する.

$$B(x) = B(0)e^{-x/\lambda_{\mathrm{L}}} \tag{1.15}$$

上式によれば、磁場は超伝導体バルクの内部で確実に消失することになるので、要請される通りの完全反磁性が得られている。London方程式を他の形状の超伝導体に適用した場合の解については、London自身による本を参照してもらいたい[1].

Londonの2つの方程式の関係を理解するために、式(1.10a)が式(1.11)の時間微分にあたることを指摘しておく. したがって積分定数を除き、Meissner効果は超流体の"完全な"伝導、すなわち式(1.10a)から導かれる. 敢えて式(1.11)の仮定を置くことで、Londonたちは超伝導体内部の磁場を、その履歴如何によらず、必ず $\mathbf{B} = 0$ とするような制約を与えたのである.

Gorter-Casimirモデルの結果(1.6)によれば、超流体密度は、

$$(1-x) = 1 - \left(\frac{T}{T_c}\right)^4 = \frac{n_s(T)}{n} \tag{1.16}$$

であり、これをLondonの浸入深さの式(1.14)と組み合わせると、次式が得られる.

$$\lambda(T) = \frac{\lambda(0)}{[1-(T/T_c)^4]^{1/2}} \tag{1.17}$$

$T = T_c$ と置くと $\lambda = \infty$ となり、T_c において磁束の排除が全く起こらないことになっている. 温度が T_c から僅かでも下がると λ は急速に減少するので、超伝導体のバルクには $T < T_c$ の全温度範囲でMeissner効果が生じる. この温度依存性の式は驚くほど実験に近い結果を与えるが、微視的理論による予言の方が、式(1.17)よりもさらに精度よく実験結果と整合する.

超伝導電流が磁場分布によって一意的に決まること(Meissner効果による)が、超伝導体における準静過程に対して可逆な熱力学が適用できることを保証するという事実は重要である[4].

ベクトルポテンシャル $\mathbf{A}$ を導入すると、Londonの第2方程式(1.11)は次のように書ける.

$$\nabla \times \mathbf{J}_s = -\frac{n_s e^2}{mc} \nabla \times \mathbf{A} \tag{1.18}$$

Londonが指摘したように、$\mathbf{A}$ のゲージを適切に選ぶならば、上式は、

1.2. 現象論的な理論

$$\mathbf{J}_\mathrm{s} = -\frac{n_\mathrm{s} e^2}{mc}\mathbf{A} \tag{1.19}$$

と置くことによって満たされる．このとき超伝導電流が保存するように，超伝導体内部において次の制約を課する必要がある．

$$\nabla \cdot \mathbf{A} = 0 \qquad [\text{London のゲージ条件}] \tag{1.20}$$

しかしながら，$\mathbf{A}$ には Laplace 方程式 $\nabla^2 \chi = 0$ を満たすような任意関数 χ の勾配 (gradient) を加えることが可能である．孤立した超伝導体は，表面において電流密度の法線方向成分 $J_{\mathrm{s}\perp}$ がゼロでなければならない．したがって超伝導体表面では $A_\perp$ もゼロになる．この条件によって $(\nabla \chi)_\perp$ が表面全体にわたって与えられることになり，χ は付加定数を除いて一意的に決まる (もちろん付加定数は $\mathbf{A}$ や $\mathbf{J}_\mathrm{s}$ に寄与しない)．塊状の超伝導体にこの条件を適用すると，超伝導体内部では $\mathbf{A}=\mathbf{0}$ になる．もし電流が境界を過って流れているならば (すなわち超伝導体が電気回路の要素となっている場合には)，その境界における電流によって $\mathbf{A}$ が一意的に決まる．式 (1.19) はゲージ不変ではないように見えるけれども，これは London のゲージ条件を満たさないような $\mathbf{A}$ の成分を排除する措置に伴うものであって，理論自体の本質はゲージ不変である．物理的な予言はゲージの選び方に依存しない．

超伝導体の形状が塊状ではない (穴のある) 場合には，

$$\nabla^2 \chi' = 0 \quad \left.\frac{\partial \chi'}{\partial n}\right|_{\text{surface}} = 0 \tag{1.21}$$

という制約下でも，もはや付加ゲージポテンシャル $\nabla \chi'$ は必ずしもゼロにならない．したがって $\mathbf{A}$ は境界条件 $A_\perp = 0$ によって一意的には決まらない．穴を周回するように線積分の径路を設定して $\mathbf{A}$ を周回積分すると，Stokes の定理により，

$$\oint \mathbf{A}\cdot d\mathbf{l} = \int \mathbf{B}\cdot d\mathbf{S} = \Phi \tag{1.22}$$

が成立する．Φ は穴を貫通している磁束である．積分路を超伝導体内部だけを通るように設定すると，$\mathbf{B} = \mathbf{0}$ すなわち $\nabla \times \mathbf{A} = \mathbf{0}$ なので，$\mathbf{A}$ をスカラー関数の勾配の形で表せるはずである．

$$\mathbf{A} = \nabla \chi \tag{1.23}$$

$\nabla \chi$ の値は 1 価でなければならないが，χ は一般には 1 価関数ではない．何故なら，

$$\oint \mathbf{A}\cdot d\mathbf{l} = \oint \nabla \chi \cdot d\mathbf{l} = \Delta \chi = \Phi \tag{1.24}$$

であり，$\Delta\chi$ は穴を1回周回したときの χ の変化量である．各々の穴を貫通している磁束 Φ の値を特定すれば，$\mathbf{A}$ を一意的に決めることができる．

F. London による London 理論の説明

F. London は次のように指摘した [5]．式(1.19) に与えた，

$$\mathbf{J}_\mathrm{s} = -\frac{n_\mathrm{s} e^2}{mc}\mathbf{A} \tag{1.25}$$

という関係式は，超流体を記述する多体波動関数 Ψ_s が横波のベクトルポテンシャル ($\nabla \cdot \mathbf{A} = 0$ を満たす) による摂動に対して "堅い" (リジッド) と仮定するならば，第 1 原理から導くことができる．このことを見てみよう．$\mathbf{A}$ がないときの電流密度 $\mathbf{J}_\mathrm{s0}$ は，

$$\mathbf{J}_\mathrm{s0}(\mathbf{r}) = -\frac{e\hbar}{2mi}\sum_{j=1}^{n_\mathrm{s}}\int(\Psi_\mathrm{s}^*\nabla_j\Psi_\mathrm{s} - \Psi_\mathrm{s}\nabla_j\Psi_\mathrm{s}^*)\delta(\mathbf{r}_j - \mathbf{r})d^3r_1\cdots d^3r_{n_\mathrm{s}} \tag{1.26}$$

と表され，これは明らかにゼロになる．系に弱い磁場を印加しても，Ψ_s が "堅い" ために，この摂動が 1 次まで影響しないものと仮定すると，Ψ_s だけから決まる常磁性電流 (1.26) はゼロのままである．その一方で，反磁性電流，

$$\begin{aligned}\mathbf{J}_\mathrm{s}(\mathbf{r}) &= -\sum_{j=1}^{n_\mathrm{s}}\frac{e^2}{mc}\mathbf{A}(\mathbf{r})\int\Psi_\mathrm{s}^*\Psi_\mathrm{s}\delta(\mathbf{r}_j-\mathbf{r})d^3r_1\cdots d^3r_{n_\mathrm{s}}\\ &= -\frac{n_\mathrm{s}e^2}{mc}\mathbf{A}(\mathbf{r})\end{aligned} \tag{1.27}$$

が磁場に伴って新たに生じるが，これは式(1.25) に一致している．より正確には，長波長極限において常流体における常磁性電流と反磁性電流は正確に相殺し合い (常伝導体の Landau (ランダウ) 反磁性の挙動と同様である)，超流体では常磁性電流が消失して反磁性電流だけが残るものと仮定する．我々は London が言うところの磁場に対する超伝導の "堅さ" が，系の励起スペクトルにおけるエネルギーギャップに起因するものであると主張した．このいささか厳密さに欠ける声明は，磁場が通りやすい絶縁体もまた励起スペクトルにエネルギーギャップを持つという事実と矛盾するものではない．絶縁体では磁気的摂動の行列要素の寄与が大きくて，常磁性電流がゼロにはならず，反磁性電流を打ち消すのである (第 8 章参照)．

後から示すが，微視的な理論は，空間的な変化が緩やかな極限において，正確に式(1.27) に帰着する結果を与える．

London 方程式に対する量子論的な解釈に基づいて [1]，London は超伝導体の穴に捕獲される磁束 Φ が $hc/e \simeq 4\times 10^{-7}\,\mathrm{gauss\,cm}^2$ の整数倍になると結論づけた．こ

1.2. 現象論的な理論

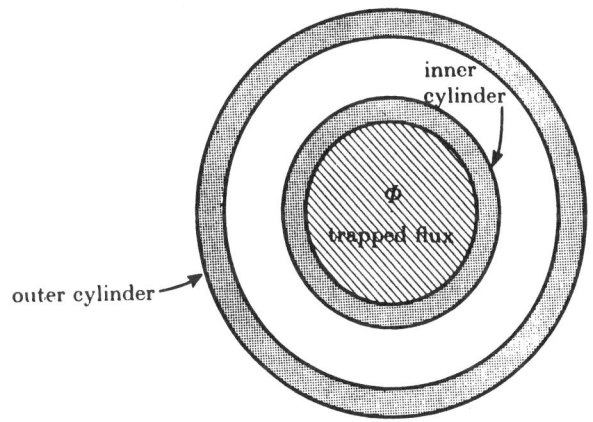

図1.4 径の異なる超伝導体円筒の2重構造. 内側の円筒の内部に磁束 Φ が通っている.

の推定を理解するために，図1.4 のように中心軸の位置が共通で径の異なる超伝導体円筒の2重構造を考える．各円筒の厚さは磁場浸入深さ λ に比べて充分に厚いものと仮定し，内側の円筒の内部に磁束 Φ が通っているものとする．内側と外側の円筒の間の領域には磁場が存在しないものと仮定するので，外側の円筒の内部を通っている磁束の総量も Φ に等しい．内側の円筒は，外側の円筒に磁場を直接触れさせないためのシールドの役割を果たすだけであり，物理的な関心の対象となるのは外側の円筒である．磁束が捕獲されていない $\Phi = 0$ のときの外側の円筒の波動関数を Ψ_0 と書くことにしよう．$\Phi \neq 0$ の場合の波動関数 Ψ_Φ を決めるために，まず外側の円筒におけるベクトルポテンシャルが θ 方向を向いており，その値が，

$$A_\theta(r) = \frac{\Phi}{2\pi r} = \frac{1}{r}\frac{\partial}{\partial \theta}\left(\frac{\Phi\theta}{2\pi}\right) = \nabla_\theta\left(\frac{\Phi\theta}{2\pi}\right) \tag{1.28}$$

と与えられることに注意する．外側の円筒における $\mathbf{A}$ はスカラー ($\Phi\theta/2\pi$) の勾配なので，Ψ_0 と Ψ_Φ は，ゲージ変換，

$$\Psi_\Phi = e^{-ie\Phi \Sigma_j \theta_j / hc} \Psi_0 \tag{1.29}$$

によって関係づけられる．θ_j は j 番目の電子の角度座標である．Ψ_Φ も Ψ_0 も座標 θ_j に関する1価関数であるならば，次の条件が満たされなければならない．

$$\frac{e\Phi}{hc} = 整数 \tag{1.30}$$

すなわち，Φ は次のような London の値に量子化されるものと予言される．

$$\Phi_n = n\left(\frac{hc}{e}\right) \quad (n = 0, \pm 1, \pm 2, \ldots) \tag{1.31}$$

この議論を完結するために，内側の円筒を常伝導体に変更して，磁場が外側の円筒の内部全域を満たす状況を考えよう．Meissner 効果に従い，磁場は外側の円筒には非常に浅い部分 ($\lesssim 5 \times 10^{-6}$ cm) までしか浸入しない．したがって，この小さな摂動が波動関数 Ψ に対して有意の影響を与えないものと想定すれば (London の "堅さ" が効果的であれば)，上記の議論がそのまま成立する．このような議論に基づいて，超伝導体の穴に捕獲される磁束は hc/e の整数倍になると London は結論した．

1953 年に Onsager は，超流体を構成する存在の実効的な電荷が $2e$ であるという推定に基づいて，磁束量子の実際の値は上記の値の 1/2 であると提案した [32]．Deaver and Fairbank [20a] および Doll and Näbauer [20b] はそれぞれ独立に一連の実験を行い，Onsager の主張を証明した．London による議論の難点の本質は，London 状態 Ψ_n と区別されるべき，別の状態の系列がもうひとつ存在し，それらの状態は基底状態 Ψ_0 からのゲージ変換によって生成 "できない" という点にあった．この第 2 の状態の系列を最初に論じたのは Byers and Yang であったが [19]，これは次のように量子化された磁束の値を与える．

$$\Phi_n = \left(n + \frac{1}{2}\right)\frac{hc}{e} \quad (n = 0, \pm 1, \pm 2, \ldots) \tag{1.32}$$

London の系列 (1.31) と Byers-Yang の系列 (1.32) を合わせると，Onsager によって提案された，

$$\Phi_n = n\left(\frac{hc}{2e}\right) \quad (n = 0, \pm 1, \pm 2, \ldots) \tag{1.33}$$

という結果が得られ，これは実験と合致している[†]．BCS の対形成理論からの予言でも，許容される Φ の値は同じになる．すなわちこれ以外の磁束の値を想定すると，電子系のエネルギーが極端に高い不安定な状態になるのである．磁束量子化の問題は第 8 章でさらに詳しく論じることにする．

Pippard による London 理論の非局所化

London 理論の基本方程式 (1.10)-(1.11) は，電流密度と電磁的ポテンシャルを空間内の "同じ" 点において関係づけているという意味において "局所的" である．多

[†] (訳註) SI 単位系では $\Phi_n = n(h/2e)$ と表される．超伝導磁束量子の値は Gauss 単位系では $hc/2e \simeq 2.07 \times 10^{-7}$ gauss-cm^2，SI 単位系では $h/2e \simeq 2.07 \times 10^{-15}$ Wb である．

1.2. 現象論的な理論

くの実験結果に基づいて，Pippard(ピパード)は London の局所的な関係を非局所的な関係に置き換え，ある空間点における電流を，その付近の $\xi_0 \sim 10^{-4}$ cm 程度の範囲で平均化された場の強度によって与えるべきであると結論した [33]．この一般化を最も強く促した実験事実のひとつは，超伝導材料に対して充分な濃度の不純物を導入すると，磁場浸入深さ λ が明らかに増大するということであった．この効果は超伝導状態における電子の平均自由行程 l が，いわゆる Pippard の "コヒーレンス距離[‡]" ξ_0 よりも短くなるときに生じる．後から見るように，微視的な理論において ξ_0 は超流体を形成する相互に束縛し合った電子対(つい)の寸法に相当し，エネルギーギャップ 2Δ と $\xi_0 = \hbar v_F/\pi\Delta$ のように関係する．v_F は Fermi(フェルミ)速度である．他方，London 理論では λ は不純物にはあまり影響を受けないものと予想される．特にほとんどすべての電子が凝縮している $T = 0$ 付近では不純物の影響を考えにくい．Pippard は非局所的な関係式の形を設定するために，Chamber(チャンベル)が常伝導金属における電場強度と電流密度を関係づけた，

$$\mathbf{J}(\mathbf{r}) = \frac{3\sigma}{4\pi l}\int \frac{\mathbf{R}[\mathbf{R}\cdot\mathbf{E}(\mathbf{r}')]}{R^4}e^{-R/l}d^3r' \quad \mathbf{R} \equiv \mathbf{r}-\mathbf{r}' \tag{1.34}$$

という式を参考にした [34]．σ は長波長における導電率である．Chamber の式は，散乱機構が平均自由行程 l によって特徴づけられるものと仮定した場合の Boltzmann(ボルツマン)の輸送方程式の解である．平均自由行程 l 程度の空間尺度において場の変化が緩やかならば，式 (1.34) は Ohm(オーム)の法則 $\mathbf{J} = \sigma\mathbf{E}$ に帰着する．Chamber の式を念頭において，Pippard は London の式，

$$\mathbf{J}_s(\mathbf{r}) = -\frac{1}{c\Lambda(T)}\mathbf{A}(\mathbf{r}) \quad \frac{1}{\Lambda(T)} \equiv \frac{n_s(T)e^2}{m} \tag{1.35}$$

を，次のように変更した．

$$\mathbf{J}_s(\mathbf{r}) = -\frac{3}{4\pi\xi_0 c\Lambda}\int \frac{\mathbf{R}[\mathbf{R}\cdot\mathbf{A}(\mathbf{r}')]}{R^4}e^{-R/\xi}d^3r' \tag{1.36}$$

実効的なコヒーレンス距離 ξ は，次のように与えられる．

$$\frac{1}{\xi} = \frac{1}{\xi_0} + \frac{1}{\alpha l} \tag{1.37}$$

[‡] (訳註) "コヒーレンス" (coherence) は語源的には "結びつきあうこと" を意味しており，日常英語における語義は "首尾一貫性" である．物理では，波動が "位相を揃えていること" の意味に転用されて，波動の "可干渉性" の意味で用いられることが多いが，本来の語義は必ずしも干渉現象を念頭に置いたものではない．$\xi_0 = \hbar v_F/\pi\Delta$ による単純な試算では $T \to 0$ において $\xi_{0[\text{Al}]} \simeq 2.5\ \mu\text{m}$, $\xi_{0[\text{Pb}]} \simeq 0.3\ \mu\text{m}$ だが，関連文献でよく採用される推定値は $\xi_{0[\text{Al}]} \simeq 1.6\ \mu\text{m}$, $\xi_{0[\text{Pb}]} \simeq 0.08\ \mu\text{m}$ である．

α は実験によって決定すべき 1 程度の定数, ξ_0 は超伝導物質それぞれに固有の尺度である. 純粋な試料において, $\mathbf{A}(\mathbf{r})$ がコヒーレンス距離程度の空間尺度では緩やかにしか変化しないならば, Pippard の方程式は London 方程式に帰着する. 不純な試料では, Pippard の方程式は長波長極限において, London 方程式における $(1/c\Lambda)$ に因子 $\xi/\xi_0 < 1$ が余分に掛かることになり, 実効的な磁場浸入深さは London の浸入深さを上回る. しかし大抵の場合, 磁場浸入の現象において重要となる尺度は $\lambda \ll \xi$ であり, 因子 ξ/ξ_0 の影響はあまり目立つものではない. ただし不純物濃度が著しく高い試料では, λ が相対的に ξ と同等か, それ以上となり, この場合には $\lambda \sim (\xi_0/l)^{1/2}$ という関係が認められる.

実効的なコヒーレンス距離 ξ が, 平均自由行程 l によって制約を受けるという仮定は, 物理的な観点から理に適っており, Pippard の洞察は的確なものであった. Pippard の方程式とほとんど同じ式が, 微視的理論からも再現される [8].

超伝導体の電磁的性質の定性的な側面の多くの部分は, 単純なエネルギーギャップモデルに基づいて理解することができる. BCS 理論に先行して, Bardeen は非局所的な電磁力学を理論的に導出した [16c]. 彼は磁場摂動の 1 粒子行列要素が凝縮によって変更を受けないものと仮定し, 1 粒子励起スペクトルには励起エネルギーに単に定数を加えることでエネルギーギャップを付与するという措置を施した. BCS 理論が出された後に Ferrell, Glover および Tinkham は, Kramers-Kronig の関係式を用いて, エネルギーギャップに起因する超伝導体の電磁的な特性を一般的な形で論じた [35]. 彼らの議論に関心のある読者は, Tinkham による解説論文 [16f] を参照されたい.

Ginsburg-Landau 理論 (GL 理論)

1950 年に Ginsburg and Landau は London 理論を拡張し, 超流体密度 n_s が空間的に変化する可能性を考慮できる理論を提唱した [36]. 彼らは実効的な波動関数 $\Psi(\mathbf{r})$ の概念を導入し, これが凝縮電子の局所的密度 $n_\mathrm{s}(\mathbf{r})$ によって次のように規格化されるものと見なした.

$$|\Psi(\mathbf{r})|^2 = \frac{n_\mathrm{s}(\mathbf{r})}{n} \tag{1.38}$$

n は単位体積あたりの全電子数である. 粗く言うと, $\Psi(\mathbf{r})$ は BCS 電子対の重心の波動関数に対応するものである. Ginsburg と Landau は $\Psi(\mathbf{r})$ を, 系の自由エネルギー汎関数 $F(\Psi, T)$ を最低にするように決めるべき, 空間分布を持つ秩序パラメーターとして扱った. そのためには F の適切な形を推定することが問題となる.

1.2. 現象論的な理論

Ψ が空間的に一様の場合に，$f(\Psi,T)$ が S相と N相の単位体積当たりの自由エネルギーの差を表すものと仮定してみよう．そうすると F に次の項を含めるのが自然であろう．

$$\int f[\Psi(\mathbf{r}),T]d^3r \tag{1.39}$$

関数 $f(\Psi,T)$ の形は 先験的(ア・プリオリ)には決まっていない．Ginsburg と Landau は Ψ が小さいとき (T が T_c に近いとき) に，f が $|\Psi|^2$ で級数展開できるものと仮定し，$|\Psi|^2 \ll 1$ において次のように最初の 2 つの項だけを残すことにした．

$$f(\Psi,T) \simeq a(T)|\Psi|^2 + \frac{1}{2}b(T)|\Psi|^4 \tag{1.40}$$

平衡値 $|\Psi_e|^2$ は，f を極小化する条件から決まる．すなわち，

$$\frac{\partial f}{\partial |\Psi|^2} = 0 = a(T) + b(T)|\Psi_e|^2 \tag{1.41}$$

により，

$$|\Psi_e|^2 = -\frac{a(T)}{b(T)} \tag{1.42}$$

となる．式(1.40) と式(1.42) から，S相と N相の単位体積あたりの (ゼロ磁場での) 自由エネルギーの差は，次のように表される．

$$f_S(T) - f_N(T) \equiv f(T) = -\frac{1}{2}\frac{a^2(T)}{b(T)} = -\frac{H_c^2(T)}{8\pi} \tag{1.43}$$

上式では，臨界磁場と N-S自由エネルギー差の熱力学的な関係式(1.7) も用いた．London理論における $\lambda^2(T) \sim 1/n_s(T)$ という関係を利用すると，$a(T)$ と $b(T)$ の間の第 2 の関係式が得られる．

$$\frac{\lambda^2(0)}{\lambda^2(T)} = \frac{|\Psi_e(T)|^2}{|\Psi_e(0)|^2} = |\Psi_e(T)|^2 = \frac{a(T)}{b(T)} \tag{1.44}$$

式(1.43) と式(1.44) から $a(T)$ と $b(T)$ を求めると，

$$a(T) = -\frac{H_c^2(T)}{4\pi}\frac{\lambda^2(T)}{\lambda^2(0)}$$

$$b(T) = \frac{H_c^2(T)}{4\pi}\frac{\lambda^4(T)}{\lambda^4(0)} \tag{1.45}$$

となり，これを式(1.40) に適用すれば，$f(\Psi,T)$ が実験的に測定可能な量によって与えられたことになる．

$\Psi(\mathbf{r})$ が空間的に一様でない場合について，Ginsburg と Landau は F に Ψ の空間変化率に依存する項を余分に含めなければならないことを論じた．おそらくこのような項は，(a) n_s や v_s を記述する多体波動関数の波に関係する運動エネルギー，および (b) 注目する点を囲む領域における超流体密度の変動によって影響を受ける相互作用エネルギー密度から生じるものと考えられる．$|\Psi|^2$ の空間的な変動が緩やかであれば，$|\mathrm{grad}\Psi|^2$ に関する最初の項だけを残せば充分であろう．ゲージ不変性の観点から，この項をベクトルポテンシャル $\mathbf{A}(\mathbf{r})$ による効果と組み合わせて考えるならば，自由エネルギーへの寄与は次のような形になるものと予想される．

$$\int \frac{n^*}{2m^*} \left| \frac{\hbar}{i}\nabla\Psi(\mathbf{r}) + \frac{e^*}{c}\mathbf{A}(\mathbf{r})\Psi(\mathbf{r}) \right|^2 d^3r \tag{1.46}$$

e^* は超流体を形成している"実体"が持つ実効的な電荷の絶対値である[§]．(後から見るように，$2n^* = n$, $e^* = 2e$, $m^* = 2m$ であり，対形成理論と整合する．)

結局，全自由エネルギー差は，次のように表される．

$$F(\Psi,T) = \int \frac{n^*}{2m^*} \left| \frac{\hbar}{i}\nabla\Psi(\mathbf{r}) + \frac{e^*}{c}\mathbf{A}(\mathbf{r})\Psi(\mathbf{r}) \right|^2 d^3r \\ + \int \left[a(T)|\Psi(\mathbf{r})|^2 + \frac{1}{2}b(T)|\Psi(\mathbf{r})|^4 \right] d^3r + \int \frac{H^2(\mathbf{r})}{8\pi} d^3r \tag{1.47}$$

この汎関数の $\Psi(\mathbf{r})$ に関する最低化を考えると，Ginsburg-Landau 理論の基礎方程式が導かれる．

$$\frac{\hbar^2}{2m^*}\left[\nabla + \frac{ie^*}{\hbar c}\mathbf{A}(\mathbf{r})\right]^2 \Psi(\mathbf{r}) + \frac{H_c^2(T)}{4\pi n^*}\frac{\lambda^2(T)}{\lambda^2(0)}\left[1 - \frac{\lambda^2(T)}{\lambda^2(0)}|\Psi(\mathbf{r})|^2\right]\Psi(\mathbf{r}) = 0 \tag{1.48}$$

電流密度は，ここで採用している Ψ の規格化条件の下で，

$$\mathbf{J}_s(\mathbf{r}) = -\frac{n^*|\Psi(\mathbf{r})|^2}{m^* c}e^{*2}\mathbf{A}(\mathbf{r}) - \frac{n^* e^* \hbar}{2m^* i}\left\{\Psi^*(\mathbf{r})\nabla\Psi(\mathbf{r}) - \Psi(\mathbf{r})\nabla\Psi^*(\mathbf{r})\right\} \tag{1.49}$$

と与えられる．London 理論と同様に，ゲージ条件 $\nabla\cdot\mathbf{A} = 0$ を想定する．したがって，式(1.48) と式(1.49) および Maxwell 方程式 $\nabla\times\nabla\times\mathbf{A} = 4\pi\mathbf{J}/c$ から，$\Psi(\mathbf{r})$ と $\mathbf{A}(\mathbf{r})$ を決めるための 2 本の線形偏微分方程式が与えられる．

[§](訳註) Gauss 単位系の $+(e^*/c)\mathbf{A}$ は，SI 単位系では $+e^*\mathbf{A}$ に置き換わる．ここでは電流担体の電荷 q をあらかじめ負と想定して $q = -e^*$ ($e^* > 0$) として扱っており，元々の磁場中の荷電粒子 (電荷 q) の運動学的運動量の式は $\{\mathbf{p} - (q/c)\mathbf{A}\} = \{(\hbar/i)\nabla - (q/c)\mathbf{A}\}$ [Gauss 単位系] である．式(1.43) や式(1.45) は p.8 訳註と同様に $H_c^2/4\pi$ [Gauss 単位系] $\to \mu_0 H_c^2 = \mu_0^{-1} B_c^2$ [SI 単位系] のように読み替えればよい．

1.2. 現象論的な理論

$\mathbf{A} = \mathbf{0}$ で，Ψ が空間的に一様の場合を考えると，式(1.48) は次の条件に帰着する．

$$1 - \frac{\lambda^2(T)|\Psi|^2}{\lambda^2(0)} = 0 \tag{1.50}$$

上式は，元々要請される通りに，Ψ が平衡値(1.44) に一致することを表している．Ψ が，たとえば $\mathbf{r} = \mathbf{0}$ において平衡値から僅かに摂動を受けたとすると，ずれ $\tilde{\Psi}(\mathbf{r})$ に関する線形の Ginsburg-Landau 方程式は，次のようになる．

$$\frac{\hbar^2 \nabla^2}{2m^*} \tilde{\Psi}(\mathbf{r}) - \frac{H_c^2(T)}{2\pi n^*} \frac{\lambda^2(T)}{\lambda^2(0)} \tilde{\Psi}(\mathbf{r}) = 0 \tag{1.51}$$

この解は，指数関数的に減衰する，

$$\tilde{\Psi} \sim \frac{e^{-r/d}}{r} \tag{1.52}$$

という形になり，その減衰距離は，

$$d = \left[\frac{\pi n^* \hbar^2}{m^* H_c^2(T)}\right]^{1/2} \frac{\lambda(0)}{\lambda(T)} \sim \frac{\xi_0}{[1 - T/T_c]^{1/2}} \tag{1.53}$$

と与えられる．最後の近似には微視的理論における H_0 と ξ_0 の関係を用いた．以上の検討から，Ginsburg-Landau 理論では，$\mathbf{J}_s$ と $\mathbf{A}$ の関係が局所的に近似されていても，非局所的な効果とコヒーレンス距離が自然な方法で含まれることを見て取ることができる．

Gor'kov ゴリコフ は微視的な理論から Ginsburg-Landau 理論を導出した [37]．彼は GL 波動関数 Ψ がエネルギーギャップパラメーター Δ に比例することを見出した．この導出方法の概要は第 8 章で示す予定である．

GL 理論は，磁場を摂動論で扱えない場合の計算において特に有用である．そのような典型的な状況としては，強磁場中の薄膜，N 相-S 相境界，中間状態などがある．電流密度の式(1.49) から磁束の量子化を容易に導くことができるが，その磁束量子は hc/e^* となる．既に述べたように，$e^* = 2e$ と置くことで，実験的に観測される磁束量子の値 $hc/2e$ に整合する．GL 理論は最近，高い臨界磁場（$\sim 10^5$ gauss) を持つ点で興味深い，いわゆる"硬い ハード "超伝導体（第 II 種超伝導体）の磁気的性質を説明するために重要な役割を果たした．この分野における基礎理論は Abrikosov アブリコソフ の仕事によって進展したが [17]，彼は新たな磁気的性質を説明するために，渦糸 (vortex) の概念を確立した．それぞれの渦糸が，1 本の磁束を担うことになる．

残念ながら，元々の Ginsburg-Landau 理論が適用できるのは $(T_c - T)/T_c \ll 1$ の温度範囲に限られる．しかし最近になって，適当な条件下での全温度への理論の拡張が Werthamer や Tewordt によって為された [38]．

第 2 章　対形成理論 (BCS理論)

常伝導 (N) 金属における 1 粒子励起スペクトルは，自由電子気体のそれと類似したものであり，巨視系の極限を考えると，励起エネルギーがゼロから始まる連続的なスペクトル構造を持つ．このスペクトル形状により，0 K 付近において電子比熱の温度依存性が線形となり，高い電気伝導率と高い熱伝導率が想定される．一方，超伝導 (S) 相における 1 粒子励起は，常伝導金属の場合とは劇的に異なる．超伝導体において 1 粒子励起を生成するためには，必ずゼロよりも大きい有限のエネルギーを与える必要がある．励起を起こすことのできる最低エネルギー 2Δ をエネルギーギャップと称する．

2.1　超伝導状態の物理的性質

N 相と S 相における励起スペクトルの定性的な違いを，波動関数に関する定量的な違いに対応させることができる．N 相において 2 つの 1 粒子状態 i および j が同時に占有される確率は，量子数 i および j に関して滑らかに変化する関数によって与えられる．例えば純粋な単結晶において，常伝導状態における 2 つの 1 粒子状態の同時占有の期待値，

$$P^{\mathrm{N}}_{\mathbf{k}\mathbf{k}'} = \langle \mathrm{N}|n_{\mathbf{k}\uparrow}n_{\mathbf{k}'\downarrow}|\mathrm{N}\rangle \tag{2.1}$$

は $\mathbf{k}$ と $\mathbf{k}'$ に対して ($\mathbf{k}$ も $\mathbf{k}'$ も Fermi 面を過(よ)ぎらないところでは) 滑らかに変化する関数である．$|\mathrm{N}\rangle$ は常伝導相の電子系の状態を表し，$n_{\mathbf{k}\uparrow}$ は $\mathbf{k}\uparrow$ 状態にある電子の数を計る演算子である (付録参照)．超伝導相において [8]，これに対応する確率，

$$P^{\mathrm{S}}_{\mathbf{k}\mathbf{k}'} = \langle \mathrm{S}|n_{\mathbf{k}\uparrow}n_{\mathbf{k}'\downarrow}|\mathrm{S}\rangle \tag{2.2}$$

は，$\mathbf{k}$ と $\mathbf{k}'$ が "対(つい)条件" によって関係しているところでは，$\mathbf{k}$ および $\mathbf{k}'$ に対して滑らかな関数ではない．ある状態 $\mathbf{k}$ に対して，対(つい)条件を満たす状態を $\bar{\mathbf{k}}$ とすると，$P^{\mathrm{S}}_{\mathbf{k}\bar{\mathbf{k}}}$ は $\bar{\mathbf{k}}$ 付近の他のすべての状態 $\mathbf{k}'$ に関する $P^{\mathrm{S}}_{\mathbf{k}\mathbf{k}'}$ よりも大きい．超伝導相では任意の $\mathbf{k}$

に対して，その相手となる $\bar{\mathbf{k}}$ が必ずひとつ存在する．この2粒子相関における特異な性質はYang によって強調されたが [39]，このような描像は F. London が超伝導を運動量空間における電子の凝縮によるものと主張したときに既に London の念頭にあったものと推測される [1]．常伝導状態の記述において通常は省略されるような相互作用を適正に考慮するならば，"対相関"を伴う超伝導の発現を自然な方法で導けるはずである．系が超伝導転移温度以上になると，対相関は熱的ゆらぎによって破壊されてしまうので，常伝導相において対相関が重要な役割を果たすことはない．

初めに，S相におけるある電子の組合せ，たとえば $(\mathbf{k}\uparrow, \bar{\mathbf{k}}\downarrow)$ の間の相互作用によるエネルギーの低下が，他の組合せ $(\mathbf{k}'\uparrow, \bar{\mathbf{k}}'\downarrow)$ の選び方に依存するという認識は重要である．実際，超伝導相におけるエネルギーギャップやその他の性質は，もし"対の間の相関"が無ければ生じ得ないものである．単純な BCS モデルが極めて有用となり得る理由は，実際の超伝導金属における対-対相関が，対の間の力学的な相互作用よりも，むしろ Pauli の排他律の制約によってほとんど決まっているという事情に因っている．この事実に基づいて，最低次の近似としては，相互作用が"対をなす電子の間だけに働いている"という扱い方が許される．この簡略化された問題を Fermi-Dirac 統計の下で考察することにより，超伝導において決定的に重要な対-対相関が Pauli 原理の帰結として説明されることになる．上述のような手続きを，我々は対形成近似 (もしくは BCS 近似) と呼ぶことにする．

並進対称性を持つ系では，Bloch 状態による $(\mathbf{k}\uparrow, -\mathbf{k}\downarrow)$ という組合せが最もエネルギーを低くできることを後から見る予定である．超伝導体に超伝導電流が定常的に流れている状態は，静的な電子系の基底状態を $\mathbf{k}$ 空間において総体的に $\mathbf{q}/2$ だけずらした状態である．そうすると各電子対は $\bigl((\mathbf{k}+\mathbf{q}/2)\uparrow, (-\mathbf{k}+\mathbf{q}/2)\downarrow\bigr)$ となり，電子系は正味の速度 $\mathbf{v}_\mathrm{d} = \hbar\mathbf{q}/2m$ を持つ．一般に，それぞれの物理系において許容される1粒子状態に対応して，エネルギー (もしくは有限温度における自由エネルギー) を最低にするような1粒子状態の対の選び方が決まる．たとえば非磁性不純物を含むような超伝導体では，Anderson が最初に指摘したように [40]，不純物散乱ポテンシャルを考慮した1電子状態 φ_n による対が形成されなければならない．この場合には φ_n と，その時間反転状態にあたる φ_n^* が対になって基底状態を形成する．超伝導体の円筒があって，その内部や周囲に磁場が存在しない場合には，状態 (n, m, k) とその時間反転状態にあたる $(n, -m, -k)$ が対を形成する．n は動径方向の量子数，m は回転角方向の量子数，k は円筒の軸に沿った方向の波数である．磁場が存在する場合には，対の形態は円筒壁の厚さと磁場の強さに依存して決まる．厚さが $d \gg \lambda$ (λ

は磁場浸入深さ) であれば，円筒内を貫通する磁束が $hc/2e$ の偶数倍か奇数倍か，すなわち $\nu hc/e$ か $\left(\nu+\frac{1}{2}\right)hc/e$ かによって，$(n, m+\nu, k)$ と $(n, -m+\nu, k)$，もしくは $(n, m+\nu, k)$ と $(n, -m+\nu+1, k)$ という組合せが形成される．後から見るように，厚い超伝導円筒の内部に捕獲され得る磁束は上記の値に限られる．このような各種の対形成の形態に関しては，後の章で基礎理論を物理的な諸問題に応用する際に詳しく扱う予定である．

"対形成"近似によって，超伝導体における1粒子励起スペクトルをよく説明することができるが，実際の超伝導体には，この近似では無視している相互作用項に起因するプラズモンなどの集団運動モード (collective mode) も存在する．さらにギャップ内に運動量の小さい励起子的な集団運動モードが存在する可能性もある．より大きな運動量の励起を考えると，励起子の準位はギャップ端を上回って連続的なエネルギー準位の領域に入り，強い減衰が起こる．集団運動状態の性質と，その系の性質への影響は第8章で論じる．

最も単純な対形成近似では，準粒子の減衰効果 (damping effects) も無視されている．鉛や水銀など，超伝導物質の中の"曲者"(強結合超伝導体) を適正に扱うためには，対相関と同等に，これらの効果を考慮しなければならない．

上述の議論は基本的に，超伝導体の励起状態が二流体モデルで扱えるという根拠を与えている．すなわち一方の流体は凝縮電子系に対応し，もう一方の流体は励起成分に対応するものと考えればよい．緒論において言及したように，現象論的な各種の二流体モデル (特に Gorter-Casimir モデル [2] と Ginsburg-Landau モデル [36]) は，我々が超伝導現象に対する今日の理解の水準に到達するための背景として，非常に重要な役割を果たした．対形成理論と初期の二流体モデルには重要な違いもあるが，これらにおいて超流体を構成する電子 (すなわち強い相関を持つ対の集団) が局所的な密度 $\rho_s(\mathbf{r})$ と局所的な流れの速度 $\mathbf{v}_s(\mathbf{r})$ によって記述できるとする基本的な概念は共通している．そして超流体から励起した電子の気体は常流体を形成し，こちらも局所的な熱平衡状態において，局所的な量 $\rho_n(\mathbf{r})$ と $\mathbf{v}_n(\mathbf{r})$ によって記述される．後から見るように，超流体はポテンシャルの流れだけを運ぶことができる．すなわち，その流れには $\mathrm{curl}\,\mathbf{v}_s(\mathbf{r}) = 0$ という制約が課されるが，これはかつて F. London が強調した条件に他ならない [1]．(常流体にはこのような制約が働かない．) 超流体成分からの常流体 (励起) の生成において，温度依存性を持つエネルギーギャップが関わるという二流体モデルによって，超伝導体において観測される多くの性質を理解することができる [16c]．微視的理論による結果を二流体モデルによって解釈できる場合が多いことを，これから見てゆく予定である [9]．

2.2 ひと組の電子対 (Cooper問題)

対相関の起源とその帰結を理解するために,まず Cooper が最初に考えた問題 [41] を考察することが役に立つ.その問題とは,等方的な Fermi の海の外部に電子が2つ存在し,それらは速度依存性 (波数依存性) を持つ遅延のない2体ポテンシャル $V(\mathbf{r}_1, \mathbf{r}_2)$ によって相互作用を及ぼし合っているという問題である.Fermi の海は静的で,ここに属する電子は相互作用に与らないものと仮定する.すなわち Cooper 問題は本質的に2粒子問題であり, Fermi の海に属する電子は,Pauli の原理を通じて,着目する2つの電子が Fermi 面の内部に入ることを妨げる役割だけを担う.等方的な電子の運動エネルギー $\epsilon_\mathbf{k} = \epsilon_k$ を,Fermi 準位を基準として測ることにすると,相互作用をする2つの電子それぞれの取り得るエネルギーは $\epsilon_k > 0$ に限られる.系が並進対称性を持つものと仮定し,スピンに依存する力を無視するならば,対の重心の運動量 $\hbar\mathbf{q}$ と,対の全スピン値 S は運動の保存量となる.対の軌道波動関数を次のように書くことができる.

$$\psi(\mathbf{r}_1, \mathbf{r}_2) = \varphi_\mathbf{q}(\boldsymbol{\rho}) e^{i\mathbf{q}\cdot\mathbf{R}} \tag{2.3}$$

上式では対の相対座標と重心座標を,それぞれ $\boldsymbol{\rho} = \mathbf{r}_1 - \mathbf{r}_2$, $\mathbf{R} = (\mathbf{r}_1 + \mathbf{r}_2)/2$ と表記している.相対座標の波動関数は1重項状態 ($S=0$) では対称, 3重項状態 ($S=1$) では反対称となる.$\mathbf{q} = 0$ の場合を考えるならば,相対座標に関する問題は球対称になるので,$\varphi(\boldsymbol{\rho})$ は角運動量の固有関数となり,許容される基本関数を角運動量の量子数 l と m によって表すことができる.$\mathbf{q} \neq 0$ の場合,角運動量の $\mathbf{q}$ 方向成分とパリティは依然として良い量子数であるが,l は良い量子数ではなくなる.

議論を簡単にするために,まず重心運動量がゼロ ($\mathbf{q} = 0$) の状態を考察する.この場合,ψ を次のように展開できる.

$$\psi(\mathbf{r}_1, \mathbf{r}_2) = \varphi(\boldsymbol{\rho}) = \sum_\mathbf{k} a_\mathbf{k} e^{i\mathbf{k}\cdot\boldsymbol{\rho}} = \sum_\mathbf{k} a_\mathbf{k} e^{i\mathbf{k}\cdot\mathbf{r}_1} e^{-i\mathbf{k}\cdot\mathbf{r}_2} \tag{2.4}$$

式(2.4) において,和の計算は,対を構成する電子が取り得る状態 ($\epsilon_k > 0$) だけに限って行う.因子 $e^{i\mathbf{k}\cdot\mathbf{r}_1}$ と $e^{-i\mathbf{k}\cdot\mathbf{r}_2}$ は,それぞれ運動量が $\mathbf{k}$ および $-\mathbf{k}$ の1電子状態と見なされるので,対の波動関数は,互いにちょうど反対に運動する1電子状態 $(\mathbf{k}, -\mathbf{k})$ が同時に占有されているいろいろな2電子状態の重ね合わせとして捉えることができる.

対のスピンがゼロの固有関数を見いだすために, Schrödinger 方程式を書く.

$$(W - H_0)\psi = V\psi \tag{2.5a}$$

2.2. ひと組の電子対 (Cooper問題)

H_0 は対の運動エネルギー演算子,W は対のエネルギー固有値である.解の形を式 (2.4) のように想定すると,次式が得られる.

$$(W - 2\epsilon_k)a_{\mathbf{k}} = \sum_{\mathbf{k'}} V_{\mathbf{kk'}} a_{\mathbf{k'}} \tag{2.5b}$$

右辺の相互作用係数 $V_{\mathbf{kk'}}$ は,次のような行列要素である[†].

$$V_{\mathbf{kk'}} = \langle \mathbf{k}, -\mathbf{k}|V|\mathbf{k'}, -\mathbf{k'} \rangle \tag{2.6}$$

V によって生じる典型的な散乱過程の模式図を,図2.1に示す.

Schrödinger方程式 (2.5b) は,通常は解析的に解けないが,相互作用の行列要素を $V_{\mathbf{kk'}} = \lambda w_{\mathbf{k'}}^* w_{\mathbf{k}}$ のように変数分離できれば,解を求めるのは容易である.一般的には,等方系において $V_{\mathbf{kk'}}$ を次のように部分波展開できる.

$$V_{\mathbf{kk'}} = \sum_{l=0}^{\infty} \sum_{m=-l}^{l} V_l(|\mathbf{k}|, |\mathbf{k'}|) Y_l^{m}(\Omega_{\mathbf{k}}) Y_l^{-m}(\Omega_{\mathbf{k'}}) \tag{2.7}$$

そして V_l が,

$$V_l(|\mathbf{k}|, |\mathbf{k'}|) = \lambda_l w_k^l w_{k'}^{l*} \tag{2.8}$$

のように表されるならば,対の (l, m) 固有状態を決めることができる.この場合,式 (2.5b) から次式が得られる.

$$(W_{lm} - 2\epsilon_k)a_k = \lambda_l w_k^l \sum_{\mathbf{k'}} w_{k'}^{l*} a_{k'} \tag{2.9a}$$

[†](訳註) 式 (2.6) の右辺は付録の式 (A.12) の第3式にしたがって定義される.実空間における相互作用ポテンシャルを相対座標だけの関数と仮定しておき ($V(\mathbf{r}_1, \mathbf{r}_2) \to V(\boldsymbol{\rho})$),式 (2.6) のように始状態と終状態において対の波数の関係に制約を与えておくことにより,$V_{\mathbf{kk'}}$ は $\mathbf{q} = \mathbf{k} - \mathbf{k'}$ (対をなす電子の運動量の相互作用による変化) だけに依存する関数になる.すなわち,

$$V_{\mathbf{kk'}} = (1/\text{Vol}) \int V(\boldsymbol{\rho}) e^{-i\mathbf{q}\cdot\boldsymbol{\rho}} d^3\rho \equiv \mathcal{V}_{\mathbf{q}}$$

である.$V_{\mathbf{kk'}}$ はエネルギーの次元を持つが,数値としては系の体積 Vol に反比例すること,すなわち純粋に物理的な相互作用の強さだけから決まる量ではなく,恣意的に設定した規格化体積にも依存して決まる量であるという点に少々注意が必要である (暗黙の仮定として Vol = 1 と設定している文献もある).元の実空間における相互作用ポテンシャルは,

$$V(\boldsymbol{\rho}) = \sum_{\mathbf{q}(=\mathbf{k}-\mathbf{k'})} V_{\mathbf{kk'}} e^{i(\mathbf{k}-\mathbf{k'})\cdot\boldsymbol{\rho}} = \sum_{\mathbf{q}} \mathcal{V}_{\mathbf{q}} e^{i\mathbf{q}\cdot\boldsymbol{\rho}}$$

と表される.式(2.5a)-式(2.5b) の右辺の計算にはこの展開式を利用する.一般的に考えれば,$V_{\mathbf{kk'}}$ が $\mathbf{k} - \mathbf{k'}$ の関数ということと,式 (2.7) 以降の $V_{\mathbf{kk'}}$ に対する変数分離の措置は相容れるものではないが,実効的な観点から,これがある種の"近似"と見なせる状況を想定できないこともない.最も単純な例として $V_{\mathbf{kk'}} = \text{const}$ ($V(\boldsymbol{\rho}) \propto \delta^{(3)}(\boldsymbol{\rho})$) の場合には矛盾は生じないが,Cooper問題やBCSの対形成モデルでは,これよりも微妙な状況を想定する (式 (2.12a),式 (2.32),8.9節).その妥当性は,結果的に得られる波動関数の形から是認されることになる.

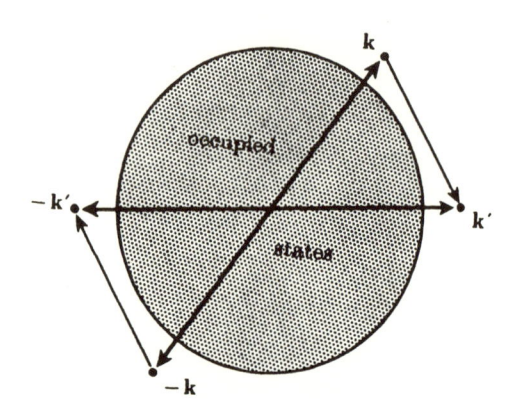

図2.1 Cooper問題において起こる典型的な遷移過程．静的な Fermi の海の外部にある反対向きの電子対（つい）が相互作用をしている．重心の運動量がゼロの電子対の遷移を描いた．

ただし，上式の a_k は次のように導入した振幅である．

$$a_{\mathbf{k}} = a_k Y_l^{\,m}(\Omega_{\mathbf{k}}) \tag{2.9b}$$

式(2.9a) を，次のように書き直すことができる．

$$a_k = \frac{\lambda_l w_k^l C}{W_{lm} - 2\epsilon_k} \tag{2.10a}$$

C は定数であり，次式で定義される．

$$C = \sum_{\mathbf{k}'} w_{k'}^{l*} a_{k'} \tag{2.10b}$$

式(2.10a) を式(2.10b) に代入すると，次式が得られる．

$$1 = \lambda_l \sum_{\mathbf{k}} |w_k^l|^2 \frac{1}{W_{lm} - 2\epsilon_k} \equiv \lambda_l \Phi(W_{lm}) \tag{2.11}$$

上式によって，対（つい）のエネルギー固有値 W_{lm} が決まる．寸法が（大きいけれども）有限の箱の中の粒子系は，1粒子エネルギー ϵ_k が離散的な値を取り，W の値が $2\epsilon_k$ の下から上へ過（よぎ）るところで，関数 $\Phi(W)$ には $-\infty$ から $+\infty$ へ無限大の飛躍が見られる．W が次に高い $2\epsilon_k$ の許容値に近づくと，$\Phi(W)$ は再び $-\infty$ に近づいてゆき，その値を過るときに再び $+\infty$ へ飛躍する．関数 $\Phi(W)$ の形を模式的に図2.2 に示す．W をゼロから負の無限大まで（すなわち束縛の強い方へと）動かすと，$\Phi(W)$ は $-\infty$ から

2.2. ひと組の電子対 (Cooper問題)

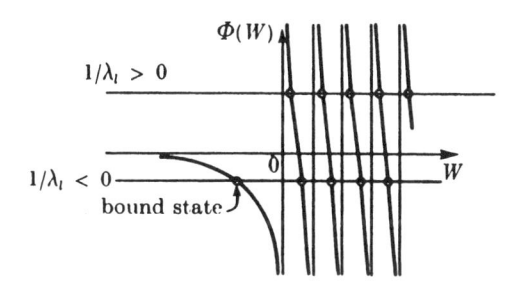

図2.2 Cooper問題の固有エネルギーを決めるために用いる関数 $\Phi(W)$ の概形 (式(2.11) 参照). 斥力が働く場合 ($\lambda_l > 0$) には，許容されるすべての状態が正エネルギーの連続準位領域に属するが，引力相互作用が働く場合には，負エネルギーの束縛状態も現れる．

ゼロへ漸近するように増加する．固有値 W_{lm} は $\Phi(W)$ の曲線と，定数 $1/\lambda_l$ を表す水平な線が交わる点によって与えられる．図2.2 には λ_l が正 (斥力) の場合と負 (引力) の場合を 1 例ずつ示してある．$W > 0$ において許容される一連のエネルギー値は，それぞれが非摂動準位として許容される離散的な $2\epsilon_k$ 値の間にあり，系全体の寸法を無限大にすれば $W > 0$ において連続準位が形成される．しかし l 波の引力ポテンシャルの下では，$W > 0$ の連続準位とは別に，$W < 0$ において束縛状態がひとつ形成される．単純な例として，

$$w_k^l = \begin{cases} 1 & 0 < \epsilon_k < \omega_c \\ 0 & \text{otherwise} \end{cases} \tag{2.12a}$$

と置き[‡]，$\lambda_l < 0$ とすると，負エネルギー状態の束縛エネルギー $|W_{lm}|$ は，

$$\frac{1}{|\lambda_l|} = \frac{N(0)}{2} \log\left[\frac{|W_{lm}| + 2\omega_c}{|W_{lm}|}\right] \tag{2.12b}$$

を満たすので，

$$|W_{lm}| = \frac{2\omega_c}{\exp\left[\dfrac{2}{N(0)|\lambda_l|}\right] - 1} \tag{2.12c}$$

と与えられる．我々は状態密度 $N(\epsilon_k)$ が $0 < \epsilon_k < \omega_c$ の範囲において変化の緩やかな関数であると仮定し，これを定数 $N(0)$ で近似した．$N(0)$ は Fermi 準位にお

[‡] (訳註) 相互作用を持つエネルギー範囲は，通常の書き方をすると $0 < \epsilon_k < \hbar\omega_c$ であるが，本書では随時，$\hbar \to 1$ としてある．以降，次元を気にするならば，単独の ω_c を適宜，$\hbar\omega_c$ と読み替える必要がある．数値的には $\hbar\omega_c$ として 10 meV のオーダーを想定する (p.37 訳註参照).

ける 1 電子状態の 1 方向スピンあたりの状態密度を表す[§]．式(2.12c) から，弱結合 $(N(0)|\lambda_l| \ll 1)$ の条件下では，

$$|W_{lm}| \simeq 2\omega_c \exp\left[-\frac{2}{N(0)|\lambda_l|}\right] \tag{2.13a}$$

強結合 $(N(0)|\lambda_l| \gg 1)$ では，

$$|W_{lm}| \simeq N(0)|\lambda_l|\omega_c \tag{2.13b}$$

という近似がそれぞれ成立する．式(2.13a) を見ると，弱結合条件下では対の束縛エネルギーが相互作用の強さに対して非常に敏感に依存することが分かる．しかしながら Fermi 面付近において有限の引力ポテンシャルが働くならば，その相互作用を任意にどれほど弱く設定しても，束縛状態は必ず現れる．この重要な結果は Cooper によって見出された [41]．彼は，このように電子間引力によって Fermi 面付近の電子対が束縛状態を形成し，常伝導状態を不安定にすることこそが，超伝導の発現に関係していると主張した．

Schafroth, Blatt, and Butler (SBB) による初期の仕事 [42] は，Cooper の議論と極めて近い関係にあった．Schafroth は超伝導状態が，局在した束縛状態を形成した電子対による Bose-Einstein 凝縮に対応しているに違いないと主張した [43]．このような路線に沿った理論展開の試みは，系の分配関数を評価するために，SBB が言うところの擬化学平衡のアプローチを用いて進められた．しかし数学的な難しさのために，彼らは超伝導の性質を示すモデルについて，彼ら自身の一般的な定式化の方法に基づいて計算を行うことはできなかった．定性的な描像として，彼らは局在する束縛状態の対の寸法が対の間の距離に比べて小さいというモデルを提唱した．彼らのモデルによれば，束縛し合う対は他の対に対して相対的に並進運動が可能と想定され，基底状態からエネルギーギャップなしに Bose-Einstein 型の連続的な励起が可能となるものと予想される．ギャップが生じないという点で，BCS の対形成理論とは著しい対照をなす．仮に現実の超伝導体において，対同士が空間的に隔たっていたならば，それぞれの対を独立に扱うことができ，Cooper の議論はそのままで適切なものとなっただろう．しかし Bardeen, Cooper および著者の仕事の後で，Blatt と Matsubara は Bose 凝縮のアプローチから対形成理論の結果を与える理論を展開した [42]．

現実の超伝導体は，束縛し合った対同士が互いに空間的に隔たっていて相互の影響が弱いようなモデルとは根本的に異なる性質を示す．これから見るように，ある対が

[§](訳註) $N(0) \propto $ [系の体積]，$|\lambda_l| \propto 1/$[系の体積] なので (p.25 訳註参照)，積 $N(0)|\lambda_l|$ は系の体積に依存しない物質固有の無次元の指標となる．

空間的に拡がっている領域の範囲内に，平均して約 100 万個ほどの対の重心が存在する．したがって対同士の重なりは弱いのではなく，むしろ反対の極限を考えるべきである．すなわち対同士は実際には互いに非常に"強く"重なり合っている．既に述べたように，ゼロ次近似として，力学的な相互作用は対を形成する電子の間だけに導入し，対と対の間の関係には Pauli 原理の制約を与えるだけで，超伝導体の挙動をよく再現できるという事実は驚くべきことである．これ以下の記述，および続く各章では，このような理論モデルの性質を明らかにすることを意図している．

Cooper によるひと組の電子対の問題に戻ると，束縛状態のエネルギーが重心運動量 $\hbar\mathbf{q}$ にどのように依存するかという問題は興味深い．ここで V に関して，s 波 ($l=0$) に関わる成分だけが重要と仮定すると (結晶の異方性の効果を気にする必要がなければ，概ね妥当と考えてよい)，束縛エネルギー $W(\mathbf{q})$ は次式を満たす．

$$1 = |\lambda_0| \sum_{\mathbf{k}} \frac{1}{|W_q| - \epsilon_{\mathbf{k}+\mathbf{q}/2} - \epsilon_{\mathbf{k}-\mathbf{q}/2}} \tag{2.14}$$

ここでは $|\mathbf{k}+\mathbf{q}/2|$ と $|\mathbf{k}-\mathbf{q}/2|$ がどちらも k_F を上回っており，和の計算は $\epsilon_k = \omega_c$ において切断を施すものとする．q が小さければ，上式の $|W_q|$ は，

$$|W_q| = |W_0| - \frac{v_\mathrm{F} \hbar q}{2} \tag{2.15}$$

と表される．$|W_0|$ は既に見た，重心が静止している場合のエネルギーである．

$$|W_0| = \frac{2\omega_c}{\exp\left[\dfrac{1}{N(0)|\lambda_l|}\right] - 1}$$

つまり対のエネルギーは，$\mathbf{q} \to \mathbf{0}$ の極限において，重心運動量に比例して増加する．通常の粒子の運動エネルギーとは異なり，q^2 に比例しないことに注意が必要である．Cooper が指摘したように，相互作用のない Fermi の海に対して電子対が相対的に運動すると，対が利用できる低エネルギーの状態が減るので，対の束縛エネルギーが著しく低下する．この効果は q の小さい領域において，エネルギーの q^2 の増加を抑制してしまう．

重心が静止している対の束縛エネルギー $|W_0|$ の大きさを $k_\mathrm{B} T_c$ 程度のオーダーと考えると，式 (2.15) は，波数が次の値の程度になるときに，対は束縛エネルギーをほとんどすべて失うということを意味する．

$$q \sim \frac{k_\mathrm{B} T_c}{\hbar v_\mathrm{F}} \sim \frac{k_\mathrm{B} T_c}{E_\mathrm{F}} k_\mathrm{F} \sim 10^{-4} k_\mathrm{F} \sim 10^4 \ \mathrm{cm}^{-1} \tag{2.16}$$

この数値は Pippard のコヒーレンス距離 $\xi_0 \sim 10^{-4}$ cm [33] の逆数におおよそ等しいが，このコヒーレンス距離について，更に言及しておくべきことがある．すなわち，式(2.4) と式(2.10a) から対の関数 $\varphi(\rho)$ を計算すると，束縛状態の対の寸法も ξ_0 程度であることを確認できる．したがって，もし対が互いに空間的に孤立して存在しているというモデルが適切ならば，束縛対の体積密度が極めて低いという状況が必要となる．このようなモデルから実際に推定し得る対の空間密度は非常に低くなり[†]，絶対零度における N-S エネルギー差の予言値も，実験を説明するには桁違いに小さすぎるものになってしまう．

ここまでは束縛対の状態として1重項だけを考えてきた．もし l が奇数の強い引力ポテンシャルが存在すれば，3重項状態によって最大の束縛エネルギーを生じることになり，3重項の対による超伝導状態も想定できる．しかし今のところ，1重項以外の対の存在を支持するような実験事実はない[‡]．

本節を終えるにあたり，ひと組の対のモデルは基底状態の上には連続的なスペクトル構造を形成し，エネルギーギャップを生じないことを強調しておく．

2.3 Landau による Fermi 液体の理論

Cooper の議論を振り返ってみると，2粒子問題における束縛状態が超伝導状態を引き起こしているという結論に対して，いくつかの反論を思いつくであろう．たとえば，常伝導状態において電子間に相互作用をもたらす Coulomb 力やフォノンの媒介による力は，1電子あたり1電子ボルトのオーダーの相関エネルギーを生じており [44]，これよりも対の束縛エネルギー $W \simeq 10^{-4}$ eV は著しく小さい．常伝導状態においてすべての電子に働くこのような強い相関エネルギーは，弱く束縛し合った電子対に対しても強いゆらぎを与え，対を壊してしまわないのだろうか？ 更には，仮に金属内部にそのような束縛状態が存在したとしても，観測される凝縮エネルギーを説明できるほどに高い対の空間密度を想定するならば，対同士が著しく重なり合い，対間の相互作用のために安定な束縛対の概念は破綻してしまわないのだろうか？

第1の反論に答えるために重要となるのは，Landau による Fermi 液体の理論 [45]

[†] (訳註) $\sim 10^{-4}$ cm の寸法を持つ"粒子"を空間的に重なり合わないように細密に詰めても，その密度は高々 $\sim 10^{12}/\text{cm}^3$ 程度であり，典型的な金属中の電子密度に比べて10桁も低い．実際の典型的な超伝導金属において，超伝導状態になったときにエネルギーの低下に寄与する電子の割合は，粗く言って Δ/E_F 程度，$10^{-4} \sim 10^{-3}$ のオーダーである．

[‡] (訳註) これは原書執筆時の状況だが，その後，超伝導物質の種類によって p 波，d 波，f 波の超伝導を示唆するデータもいろいろ現れている．

2.3. LandauによるFermi液体の理論

が，常伝導状態の低エネルギーにおける1粒子励起に対して良い説明を与えることへの認識である．この理論では，常伝導金属における各励起状態が，自由電子気体における各励起状態と1対1の対応関係を持つことが示される．Landau理論によると，常伝導状態の金属における電子間相互作用の本質的な効果は，1電子の有効質量を10％から50％程度ずらすことであると予想される (このように質量補正が施された電子を '準粒子' [quasi-particle] と呼ぶ)．この理論の重要な特徴は，準粒子は "裸の"電子と違い，Fermi面の付近において (系が充分に低温であれば) 安定な励起と見なされることである．しかしながら，Fermi液体近似の範囲内では無視されているような相互作用による準粒子間の結合も存在し得る．このような残留相互作用の効果が超伝導を引き起こすことになる．

Landau理論の基礎的な部分は既に広く研究されており，相互作用のない自由電子気体を出発点とする摂動論の立場から見て，あらゆる次数において正しいことが知られている [46]．この理論が摂動級数自体よりも広範にわたり正当性を持つことに疑いようはない．実験的に見てもLandau理論は常伝導体の性質をよく説明できている．

金属において，常伝導相と超伝導相のエネルギー差が驚くほど小さい (1電子あたり $\sim 10^{-8}$ cV) という事実は，これらの異なる相の間で，電子-電子相関の違いが非常に弱いことを強く示唆している．Landau理論は常伝導状態を良く説明するので，この理論における波動関数の完全系を，超伝導状態の波動関数を構築するための基礎として用いることは理に適っている．この手続きは，超伝導波動関数が常伝導状態における波動関数の形態を第一義的に含むという点において魅力的であるが，その常伝導状態においてFermi面付近に存在するのは，裸の電子ではなく準粒子の励起である．したがってCooper問題として考察した2粒子問題からの帰結は，実際には2準粒子問題における結果として改めて解釈し直すべきである．

上述のアプローチにおける難点は，常伝導相における準粒子間の相互作用について，実験的な知見がほとんど得られていないことである．準粒子の有効質量は準粒子同士の前方散乱振幅の情報を含むが，同時にバンド構造の情報も含んでおり，後者を正確に推定することは難しい．有限の運動量とエネルギーの移行を伴う相互作用の挙動を実験的に調べることはできないので，相互作用の特性を知る必要があるとしても，それを理論的に推定するしかない．この問題は現在も完全に解決されているわけではないが，準粒子間の相互作用の基本的な特徴については理解が進んできたように見える．残されている複雑な問題は，主として各物質の結晶構造の詳細に依存する部分に帰せられるものである (第7章参照)．

先ほど述べたCooperの仮説に対する第2の反論に関して言えば，単純に束縛電子

対が集まって超伝導基底状態を形成しているという描像の下では，対同士が強く重なり合い，対を形成している電子が他の対の電子から擾乱を受けて対破壊が起こってしまうであろうことは，確かにその通りである．しかしながら，やはりCooper問題の帰結をLandau液体の描像へ援用して，ある準粒子状態(たとえば $\mathbf{k}\uparrow$) と相手(たとえば $-\mathbf{k}\downarrow$) の占有が強い相関を持つという状況を想定することは可能である．励起状態の占有の相関を破壊するかも知れないような電子への強い作用は，すでにLandauの常伝導状態の記述に繰り込んである．したがって，初めに相互作用の全くない準粒子描像を想定して，準粒子同士に弱い残留相互作用だけによる相関を導入する単純なモデルであっても，正しい理論を構築するための出発点として非合理的ではないのである．これこそが，Bardeen, Cooperと著者が超伝導の微視的理論の構築に着手した際の観点であった．

2.4 対形成の近似(BCS近似)

並進対称性を持つ常伝導系の無電流状態においては，$\mathbf{q} = 0$ の対状態が最大の束縛エネルギー W を持つという意味においてもっとも不安定であることを2.2節で見た．第7章では常伝導状態の不安定性を時間に依存する形式によって扱い，Cooperの結果から予想されるように $\mathbf{q} = 0$ において最も顕著な変動が現れることを見る予定である．したがって，ちょうど反対向きに等しい運動量を持つ電子の間だけに相互作用が働くという，一見恣意的に簡約された問題を扱うことは，実は自然な措置である．この最も強い不安定性の帰結として系の状態が修正され，それに伴って $\mathbf{q} \neq 0$ の対の不安定性も併せて解消されることを期待するわけである．対を形成する電子のスピンも，反対向きの組合せのものだけに限定しておく[§]．

相互作用をする電子系を記述するために，第二量子化の形式を用いることにする．この形式のレビューを付録として与えておく．波数が $\mathbf{k}$，スピンの z 成分が s ($s = \uparrow$ or $\downarrow$) の電子に関する生成演算子と消滅演算子を，それぞれ $c^{+}_{\mathbf{k}s}$，$c_{\mathbf{k}s}$ と表記する．$\mathbf{q} = 0$ の対を扱うための，簡約したハミルトニアン(reduced Hamiltonian)は，次のように与えられる．

$$H_{\text{red}} = \sum_{\mathbf{k},s} \epsilon_{\mathbf{k}} n_{\mathbf{k}s} + \sum_{\mathbf{k},\mathbf{k}'} V_{\mathbf{k}'\mathbf{k}} b^{+}_{\mathbf{k}'} b_{\mathbf{k}} \tag{2.17}$$

[§](訳註) 短距離の引力ポテンシャルを想定するが，同じスピン方向の電子間には排他律が影響して，実効的には引力がほとんど効かないものと考える．

2.4. 対形成の近似 (BCS近似)

$\epsilon_\mathbf{k}$ は Fermi 準位を基準とした 1 電子の運動エネルギーである[†]. 対を形成する電子間相互作用の行列要素 $V_{\mathbf{k'k}}$ を,

$$V_{\mathbf{k'k}} = \langle \mathbf{k'}, -\mathbf{k'}|V|\mathbf{k}, -\mathbf{k}\rangle \tag{2.18}$$

と与えておく. 演算子 $b_\mathbf{k}^+$ は $\mathbf{k}\uparrow$ 状態の電子と $-\mathbf{k}\downarrow$ 状態の電子の対を生成する演算子である. すなわち,

$$\begin{aligned} b_\mathbf{k}^+ &= c_{\mathbf{k}\uparrow}^+ c_{-\mathbf{k}\downarrow}^+ \\ b_\mathbf{k} &= c_{-\mathbf{k}\downarrow} c_{\mathbf{k}\uparrow} \end{aligned} \tag{2.19}$$

である. ハミルトニアン (2.17) は Bardeen, Cooper と著者が提案した超伝導理論 (BCS理論) の基礎となっている [8]. この特殊な相互作用係数の下で超伝導の基底状態と低エネルギーの励起状態を記述することに関する集中的な議論を, BCS の原論文と, Bardeen と著者による解説論文 [9] に与えてある. そこでは相空間における考察と波動関数の反対称性の効果に基づいて, 超流体の運動量密度がゼロの場合には (磁場がある場合には $\mathbf{v}_\text{s}$ がゼロである必要はない) $\mathbf{q} = 0$ の対状態が巨視的な秩序を形成することを論じてある. 超伝導が生じるためには, 行列要素 $V_{\mathbf{k'k}}$ が Fermi 面付近において負の寄与を持つことが想定される. 第 7 章で見る予定であるが, Coulomb 斥力に対して, イオン系による過剰な遮蔽が影響し, 実効的な相互作用の符号を逆転させるのである. 演算子 $c_{\mathbf{k}s}$ を用いて BCS の簡約ハミルトニアン (2.17) を書いたが, 前節で論じたように, これは裸の 1 電子の演算子ではなく常伝導相における準粒子の演算子と読み替えるべきものであり, $V_{\mathbf{k'k}}$ は準粒子の間に働く弱い残留相互作用を表している. 金属中において, 対相関によるエネルギーへの寄与の割合は, 全相関エネルギーに対して $\sim 10^{-8}$ 程度に過ぎないので, H_red の含意に関しては上述のような解釈が相応しい. 鉛や水銀のように, 常伝導相に対する準粒子描像が必ずしも適切ではない物質については, 超伝導相を扱う場合にも別の技法が必要となる (第 0 章と第 7 章). 2.1 節で論じたように, H_red の形は対の選び方に依存して決まる.

対を形成する相互作用は対相関を維持するので, H_red の下で相関の解消によって素励起を起こした系の固有状態は, $\mathbf{k}, s$ 状態が占有され, その相手の $-\mathbf{k}, -s$ 状態が

[†](訳註) つまり $\epsilon_\mathbf{k} = \hbar^2\mathbf{k}^2/2m - E_\text{F}$ である. 簡約ハミルトニアン (2.17) の第 1 項は $H_{\text{red},0} = \Sigma_{\mathbf{k}s}(\hbar^2\mathbf{k}^2/2m)n_{\mathbf{k}s} - E_\text{F}N_\text{op}$ と書ける ($N_\text{op} \equiv \Sigma_{\mathbf{k}s}n_{\mathbf{k}s}$ は全電子数演算子). つまりこれは系の全エネルギーに対応する通常のハミルトニアンではなく, 熱力学的な変数を N_op から E_F へ変更した一種の自由エネルギーに対応する演算子であるが, これを改めて "ハミルトニアン" と見なすわけである. この措置により, 系の基底状態は電子の全く無い "真空" にはならず, (相互作用を除いた場合は) E_F まで電子の埋まった Fermi の海の状態になる.

非占有という指定の仕方が可能な多電子状態である．このような表示方法に基づいて，H_{red} の固有状態と相互作用のない Fermi 気体 (もしくは常伝導状態) の固有状態には1対1の対応関係が成立する．後から見るように，$\mathbf{k}\uparrow$ と $-\mathbf{k}\downarrow$ の励起を "同時に" 起こす場合には，これらの励起を含む系の状態に基底状態の波動関数と適正な直交関係を持たせるような特別な注意を払う必要がある．

V が引力であれば，対相関が生じるので，H_{red} の基底状態において対をなす状態 $(\mathbf{k}\uparrow, -\mathbf{k}\downarrow)$ の一方だけをひとつの電子が占めているということはあり得ない．この場合，演算子 $n_{\mathbf{k}\uparrow} + n_{-\mathbf{k}\downarrow}$ を $2b_{\mathbf{k}}^+ b_{\mathbf{k}}$，すなわち対占有数の2倍に置き換えることができて，簡約ハミルトニアンは次のようになる．

$$H_{\text{red}}^0 = \sum_{\mathbf{k}} 2\epsilon_{\mathbf{k}} b_{\mathbf{k}}^+ b_{\mathbf{k}} + \sum_{\mathbf{k},\mathbf{k}'} V_{\mathbf{k}'\mathbf{k}} b_{\mathbf{k}'}^+ b_{\mathbf{k}} \tag{2.20}$$

ここで $b_{\mathbf{k}}$ の線形結合によって新たな演算子 B_n を形成し，H_{red}^0 が $\sum_n \tilde{\epsilon}_n B_n^+ B_n$ という形になるようにして，H_{red}^0 の固有状態を B_n によって簡単に作れるようにすることを考えてみよう．この議論が正しくないことはすぐに判る．仮に演算子 $b_{\mathbf{k}}$ と $b_{\mathbf{k}}^+$ が (フェルミオンの対ではなく) 真のボゾンを記述するとすれば，B_n や B_n^+ もボゾンを表すことになり，系の基底状態は，新たに定義したボゾンをすべて基底状態に配置することによって形成されるはずである．しかし実際の交換関係は，次のようになっている．

$$[b_{\mathbf{k}}, b_{\mathbf{k}'}^+] = 0 \quad \text{for} \quad \mathbf{k} \neq \mathbf{k}' \tag{2.21a}$$

$$[b_{\mathbf{k}}, b_{\mathbf{k}'}^+] = 1 - (n_{\mathbf{k}\uparrow} + n_{-\mathbf{k}\downarrow}) \quad \text{for} \quad \mathbf{k} = \mathbf{k}' \tag{2.21b}$$

$$[b_{\mathbf{k}}, b_{\mathbf{k}'}] = 0 = [b_{\mathbf{k}}^+, b_{\mathbf{k}'}^+] \tag{2.21c}$$

この交換関係は，Bose-Einstein 統計に適合する形ではない．式 (2.21b) における $(n_{\mathbf{k}\uparrow} + n_{-\mathbf{k}\downarrow})$ は，対を形成する個々の電子に対して働く Pauli 原理の効果を表している．簡単に解釈すると "対粒子(pairon)" の演算子 $b_{\mathbf{k}}$ と $b_{\mathbf{k}}^+$ は $\mathbf{k} \neq \mathbf{k}'$ において Bose-Einstein 統計を満たすけれども，$\mathbf{k} = \mathbf{k}'$ のときには Pauli 原理 $(b_{\mathbf{k}}^+)^2 = 0 = b_{\mathbf{k}}^2$ に従ってしまう．この後者の性質のために "対粒子" に関して単純な Bose 気体の描像は成立しないのである [47]．

H_{red} の基底エネルギーと基底状態の波動関数を変分法によって推定するために，著者は中間子-核子結合の問題やポーラロン問題 [48,49] においてよく用いられている朝永の中間結合近似を採用することを試みた．これらの問題では，ボゾン (中間子

2.4. 対形成の近似 (BCS近似)

やフォノン) が連続して (それぞれ陽子, 電子に関する)"同じ"軌道状態へ放出されるものと仮定する．そして系のエネルギーを最低にする条件から軌道状態 φ の形と $(N/2)$ ボソン状態の重み A_N を決定する．Lee, Low, and Pines [49a] は，重み A_N の決め方を実質的にパラメーター化する仮定を置いて，ポーラロンに関するこの手続きを簡素化した．彼らの波動関数は，問題から電子の座標を消し去る正準変換を施した後には，

$$|\psi_0\rangle \propto \prod_{\mathbf{k}} e^{g_{\mathbf{k}}(a_{\mathbf{k}}^+ + a_{-\mathbf{k}})}|0\rangle \tag{2.22}$$

と表される．a^+ はフォノンの生成演算子である．関数 $g_{\mathbf{k}}$ は本質的に，電子を取り巻くフォノンの軌道波動関数 φ の Fourier 変換である．

この物理的な概念を超伝導に応用する試みは，いくつかの事情のために複雑なものになる．第1に"対粒子"の演算子は真に Bose 統計に適合するものではない．第2に，我々が扱う金属電子系において，電子数は確定した数 N_0 を保っており，平均値 N_0 の付近に有限幅の $|A_N|^2$ の確率分布を持つわけではない．著者は H_{red} の基底状態を，試行的に，

$$|\psi_0\rangle \propto \prod_{\mathbf{k}} e^{g_{\mathbf{k}} b_{\mathbf{k}}^+}|0\rangle = \prod_{\mathbf{k}}(1 + g_{\mathbf{k}} b_{\mathbf{k}}^+)|0\rangle \tag{2.23}$$

のように表すことを考えた ($|0\rangle$ は系が電子を含まない状態)．後ろの式の導出には，指数関数の展開級数において $(b_{\mathbf{k}}^+)^2 = 0$ となる事実を適用した．規格化積分は，

$$\langle \psi_0|\psi_0\rangle = \prod_{\mathbf{k}}\left(1 + |g_{\mathbf{k}}|^2\right) \tag{2.24}$$

となるので，適正に規格化を施した試行波動関数 (BCS波動関数) は，

$$|\psi_0\rangle = \prod_{\mathbf{k}} \frac{1 + g_{\mathbf{k}} b_{\mathbf{k}}^+}{\left(1 + |g_{\mathbf{k}}|^2\right)^{1/2}}|0\rangle \tag{2.25}$$

と与えられる．無数の因子の積を具体的に考えると，$|\psi_0\rangle$ は電子数が偶数個 $(0, 2, 4, \ldots)$ の全ての状態に関してゼロでない振幅を備えている．しかしながら $g_{\mathbf{k}}$ を適切に選ぶことによって，$|\psi_0\rangle$ によって記述される平均粒子数を，要請される N_0 の値に調節することは可能である．大正準集団のように分布幅は $N_0^{1/2}$ のオーダーに過ぎないことを示せるので，巨視的な系を扱う際に，この粒子数のゆらぎは必ずしも不都合ではない．

我々は次の拘束条件の下で，基底状態のエネルギーを最低にする必要がある．

$$\langle \psi_0|N_{\text{op}}|\psi_0\rangle \equiv \langle \psi_0|\sum_{\mathbf{k},s} n_{\mathbf{k}s}|\psi_0\rangle = N_0 \tag{2.26}$$

そこでLagrange（ラグランジュ）の未定係数法に従い，$H_{\mathrm{red}} - \mu N_{\mathrm{op}}$ を最低にすることを考える[‡].

$$\delta W = \delta \langle \psi_0 | H_{\mathrm{red}} - \mu N_{\mathrm{op}} | \psi_0 \rangle = 0 \tag{2.27}$$

式 (2.20) と式 (2.27) により，最小化すべき式は，

$$W = \sum_{\mathbf{k}} 2(\epsilon_{\mathbf{k}} - \mu) v_{\mathbf{k}}^2 + \sum_{\mathbf{k},\mathbf{k}'} V_{\mathbf{k}'\mathbf{k}} u_{\mathbf{k}} v_{\mathbf{k}} u_{\mathbf{k}'} v_{\mathbf{k}'} \tag{2.28}$$

と表される [8]．ここで導入した $u_{\mathbf{k}}$ と $v_{\mathbf{k}}$ は，次のように定義される[§]．

$$u_{\mathbf{k}} = \frac{1}{(1+g_{\mathbf{k}}^2)^{1/2}} \tag{2.29a}$$

$$v_{\mathbf{k}} = \frac{g_{\mathbf{k}}}{(1+g_{\mathbf{k}}^2)^{1/2}} \tag{2.29b}$$

したがって，次の関係が成り立つ．

$$u_{\mathbf{k}}^2 + v_{\mathbf{k}}^2 = 1 \tag{2.29c}$$

ここでは $V_{\mathbf{k}'\mathbf{k}}$ と $g_{\mathbf{k}}$ が実数になるように位相を選んだものと考え，$u_{\mathbf{k}}$ と $v_{\mathbf{k}}$，およびこれから導入する $\Delta_{\mathbf{k}}$ も実数と見なす．W を最低にする条件として，$u_{\mathbf{k}}$ と $v_{\mathbf{k}}$ について，次の結果が得られる．

$$u_{\mathbf{k}}^2 = \frac{1}{2}\left(1 + \frac{\epsilon_{\mathbf{k}} - \mu}{E_{\mathbf{k}}}\right) \tag{2.30a}$$

$$v_{\mathbf{k}}^2 = \frac{1}{2}\left(1 - \frac{\epsilon_{\mathbf{k}} - \mu}{E_{\mathbf{k}}}\right) \tag{2.30b}$$

$$u_{\mathbf{k}} v_{\mathbf{k}} = \frac{\Delta_{\mathbf{k}}}{2E_{\mathbf{k}}} \tag{2.30c}$$

$$E_{\mathbf{k}} = +\left[(\epsilon_{\mathbf{k}} - \mu)^2 + \Delta_{\mathbf{k}}^2\right]^{1/2} \tag{2.30d}$$

後から明らかになるが，$E_{\mathbf{k}}$ は超伝導状態において運動量 $\mathbf{k}$ の準粒子[†]を生成するた

[‡] (訳註) $-\mu N_{\mathrm{op}}$ という項は p.33 訳註の $-E_{\mathrm{F}} N_{\mathrm{op}}$ と重複しているように見えるが，すぐ後で言及があるように，ここでは $\mu = E_{\mathrm{F}}$ ではなく $\mu = 0$ と設定するので問題はない．

[§] (訳註) 通常の文献において "BCS 波動関数" として用いられるのは，$g_{\mathbf{k}}$ を用いた式 (2.25) ではなく，$u_{\mathbf{k}}$ と $v_{\mathbf{k}}$ を用いた $|\psi_0\rangle = \Pi_{\mathbf{k}}(u_{\mathbf{k}} + v_{\mathbf{k}} b_{\mathbf{k}}^+)|0\rangle$ という形である．式 (2.45) や式 (2.91)，式 (8.34) を参照されたい．

[†] (訳註) 同じ "準粒子" (quasi-particle) という術語が異なる意味で用いられていて紛らわしいが，ここで言及されている準粒子は Fermi 液体を構成する Landau の準粒子 (2.3 節) ではなく，その上位概念として，多電子系の基底状態からの素励起の記述のために新たに定義される疑似粒子であって，容易に生成・消滅が起こる（すなわち，この '準粒子' の個数は，一般に摂動の下では保存しない）ものと見なされる．この意味では自由電子気体において，系の電子すべてではなく，Fermi 球の外部へ励起された電子と Fermi 球の内部に形成された正孔が "準粒子" である．超伝導状態を対象とする場合には，この新たな "準粒子" は Landau 準粒子生成・消滅演算子の 1 次結合の形で定義される (Bogoliubov-Valatin の準粒子．式 (2.47)-(2.49) 参照)．

2.4. 対形成の近似 (BCS近似)

めに必要となるエネルギーである．"エネルギーギャップ"のパラメーター $\Delta_\mathbf{k}$ は，次の積分方程式 (ギャップ方程式) を満たす $\mathbf{k}$ の関数として定義される．

$$\Delta_\mathbf{k} = -\sum_{\mathbf{k}'} V_{\mathbf{k}\mathbf{k}'} \frac{\Delta_{\mathbf{k}'}}{2E_{\mathbf{k}'}} \tag{2.30e}$$

ここで式(2.30e) と，拘束条件，

$$\langle \psi_0 | N_{\mathrm{op}} | \psi_0 \rangle = 2 \sum_{\mathbf{k}} v_\mathbf{k}^2 = N_0 \tag{2.31}$$

を同時に解いて $\Delta_\mathbf{k}$ と μ を決定する必要がある．1粒子エネルギー $\epsilon_\mathbf{k}$ を常伝導状態における Fermi エネルギーを基準として計るものとすると，μ は単に常伝導状態と超伝導状態における化学ポテンシャルのずれを表す．Fermi面付近において粒子-正孔対称性を備えた系であれば正確に $\mu = 0$ が成立する．一般の場合においても $\mu = 0$ は極めてよい近似となるので，我々は $\mu = 0$ と仮定して $\Delta_\mathbf{k}$ を求めることにする．エネルギーギャップ方程式(2.30e)を解くことができれば，式(2.28) に $u_\mathbf{k}$ と $v_\mathbf{k}$ の式を代入することによって，N相とS相のエネルギー差 $W_\mathrm{N} - W_\mathrm{S}$ を求めることができる．式(2.30e) の解は，$V_{\mathbf{k}\mathbf{k}'}$ を，

$$V_{\mathbf{k}\mathbf{k}'} \equiv \begin{cases} -V < 0 & \text{for } |\epsilon_\mathbf{k}| \text{ and } |\epsilon_{\mathbf{k}'}| < \omega_\mathrm{c} \\ 0 & \text{otherwise} \end{cases} \tag{2.32}$$

という極めて単純な s 波ポテンシャルの形で与えるならば，容易に求められる．このポテンシャル $V_{\mathbf{k}\mathbf{k}'}$ は，Fermi面を含む厚さ $2\omega_\mathrm{c}/v_\mathrm{F}$ の球殻領域において電子間に引力を及ぼす．このとき，エネルギーギャップ関数は，

$$\Delta_\mathbf{k} = \begin{cases} \Delta_0 & \text{for } |\epsilon_\mathbf{k}| < \omega_\mathrm{c} \\ 0 & \text{otherwise} \end{cases} \tag{2.33}$$

$$\Delta_0 = \frac{\omega_\mathrm{c}}{\sinh\left[\dfrac{1}{N(0)V}\right]} \simeq 2\omega_\mathrm{c} \exp\left[-\frac{1}{N(0)V}\right] \tag{2.34}$$

という単純な二値関数に簡約される．式(2.34) の後の方の近似式は，弱結合の極限 $N(0)V \lesssim \frac{1}{4}$ において成立する[‡]．この結果を基底エネルギーの式(2.28) に代入し，常伝導状態の基底エネルギー (ここでは摂動のない Fermi の海を考えればよい) との差を取れば，凝縮エネルギーが得られる．

[‡] (訳註) $N(0) \propto$ [系の体積]，$V \propto 1/$[系の体積] であり (p.25訳註参照)，結合定数 $N(0)V$ は系の規格化体積には依存しない物質固有の無次元数となる．数値例：$(N(0)V)_{[\mathrm{Al}]} \simeq 0.17$，$(N(0)V)_{[\mathrm{Pb}]} \simeq 0.40$．また，引力相互作用の切断エネルギー $\hbar\omega_\mathrm{c}$ の数値例 ($\hbar\omega_\mathrm{c} \simeq k_\mathrm{B}\Theta_\mathrm{Debye}$ と仮定した概数値) を示しておくと，$\hbar\omega_{\mathrm{c}[\mathrm{Al}]} \simeq 36$ meV，$\hbar\omega_{\mathrm{c}[\mathrm{Pb}]} \simeq 8$ meV．

第2章 対形成理論 (BCS理論)

$$W_\text{N} - W_\text{S} = \frac{1}{2}N(0)\Delta_0^2 \simeq 2N(0)\omega_c^2 \exp\left[-\frac{2}{N(0)V}\right] \tag{2.35}$$

一方,熱力学的には,次の関係が与えられる [4].

$$W_\text{N} - W_\text{S} = \frac{H_0^2}{8\pi} \tag{2.36}$$

H_0 は絶対零度において超伝導状態を破壊する臨界磁場である.したがって,次の関係が得られる[§].

$$H_0 = 2[\pi N(0)]^{1/2}\Delta_0 \tag{2.37}$$

この式を用いると,実験的に得られている $N(0)$ と Δ_0 の値から H_0 を算出することができるが,これは別途,実験で調べられた臨界磁場の値とよく一致する [9,16].

ここで,凝縮エネルギー (2.35) は結合定数 $N(0)V$ に関して解析的ではないことに注意を促しておく.このような特異な性質のために,常伝導相を出発点とする通常の摂動論の取り扱いによって正しい結果に近づくことはできない.摂動的な手法で正当な結果を得るには,適切に選んだ種類のグラフについて,無限級数を考えなければならない [50].

超伝導基底状態の波動関数(2.23) に戻ろう.朝永の技法に基礎を置くならば,$|\psi_0\rangle$ の N 粒子空間への射影が (座標表示において) 次のような形の関数になるものと予想される [51].

$$\langle r_1, s_1; r_2, s_2; \cdots; r_N, s_N|\psi_0\rangle \equiv \psi_{0N}$$
$$= \mathcal{A}\varphi(\mathbf{r}_1 - \mathbf{r}_2)\chi_{12}\varphi(\mathbf{r}_3 - \mathbf{r}_4)\chi_{34}\cdots\varphi(\mathbf{r}_{N-1} - \mathbf{r}_N)\chi_{N-1,N} \tag{2.38}$$

関数 φ は対の相対座標の波動関数 (すべての対に関して'同じ' 関数を充てることに注意せよ),χ_{ij} はこれに対応させるスピン関数 $\uparrow(i)\downarrow(j)$ である.したがって対形成近似の範囲内では,基底状態において,すべての対が"同じ"状態に入っていることになる.式(2.38) の演算子 $\mathcal{A}$ は関数全体を反対称化する演算子である.この結果を最初に示したのはDyson(ダイソン)であるが,これを導くには,$|\psi_0\rangle$ と次の基本ベクトル,

$$|\mathbf{r}_1, s_1; \mathbf{r}_2, s_2; \cdots; \mathbf{r}_N, s_N\rangle = \psi_{s_1}^+(\mathbf{r}_1)\psi_{s_2}^+(\mathbf{r}_2)\cdots\psi_{s_N}^+(\mathbf{r}_N)|0\rangle$$

[§] (訳註) 式(2.36)-(2.37) のような議論では,暗黙のうちに系の体積が単位体積に設定されているものと見るべきである.したがって式(2.37) で用いる $N(0)$ の値は,Fermi準位における"単位体積あたりの"エネルギー状態密度であるが,自由電子気体モデルを仮定すれば,電子密度 n と Fermiエネルギー E_F によって粗い推定ができる (1 方向スピンあたり $(3/4)(n/E_\text{F})$).数値例:$N(0)_{[\text{Al}]} \simeq 1.2 \times 10^{22}/\text{eV-cm}^3\text{-spin}$, $N(0)_{[\text{Pb}]} \simeq 1.1 \times 10^{22}/\text{eV-cm}^3\text{-spin}$. 臨界磁場を与える式は,SI単位系では $B_0 = \{\mu_0 N(0)\}^{1/2}\Delta_0$ [tesla] である (1 tesla $= 10^4$ gauss).

2.4. 対形成の近似 (BCS近似)

との内積を取り, ψ^+ を次のように生成演算子 $c^+_{\mathbf{k}s_i}$ で展開すればよい.

$$\psi^+_{s_i}(\mathbf{r}_i) = \sum_{\mathbf{k}} e^{-i\mathbf{k}\cdot\mathbf{r}_i} c^+_{\mathbf{k}s_i} \tag{2.39}$$

N 粒子状態(2.38) については Blatt によって, 更に φ が $\mathbf{r}_1$ と $\mathbf{r}_2$ の一般の関数となる場合について論じられた [51a]. この一般化は $\mathbf{k}\uparrow$ と $-\mathbf{k}\downarrow$ の組合せ以外の対形成を考えることに対応している.

式(2.38) における軌道関数 φ を,

$$\varphi(\boldsymbol{\rho}) = \sum_{\mathbf{k}} g_{\mathbf{k}} e^{i\mathbf{k}\cdot\boldsymbol{\rho}} \tag{2.40}$$

と書くことができる. 前に述べたように, $g_{\mathbf{k}}$ は $\varphi(\boldsymbol{\rho})$ の Fourier 変換である. 式(2.38) は, スピンの向きが反対の電子対を凝縮させた Bose-Einstein 気体を表す式と形式的に類似しているが, 実際の超伝導体においては, 反対称化演算子 $\mathcal{A}$ の役割が重要である. 相互作用のない Fermi 気体の (規格化していない) 基底状態は, 次のように書かれる.

$$g_{\mathbf{k}} = \begin{cases} 1 & |\mathbf{k}| < k_{\mathrm{F}} \\ 0 & |\mathbf{k}| > k_{\mathrm{F}} \end{cases} \tag{2.41}$$

この場合, φ が含意している反対向きのスピンを持つ電子同士の相関は反対称化によって除かれる. 超伝導状態における $g_{\mathbf{k}}$ の式(2.41) との違いは, 主に Fermi 面付近 ($|\mathbf{k}| \approx k_{\mathrm{F}}$ の領域) において生じる. この違いは関数 $\varphi(\boldsymbol{\rho})$ の空間的な拡がり方と関係を持ち, 反平行なスピンを持つ電子同士が互いに $\xi_0 \equiv \hbar v_{\mathrm{F}}/\pi\Delta_0 \sim 10^{-4}$ cm 程度の範囲内の距離を保つ確率を上げる[†]. ξ_0 は Pippard のコヒーレンス距離にあたる. 既に言及したように, この電子同士の準束縛状態は空間的にかなり広範囲に拡がっており, この範囲内に 10^6 個分もの他の電子対の重心が含まれる. (この勘定では Fermi の海から深い位置にある電子は考慮していない. そのような電子の挙動は本質的に常伝導相における挙動と変わらないからである.) したがって, 互いに孤立している電子対の描像は, ここでは役に立たない.

[†](訳註) これは不確定性関係として捉えることができる. 対 (つい) を構成する電子の運動エネルギーが, Fermi 準位付近で Δ_0 程度の不確かさを持つと考えると, 任意の方向に着目して, [電子の波数の大きさの不確かさ $\sim \Delta_0/\hbar v_{\mathrm{F}}$] × [電子の運動範囲 $\sim \xi_0 \sim \hbar v_{\mathrm{F}}/\Delta_0$] ~ 1 のオーダー ということである.

2.5 準粒子の励起

BCS簡約ハミルトニアン(2.17) の励起状態を見いだすために，基底状態に対して $\mathbf{p}\uparrow$ 状態の電子をひとつ加えることを考える[‡](同時に相手方の $-\mathbf{p}\downarrow$ 状態は空にする)．この過程による唯一の効果は，対(つい)状態 $(\mathbf{p}\uparrow, -\mathbf{p}\downarrow)$ の対形成相互作用への参加を妨げることである．$-\mathbf{p}\downarrow$ が空であると仮定するので，$\mathbf{p}\uparrow$ 状態の電子は，式(2.20) における対形成相互作用の形により，この状態以外へ散乱されることはない．もちろん H_{red} に陽に含めていない相互作用を考えれば，このような散乱も起こり得る．しかしながら，そのような相互作用は励起スペクトルにあまり影響を及ぼさない(その影響は，すでに常伝導状態の準粒子に暗に含まれているものと見なす)．

準粒子のエネルギーは，このように系に余分の電子を加えたときの，系のエネルギーの増分と定義される[§]．式(2.28) から対(つい)状態 $(\mathbf{p}\uparrow, -\mathbf{p}\downarrow)$ を消したときの，相互作用をしている対(つい)の系におけるエネルギーの増分は，

$$-2\epsilon_{\mathbf{p}} v_{\mathbf{p}}^2 - 2\left[\sum_{\mathbf{k}'} V_{\mathbf{p}\mathbf{k}'} u_{\mathbf{k}'} v_{\mathbf{k}'}\right] u_{\mathbf{p}} v_{\mathbf{p}} \tag{2.42}$$

と与えられる．ここに，(外から) 加えるひとつの電子のエネルギー $\epsilon_{\mathbf{p}}$ を足し合わせた全励起エネルギーは，次のようになる．

$$\epsilon_{\mathbf{p}}\left[1 - 2v_{\mathbf{p}}^2\right] + 2\Delta_{\mathbf{p}} u_{\mathbf{p}} v_{\mathbf{p}} \tag{2.43}$$

上式ではギャップ方程式(2.30e) を利用して相互作用エネルギー項を単純化した．$u_{\mathbf{k}}$ と $v_{\mathbf{k}}$ の式(2.30) を $(\mu = 0$ と置いて) 用いると，励起エネルギーが求まる．

$$W_{\mathbf{p}\uparrow} - W_0 = \frac{\epsilon_{\mathbf{p}}^2}{E_{\mathbf{p}}} + \frac{\Delta_{\mathbf{p}}^2}{E_{\mathbf{p}}} = E_{\mathbf{p}} \tag{2.44}$$

したがって，式(2.30d) で定義されたパラメーター $E_{\mathbf{p}}$ は，状態 $\mathbf{p}\uparrow$ に準粒子を生成するために必要なエネルギーであることが分かった．$E_{\mathbf{p}}$ の $|\mathbf{p}|$ に対する依存性を図2.3 に示す．系にひとつの準粒子を生成するために必要とされる最低エネルギーは $\Delta_{k_{\mathrm{F}}} \equiv \Delta_0 \sim 10^{-3} - 10^{-4}$ eV である．原理的には，この励起状態において化学ポテンシャル μ が僅かに上昇して $\langle N \rangle = N_0 + 1$ になるはずである．しかし巨視的な系を扱う場合には，この効果を無視してもよい．

[‡] (訳註) 随時 $\hbar = 1$ とする単位系を用いるので，波数と運動量の区別はない．$\mathbf{p}$ も $\mathbf{k}$ も，波数と見ても運動量と見てもよい．

[§] (訳註) 本文でも後から言及があるが，ここでは Fermi 準位より上 $(\epsilon_{\mathbf{p}} > 0)$ に準粒子を生成する場合の考え方が示されている．$\epsilon_{\mathbf{p}}$ は Fermi 面を基準に定義されているので $\epsilon_{\mathbf{p}} = \mathbf{p}^2/2m - E_{\mathrm{F}}$ である．

2.5. 準粒子の励起

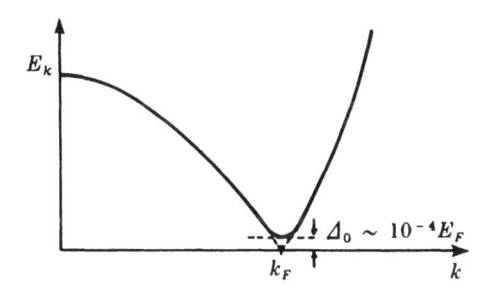

図2.3 超伝導状態における準粒子エネルギー $E_{\mathbf{k}}$ の波数 $k = |\mathbf{k}|$ に対する依存性．このエネルギー $E_{\mathbf{k}} = (\epsilon_{\mathbf{k}}^2 + \Delta_{\mathbf{k}}^2)^{1/2}$ と，これに対応する常伝導状態における励起エネルギー $|\epsilon_{\mathbf{k}}|$ は，Fermi 準位付近だけで違いを生じる．系に外部から電子を加えたり，系から外部へ電子を取り去ったりしない場合に実験的に観測されるエネルギーギャップは，1電子による準粒子生成に必要な最小エネルギー Δ_0 の倍にあたる $2\Delta_0$ である．

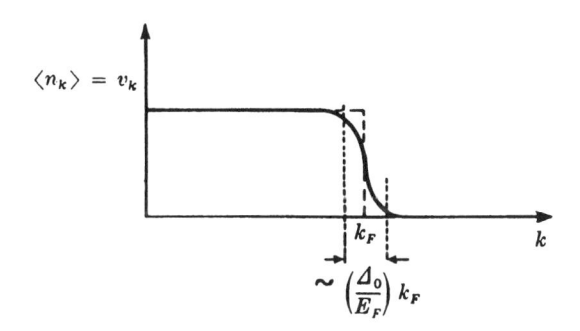

図2.4 常伝導状態として自由な Bloch 粒子気体モデルを採用した場合の，超伝導状態における平均占有数 $\langle n_{\mathbf{k}} \rangle$ の波数依存性．自由Bloch気体の常伝導状態の分布は $k < k_F$ において 1，$k > k_F$ において 0 である．相互作用を考慮すると，常伝導状態でも段差の角は丸くなるが，その場合にも $\langle n_{\mathbf{k}} \rangle$ の不連続な飛躍の部分が残るものと考えられる．超伝導状態になったときの対相関による Fermi面構造の "鈍化" は，Fermi面付近の $\sim 10^{-4} k_F$ 程度の範囲だけに及ぶ．

ここまで明確に言及しなかったが，上述の励起の計算は $\epsilon_{\mathbf{p}}$ が Fermi 準位よりも高いような状態 $\mathbf{p}$ における励起を想定したものである．図2.4 に示すように，対形成相互作用は，電子占有確率 $\langle n_{\mathbf{k}} \rangle$ の Fermi 準位における急峻な段差構造を緩和するので，Fermi 準位の下の状態にも電子をひとつ加えることのできる確率がゼロではなくなる．しかしこの場合も，電子を加えることによる励起エネルギーが正となるのは $|\mathbf{p}| > p_F$

に限られる.一方,上述の計算と同様の計算を,今度は基底状態から $\mathbf{p}\uparrow$ の電子をひとつ抜き取る操作を励起と見なしてやり直すこともできる.この場合は $|\mathbf{p}| < p_\mathrm{F}$ において励起エネルギー $E_\mathbf{p}$ が正になる.Fermi準位を境にして,このように励起(準粒子)の定義を切り替えることにより,$|\mathbf{p}|$ と Fermi 運動量の大小関係如何にかかわらず,正の励起エネルギーを扱うことができる[†].

したがって,超伝導基底状態から1粒子的な励起を生成するために必要な最低エネルギーは $2\Delta_0$ である.すなわち,ある状態から電子を取り去るために Δ_0,それをもう一つの状態に置くことのために Δ_0 のエネルギーが必要となる.

次のことに対する理解は重要である.$|\psi_{0N}\rangle$ に対して,$\mathbf{p}\uparrow$ の電子を"加えた"状態と,$|\psi_{0N}\rangle$ から $-\mathbf{p}\downarrow$ の電子を"取り去った"状態は,対形成近似の範囲内では,ほとんど"同じ"状態である.両者の違いは,超流体の対の数がひとつ異なっているだけのことにすぎない.$|\psi_{0N}\rangle$ の代わりに式(2.23)の $|\psi_0\rangle$ を最初の状態として用いるならば,これは粒子数が $\cdots$, $N-2$, N, $N+2$, $\cdots$ の系の振幅をすべて含む基底状態の統計集団を表すので,$c^+_{\mathbf{p}\uparrow}$ によって電子を加えた状態も,$c_{-\mathbf{p}\downarrow}$ によって電子を取り去った状態も,規格化因子を除いて全く同一の状態となる.このことは,次のようにして確認できる.

$$\begin{aligned}
c^+_{\mathbf{p}\uparrow}|\psi_0\rangle &= c^+_{\mathbf{p}\uparrow}\prod_{\mathbf{k}}(u_\mathbf{k} + v_\mathbf{k} b^+_\mathbf{k})|0\rangle \\
&= u_\mathbf{p} c^+_{\mathbf{p}\uparrow} \prod_{\mathbf{k}\neq\mathbf{p}}(u_\mathbf{k} + v_\mathbf{k} b^+_\mathbf{k})|0\rangle \\
&= u_\mathbf{p}|\psi_{\mathbf{p}\uparrow}\rangle
\end{aligned} \tag{2.45a}$$

$$\begin{aligned}
c_{-\mathbf{p}\downarrow}|\psi_0\rangle &= c_{-\mathbf{p}\downarrow}\prod_{\mathbf{k}}(u_\mathbf{k} + v_\mathbf{k} b^+_\mathbf{k})|0\rangle \\
&= -v_\mathbf{p} c^+_{\mathbf{p}\uparrow} \prod_{\mathbf{k}\neq\mathbf{p}}(u_\mathbf{k} + v_\mathbf{k} b^+_\mathbf{k})|0\rangle \\
&= -v_\mathbf{p}|\psi_{\mathbf{p}\uparrow}\rangle
\end{aligned} \tag{2.45b}$$

[†](訳註) Fermi 準位より下を考える場合には,常伝導相では $\epsilon_\mathbf{p} < 0$ の電子を消すことを準粒子生成と見なすので(すなわち準粒子を電子ではなく正孔と対応させるので),このような準粒子エネルギーは $-\epsilon_\mathbf{p} = -\mathbf{p}^2/2m + E_\mathrm{F} > 0$ である(図2.3の左側を参照).超伝導状態ではFermi 準位付近の電子占有確率が 0 と 1 の間の値になるので(図2.4),Fermi 準位付近における準粒子生成の描像は,正確には電子を加える振幅と電子を除く振幅の重ね合わせとして表現される(式(2.47a),式(2.49b)参照).

Fermi 準位を境にして,このように準粒子の描像を切り替えることは少々恣意的に見えるが,元々の"ハミルトニアン"(式(2.17))が,実は外部変数として E_F を含んでいることを認識すれば,E_F が特別な意味を持つことは不自然ではない.p.33訳註および p.36訳註を参照.

2.5. 準粒子の励起

$|\psi_{\mathbf{p}\uparrow}\rangle$ は規格化された 1 準粒子状態である.

$$|\psi_{\mathbf{p}\uparrow}\rangle = c^+_{\mathbf{p}\uparrow} \prod_{\mathbf{k}\neq\mathbf{p}}(u_{\mathbf{k}} + v_{\mathbf{k}} b^+_{\mathbf{k}})|0\rangle \tag{2.46}$$

2 つの等価な演算子の 1 次結合,

$$\gamma^+_{\mathbf{p}\uparrow} = u_{\mathbf{p}} c^+_{\mathbf{p}\uparrow} - v_{\mathbf{p}} c_{-\mathbf{p}\downarrow} \qquad [\langle\uparrow\rangle\text{準粒子生成演算子}] \tag{2.47a}$$

を考えると,数学的に著しい単純化が可能となる.式(2.45)により,$\gamma^+_{\mathbf{p}\uparrow}$ を $|\psi_0\rangle$ に作用させると,規格化された状態 $|\psi_{\mathbf{p}\uparrow}\rangle$ が生成される.

$$\gamma^+_{\mathbf{p}\uparrow}|\psi_0\rangle = |\psi_{\mathbf{p}\uparrow}\rangle \tag{2.47b}$$

これと直交する 1 次結合,

$$\gamma_{-\mathbf{p}\downarrow} = u_{\mathbf{p}} c_{-\mathbf{p}\downarrow} + v_{\mathbf{p}} c^+_{\mathbf{p}\uparrow} \qquad [\langle\downarrow\rangle\text{準粒子消滅演算子}] \tag{2.48a}$$

を $|\psi_0\rangle$ に作用させると,状態ベクトルは消える ('真空' 状態 $|0\rangle$ が生成するのではないことに注意せよ).

$$\gamma_{-\mathbf{p}\downarrow}|\psi_0\rangle = 0 \tag{2.48b}$$

式(2.47a) と式(2.48a) の演算子,およびこれらに対してエルミート共役な,

$$\gamma_{\mathbf{p}\uparrow} = u_{\mathbf{p}} c_{\mathbf{p}\uparrow} - v_{\mathbf{p}} c^+_{-\mathbf{p}\downarrow} \qquad [\langle\uparrow\rangle\text{準粒子消滅演算子}] \tag{2.49a}$$

$$\gamma^+_{-\mathbf{p}\downarrow} = u_{\mathbf{p}} c^+_{-\mathbf{p}\downarrow} + v_{\mathbf{p}} c_{\mathbf{p}\uparrow} \qquad [\langle\downarrow\rangle\text{準粒子生成演算子}] \tag{2.49b}$$

という演算子は,Bogoliubov [52] と Valatin [53] によって独立に導入された.これらの関係は B-V 変換として知られている[‡].記法からも推察されるように,$\gamma^+_{\mathbf{p}\uparrow}$ と $\gamma^+_{-\mathbf{p}\downarrow}$ はそれぞれ状態 $\mathbf{p}\uparrow$ および状態 $-\mathbf{p}\downarrow$ の準粒子を生成し,$\gamma_{\mathbf{p}\uparrow}$ と $\gamma_{-\mathbf{p}\downarrow}$ はこれらの状態の準粒子を消滅させる.すなわち,以下の関係が成立する.

$$\gamma^+_{\mathbf{p}\uparrow}|\psi_0\rangle = |\psi_{\mathbf{p}\uparrow}\rangle \tag{2.50a}$$

$$\gamma^+_{-\mathbf{p}\downarrow}|\psi_0\rangle = |\psi_{-\mathbf{p}\downarrow}\rangle \tag{2.50b}$$

$$\gamma_{\mathbf{p}\uparrow}|\psi_0\rangle = 0 \tag{2.50c}$$

$$\gamma_{-\mathbf{p}\downarrow}|\psi_0\rangle = 0 \tag{2.50d}$$

[‡](訳註) 本書における B-V 変換の流儀 (準粒子生成演算子 (2.47a), (2.49b),準粒子消滅演算子 (2.49a), (2.48a).$v_{\mathbf{p}}$ の項の符号をスピンの向きによって変えてある) では,付帯条件として $u_{\mathbf{p}}$ も $v_{\mathbf{p}}$ も偶関数であることが仮定される.すなわち $u_{-\mathbf{p}} = u_{\mathbf{p}},\ v_{-\mathbf{p}} = v_{\mathbf{p}}$ である.ここでは $u_{\mathbf{p}}$ と $v_{\mathbf{p}}$ が実数と仮定されていること (p.36 参照) にも注意を促しておく.

式 (2.50c) と式 (2.50d) は「$|\psi_0\rangle$ は準粒子に関する真空である」という声明と等価である．直接的な計算により，次のことを確認できる．まず準粒子の演算子は Fermi-Dirac 統計に従うための条件を満たしている．

$$\{\gamma_{\mathbf{p}s}, \gamma_{\mathbf{p}'s'}^+\} = \delta_{\mathbf{pp}'}\delta_{ss'} \tag{2.51a}$$

$$\{\gamma_{\mathbf{p}s}, \gamma_{\mathbf{p}'s'}\} = \{\gamma_{\mathbf{p}s}^+, \gamma_{\mathbf{p}'s'}^+\} = 0 \tag{2.51b}$$

多数の準粒子が生成すると，準粒子による Fermi 気体が形成されるが，その相互作用は極めて弱いものと想定される．

γ や γ^+ は，$|\psi_0\rangle$ のように粒子数が異なる系から成る統計集団に相当する状態に作用させるべきものであって，N 粒子射影 $|\psi_{0N}\rangle$ に作用させてはならないという認識は重要である．仮に $\gamma_{\mathbf{p}}^+$ を N 粒子状態に作用させることを考えると，電子と正孔の線形結合状態が現れてしまうが，これは正しく"ない"．N 粒子系における運動量 $\mathbf{p}$，スピン s の準粒子とは，電子の $\mathbf{p}, s$ への占有が確定していて，かつその相手方の $-\mathbf{p}, -s$ が完全に空いている状態に他ならない．配位空間において，$|\psi_{\mathbf{p}\uparrow}\rangle$ に対応する $(N+1)$ 粒子波動関数は，

$$\begin{aligned}\psi_{\mathbf{p}\uparrow}&(\mathbf{r}_1, s_1; \cdots; \mathbf{r}_{N+1}, s_{N+1}) \\ &= \mathcal{A}\varphi'(\mathbf{r}_1 - \mathbf{r}_2)\chi_{12}\varphi'(\mathbf{r}_3 - \mathbf{r}_4)\chi_{34}\cdots \\ &\cdots \varphi'(\mathbf{r}_{N-1} - \mathbf{r}_N)\chi_{N-1,N}\exp(i\mathbf{p}\cdot\mathbf{r}_{N+1})\uparrow_{N+1} \end{aligned} \tag{2.52}$$

と表される．$\varphi'(\rho)$ は式 (2.40) において $\mathbf{k} = \mathbf{p}$ の項を除いた関数である．目的によっては，素励起を $-\mathbf{p}, -s$ 状態を空けることと見なした方が都合のよい場合もあり，そのような素励起を"正孔"と呼ぶ．他方，もちろん $\mathbf{p}, s$ 状態を埋めることに注目した方がよい場合もある．対状態 $(\mathbf{p}\uparrow, -\mathbf{p}\downarrow)$ の波動関数は，それをどちらの言葉で記述するにしても同じである．しかしながら同じ状態を表す上述の2通りの記述において，超流動対の数がひとつ異なることを心に留めておくべきである．

準粒子が $\mathbf{k}_1 s_1, \mathbf{k}_2 s_2, \cdots, \mathbf{k}_n s_n$ にある励起状態は，次のように表される．

$$|\psi_{\mathbf{k}_1 s_1, \mathbf{k}_2 s_2, \cdots, \mathbf{k}_n s_n}\rangle = \gamma_{\mathbf{k}_1 s_1}^+ \gamma_{\mathbf{k}_2 s_2}^+ \cdots \gamma_{\mathbf{k}_n s_n}^+ |0\rangle \tag{2.53}$$

この状態の励起エネルギーは $E_{\mathbf{k}_1 s_1} + E_{\mathbf{k}_2 s_2} + \cdots + E_{\mathbf{k}_n s_n}$ である．Bogoliubov-Valatin 演算子には，これによって生成される，

$$|\psi_{\mathbf{p}\uparrow, -\mathbf{p}\downarrow}\rangle = \gamma_{\mathbf{p}\uparrow}^+ \gamma_{-\mathbf{p}\downarrow}^+ |\psi_0\rangle \tag{2.54}$$

のような状態が，基底状態と直交するという重要な性質がある．これは $|\psi_0\rangle$ に対して $c_{\mathbf{p}\uparrow}^+ c_{-\mathbf{p}\downarrow}^+$ を作用させた励起状態にはあてはまらない性質である．元々の BCS による取扱いでは，これらの2個の励起を持つ対状態 (基底状態に含まれる '仮想対' [virtual pair] に対して '実の対' [real pair] と呼んでいる) が別々に扱われ，2準粒子状態 (2.54) は，波動関数における因子，

$$(v_{\mathbf{p}} - u_{\mathbf{p}} b_{\mathbf{p}}^+) \tag{2.55}$$

によって表現された．しかしながら，これは式(2.54)における γ^+ を c および c^+ によって表し，波動関数において $b_{\mathbf{p}}^+$ を含む因子を簡単にした場合に得られる因子そのものである[§]．

H_{red} に対する $|\psi_0\rangle$ の変分解と準粒子スペクトルは，系が巨視的であり，かつ励起の数が対相互作用に与る電子数に比べて少ない場合に正確な結果と見なせることが，いくつかの研究グループによって示された [54]．次節ではこれらの結果を有限温度の場合へ一般化するが，その際には励起が少ないという仮定は満たされないことになる．

2.6 運動方程式の線形化と有限温度の特性

Bardeen, Cooper および著者の元々の論文では，超伝導状態の熱学的な性質について，対形成近似の枠内で完全な議論が行われた．H_{red} によって系を記述する取扱いは，$T=0$ の場合に関しては，巨視的極限において正確な結果を与える．BCS は T_c における2次相転移と，$T \lesssim \frac{1}{2} T_c$ における比熱の指数関数的な減衰を理論的に導き，これらの実験事実を説明した．この仕事と実験結果の比較については BCS の論文 [8] と，Bardeen と著者による解説論文 [9] を参照されたい．

ここでは BCS による有限温度の取扱いを繰り返す代わりに，1粒子演算子 $c_{\mathbf{p}\uparrow}^+$ と $c_{-\mathbf{p}\downarrow}$ の運動方程式を線形化する技法を紹介する．以下，Valatin によって与えられた議論 [55] を厳密に辿り，BCS の結果と同じ結論を導く．

曖昧さを避けるために，簡約ハミルトニアン (2.17) に基づいて議論を始める．

[§](訳註) "単独の準粒子励起" を仮想するなら，たとえば $\gamma_{\mathbf{p}\uparrow}^+ (u_{\mathbf{p}} + v_{\mathbf{p}} b_{\mathbf{p}}^+)|0\rangle = c_{\mathbf{p}\uparrow}^+|0\rangle$ のように単純に一方の電子の占有を確定させるだけだが (式(2.50a))，式(2.54) のように相関のある対の占めるところに準粒子対を励起すると $\gamma_{\mathbf{p}\uparrow}^+ \gamma_{-\mathbf{p}\downarrow}^+ (u_{\mathbf{p}} + v_{\mathbf{p}} b_{\mathbf{p}}^+)|0\rangle = (u_{\mathbf{p}} b_{\mathbf{p}}^+ - v_{\mathbf{p}})|0\rangle$ となる (各自確認されたい)．すなわち基底状態では対の占有確率が $v_{\mathbf{p}}^2$，非占有確率が $u_{\mathbf{p}}^2$ だったものが，"実の対" を生成すると占有確率が $u_{\mathbf{p}}^2$，非占有確率が $v_{\mathbf{p}}^2$ に入れ替わる．

$$H_{\rm red} = \sum_{{\bf k},s} \epsilon_{\bf k} n_{{\bf k}s} + \sum_{{\bf k},{\bf k}'} V_{{\bf k}'{\bf k}} b_{{\bf k}'}^+ b_{\bf k} \tag{2.17}$$

(2体相互作用をすべて考慮したとしても，我々の近似に基づく結果と同じ結果が得られる．) 基本的な考え方は，次のような性質を持つ固有演算子 (eigenoperator) μ_α^+ と μ_β を見いだすことである[†]．

$$[H_{\rm red}, \mu_\alpha^+] = \Omega_\alpha \mu_\alpha^+ \tag{2.56a}$$

$$[H_{\rm red}, \mu_\beta] = -\Omega_\beta \mu_\beta \tag{2.56b}$$

上の2本の式は互いにエルミート共役関係にある．Ω は正の量とする．固有演算子 μ_α^+ と μ_β はそれぞれ，系において励起を生成もしくは消滅する．何故なら，たとえば演算子の式(2.56a) を $H_{\rm red}$ の基底状態 $|\psi_0\rangle$ に作用させると，

$$[H_{\rm red}, \mu_\alpha^+]|\psi_0\rangle = (H_{\rm red} - W_0)\mu_\alpha^+|\psi_0\rangle = \Omega_\alpha \mu_\alpha^+|\psi_0\rangle \tag{2.57}$$

となるからである．すなわち $|\psi_\alpha\rangle \equiv \mu_\alpha^+|\psi_0\rangle$ は $H_{\rm red}$ の固有状態であり，その励起エネルギーは Ω_α である．同様の手続きによって，μ_β は系のエネルギーを Ω_β だけ下げる作用を持ち，基底状態 (励起に関する真空) に対しては，あらゆる β に関して，

$$\mu_\beta |\psi_0\rangle = 0 \tag{2.58}$$

となることが分かる．近似的に式(2.56) を満たす演算子は，やはり近似的に系の励起を記述するものと考えられる．極端に単純な系を除き，正確に μ_α^+ を求めることはできないが，厳密な μ_α^+ の形は実際上はあまり関心の対象にならない．物理的に関心の持たれる刺激への応答 (たとえば外場の印加や粒子の注入など) は，そのような厳密な励起から捉えようとすると，かえって複雑な重ね合わせになってしまうからである (第5章参照)．

$H_{\rm red}$ の基底状態に対して，運動量 ${\bf p}$，スピン↑の準粒子を加える演算子を見いだすことを試みてみよう．系に，この運動量とスピンを加えるような，最も簡単なフェルミオン演算子は $c_{{\bf p}\uparrow}^+$ なので，まずこれを試してみる．

$$[H_{\rm red}, c_{{\bf p}\uparrow}^+] = \epsilon_{\bf p} c_{{\bf p}\uparrow}^+ + \sum_{{\bf k}'} V_{{\bf k}'{\bf p}} b_{{\bf k}'}^+ c_{-{\bf p}\downarrow} \tag{2.59}$$

[†](訳註) 任意の演算子 A に関する Heisenberg の運動方程式は $i\hbar(dA/dt) = -[H, A]$ なので，式(2.56a) を満たすような固有演算子 μ_α^+ は $d\mu_\alpha^+/dt = (i\Omega_\alpha/\hbar)\mu_\alpha^+$ を満たす．すなわち固有演算子とは $\mu_\alpha^+(t) = \mu_\alpha^+(0)e^{i\Omega_\alpha t/\hbar}$ のように定常的な時間依存性を持つ演算子であって，系における安定な素励起 (準粒子) に対応する．添え字の α, β は素励起の指標にあたり，互いに時間反転の関係にある．後から見るように $\alpha = ({\bf p}\uparrow)$ と置くなら，$\beta = (-{\bf p}\downarrow)$ である．また式(2.60) などでは素励起のない基底状態を便宜的に $\alpha = 0$ と表す．

2.6. 運動方程式の線形化と有限温度の特性

相互作用が無い場合には，$c_{\mathbf{p}\uparrow}^+$ は式(2.56a)を満たし，その励起エネルギーは $\Omega_\alpha = \epsilon_{\mathbf{p}}$ となる．"励起"エネルギーはちょうど状態 $\mathbf{p}$ に電子をひとつ加えるために必要なエネルギーにあたる．しかし相互作用 V が存在すると，$c_{\mathbf{p}\uparrow}^+$ はもはや固有演算子にはならない．実際 μ_α^+ を構築するには，$c_{\mathbf{k}\uparrow}^+$ の部分空間では収まらず，c^+cc のような積までを含める必要がある．この μ_α^+ に対する単純でない推定結果を H_{red} と交換させると，更に c^+ と c の高次の項が現れる．大抵の場合，第5章の Green 関数を求める際の事情と同様に，級数が無限の高次まで続いてしまう．問題を対処可能な形に持ち込むためには，交換子に近似を施して，級数の連鎖を有限の次数までで止めなければならない．次数の打ち止めが意味を持つかどうかは，解決すべき問題の物理的な性質に依存する．幸い H_{red} における相互作用は充分に単純であり，c と c^+ の1次結合までを含めるだけで，充分に意味のある結果が得られる．

N 粒子基底状態 $|0, N\rangle$ と，$\mathbf{p}\uparrow$ 状態に準粒子がある $(N+1)$ 粒子状態 $|\mathbf{p}\uparrow, N+1\rangle$ の間で，式(2.59)の行列要素を取ると，

$$\left(\Omega_{\mathbf{p}\uparrow} - \epsilon_{\mathbf{p}}\right)\langle \mathbf{p}\uparrow, N+1|c_{\mathbf{p}\uparrow}^+|0, N\rangle$$
$$= \sum_{\alpha, \mathbf{k}'} V_{\mathbf{k}'\mathbf{p}} \langle \mathbf{p}\uparrow, N+1|c_{-\mathbf{p}\downarrow}|\alpha, N+2\rangle\langle \alpha, N+2|b_{\mathbf{k}'}^+|0, N\rangle \tag{2.60}$$

となる．和は $(N+2)$ 粒子系の固有状態すべてについて取る．すべてのエネルギーを化学ポテンシャル $\mu = \lim_{n/N \to 0}(W_{0,N+n} - W_{0,N})/n$ を基準として計るものとすると $(n \gg 1)$，$\Omega_{\mathbf{p}\uparrow}$ は $|0, N\rangle$ に対して $\mathbf{p}\uparrow$ に準粒子を加えるのに必要なエネルギーである[‡]．巨視系を考えるならば，中間状態としては $(N+2)$ 粒子系の基底状態だけを考えればよいものと見なせる．これは $b_{\mathbf{k}'}^+$ の行列要素が $\alpha = 0$ 以外のすべての α に関して小さいということではない．後から見るように，$\alpha \neq 0$ で $b_{\mathbf{k}'}^+$ の行列要素が大きくなる場合もあるが，そのときには $c_{-\mathbf{p}\downarrow}$ の行列要素の方が小さくなり，両者の積を，やはり無視してよいのである．したがって，式(2.60)は次のように簡約される[§]．

[‡](訳註) $\Omega_{\mathbf{p}\uparrow} \equiv W_{\mathbf{p}\uparrow} - W_0$ である．$W_{\mathbf{p}\uparrow}$ と W_0 は H_{red} の固有値であり，それぞれ固有状態 $|\mathbf{p}\uparrow, N+1\rangle$，$|0, N\rangle$ に対応する．これは式(2.57)と整合している．式(2.60)(もしくは式(2.61))や式(2.63)の右辺(がゼロでないこと)は，c^+ や c が，H_{red} の固有演算子 μ^+ や μ と一致していないことの反映であり，これが対の相互作用相関を表すパラメーターとしての意味を持つことになる (式(2.65))．

[§](訳註) 式(2.59)では右辺第2項が c^+c^+c という3次の項だが，$b^+ = c^+c^+$ を含む部分を係数のように見立てて $(\to B)$ 式(2.59)の右辺を $c^+ (\to F)$ と $c (\to G)$ の1次式の体裁に移行させた式が式(2.61)である．これが $[H, c^+]$ の式の"線形化"にあたるわけであるが，この式は，同様にして $[H, c]$ の式を線形化した式(2.63)と斉次の連立1次方程式を構成するので，c^+ や c 自体はそのまま固有演算子にはならないにしても，ここから通常の 2×2 固有値問題の技法に基づいて c^+ と c の線形結合の形で固有演算子を見いだせることになる (式(2.67))．

$$\left(\Omega_{\mathbf{p}} - \epsilon_{\mathbf{p}}\right) F_{\mathbf{p}} = \sum_{\mathbf{k}} V_{\mathbf{kp}} B_{\mathbf{k}} G_{\mathbf{p}} \tag{2.61}$$

ここで, F, G, B は,

$$F_{\mathbf{p}} = \langle \mathbf{p}\uparrow, N+1 | c_{\mathbf{p}\uparrow}^{+} | 0, N \rangle \tag{2.62a}$$

$$G_{\mathbf{p}} = \langle \mathbf{p}\uparrow, N+1 | c_{-\mathbf{p}\downarrow} | 0, N+2 \rangle \tag{2.62b}$$

$$B_{\mathbf{k}} = \langle 0, N+2 | b_{\mathbf{k}}^{+} | 0, N \rangle \tag{2.62c}$$

である.また $[H_{\mathrm{red}}, c_{-\mathbf{p}\downarrow}]$ を状態 $|0, N+2\rangle$ と状態 $|\mathbf{p}\uparrow, N+1\rangle$ で挟んだ行列要素から,F と G の間にもうひとつの関係が得られる.再び中間状態を $\alpha = 0$ に限定すると,次式が得られる.

$$\left(\Omega_{\mathbf{p}} + \epsilon_{\mathbf{p}}\right) G_{\mathbf{p}} = \sum_{\mathbf{k}} V_{\mathbf{kp}} B_{\mathbf{k}} F_{\mathbf{p}} \tag{2.63}$$

ここでは,すべての量が実数になるように位相を選んでいる.式 (2.61) と式 (2.63) の永年方程式は,次の形になる.

$$\begin{vmatrix} \Omega_{\mathbf{p}} - \epsilon_{\mathbf{p}} & \Delta_{\mathbf{p}} \\ \Delta_{\mathbf{p}} & \Omega_{\mathbf{p}} + \epsilon_{\mathbf{p}} \end{vmatrix} = \Omega_{\mathbf{p}}^2 - \epsilon_{\mathbf{p}}^2 - \Delta_{\mathbf{p}}^2 = 0 \tag{2.64}$$

ここで用いたパラメーター $\Delta_{\mathbf{p}}$ は,次のように定義される.

$$\Delta_{\mathbf{p}} = -\sum_{\mathbf{k}} V_{\mathbf{kp}} B_{\mathbf{k}} \tag{2.65}$$

(行列要素 $B_{\mathbf{k}}$ はまだ決まっていない.)式 (2.64) から,状態 $|\mathbf{p}\uparrow, N+1\rangle$ の (正の) 励起エネルギー $\Omega_{\mathbf{p}}$ が次のように与えられる.

$$\Omega_{\mathbf{p}} = +(\epsilon_{\mathbf{p}}^2 + \Delta_{\mathbf{p}}^2)^{1/2} \equiv E_{\mathbf{p}} \tag{2.66}$$

負エネルギーの解 $-E_{\mathbf{p}}$ は,時間反転状態にあたる $-\mathbf{p}\downarrow$ 状態の準粒子を消滅させる過程に対応する.正エネルギー解と負エネルギー解に対応するそれぞれの固有演算子 $\mu_{\alpha}^{+} \equiv \gamma_{\mathbf{p}\uparrow}^{+}$ と $\mu_{\beta} \equiv \gamma_{-\mathbf{p}\downarrow}$ は,次のような形を持つはずである.

$$\gamma_{\mathbf{p}\uparrow}^{+} = u_{\mathbf{p}} c_{\mathbf{p}\uparrow}^{+} - v_{\mathbf{p}} c_{-\mathbf{p}\downarrow} R^{+} \tag{2.67a}$$

$$\gamma_{-\mathbf{p}\downarrow} = u_{\mathbf{p}} c_{-\mathbf{p}\downarrow} + v_{\mathbf{p}} R c_{\mathbf{p}\uparrow}^{+} \tag{2.67b}$$

2.6. 運動方程式の線形化と有限温度の特性

R^+ は N 粒子系を，その状態に対応する $(N+2)$ 粒子系に変換する演算子であり，次のような性質を持つ．

$$R^+|0, N\rangle = |0, N+2\rangle \tag{2.68}$$
$$R^+|\mathbf{k}, s; N\rangle = |\mathbf{k}, s; N+2\rangle$$
$$R|0, N+2\rangle = |0, N\rangle, \quad \text{etc.}$$

得られた固有値を式(2.61) および式(2.63) に代入し，γ^+ と γ がフェルミオンの反交換関係を満たすことを要請すると，$u_\mathbf{p}$ と $v_\mathbf{p}$ が次のように決まる[†]．

$$u_\mathbf{p}^2 = \frac{1}{2}\left(1 + \frac{\epsilon_\mathbf{p}}{E_\mathbf{p}}\right) \tag{2.69a}$$

$$v_\mathbf{p}^2 = \frac{1}{2}\left(1 - \frac{\epsilon_\mathbf{p}}{E_\mathbf{p}}\right) \tag{2.69b}$$

$$u_\mathbf{p} v_\mathbf{p} = \frac{\Delta_\mathbf{p}}{2E_\mathbf{p}} \tag{2.69c}$$

上記の結果と，前節で得た結果の形式的な類似は，$|0, N\rangle$ が系の基底状態であることを要請すれば完全なものとなる．すなわち，

$$\gamma_{\mathbf{p}\uparrow}|0, N\rangle = 0 \tag{2.70a}$$

$$\gamma_{-\mathbf{p}\downarrow}|0, N\rangle = 0 \tag{2.70b}$$

とすればよい．γ^+ は "準粒子の真空状態" $|0, N\rangle$ から，相互作用のないフェルミオンを生成する．

式(2.67a) と式(2.67b)，およびそれぞれのエルミート共役の式を逆に解いて c 演算子を γ 演算子によって表すことができる．その結果を利用すると，$B_\mathbf{k}$ の定義式(2.62c) により，次式が得られる．

$$B_\mathbf{k} = u_\mathbf{k} v_\mathbf{k} = \frac{\Delta_\mathbf{k}}{2E_\mathbf{k}} \tag{2.71}$$

この結果を $\Delta_\mathbf{p}$ の定義式(2.65) と組み合わせると，パラメーター $\Delta_\mathbf{p}$ を決めるための方程式が得られる．

$$\Delta_\mathbf{p} = -\sum_\mathbf{k} V_{\mathbf{k}\mathbf{p}} \frac{\Delta_\mathbf{k}}{2E_\mathbf{k}} \tag{2.72}$$

[†](訳註) 式(2.61) と式(2.63) における F と G の非自明解 ($\neq 0$) は永年方程式(2.64) を満足する条件 (式(2.66)) の下で，$G_\mathbf{p} = \{(\epsilon_\mathbf{p} - E_\mathbf{p})/\Delta_\mathbf{p}\}F_\mathbf{p}$ と与えられる．演算子 γ^+, γ の逆変換の式(3.6) を用いると，$F_\mathbf{p} = u_\mathbf{p}$, $G_\mathbf{p} = -v_\mathbf{p}$ で，ここから $u_\mathbf{p}$ と $v_\mathbf{p}$ の関係式がひとつ得られる．$u_\mathbf{k}$ と $v_\mathbf{k}$ を関係づけるもうひとつの式は γ^+, γ をフェルミオンの演算子とするための条件式 $u_\mathbf{p}^2 + v_\mathbf{p}^2 = 1$ であり，これらの関係から式(2.69a)，式(2.69b) が得られる．

これはエネルギーギャップ方程式(2.30e)そのものである.したがって,これらの2通りのアプローチから得られる励起エネルギーは同じであり,準粒子の演算子は R の有無が異なるだけである[56].

BCSの取扱いと同様に,これらの結果を直接,有限温度へと一般化できる.唯一の変更点は,基底状態 $|0,N\rangle$ の代わりに,温度 T において熱的に励起された $|T,N\rangle$ を用いなければならないことである.上述の絶対零度の場合と同じ手続きに従えばよいが,式(2.71)は変更される.すなわち $T\neq 0$ においては,

$$B_{\mathbf{k}} = \langle T, N+2|b_{\mathbf{k}}^{+}|T, N\rangle = \frac{\Delta_{\mathbf{k}}}{2E_{\mathbf{k}}}\left(1 - f_{\mathbf{k}\uparrow} - f_{-\mathbf{k}\downarrow}\right) \tag{2.73}$$

となる.$f_{\mathbf{k}s}$ は状態 $|T,N\rangle$ における準粒子占有数 $\gamma_{\mathbf{k}s}^{+}\gamma_{\mathbf{k}s}$ の期待値である.準粒子は基本的に,相互に独立なフェルミオンなので (その性質は温度に依存するが,温度に対する変化は緩慢である),Fermi分布関数と見なすことができる[‡].

$$f_{\mathbf{k}s} = \frac{1}{e^{\beta E_{\mathbf{k}}}+1} \quad (E_{\mathbf{k}} > 0) \tag{2.74}$$

したがって,式(2.73)は次のようになる.

$$B_{\mathbf{k}} = \frac{\Delta_{\mathbf{k}}}{2E_{\mathbf{k}}}\tanh\frac{\beta E_{\mathbf{k}}}{2} \tag{2.75}$$

この結果を式(2.65)に代入することで,有限温度のBCSギャップ方程式が得られる.

$$\Delta_{\mathbf{p}} = -\sum_{\mathbf{k}} V_{\mathbf{kp}} \frac{\Delta_{\mathbf{k}}}{2E_{\mathbf{k}}}\tanh\frac{\beta E_{\mathbf{k}}}{2} \tag{2.76}$$

ここまでに示した対形成理論による有限温度の取扱いは,BCSの取扱いと完全に等価なものであり,既に述べたように,簡約ハミルトニアンによって記述される系の性質を (巨視的極限では) 完全に正確に与える.相互作用 $V_{\mathbf{kp}}$ を式(2.32)によって近似するならば,$\Delta_{\mathbf{k}}$ はやはり式(2.33)のように段差関数に簡約され,その定数値 $\Delta_0(\beta)$ は次式を満たす.

$$\frac{1}{N(0)V} = \int_0^{\omega_c} \frac{d\epsilon}{(\epsilon^2 + \Delta_0^2)^{1/2}}\tanh\left[\frac{\beta}{2}\left(\epsilon^2 + \Delta_0^2\right)^{1/2}\right] \tag{2.77}$$

温度 T を絶対零度から上げてゆくと,Δ_0 は図2.5に示すように減少してゆき,T_c においてゼロになる.したがって,臨界温度 T_c は次式によって決まる.

[‡](訳註) 通常のFermi分布関数は $1/(e^{\beta(E_{\mathbf{k}}-\mu_{\mathbf{q}})}+1)$ という形だが,ここで扱うBogoliubov-Valatin型の"準粒子"は,熱浴とのエネルギーの授受によって容易に生成・消滅を起こし得るので,"準粒子の化学ポテンシャル" $\mu_{\mathbf{q}}$ は熱平衡状態においてゼロと設定されている.

2.6. 運動方程式の線形化と有限温度の特性

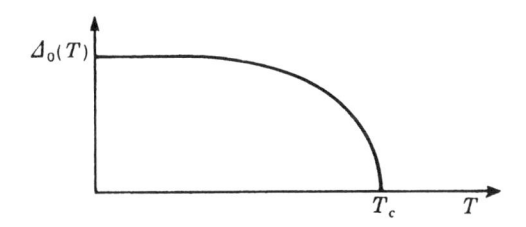

図2.5 エネルギーギャップパラメーター $\Delta_0(T)$ の温度依存性. $T \to T_c$ のところで Δ_0 の値はゼロになり,その傾きは無限大になる. T_c では2次の相転移が起こる.

$$\frac{1}{N(0)V} = \int \frac{d\epsilon}{\epsilon} \tanh\left[\frac{\epsilon}{2k_B T_c}\right] \tag{2.78}$$

弱結合の極限 $N(0)V \ll 1$ では,次の結果が得られる.

$$k_B T_c = 1.14\omega_c \exp\left[-\frac{1}{N(0)V}\right] \tag{2.79}$$

上式と式(2.34)から,弱結合極限において $2\Delta_0(T=0)/k_B T_c$ は約3.52になることが分かる.弱結合超伝導体を用いた実験結果は,この比の値に近い値を示すが [9,16],鉛や水銀による実験結果はこの値よりも大きくなる§.この不一致は,温度に依存する減衰効果によって説明されている [57].

超伝導状態の自由エネルギー,

$$F_S = W_S - TS \tag{2.80}$$

は,典型的な状態 $|T,N\rangle$ に関する H_{red} の期待値を計算し,準粒子 (常伝導) 流体に関する次のエントロピーの式†を利用することで求められる.

$$S = -2k_B \sum_{\mathbf{k}} \left\{ f_{\mathbf{k}} \log f_{\mathbf{k}} + (1-f_{\mathbf{k}}) \log(1-f_{\mathbf{k}}) \right\} \tag{2.81}$$

---

§(訳註) 式(2.79) の右辺の係数は正確には $2e^\gamma/\pi \approx 1.134$ であり ($\gamma \approx 0.5772$ は Euler 定数),ギャップと臨界温度の比は BCS モデルの弱結合極限において $2\Delta_0(0)/k_B T_c \approx 3.528$ と予想される.しかし実験的には $(2\Delta_0(0)/k_B T_c)_{[\text{Al}]} \approx 3.4$, $(2\Delta_0(0)/k_B T_c)_{[\text{Pb}]} \approx 4.3$ であり,前者の Al の例から判るように,必ずしも現実の弱結合金属において正確に $2\Delta_0(0)/k_B T_c \to 3.528$ にはならない.純金属の実験で見られる $2\Delta_0(0)/k_B T_c$ の下限は 3.2 程度である (Cd, Zn).
 ギャップの温度依存性は,理想的な弱結合モデルの下でも簡単な式では表せない. $t \equiv T/T_c$ として, $t \approx 0$ では $\Delta_0/\Delta_0(0) \approx 1 - (2e^\gamma t)^{1/2} \exp(-\pi/e^\gamma t) \approx 1 - 1.887 t^{1/2} \exp(-1.764/t)$, $t \approx 1$ では $\Delta_0/\Delta_0(0) \approx e^\gamma \{8(1-t)/7\zeta(3)\}^{1/2} \approx 1.737(1-t)^{1/2}$ であるが,後者は適用できる温度範囲が非常に狭い. R. A. Ferrell は後者を修正し, $0.5 \leq t \leq 1$ に適用できる式 (精度 0.5 % 以内) として $\Delta_0/\Delta_0(0) \approx \{3.016(1-t) - 2.400(1-t)^2\}^{1/2}$ を与えている.
 †(訳註) エントロピーの式に (情報理論的な観点から) 説明を与えておく.ある状態 $\mathbf{k}$ に着目して,準粒子が占有しているかどうかを調べることを確率事象と捉える.そのとき準粒子が占有しているという結果を得る確率は $f_{\mathbf{k}}$ であり,その結果を得たときに獲得できる情報量は

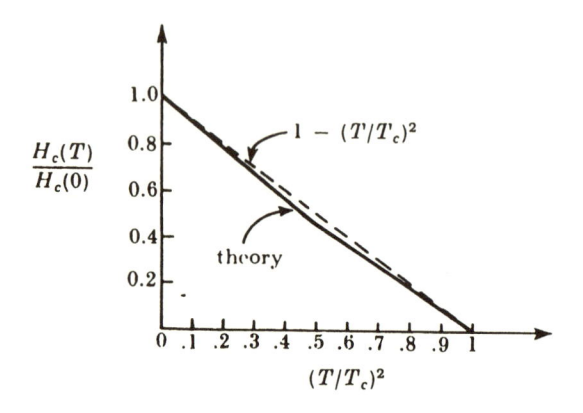

図2.6 臨界磁場の温度依存性.

$f_\mathbf{k}$ には式 (2.74) を充てればよい. エネルギー W_S が次のように与えられることは容易に分かる [8].

$$W_S = 2 \sum_\mathbf{k} |\epsilon_\mathbf{k}| \left[f_\mathbf{k} + \frac{1}{2}\left(1 - \frac{|\epsilon_\mathbf{k}|}{E_\mathbf{k}}\right) \tanh \frac{\beta E_\mathbf{k}}{2} \right] + \sum_\mathbf{k} \frac{\Delta_\mathbf{k}^2}{2E_\mathbf{k}} \tanh \frac{\beta E_\mathbf{k}}{2} + 2 \sum_{|\mathbf{k}|<k_F} \epsilon_\mathbf{k} \tag{2.82}$$

巨視的試料(バルク)の臨界磁場 $H_c(T)$ は, 次式で与えられる.

$$\frac{H_c^2}{8\pi} = F_N(T) - F_S(T) \tag{2.83}$$

常伝導状態の自由エネルギー $F_N(T)$ は, 式 (2.80), 式 (2.81), 式 (2.82) において $\Delta_\mathbf{k} = 0$ と置くことによって与えられる. ポテンシャルとして式 (2.32) を採用した場合の H_c の温度依存性を図 2.6 に示す. 電子比熱は, 次式で与えられる.

$$c_{es} = 2k_B \beta^2 \sum_\mathbf{k} f_\mathbf{k}(1 - f_\mathbf{k}) \left[E_\mathbf{k}^2 + \frac{\beta}{2}\frac{d\Delta_\mathbf{k}^2}{d\beta} \right] \tag{2.84}$$

この電子比熱の温度の逆数との関係を図 2.7 に示す. Δ^2 は T_c 直下で $(T_c - T)$ に比例し, T_c 以上ではゼロ (一定) となるので, 式 (2.84) の中の微分因子は T_c において不連続となり, 電子比熱も T_c において不連続に変化する.

$\log(1/f_\mathbf{k})$ である (確率の低い結果ほど, それを見出したときの情報的価値は高い). したがって状態 $\mathbf{k}$ における "準粒子占有" の情報量の期待値は $f_\mathbf{k} \log(1/f_\mathbf{k})$ である. 同様に "準粒子非占有" の情報量の期待値は $(1 - f_\mathbf{k}) \log\{1/(1 - f_\mathbf{k})\}$ である. すべての状態 $\mathbf{k}$ について, これらの期待値の総和を取り, スピンを考慮して因子 2 を加えて, 更に熱力学量としてのエントロピーの次元を付与するために k_B を掛けると式 (2.81) が得られる.

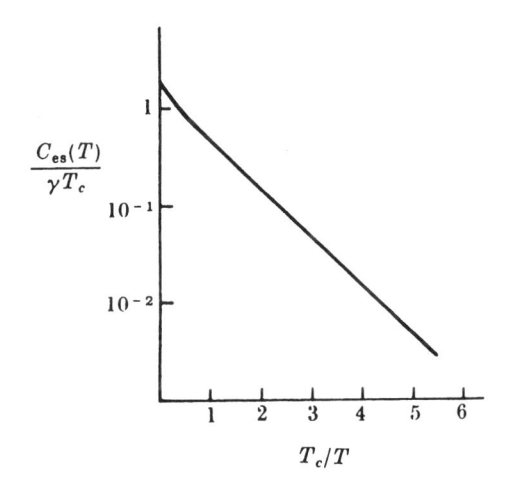

図2.7 電子比熱の T_c/T に対する依存性.

超伝導系の熱力学的な性質に関する詳細な議論を知りたい読者は，他の文献を参照してもらいたい [9,16].

2.7 対形成理論に関する注意事項

この章を終える前に，いくつか注意事項を記しておく．

1. $H_{\rm red}$ の基底状態 (2.38) と凝縮している Bose-Einstein 気体には形式的な類似が認められるが，超伝導体では対関数同士が強く重なり合っていることから，安易な類推には注意が必要である．この対の重なり合いによって，実際の金属超伝導体には，Bose 気体には見られないエネルギーギャップが生じている．Bose 気体における励起スペクトルは連続的であって，超伝導体のそれとは異なる．もし $H_{\rm red}$ では省かれている相互作用まで取り込むようにモデルを拡張し，すべての相互作用が短距離力であると仮定するならば，ゼロエネルギーから始まる連続的なボゾンのスペクトルがエネルギーギャップ内に現れる．これは電子系の密度ゆらぎに対応する．現実の金属では，低エネルギーのボゾンモードは，長距離の電子間 Coulomb 相互作用によってプラズモンエネルギー ($\sim 10^4 \times 2\Delta_0$) にまで押し上げられ，低エネルギー領域においてこのようなボゾン励起モードは存在しない．ただし衣をまとった格子振動 (フォノン) が

物理的に関心の対象となる際には，これを低エネルギー励起において考慮する必要がある [58].

2. 本章における議論では，超流体の運動量密度がゼロの状態を強調した．すなわち対として $(\mathbf{k}\uparrow, -\mathbf{k}\downarrow)$ という組合せを扱った．電子系のハミルトニアンが Galilei 変換に関して不変であれば，超流体が有限の運動量を持つ状態は，運動量がゼロの固有状態を運動量空間において $\mathbf{q}/2$ だけ並進させることによって得られる．このように変換を施した波動関数は，次のように表されるであろう．

$$\exp\left(\frac{i}{2}\sum_{j=1}^{N}\mathbf{q}\cdot\mathbf{r}_j\right)\psi_0(\mathbf{r}_1s_1,\mathbf{r}_2s_2,\ldots,\mathbf{r}_Ns_N)$$
$$= \mathcal{A}\varphi(\mathbf{r}_1-\mathbf{r}_2)\exp\left[\frac{i\mathbf{q}\cdot(\mathbf{r}_1+\mathbf{r}_2)}{2}\right]\uparrow_1\downarrow_2\cdots$$
$$\times\cdots\varphi(\mathbf{r}_{N-1}-\mathbf{r}_N)\exp\left[\frac{i\mathbf{q}\cdot(\mathbf{r}_{N-1}+\mathbf{r}_N)}{2}\right]\uparrow_{N-1}\downarrow_N \qquad (2.85)$$

このようにすると対の"重心"の波動関数は，$\mathbf{q}=\mathbf{0}$ 状態から，運動量 $\mathbf{q}$ の平面波状態へと変わる．この質量の流れを含む状態 (電流輸送状態) に関しては，凝縮した Bose 気体の描像が，ある程度は有効かもしれない．しかし詳細な計算を行う際に，この描像を採用することには注意が必要である．特に，空間的に固定されたイオンは，動いている座標系から見れば磁場を形成することになり，関数 φ は形を変える．また，波数 $\mathbf{q}$ が空間的に変動しており，それがコヒーレンス距離 ξ_0 の尺度において無視し得ないようであれば，重心座標と相対座標を分離する措置は疑わしくなる．

3. 我々は結晶の異方性が無いものと仮定して，φ が s 状態の1重項の対だけに議論を集中した．3重項スピン対の問題や，一般の $l\neq 0$ 軌道状態の問題を多くの研究者が扱っているが，これらの問題については参考文献を挙げるに止める [59]. また，Bloch 状態以外の1粒子状態同士の対に関しても本章では触れていないが，対形成の基本的な考え方は1粒子状態の選び方には依らないので，このような問題を扱うことは容易である．

4. Cooper 問題を扱った 2.2 節では，常伝導状態において $\mathbf{q}=\mathbf{0}$ の対だけが不安定となるのではなく，$\mathbf{q}\neq\mathbf{0}$ の対も不安定となることに言及した．第8章では，対形成近似から得た基底状態 $|\psi_0\rangle$ の安定性を調べる予定である．既に述べたように，この状態において対の不安定なゆらぎは生じない．これは超流体から準粒子を生成するために有限のエネルギーが必要なので，残留相互作用による結合が妨げられるという事

2.7. 対形成理論に関する注意事項

情に因っている.

5. 2.6節において，行列要素 $\langle \alpha, N+2|b_{\mathbf{k}}^+|0,N\rangle$ は，ブラベクトルが $(N+2)$粒子系の基底状態 $|0, N+2\rangle$ の場合だけに大きいのではなく，他にも行列要素を大きくするような励起状態 $\alpha(\neq 0)$ が存在すると述べた．2 準粒子状態 $|\mathbf{k}\uparrow, -\mathbf{k}\downarrow, N+2\rangle$ との間では，

$$\left|\langle \mathbf{k}\uparrow, -\mathbf{k}\downarrow, N+2|b_{\mathbf{k}}^+|0,N\rangle\right| = u_{\mathbf{k}}^2 = \frac{1}{2}\left(1 + \frac{\epsilon_{\mathbf{k}}}{E_{\mathbf{k}}}\right) \tag{2.86}$$

となるが，これは基底状態同士 $(\alpha = 0)$ の行列要素，

$$\left|\langle 0, N+2|b_{\mathbf{k}}^+|0,N\rangle\right| = u_{\mathbf{k}}v_{\mathbf{k}} = \frac{\Delta_{\mathbf{k}}}{2E_{\mathbf{k}}} \tag{2.87}$$

と同等である．$\mathbf{k}$ が Fermi 面にあれば，$b_{\mathbf{k}}^+$ に関する上の2つの行列要素は両方とも $1/\sqrt{2}$ になる．しかし式(2.60)において，式(2.86) と掛け合わせる $\langle \mathbf{p}\uparrow, N+1|c_{-\mathbf{p}\downarrow}|\mathbf{k}\uparrow, -\mathbf{k}\downarrow, N+2\rangle$ は，$c_{-\mathbf{p}\downarrow}$ が $\mathbf{k}\uparrow$ の準粒子も $-\mathbf{k}\downarrow$ の準粒子も消せないのでゼロになる．他方，式(2.60)において，式(2.87) に掛けることになる行列要素 $\langle \mathbf{p}\uparrow, N+1|c_{-\mathbf{p}\downarrow}|0, N+2\rangle$ は $v_{\mathbf{p}}$ に等しく，これは $\mathbf{p}$ が Fermi 面にある場合に $1/\sqrt{2}$ となる．したがって，中間状態として $\alpha = 0$ の項だけを残すという近似は正当であることが確認された．

6. 基底状態の波動関数 $|\psi_0\rangle$ (式(2.25)参照) は，偶数個の電子を含む系の基底状態波動関数 $|\psi_{0N}\rangle$ の統計集団を表している．

$$|\psi_0\rangle = \sum_{N(\text{even})} A_N |\psi_{0N}\rangle \tag{2.88}$$

A_N を $|A_N|e^{iN\varphi}$ という形にすると，$|\psi_0\rangle$ と $|\psi_{0N}\rangle$ の関係を確立できる．すなわち，

$$|\psi_0^\varphi\rangle = \sum_{N(\text{even})} |A_N|e^{iN\varphi}|\psi_{0N}\rangle \tag{2.89}$$

とすると，次式が得られる．

$$|A_{N'}||\psi_{0N'}\rangle = \frac{1}{2\pi}\int_0^{2\pi} e^{-iN'\varphi}|\psi_0^\varphi\rangle d\varphi \tag{2.90}$$

我々が 2.4 節で採用した位相の選び方 (式(2.30)) は $|\psi_0^0\rangle$ の場合に対応するので，$|\psi_0^\varphi\rangle$ は次のように与えられる．

$$|\psi_0^\varphi\rangle = \prod_{\mathbf{k}}\left(u_{\mathbf{k}} + e^{2i\varphi}v_{\mathbf{k}}b_{\mathbf{k}}^+\right)|0\rangle \tag{2.91}$$

すなわち $b_{\mathbf{k}}^+$ を構成する各 c^+ 演算子に，因子 $e^{i\varphi}$ が充てられた形になる．したがって，規格化された N' 粒子基底状態は，次のように与えられる．

$$|\psi_{0N'}\rangle = \frac{1}{2\pi|A_{N'}|} \int_0^{2\pi} e^{-iN'\varphi} \prod_{\mathbf{k}} \left(u_{\mathbf{k}} + e^{2i\varphi} v_{\mathbf{k}} b_{\mathbf{k}}^+\right)|0\rangle d\varphi \qquad (2.92)$$

N' 粒子状態の振幅は，次のように与えられる．

$$|A_{N'}|^2 = \frac{1}{2\pi} \int_0^{2\pi} e^{-iN'\varphi} \prod_{\mathbf{k}} \left(u_{\mathbf{k}}^2 + e^{2i\varphi} v_{\mathbf{k}}^2\right) d\varphi \qquad (2.93)$$

確率 $|A_{N'}|^2$ は平均電子数 N_0 のところに鋭いピークを持ち，そのピーク幅は $N_0^{1/2}$ のオーダーとなる [60]．平均エネルギー $\langle \psi_0^\varphi | H_{\text{red}} | \psi_0^\varphi \rangle$ が φ に依存しないという事実を，物理的に N 粒子系の基底状態が縮退しているという意味に解釈してはならない．$(N-2)$ 粒子系，N 粒子系，$(N+2)$ 粒子系，$\cdots$ はそれぞれ完全に独立なので，これらの系の統計平均エネルギーは，統計集団相互の相対的な位相には依存しないということである．

巨視的な系において，全電子数が偶数か奇数かという違いは巨視的な性質に影響しない．したがって上述の波動関数は，任意の N に対して適用される．このような状況は，原子核における対相関では全く異なっており，原子核では偶奇効果がよく知られている [61]．

第 3 章 対形成理論の応用

BCS理論が提唱されてから,この対相関を本質とする理論を正当化する試みは,2つの線に沿って進められた.第1のアプローチは,BCS理論を超伝導体における広範な現象へと応用し,対形成理論に基づく予想を実験結果と比較するというものである.第2のアプローチは,対形成近似において無視されている残留相互作用までを様々な近似法によって扱い,そのような残留相互作用を導入することが,対形成理論による予言に対して大きな変更を生じないかどうかを確認するという方向である.両方のアプローチにおいて,実り多い成果が得られてきた.対形成理論の予言と,実験的に観測される現象が,驚くほど広範にわたって一致を見せたことにより,第1のアプローチは超伝導理論の基礎として対概念の正当性を確立することになった [9,16].

3.1 対形成仮説の検証

本章では上述の第1のアプローチを辿り,対形成近似の下での,超伝導体の多くの性質に関する計算を概説する.理論と実験の食い違いが認められるようないくつかの場合については,その違いの原因を,そもそも常伝導状態の効果に関する我々の理解が不足していること (バンド構造の詳細, フォノンのスペクトル, 電子-フォノン相互作用, 等々) による制約に帰することができる.我々は第7章と第8章において,上述の第2のアプローチに従い,新たに遅延効果や減衰効果に対する適正な説明を可能とするような,いくつかの理論展開について論じる予定である.また,単純な対形成近似モデルでは無視されている残留相互作用を扱うことも試みる.これらの更に精緻な取扱いによる予言も,基本的には対形成モデルから与えられる予言と概ね一致している.両者の予言が異なる場合には,より精緻な取扱いの方が,実験結果との整合性において,より適正な結果を与える.

3.2 音波減衰

電子-フォノン相互作用は，大抵，電子系の常伝導状態や超伝導状態の形成を説明するために利用されるが，それ以外にフォノンの共鳴的な吸収や放出の過程に対応する部分もある．これらの共鳴過程は，音響波 (衣をまとったフォノン) の減衰を引き起こす．波数 $\mathbf{q}_0$，分極モード λ_0 のフォノン数 $\langle N_{\mathbf{q}_0\lambda_0}\rangle$ の時間変化率を計算するために，温度 T の励起された典型的な状態 $|I\rangle$ を考える [62]．対形成近似において，$|I\rangle$ は次のような形で表される．

$$|I\rangle = \left[\prod_{\mathbf{k},s(\text{occ.})}\gamma_{\mathbf{k}s}^+\right]\left[\prod_{\mathbf{q},\lambda}\left(a_{\mathbf{q}\lambda}^+\right)^{\bar{N}_{\mathbf{q}\lambda}}\right]|0,T\rangle \tag{3.1}$$

準粒子演算子 $\gamma_{\mathbf{k}s}^+$ は 2.6 節において定義した温度 T における演算子で，粒子数が確定している状態に対して作用を及ぼす．N_0 個の電子を含む状態 $|0,T\rangle$ は，これらの準粒子演算子に関する真空状態にあたる．すなわち，

$$\gamma_{\mathbf{k}s}(T)|0,T\rangle = 0 \quad \text{for all } \mathbf{k} \text{ and } s \tag{3.2}$$

である．$\mathbf{k}$ 空間において，ある特定の値 $\mathbf{k}$ のところに設けた小さな領域 r における準粒子占有数の平均は，Fermi 分布関数として与えられる．

$$\sum_{\mathbf{k}\,\text{in}\,r}\langle I|\gamma_{\mathbf{k}s}^+\gamma_{\mathbf{k}s}|I\rangle = \sum_{\mathbf{k}\,\text{in}\,r}\frac{1}{e^{\beta E_{\mathbf{k}}}+1} \equiv \sum_{\mathbf{k}\,\text{in}\,r}f_{\mathbf{k}} \tag{3.3}$$

ただし，状態ベクトル(3.1)において，ある特定の状態 $\mathbf{k},s$ における占有数 $\bar{\nu}_{\mathbf{k}s} \equiv \langle I|\gamma_{\mathbf{k}s}^+\gamma_{\mathbf{k}s}|I\rangle$ は 1 か 0 のどちらかであり，式(3.3) が Fermi 分布関数で表されるのは平均化の操作に依っている．仮定として，電子-フォノン相互作用が，次の形を持つものとする．

$$H_{\text{el-ph}} = \sum_{\mathbf{p},\mathbf{p}',s,\lambda}\bar{g}_{\mathbf{p}\mathbf{p}'\lambda}\left(a_{\mathbf{q}\lambda}+a_{-\mathbf{q}\lambda}^+\right)c_{\mathbf{p}'s}^+c_{\mathbf{p}s} \tag{3.4}$$

ただし $\mathbf{q}=\mathbf{p}'-\mathbf{p}+\mathbf{K}$ である (第 4 章．$\mathbf{K}$ は逆格子ベクトル)．$\langle N_{\mathbf{q}_0\lambda_0}\rangle$ に関わる遷移頻度を計算するために，我々は黄金律 [63] を用いることにする．そこで $|I\rangle$ とすべての可能な終状態 $|F\rangle$ の間の $H_{\text{el-ph}}$ の行列要素が必要となる．$|F\rangle$ は $|I\rangle$ と縮退しており，$|I\rangle$ においてひとつの粒子の状態を変更し，フォノン $\mathbf{q}_0\lambda_0$ を吸収もしくは放出した状態にあたる．大抵の音波減衰実験がそうであるように，フォノンのエネルギー $\omega_{\mathbf{q}_0\lambda_0}$ がエネルギーギャップ $2\Delta(T)$ よりも小さいと仮定すれば，超流体からの新たな

3.2. 音波減衰

準粒子の生成は起こらず，準粒子の散乱過程だけが関与することになる．終状態は，次の形で与えられる．

$$|F\rangle = \begin{cases} \gamma^+_{\mathbf{p}_2 s}\gamma_{\mathbf{p}_1 s}a_{\mathbf{q}_0\lambda_0}|I\rangle & \text{吸収} \\ \gamma^+_{\mathbf{p}_1 s}\gamma_{\mathbf{p}_2 s}a^+_{\mathbf{q}_0\lambda_0}|I\rangle & \text{放出} \end{cases} \tag{3.5}$$

ここで $\mathbf{q}_0 = \mathbf{p}_2 - \mathbf{p}_1 + \mathbf{K}$ である．$H_{\text{el-ph}}$ は全電子数を保存するので ($\gamma^+_{\mathbf{p}'s'}\gamma_{\mathbf{p}s}$ と同様)，$|I\rangle$ と $|F\rangle$ は両方とも N_0 粒子系である．行列要素は式 (3.4) を γ による表示に変換することによって (すなわち粒子数を不定にしない B-V 変換の逆変換) 直ちに評価できる．式 (2.67) より，逆変換の式は次のように与えられる．

$$c^+_{\mathbf{p}\uparrow} = u_{\mathbf{p}}\gamma^+_{\mathbf{p}\uparrow} + v_{\mathbf{p}}\gamma_{-\mathbf{p}\downarrow}R^+ \tag{3.6a}$$

$$c_{\mathbf{p}\uparrow} = u_{\mathbf{p}}\gamma_{\mathbf{p}\uparrow} + v_{\mathbf{p}}R\gamma^+_{-\mathbf{p}\downarrow} \tag{3.6b}$$

$$c^+_{-\mathbf{p}\downarrow} = u_{\mathbf{p}}\gamma^+_{-\mathbf{p}\downarrow} - v_{\mathbf{p}}\gamma_{\mathbf{p}\uparrow}R^+ \tag{3.6c}$$

$$c_{-\mathbf{p}\downarrow} = u_{\mathbf{p}}\gamma_{-\mathbf{p}\downarrow} - v_{\mathbf{p}}R\gamma^+_{\mathbf{p}\uparrow} \tag{3.6d}$$

γ は c と c^+ の 1 次結合なので，$|I\rangle$ と特定の終状態 $|F\rangle$ をつなぐ $H_{\text{el-ph}}$ の中の項は "2つ" ある．たとえば因子 $c^+_{\mathbf{p}_2\uparrow}c_{\mathbf{p}_1\uparrow}$ と因子 $c^+_{-\mathbf{p}_1\downarrow}c_{-\mathbf{p}_2\downarrow}$ は同じ準粒子遷移を起こす．これらの 2 つの因子から生じる行列要素は，絶対値の自乗を取る前に足し合わさなければならない．常伝導状態ならば 1 粒子近似において寄与を持つ項がひとつだけになることに注意されたい．この違いは超伝導状態を特徴づけるものであり，系の力学的な諸性質に影響を及ぼす．全行列要素の絶対値を自乗する際に現れる交差項の影響は "コヒーレンス効果" として知られている．この項がいろいろな実験結果に対して重要な影響を及ぼすことを，これから見てゆく予定である．相互作用ハミルトニアン (3.4) により，$c^+_{\mathbf{p}'\uparrow}c_{\mathbf{p}\uparrow}$ に掛かる因子と $c^+_{-\mathbf{p}\downarrow}c_{-\mathbf{p}'\downarrow}$ に掛かる因子は共通なので，次の組合せに関心が持たれる．

$$\begin{aligned}c^+_{\mathbf{p}'\uparrow}c_{\mathbf{p}\uparrow} + c^+_{-\mathbf{p}\downarrow}c_{-\mathbf{p}'\downarrow} &= n(\mathbf{p},\mathbf{p}')\left[\gamma^+_{\mathbf{p}'\uparrow}\gamma_{\mathbf{p}\uparrow} + \gamma^+_{-\mathbf{p}\downarrow}\gamma_{-\mathbf{p}'\downarrow}\right] \\ &+ m(\mathbf{p},\mathbf{p}')\left[\gamma^+_{\mathbf{p}'\uparrow}\gamma^+_{-\mathbf{p}\downarrow}R - \gamma_{\mathbf{p}\uparrow}\gamma_{-\mathbf{p}'\downarrow}R^+\right]\end{aligned} \tag{3.7}$$

ここでは，変換 (3.6) を用いた．いわゆる "コヒーレンス因子" $m(\mathbf{p},\mathbf{p}')$ と $n(\mathbf{p},\mathbf{p}')$ は，次のように定義される．

$$m(\mathbf{p},\mathbf{p}') = u_{\mathbf{p}}v_{\mathbf{p}'} + v_{\mathbf{p}}u_{\mathbf{p}'} \tag{3.8a}$$

$$n(\mathbf{p},\mathbf{p}') = u_{\mathbf{p}}u_{\mathbf{p}'} - v_{\mathbf{p}}v_{\mathbf{p}'} \tag{3.8b}$$

(後からスピン反転過程や電磁応答の議論において,他に2つのコヒーレンス因子 l と p が出てくることになる.) 式(3.5)に戻ると,フォノン吸収過程の行列要素は ($s=\uparrow$ について) 次のように与えられる.

$$\langle F|H_{\text{el-ph}}|I\rangle = n(\mathbf{p}_1,\mathbf{p}_2)\bar{\nu}_{\mathbf{p}_1\uparrow}(1-\bar{\nu}_{\mathbf{p}_2\uparrow})\left[\bar{N}_{\mathbf{q}_0\lambda_0}\right]^{1/2}\bar{g}_{\mathbf{p}_1\mathbf{p}_2\lambda_0} \tag{3.9}$$

$\bar{\nu}_{\mathbf{p}_1\uparrow}$ と $\bar{\nu}_{\mathbf{p}_2\uparrow}$ は始状態における準粒子占有数であり,既に言及したように,取り得る値は0か1に限られる. $\bar{N}_{\mathbf{p}_0\lambda_0}$ はこの状態におけるフォノン占有数である. $\mathbf{q}_0\lambda_0$ フォノンの吸収頻度は,

$$w_{\text{abs}} = 2\pi\times 2\sum_{\mathbf{p}_1,\mathbf{p}'}|\bar{g}_{\mathbf{pp}'\lambda_0}|^2 n^2(\mathbf{p},\mathbf{p}')\bar{\nu}_{\mathbf{p}\uparrow}(1-\bar{\nu}_{\mathbf{p}'\uparrow})\bar{N}_{\mathbf{q}_0\lambda_0}$$
$$\times \delta(E_{\mathbf{p}'}-E_{\mathbf{p}}-\omega_{\mathbf{q}_0\lambda_0}) \tag{3.10}$$

と表される.ただし和は,運動量保存条件 $\mathbf{p}'=\mathbf{p}+\mathbf{q}_0+\mathbf{K}$ によって制約されている.因子2は,準粒子のスピンを両方同時に考慮していることを表す.同様の方法で,放出頻度の方は次のように与えられる.

$$w_{\text{emiss}} = 2\pi\times 2\sum_{\mathbf{p},\mathbf{p}'}|\bar{g}_{\mathbf{pp}'\lambda_0}|^2 n^2(\mathbf{p},\mathbf{p}')\bar{\nu}_{\mathbf{p}'\uparrow}(1-\bar{\nu}_{\mathbf{p}\uparrow})(\bar{N}_{\mathbf{q}_0\lambda_0}+1)$$
$$\times \delta(E_{\mathbf{p}'}-E_{\mathbf{p}}-\omega_{\mathbf{q}_0\lambda_0}) \tag{3.11}$$

正味の吸収頻度は,

$$-\frac{d\bar{N}_{\mathbf{q}_0\lambda_0}}{dt} = \alpha_{\mathbf{q}_0\lambda_0}\bar{N}_{\mathbf{q}_0\lambda_0}-S_{\mathbf{q}_0\lambda_0} \tag{3.12}$$

という形で表され,音波減衰率(吸収率) $\alpha_{\mathbf{q}_0\lambda_0}$ は,

$$a_{\mathbf{q}_0\lambda_0} = 4\pi\sum_{\mathbf{p},\mathbf{p}'}|\bar{g}_{\mathbf{pp}'\lambda_0}|^2 n^2(\mathbf{p},\mathbf{p}')(\bar{\nu}_{\mathbf{p}\uparrow}-\bar{\nu}_{\mathbf{p}'\uparrow})\delta(E_{\mathbf{p}'}-E_{\mathbf{p}}-\omega_{\mathbf{q}_0\lambda_0}) \tag{3.13}$$

と与えられる. S は自発放出頻度である.和の実行を考えると,占有数を局所的な平均値で置き換えることができ,

$$\alpha_{\mathbf{q}_0\lambda_0} = 4\pi\sum_{\mathbf{p},\mathbf{p}'}|\bar{g}_{\mathbf{pp}'\lambda_0}|^2 n^2(\mathbf{p},\mathbf{p}')(f_{\mathbf{p}}-f_{\mathbf{p}'})\delta(E_{\mathbf{p}'}-E_{\mathbf{p}}-\omega_{\mathbf{q}_0\lambda_0}) \tag{3.14}$$

となる.ここで $\mathbf{p}'=\mathbf{p}+\mathbf{q}_0+\mathbf{K}$ である.自発放出頻度 $S'_{\mathbf{q}_0\lambda_0}$ は,式(3.11)において $\bar{N}_{\mathbf{q}_0\lambda_0}=0$ と置いたものを充てればよい.

3.2. 音波減衰

ここで g が移行運動量 (通常の過程では $\mathbf{q}_0$) だけに依存するものと仮定すると, α の式は簡単になる. $|\mathbf{q}_0|$ が k_F に比べて充分に小さければ, 和は通常の過程だけ (反転過程を含まない) について, 重みをつけて実行すればよい.

$$\alpha_{\mathbf{q}_0\lambda_0} = 2\pi |\bar{g}_{\mathbf{q}_0\lambda_0}|^2 \sum_{\mathbf{p}} \left(1 + \frac{\epsilon_{\mathbf{p}}\epsilon_{\mathbf{p}'} - \Delta_{\mathbf{p}}\Delta_{\mathbf{p}'}}{E_{\mathbf{p}}E_{\mathbf{p}'}}\right)(f_{\mathbf{p}} - f_{\mathbf{p}'})$$
$$\times \delta(E_{\mathbf{p}'} - E_{\mathbf{p}} - \omega_{\mathbf{q}_0\lambda_0}) \qquad (3.15)$$

ここでは $\mathbf{p}' = \mathbf{p} + \mathbf{q}_0$ であり, また, 次の関係を用いた.

$$n^2(\mathbf{p},\mathbf{p}') = \left(u_{\mathbf{p}}u_{\mathbf{p}'} - v_{\mathbf{p}}v_{\mathbf{p}'}\right)^2 = \frac{1}{2}\left(1 + \frac{\epsilon_{\mathbf{p}}\epsilon_{\mathbf{p}'} - \Delta_{\mathbf{p}}\Delta_{\mathbf{p}'}}{E_{\mathbf{p}}E_{\mathbf{p}'}}\right) \qquad (3.16)$$

音波の速度は典型的な Fermi 速度 $\sim 10^{-3}v_F$ に比べて極めて遅いので, エネルギー保存と運動量保存により, $\mathbf{q}_0$ は基本的に, 式(3.15) において寄与を持つ状態 $\mathbf{p}$ のところから Fermi 面の接線方向をむいたベクトルということになる. 等エネルギー面が球面であれば, Fermi 面付近で, かつ $\mathbf{q}_0$ に垂直な赤道面付近にある状態だけが, 考察の対象となる. Bloch 状態について, 有効質量 m^* による補正だけを考慮し, 等エネルギー面を球面によって近似するならば, 式(3.15) の和を次のような積分に置き換えることができる.

$$\sum_{\mathbf{p}} \to \frac{1}{(2\pi)^3}\int p^2 dp d\mu d\phi \to \frac{m^{*2}}{(2\pi)^2|\mathbf{q}_0|}\int d\epsilon_{\mathbf{p}}d\epsilon_{\mathbf{p}'} \qquad (3.17)$$

ここでは $\mathbf{q}_0$ を図3.1 のように極軸と見なしている. コヒーレンス因子の中の $\epsilon_{\mathbf{p}}\epsilon_{\mathbf{p}'}$ の項は, 積分に含まれる他の因子が $\epsilon_{\mathbf{p}}$ と $\epsilon_{\mathbf{p}'}$ に関して偶なので, 積分するとゼロになる [64]. したがって式(3.15) は次のように簡約される.

$$\alpha_{\mathbf{q}_0\lambda_0} = \frac{1}{2\pi}|\bar{g}_{\mathbf{q}_0\lambda_0}|^2 \frac{m^{*2}}{|\mathbf{q}_0|}$$
$$\times \int d\epsilon_{\mathbf{p}}d\epsilon_{\mathbf{p}'}\left(1 - \frac{\Delta_{\mathbf{p}}\Delta_{\mathbf{p}'}}{E_{\mathbf{p}}E_{\mathbf{p}'}}\right)(f_{\mathbf{p}} - f_{\mathbf{p}'})\delta(E_{\mathbf{p}'} - E_{\mathbf{p}} - \omega_{\mathbf{q}_0\lambda_0})$$
$$\simeq \frac{2}{\pi}|\bar{g}_{\mathbf{q}_0\lambda_0}|^2 \frac{m^{*2}}{|\mathbf{q}_0|}\int_{\Delta}^{\infty}dE\frac{E}{(E^2-\Delta^2)^{1/2}}\frac{E'}{(E'^2-\Delta^2)^{1/2}}\left(1 - \frac{\Delta^2}{EE'}\right)$$
$$\times\left[f(E) - f(E')\right] \qquad (3.18)$$

ここで $E' = E + \omega_{\mathbf{q}_0\lambda_0}$ であり, また Δ が $\mathbf{p}$ に依存しないものと仮定した. 大抵の実験では $\omega_{\mathbf{q}_0\lambda_0} \ll \Delta$ なので, 式(3.18) において, Fermi 因子の引数以外について

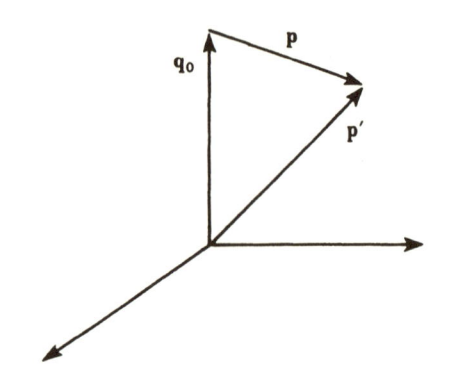

図 3.1 $\mathbf{q}_0$ を極軸に選んだ座標系. $\mathbf{p}' = \mathbf{p} + \mathbf{q}_0$ である.

$E' = E$ と近似すると,次式が得られる.

$$\begin{aligned}\alpha_{\mathbf{q}_0\lambda_0} &= \frac{2}{\pi}|\bar{g}_{\mathbf{q}_0\lambda_0}|^2 \frac{m^{*2}}{|\mathbf{q}_0|}\int_\Delta^\infty dE\left(-\frac{\partial f}{\partial E}\right)\omega_{\mathbf{q}_0\lambda_0} \\ &= \frac{2}{\pi}|\bar{g}_{\mathbf{q}_0\lambda_0}|^2 \frac{m^{*2}\omega_{\mathbf{q}_0\lambda_0}}{|\mathbf{q}_0|}f(\Delta)\end{aligned} \tag{3.19}$$

この式は,$\Delta = 0$ と置けば常伝導状態にも適用できる.したがって,温度 T における超伝導(S)相と常伝導(N)相との音波減衰の相対比率は,

$$\frac{\alpha_\mathrm{S}(T)}{\alpha_\mathrm{N}(T)} = \frac{f(\Delta)}{f(0)} = \frac{2}{\exp\left[\dfrac{\Delta(T)}{k_\mathrm{B}T}\right]+1} \tag{3.20}$$

となる.この式を利用すると,$\alpha_\mathrm{S}/\alpha_\mathrm{N}$ の温度依存特性からエネルギーギャップの温度依存特性が得られることになる.図 3.2 に,錫とインジウムの縦波フォノンに関する実験結果と理論計算の結果を示してある[‡][27a,65].T_c 付近における比の値の急激な低下は,T_c 以下においてエネルギーギャップが開くことに伴い励起の数が急速に減少することを反映している.また,式(3.18)における大きな状態密度因子,

$$\frac{EE'}{(E^2-\Delta^2)^{1/2}(E'^2-\Delta^2)^{1/2}} = \frac{1}{(1-\Delta^2/E^2)^{1/2}(1-\Delta^2/E'^2)^{1/2}}$$

は,$\omega_{\mathbf{q}_0\lambda_0} \ll \Delta$ ではコヒーレンス因子 $(1-\Delta^2/E^2)$ によって相殺され,この低振動数の極限では Fermi 因子だけによって減衰率が決まることを指摘しておく.

[‡](訳註) 原文をそのまま訳出してあるが,図には実験データが含まれていない.

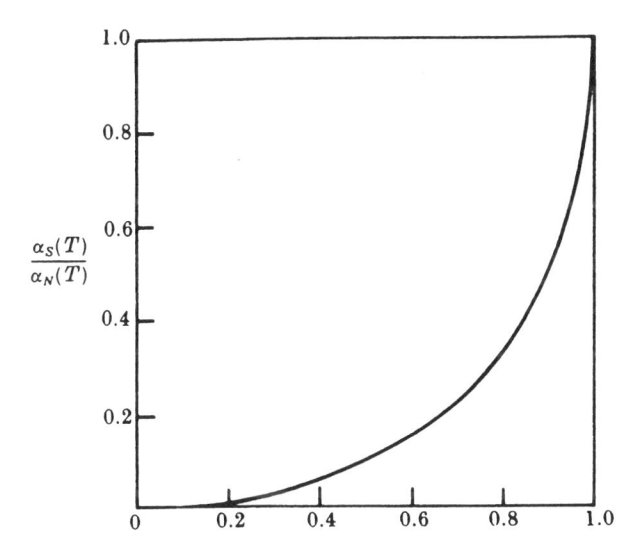

図3.2 縦波音波吸収係数の超伝導状態と常伝導状態における相対比の実験結果と，単純な対形成理論による計算結果との比較.

現実の金属においてエネルギーバンドとギャップパラメーターは異方性を持つので，α_S/α_N は上述のような範囲にわたる複雑な平均的数値の評価になっている．単結晶試料の結晶軸に対して q_0 を相対的に回転させると，ギャップの測定値には，その平均値に対して10％程度の変動が観測される [27]．

上の議論では，電子-フォノン行列要素がN相とS相において同じであるという暗黙の仮定を置いている．この仮定は純粋な縦波フォノンに関しては大抵よく成立するが [66]，横波フォノンに関しては正しいものではない．横波フォノンは結晶ポテンシャルへの影響だけでなく，横波電磁場も生じるからである [27a,67]．結晶ポテンシャルの遮蔽は基本的にN相でもS相でも同じであるが，Meissner効果は横波フォノンと電子の電磁結合を著しく弱める．したがって横波音波の減衰率は，T_c 以下ではMeissner効果によって電磁結合が除かれるという要因により，T_c において不連続な低下が予想される．残りの結合は上述の解析方法によって適正に扱われる．したがって，図3.3のような音波吸収係数の比の T_c における不連続な変化が，実際の実験においても明瞭に確認される [67b]．

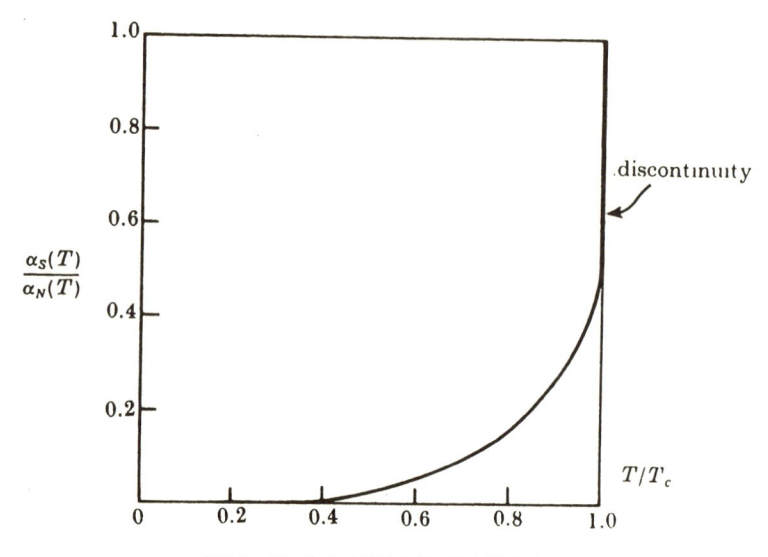

図 3.3 錫における横波音波の相対減衰率.

3.3 核スピン緩和 (核磁気緩和)

音波減衰率に関する上述の計算を，原子核スピンの価電子との超微細結合による緩和を記述するために修正することは容易である．核スピンを $\mathbf{I}$ とすると，相互作用は次のように表される．

$$H_{\mathbf{I}\cdot\mathbf{S}} = A \sum_{\mathbf{k},\mathbf{k}'} a^*_{\mathbf{k}'} a_{\mathbf{k}} \left[I_z (c^+_{\mathbf{k}'\uparrow} c_{\mathbf{k}\uparrow} - c^+_{\mathbf{k}'\downarrow} c_{\mathbf{k}\downarrow}) + I_+ c^+_{\mathbf{k}'\downarrow} c_{\mathbf{k}\uparrow} + I_- c^+_{\mathbf{k}'\uparrow} c_{\mathbf{k}\downarrow} \right]$$

(3.21)

$a_{\mathbf{k}}$ は着目する核の位置(サイト)における Bloch 関数 $\chi_{\mathbf{k}}(\mathbf{r})$ の振幅に比例する量で，$a_{-\mathbf{k}} = a^*_{\mathbf{k}}$ であり，$I_{\pm} = I_x \pm i I_y$ である [68]．核スピンの z 成分が減少する速さ(レート)を計算するために，まず Zeeman エネルギーや超微細エネルギーは一般にエネルギーギャップに比べて小さいために，準粒子のスピン反転過程だけが核スピン緩和に関わるという点に注意する．前節と同様に，温度 T における典型的な始状態 $|I\rangle$ を考え，終状態が次の形を持つことに注意する．

$$|F\rangle = \begin{cases} \gamma^+_{\mathbf{p}_2\uparrow} \gamma_{\mathbf{p}_1\downarrow} |I\rangle & \text{核スピンを下へ向けるスピン反転} \quad (3.22\text{a}) \\ \gamma^+_{\mathbf{p}_1\downarrow} \gamma_{\mathbf{p}_2\uparrow} |I\rangle & \text{核スピンを上へ向けるスピン反転} \quad (3.22\text{b}) \end{cases}$$

3.3. 核スピン緩和 (核磁気緩和)

前節と同様に, $H_{\mathbf{I \cdot S}}$ には $|I\rangle$ と特定の終状態を結合する項が 2 つ含まれる. 終状態 (3.22a) に関しては, 次の 2 項がある.

$$\begin{aligned} AI_- & \left(a_{\mathbf{p}_2}^* a_{\mathbf{p}_1} c_{\mathbf{p}_2\uparrow}^+ c_{\mathbf{p}_1\downarrow} + a_{-\mathbf{p}_1}^* a_{-\mathbf{p}_2} c_{-\mathbf{p}_1\uparrow}^+ c_{-\mathbf{p}_2\downarrow} \right) \\ &= AI_- a_{\mathbf{p}_2}^* a_{\mathbf{p}_1} \left(c_{\mathbf{p}_2\uparrow}^+ c_{\mathbf{p}_1\downarrow} + c_{-\mathbf{p}_1\uparrow}^+ c_{-\mathbf{p}_2\downarrow} \right) \end{aligned} \tag{3.23}$$

これらの項を γ 表示へ変換すると, 次のようになる.

$$AI_- a_{\mathbf{p}_2}^* a_{\mathbf{p}_1} \left[l(\mathbf{p}_1, \mathbf{p}_2) \left(\gamma_{\mathbf{p}_2\uparrow}^+ \gamma_{\mathbf{p}_1\downarrow} + \gamma_{-\mathbf{p}_1\uparrow}^+ \gamma_{-\mathbf{p}_2\downarrow} \right) \right. \\ \left. + p(\mathbf{p}_1, \mathbf{p}_2) \left(\gamma_{\mathbf{p}_2\uparrow}^+ \gamma_{-\mathbf{p}_1\uparrow}^+ R - \gamma_{\mathbf{p}_1\downarrow} \gamma_{-\mathbf{p}_2\downarrow} R^+ \right) \right] \tag{3.24}$$

上式で用いたコヒーレンス因子 l と p は, 次のように定義される.

$$\begin{aligned} l(\mathbf{p}_1, \mathbf{p}_2) &= u_{\mathbf{p}_1} u_{\mathbf{p}_2} + v_{\mathbf{p}_1} v_{\mathbf{p}_2} \\ p(\mathbf{p}_1, \mathbf{p}_2) &= u_{\mathbf{p}_1} v_{\mathbf{p}_2} - v_{\mathbf{p}_1} u_{\mathbf{p}_2} \end{aligned} \tag{3.25}$$

したがって, 核スピン下向け反転 (フリップ・ダウン) の行列要素は, 次のように表される.

$$A a_{\mathbf{p}_2}^* a_{\mathbf{p}_1} l(\mathbf{p}_1, \mathbf{p}_2) \bar{\nu}_{\mathbf{p}_1\downarrow} (1 - \bar{\nu}_{\mathbf{p}_2\uparrow})(I_-)_{\mathrm{fi}} \tag{3.26}$$

上式の最後の因子は核の行列要素を与える. 核スピンを下向け反転 (フリップ・ダウン) させる遷移頻度は次式に比例する.

$$\begin{aligned} w_{\mathrm{down}} = 2\pi|A|^2 \sum_{\mathbf{p}_1, \mathbf{p}_2} |a_{\mathbf{p}_1}|^2 |a_{\mathbf{p}_2}|^2 l^2(\mathbf{p}_1, \mathbf{p}_2) \\ \times f_{\mathbf{p}_1}(1 - f_{\mathbf{p}_2}) \delta(E_{\mathbf{p}_2} - E_{\mathbf{p}_1} - \omega) N_\uparrow \end{aligned} \tag{3.27}$$

したがって, 結晶の異方性を無視するならば, 核スピンの z 成分の緩和の速さ (レート) は次式に比例する.

$$\alpha_\mathrm{S} = 2\pi|A|^2 \sum_{\mathbf{p}_1, \mathbf{p}_2} |a_{\mathbf{p}_1}|^4 \frac{1}{2} \left(1 + \frac{\Delta_{\mathbf{p}_1} \Delta_{\mathbf{p}_2}}{E_{\mathbf{p}_1} E_{\mathbf{p}_2}} \right) f_{\mathbf{p}_1}(1 - f_{\mathbf{p}_2}) \delta(E_{\mathbf{p}_2} - E_{\mathbf{p}_1} - \omega) \tag{3.28}$$

何故なら, $l^2(\mathbf{p}_1, \mathbf{p}_2)$ は,

$$l^2(\mathbf{p}_1, \mathbf{p}_2) = \frac{1}{2} \left(1 + \frac{\epsilon_{\mathbf{p}_1} \epsilon_{\mathbf{p}_2} + \Delta_{\mathbf{p}_1} \Delta_{\mathbf{p}_2}}{E_{\mathbf{p}_1} E_{\mathbf{p}_2}} \right) \tag{3.29}$$

と与えられ,前節と同様に $\epsilon\epsilon'$ の項は積分の際に消えるからである.Fermi面付近において Δ が $\mathbf{p}$ に依存しなければ,式(3.28)は $\omega \ll \Delta$ の条件下で次のようになる.

$$\alpha_S = 4\pi |A|^2 |a|^4 N^2(0)$$
$$\times \int_\Delta^\infty \left[1 + \frac{\Delta^2}{E(E+\omega)}\right] \frac{E(E+\omega)k_B T(-\partial f/\partial E)\, dE}{(E^2 - \Delta^2)^{1/2}[(E+\omega)^2 - \Delta^2]^{1/2}} \quad (3.30)$$

したがって,S相とN相の核スピン緩和速さ(レート)の比は,次のようになる.

$$\frac{\alpha_S}{\alpha_N} = 2\int_\Delta^\infty \frac{[E(E+\omega) + \Delta^2](-\partial f/\partial E)\, dE}{[E^2 - \Delta^2]^{1/2}[(E+\omega)^2 - \Delta^2]^{1/2}} \quad (3.31)$$

式(3.31)において $\omega = 0$ と置くと,積分は下限において対数的な特異性を持ってしまう.Hebel and Slichter(ヘーベル スリクター)[28] は,ω をZeemanエネルギーから計算するならば,比の値は T_c から温度を下げるときに,一旦は約10まで増加してから,$T \to 0$ においてゼロに近づくことを見いだした.しかし彼らがアルミニウムを用いた実験において観測した比の値の最大値はおよそ2に過ぎなかった.ここではギャップの異方性や空間的な不均一が,現実に観測される比の値に対する制約要因になっている可能性がある.しかしスピン緩和率の比 α_S/α_N が,T_c から温度を下げる際に,理論の予言と定性的には同じく一旦増加して最大値(コヒーレンスピーク)に達してから減少に転じるという事実こそが重要である(図3.4).この特性は音波減衰率のそれと明らかに異なっている.これらの2種類の過程の速さ(レート)を計算する際の唯一の違いは,音波減衰ではコヒーレンス因子として $n^2 = (uu' - vv')^2$ が現れるのに対し,スピン緩和では $l^2 = (u_1 u_2 + v_1 v_2)^2$ が現れるという点である.既に述べたように,ギャップ端付近の準粒子がフォノンによって散乱される行列要素は異常に小さくなり,この付近で特異的に高くなる準粒子状態密度の影響を正確に相殺してしまう.他方,準粒子が核スピンに結合する強さは,基本的に常伝導状態における単一粒子のそれと同じなので,ギャップ端付近に高い準粒子状態密度が現れることは,スピン緩和の速さ(レート)を大きくする.もちろん $T \to 0$ では熱励起されている準粒子も減ってゆき,緩和の速さ(レート)も最終的にゼロになる.単純な二流体モデルにおいて想定されるエネルギーギャップからは,T_c 直下における音波吸収比率の急激な低下と核スピン緩和比の急激な上昇を同時に説明できないことは明らかである.興味深いことに,Hebel and Slichter が美しい実験結果を得たのは,BCS理論が構築されつつあった期間のことであった.彼らの実験結果はBCS理論の基礎となる対相関の詳しい性質を最初に実証する証拠のひとつとなった.

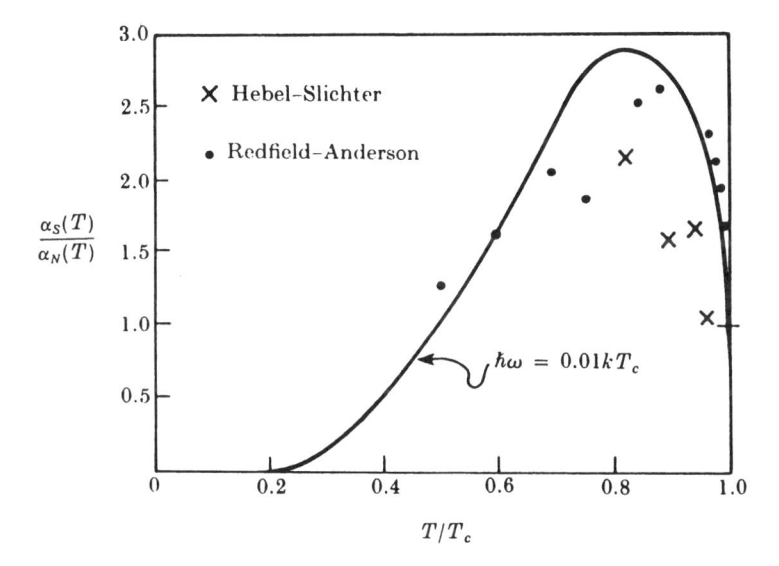

図3.4 (a) アルミニウム試料における超伝導状態と常伝導状態の核スピン緩和レートの比. 実線は測定されたエネルギーギャップに基づいて L. C. Hebel によって計算された特性.

3.4 電磁波の吸収

共鳴的なエネルギー吸収のもうひとつの実例は，薄膜における導電率 σ_1 の実部である．電磁場を次のベクトルポテンシャルによって記述する．

$$\mathbf{A}(\mathbf{r},t) = \mathbf{A}_0 e^{i(\mathbf{q}\cdot\mathbf{r}-\omega t)} + \text{c.c.} \tag{3.32}$$

1次の結合は，次の形を持つ

$$\begin{aligned} H_\mathbf{A}(t) &= -\frac{1}{c}\int \mathbf{j}(\mathbf{r})\cdot\mathbf{A}(\mathbf{r},t)d^3r \\ &= \frac{e}{2mc}\sum_{\mathbf{p},s}\mathbf{A}_0\cdot(2\mathbf{p}+\mathbf{q})c^+_{\mathbf{p}+\mathbf{q}s}c_{\mathbf{p}s}e^{-i\omega t} + \text{H.c.} \end{aligned} \tag{3.33}$$

和の中には，同じ準粒子遷移を引き起こす項が2つある．すなわち，

$$\begin{aligned} c^+_{\mathbf{p}'\uparrow}c_{\mathbf{p}\uparrow} - c^+_{-\mathbf{p}\downarrow}c_{-\mathbf{p}'\downarrow} &= l(\mathbf{p},\mathbf{p}')\big(\gamma^+_{\mathbf{p}'\uparrow}\gamma_{\mathbf{p}\uparrow} - \gamma^+_{-\mathbf{p}\downarrow}\gamma_{-\mathbf{p}'\downarrow}\big) \\ &\quad - p(\mathbf{p},\mathbf{p}')\big(\gamma^+_{\mathbf{p}'\uparrow}\gamma^+_{-\mathbf{p}\downarrow}R + \gamma_{\mathbf{p}\uparrow}\gamma_{-\mathbf{p}'\downarrow}R^+\big) \end{aligned} \tag{3.34}$$

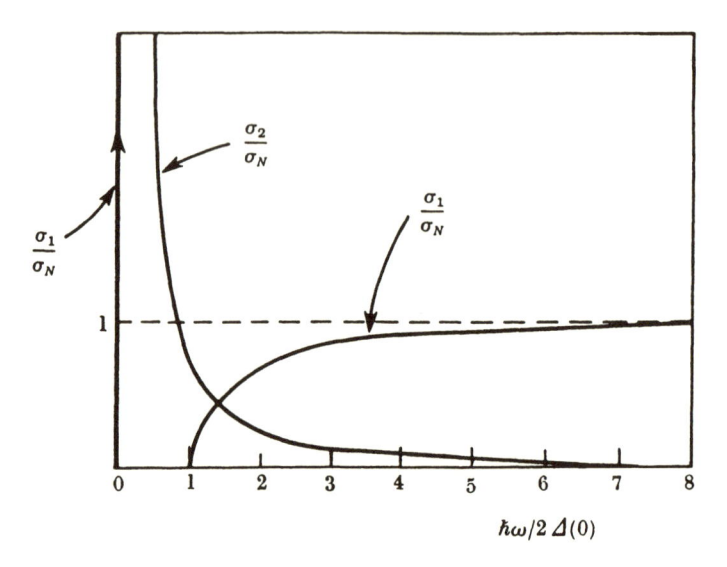

図3.5 $T=0$ における $\sigma_1/\sigma_\mathrm{n}$ と $\sigma_2/\sigma_\mathrm{n}$ の振動数依存性の計算結果. Mattis and Bardeen の仕事に基づく Tinkham の計算.

である.たとえば $\mathbf{k} \to -(\mathbf{k}+\mathbf{q})$ と $(\mathbf{k}+\mathbf{q}) \to -\mathbf{k}$ は同じ準粒子遷移に関わり,組合せとしては $(2\mathbf{k}+\mathbf{q}) \to -(2\mathbf{k}+\mathbf{q})$ である.式(3.34) の右辺第1項は準粒子散乱を表し,$T \neq 0$ において無条件に寄与を持つが,右辺第2項は2つの準粒子の生成もしくは消滅を表し,$\omega \geq 2\Delta$ の場合にのみ寄与を持つ.

議論を簡単にするために $T=0$ として,吸収は $\omega \geq 2\Delta$ だけで起こるものとしよう.フォノン吸収と同様に,光子吸収の計算を行うと,次の結果が得られる.

$$\frac{\sigma_{1\mathrm{S}}}{\sigma_{1\mathrm{N}}} = \frac{1}{\omega}\int_\Delta^{\omega-\Delta} \frac{[E(\omega-E)-\Delta^2]dE}{(E^2-\Delta^2)^{1/2}[(\omega-E)^2-\Delta^2]^{1/2}} \tag{3.35}$$

Mattis and Bardeen [69] は積分を実行し,S相とN相の導電率の比を完全楕円積分 E と K を用いて次のように表した.

$$\frac{\sigma_{1\mathrm{S}}}{\sigma_{1\mathrm{N}}} = \left(1+\frac{1}{x}\right)E\left(\frac{1-x}{1+x}\right) - \frac{2}{x}K\left(\frac{1-x}{1+x}\right) \tag{3.36}$$

ここで $x = \omega/2\Delta \geq 1$ である.この比の理論曲線を図3.5に示すが,これも実験結果とよく合致する.一般の ω と温度の下では,積分を数値計算する必要がある.$\omega \ll 2\Delta$ のとき,温度を下げてゆくと,σ の比は核スピン緩和の比と同様に T_c 以下で一旦増

加してピーク値に達してから指数関数的に減衰する．$\omega \gtrsim k_B T_c/2$ ではコヒーレンスピークは見られない．導電率の比の挙動に関して，いくつかの場合について Miller によって調べられている [70]．注意：本書の初刷りの時点では，低温においてギャップ内での予兆的吸収 ($\omega/2\Delta \sim 0.85$) が観測されるという報告があった [71,72]．しかしその後の実験と，データ処理方法の改善の結果，ギャップ内吸収のデータは疑わしいことが判明した [73]．ギャップ内吸収を説明するために提案された集団運動モードによる吸収は，実際には極めて弱いはずである (第 8 章)．

3.5　コヒーレンス因子の物理的な起源

単純な 1 粒子エネルギーギャップモデルから，コヒーレンス因子が影響する本章の結果を推測することは難しい．しかしながらコヒーレンス因子の物理的な起源は極めて単純なものである．

たとえば始状態 $\mathbf{k}\uparrow$ の準粒子が運動量 $\mathbf{k}'-\mathbf{k}$ のボゾン (フォノンもしくは光子) を吸収して，終状態 $\mathbf{k}'\uparrow$ に散乱される過程を考えてみよう．議論を簡単にするために，始状態において $-\mathbf{k}\downarrow$, $\mathbf{k}'\uparrow$, $-\mathbf{k}'\downarrow$ には準粒子がないものする (これらの準粒子を含めるように議論を一般化するのは容易である)．

第 2 章で見たように，$\mathbf{k}\uparrow$ を占める準粒子 (そして $-\mathbf{k}\downarrow$ には準粒子がない) は，電子が Bloch 状態 $\mathbf{k}\uparrow$ を確定的に占め (すなわち占有確率 1)，その相手の状態 $-\mathbf{k}\downarrow$ が確定的に空いていることに対応する．対状態 ($\mathbf{k}'\uparrow, -\mathbf{k}'\downarrow$) は，そこに準粒子を含まなければ，$\mathbf{k}'\uparrow$ と $-\mathbf{k}'\downarrow$ が "同時に" 空である確率振幅は $u_{\mathbf{k}'}$ であり，これらの状態が "同時に" 占められている確率振幅は $v_{\mathbf{k}'}$ である．$u_{\mathbf{k}'}^2 + v_{\mathbf{k}'}^2 = 1$ なので，この対状態の占有状態について，これらの 2 通り以外の振幅はない．したがって，系の始状態の 1 粒子占有状態を示すと，図 3.6(a) が振幅 $u_{\mathbf{k}'}$ の成分にあたり，図 3.6(b) が振幅 $v_{\mathbf{k}'}$ の成分にあたる．図を見やすくするために，上述の 4 つの 1 粒子状態以外の電子占有状況は示さないことにする．

同様にして，終状態は $\mathbf{k}'\uparrow$ が確定的に占有され，$-\mathbf{k}'\downarrow$ が確定的に空いていて，$\mathbf{k}\uparrow$ と $-\mathbf{k}\downarrow$ が "同時に" 空いている振幅が $u_{\mathbf{k}}$，これらが "同時に" 占有されている振幅は $v_{\mathbf{k}}$ である．これらの終状態の状況を図 3.6(c) と図 3.6(d) に示す．

1 体演算子で表される相互作用ハミルトニアンは，ひとつの電子の状態を変える作用だけを持つ．例として演算子 $c_{\mathbf{k}'\uparrow}^+ c_{\mathbf{k}\uparrow}$ を考えよう．これは図 3.6(a) のような成分を，図 3.6(c) のような成分へ，矢印のように遷移させる．この過程の振幅は $u_{\mathbf{k}} u_{\mathbf{k}'}$ となる

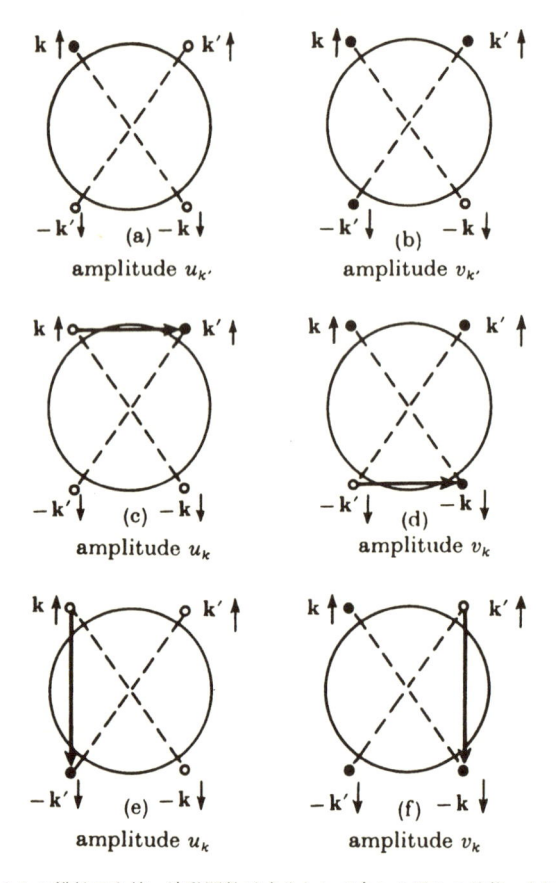

図3.6 (a)(b) $\mathbf{k}\uparrow$ の準粒子を持つ波動関数が成分として含む2通りの状態. (c)(d) $\mathbf{k}'\uparrow$ の準粒子を持つ波動関数が含む状態. (a) → (c), (b) → (d) は, 電子がスピンを反転させない場 (音波や電磁波など) と結合しているときの散乱の様子を表す. (e)(f) $-\mathbf{k}'\downarrow$ の準粒子を持つ波動関数が含む状態. (a) → (e), (b) → (f) は, 電子がスピンを反転させるような場 (核スピン緩和に含まれる超微細結合など) と結合しているときの散乱の様子を表す.

ことは明らかである. また, 演算子 $c^+_{-\mathbf{k}\downarrow}c_{-\mathbf{k}'\downarrow}$ は始状態における図3.6(b) の成分を, 終状態における図3.6(d) の成分へ遷移させる. この過程の振幅は $-v_\mathbf{k}v_{\mathbf{k}'}$ である. 負号については, この演算子が図3.6(b) のような状態へ作用する際に, 2つの状態を記述する演算子の順序変更のために, 図3.6(d) に負号を加えた状態となることを容易に証明できる. もし相互作用ハミルトニアンにおいて $c^+_{\mathbf{k}'\uparrow}c_{\mathbf{k}\uparrow}$ と $c^+_{-\mathbf{k}\downarrow}c_{-\mathbf{k}'\downarrow}$ の係数が (符号

3.5. コヒーレンス因子の物理的な起源

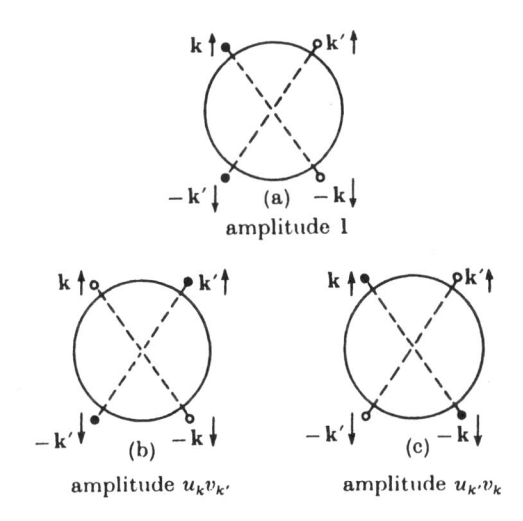

図3.7 (a) $\mathbf{k}\uparrow$ と $-\mathbf{k}'\downarrow$ に2つの準粒子がある状態. ひと通りに確定した状態と見なせる. (b)(c) スピンに依存しない1体演算子によって (a) へと結合する状態. (a) へ遷移する状態としては, この2通り以外にない.

までを含めて) 等しいならば, この準粒子遷移の全振幅は $u_\mathbf{k} u_{\mathbf{k}'} - v_\mathbf{k} v_{\mathbf{k}'} = m(\mathbf{k}, \mathbf{k}')$ であり, 準粒子散乱による音波減衰比率の特性と同じになる. 他方, これらの演算子の係数の絶対値が等しく反対符号であるならば, 全振幅は $u_\mathbf{k} u_{\mathbf{k}'} + v_\mathbf{k} v_{\mathbf{k}'} = l(\mathbf{k}, \mathbf{k}')$ となり, 電磁波の吸収の特性と同じになる.

核スピン緩和の問題のように, スピン反転が関わる場合, 終状態に含まれる準粒子は $-\mathbf{k}'\downarrow$ であり, 終状態は図3.6(e) と図3.6(f) のように表される. 演算子 $c^+_{-\mathbf{k}'\downarrow} c_{\mathbf{k}\uparrow}$ は図3.6(a) を図3.6(e) へ遷移させ, その振幅は $u_\mathbf{k} u_{\mathbf{k}'}$ である. 他方, 演算子 $c^!_{-\mathbf{k}\downarrow} c_{\mathbf{k}'\uparrow}$ は図3.6(b) を図3.6(f) へ遷移させ, その振幅は $v_\mathbf{k} v_{\mathbf{k}'}$ である. 超微細相互作用において, これらの演算子の係数は等しいので, ここではコヒーレンス因子として l が現れる.

準粒子が存在しない始状態から, $\mathbf{k}\uparrow$ と $-\mathbf{k}'\downarrow$ に2つの準粒子が生成されたとき, 図3.7(a) に示すような終状態が一意的に生成される. 1体演算子によって図3.7(a) の終状態へと移行できる始状態は図3.7(b) と図3.7(c) である. それぞれ $c^+_{\mathbf{k}\uparrow} c_{\mathbf{k}'\uparrow}$, $c^+_{-\mathbf{k}'\downarrow} c_{-\mathbf{k}\downarrow}$ によって遷移し, 振幅はそれぞれ $u_\mathbf{k} v_{\mathbf{k}'}$, $u_{\mathbf{k}'} v_\mathbf{k}$ である. 音波吸収では (すなわち係数が同符号の場合) 全振幅が $u_\mathbf{k} v_{\mathbf{k}'} + u_{\mathbf{k}'} v_\mathbf{k} \equiv m(\mathbf{k}, \mathbf{k}')$ となり, 電磁波の吸収 (符号が反対) の場合には $u_\mathbf{k} v_{\mathbf{k}'} - u_{\mathbf{k}'} v_\mathbf{k} \equiv p(\mathbf{k}, \mathbf{k}')$ となる. これは既に述べた結果と整

合している．スピン反転過程による対生成も同様の方法で解釈できる．

上述の議論により，一般に 1 体演算子の c, c^+ 表示において，指定された準粒子過程には 2 つの項だけが関わること，そしてその両者の項が，ここに示した単純な描像によって解釈できることは明らかである．$(\mathbf{k}\uparrow, -\mathbf{k}\downarrow)$ と $(\mathbf{k}'\uparrow, -\mathbf{k}'\downarrow)$ 以外の 1 粒子状態にある粒子の数は，そのときの系の状態に依存するけれども，始状態と終状態の間で粒子数は保存されていることに注意されたい．たとえば図3.6(a) も図3.6(b) も電子の総数は N_0 と設定されており，前者において表示されていない電子の総数は，図3.6(b) のそれに比べて 2 個多いものと理解すべきである．

3.6 電子のトンネル過程

ここまで音波減衰，電磁波吸収，および核スピン緩和の 3 種類の過程を見たが，これらは何れも粒子数を変えない N_0 粒子状態から N_0 粒子状態への遷移である．これに対して薄い絶縁膜によって隔てられた 2 つの金属の間で電子のトンネルが起こると，各金属には N_0 粒子状態から $(N_0 \pm n)$ 粒子状態への遷移が起こる．Giaever は先駆的な実験を行い，酸化膜 (絶縁膜) を挟んだ常伝導金属と超伝導金属の間には，低温では超伝導体のエネルギーギャップパラメーター Δ に相当する以上の電圧 V を加えない限りトンネル電流が流れないことを見いだした [26]．この結果は直観的には，エネルギーギャップモデルに基づいて説明できるものと予想される．他方，仮に"2 個の"電子が同時にトンネルを起こすことを仮想すると，超伝導体に入ったそれらの電子は対相関によって互いに束縛し合うことができて，励起エネルギーを与える必要がないので，印加電圧が非常に低くても電流が流れる可能性があり得る．酸化膜の厚さをゼロにすれば，明らかにこのような状況が得られる．しかし酸化膜が充分に薄くなければ，2 個の電子が同時にトンネルを起こす確率は極めて低く，印加電圧が 1 粒子トンネルの閾値電圧に達するまでは，電流はほとんど流れないものと考えられる．しかし Josephson は，超伝導体同士の間のトンネル過程については，この推定があてはまらないことを指摘し [83]，超流体を形成する対がトンネルを起こす頻度が，1 粒子がトンネルを起こす頻度と同じオーダーになることを示した (Josephson 効果)．しかし我々はしばらくの間，1 粒子過程を基礎した議論に注意を向けることにする．

トンネル過程を扱うためのハミルトニアン構築の基礎は Bardeen によって与えられ [74]，Cohen, Falicov, and Phillips [75] や，最近の Prange [76] の仕事によって洗練されたものになった．このアプローチでは，系を次のような形の有効ハミルトニ

アン (トンネルハミルトニアン) によって記述する.

$$H = H_l + H_r + H_T \tag{3.37}$$

H_l と H_r はそれぞれトンネル過程が無い場合の左側および右側の金属の多体ハミルトニアンであり, H_T は2つの金属の間で電子を遷移させる, 次のような1体演算子である.

$$H_T = \sum_{\mathbf{k},\mathbf{k}',s} \left\{ T_{\mathbf{k}\mathbf{k}'} c_{\mathbf{k}'s}^{r+} c_{\mathbf{k}s}^{l} + \text{H.c.} \right\} \tag{3.38}$$

Bardeen は $T_{\mathbf{k}\mathbf{k}'}$ が, 酸化膜の中央において評価した1粒子状態間の電流密度行列要素によって与えられることを示した. 1粒子状態は酸化膜への浸入距離に依存して指数関数的に減衰する. Harrison [77] は $T_{\mathbf{k}\mathbf{k}'}$ を WKB 近似によって評価し, 次の結果を得た.

$$|T_{\mathbf{k}\mathbf{k}'}|^2 = \frac{1}{4\pi^2} \frac{\delta_{k_\parallel, k'_\parallel}}{\rho_\perp^r \rho_\perp^l} \exp\left[-2\int_{x_l}^{x_r} k_\perp(x) dx\right] \tag{3.39}$$

$\rho_\perp$ は酸化膜障壁(バリヤ)に垂直な方向の運動に関する1次元状態密度であり, 障壁の境界位置が x_l および x_r である.

トンネル電流を計算するために [78,79], まず絶対零度の場合を考え, H_T を1次の時間に依存する摂動論によって扱うことにする. l から r への電子の遷移頻度は, 次のように与えられる.

$$w_{l \to r} = 2\pi \sum_{\alpha, \beta} \left| \langle \alpha_l | \langle \beta_r | \sum_{\mathbf{k},\mathbf{k}',s} T_{\mathbf{k}\mathbf{k}'} c_{\mathbf{k}'s}^{r+} c_{\mathbf{k}s}^{l} |0_l\rangle |0_r\rangle \right|^2 \delta(\epsilon_\alpha + \epsilon_\beta - V) \tag{3.40}$$

l から r へ移行する電子のポテンシャルエネルギーは, 印加電圧によって V だけ低下するものと考える. 式(3.40) において, 状態ベクトルは多体ハミルトニアン H_l および H_r の正確な固有状態を用いている. すなわち,

$$H_l |\alpha_l\rangle = \epsilon_\alpha |\alpha_l\rangle$$
$$H_r |\beta_r\rangle = \epsilon_\beta |\beta_r\rangle \tag{3.41}$$

である. エネルギー ϵ_α と ϵ_β は, それぞれ l および r の基底状態を基準として計る. 絶対零度では, 電子はエネルギー保存の制約により反対方向へはトンネルできない. 式(3.40) により, 電流密度が次式に比例することは容易に分かる.

$$I(V) \propto \int_0^V N_{T+}^r(E) N_{T-}^l(V - E) dE \tag{3.42}$$

被積分関数の因子 (トンネル状態密度) は，次のように与えられる．

$$N_{T+}^r(E) = \sum_{\mathbf{k},\beta} \left|\langle\beta_r|c_{\mathbf{k}'}^+|0_r\rangle\right|^2 \delta(\epsilon_\beta - E) \simeq N_r(0)\int_{-\infty}^\infty d\epsilon_{\mathbf{k}} \rho_r^{(+)}(\mathbf{k},E) \quad (3.43a)$$

$$N_{T-}^l(E) = \sum_{\mathbf{k},\alpha} \left|\langle\alpha_l|c_{\mathbf{k}}|0_l\rangle\right|^2 \delta(\epsilon_\alpha - E) \simeq N_l(0)\int_{-\infty}^\infty d\epsilon_{\mathbf{k}} \rho_l^{(-)}(\mathbf{k},E) \quad (3.43b)$$

スペクトル加重関数 (spectral weight function) $\rho^{(+)}$ と $\rho^{(-)}$ については 5.7 節で論じる予定であるが，1 粒子 Green 関数と次のような関係を持つ (第 5 章)．

$$\rho^{(+)}(\mathbf{k},\omega) = -\frac{1}{\pi}\mathrm{Im}\,G(\mathbf{k},\omega) \qquad \omega \geq 0 \quad (3.44a)$$

$$\rho^{(-)}(\mathbf{k},\omega) = \frac{1}{\pi}\mathrm{Im}\,G(\mathbf{k},-\omega) \qquad \omega \geq 0 \quad (3.44b)$$

したがって，各金属の $G(\mathbf{k},\omega)$ が分かれば，トンネル電流に関わる知識はそれで充分である．式 (3.42) を導く際に，Fermi 面付近においてエネルギー範囲 V ($\ll E_F$) にわたり $T_{\mathbf{k}\mathbf{k}'} = \mathrm{const}$ を仮定していることに注意されたい．これは超伝導体へのトンネル特性を調べる際に関心の対象となる電圧範囲において，極めてよい近似である．

超伝導金属に関する有効トンネル状態密度は，遅延のない 2 体ポテンシャルを用いた対形成近似の下で，その定義式 (3.43) から直接に計算できる．粒子数を不定にしない B-V 変換 (3.6) を用いると，式 (3.43a) は次のようになる．

$$N_{T+}(E) = \sum_{\mathbf{k},\mathbf{p}} \left|\langle\mathbf{p}|c_{\mathbf{k}\uparrow}^+|0\rangle\right|^2 \delta(E_\mathbf{p} - E)$$

$$\simeq N(0)\int_{-\infty}^\infty d\epsilon_\mathbf{k} u_\mathbf{k}^2 \delta(E_\mathbf{k} - E)$$

$$= N(0)\left|\frac{d\epsilon_\mathbf{k}}{dE_\mathbf{k}}\right|_{E_\mathbf{k}=E} \quad (3.45)$$

上式では，$\epsilon_\mathbf{k}$ がデルタ関数の引数をゼロにする際に，$\epsilon_{\mathbf{k}'} \equiv -\epsilon_\mathbf{k}$ もデルタ関数の引数をゼロにする条件を満たし，$u_\mathbf{k}^2 + u_{\mathbf{k}'}^2 = 1$ となることを用いた．このようにトンネル電流の式においてコヒーレンス因子が残らないという性質を最初に指摘したのは Cohen, Falicov, and Phillips である [75]．興味深いことに N_{T+} は我々が本章の初めに用いた準粒子の状態密度そのものであり，これはコヒーレンス効果を考慮せずに単純なエネルギギャップモデルから推測される結果と一致している．

式 (3.43b) についても同様に，非遅延の対ポテンシャルモデルの下で，

$$N_{T-}(E) = N(0)\int_{-\infty}^\infty v_\mathbf{k}^2 \delta(E_\mathbf{k} - E) d\epsilon_\mathbf{k}$$

3.6. 電子のトンネル過程

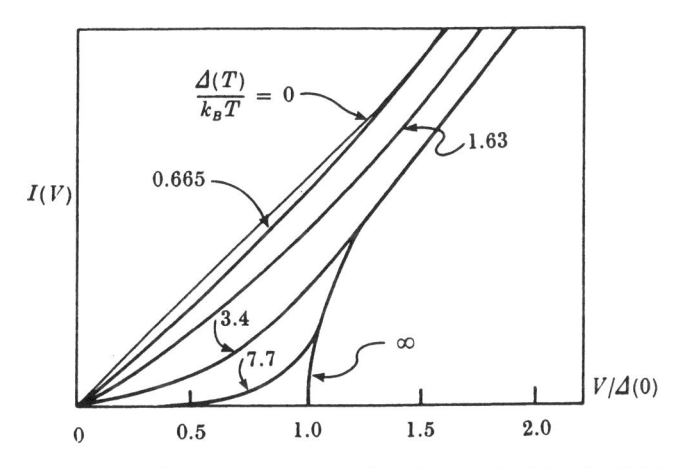

図3.8 常伝導金属と超伝導金属の間に流れるトンネル電流 I の印加電圧 V (に電荷素量を乗じたエネルギー) に対する依存性.

$$= N(0)\left|\frac{d\epsilon_{\mathbf{k}}}{dE_{\mathbf{k}}}\right|_{E_{\mathbf{k}}=E} = N_{\mathrm{T}+}(E) \tag{3.46}$$

となる. $N_{\mathrm{T}+}$ において $u_{\mathbf{k}}^2$ が残らないのと同様に, 上の $N_{\mathrm{T}-}$ の計算において $v_{\mathbf{k}}^2$ は残らない.

第7章で見る予定であるが, 現実の金属には電子とフォノンの相互作用に起因する強い遅延効果があるので, 式(3.45) と式(3.46) は正確ではない. 正しい結果は,

$$N_{\mathrm{T}\pm}(E) = N(0)\mathrm{Re}\left\{\frac{E}{[E^2 - \Delta^2(E)]^{1/2}}\right\} \tag{3.47}$$

であり, 式(3.46) から導かれる $N(0)(E - \frac{1}{2}d\Delta^2/dE)/[E^2 - \Delta^2(E)]^{1/2}$ とは異なっている.

$I(V)$ の式(3.42) に戻ろう. 状態密度として式(3.47) を採用すると, 常伝導金属と超伝導金属の間のトンネル特性について,

$$\frac{dI_{\mathrm{S}}/dV}{dI_{\mathrm{N}}/dV} = \mathrm{Re}\left\{\frac{V}{[V^2 - \Delta^2(V)]^{1/2}}\right\} \tag{3.48}$$

という式を得る. I_{S} と I_{N} はそれぞれ超伝導体が S 相もしくは N 相のときのトンネル電流を表す. したがって電子トンネルの実験は, ギャップパラメーターのエネルギー依存性に関する詳しい情報をもたらす.

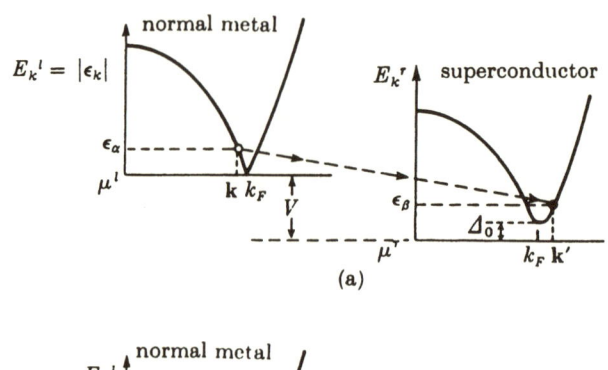

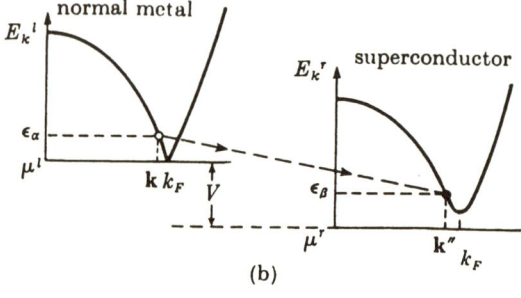

図3.9 (a)(b) 常伝導金属において k↑ が占有されている状態を始状態とした場合の2通りの終状態への遷移. 常伝導金属と超伝導金属の間の1粒子トンネル頻度の式において, これらの過程が考慮されている.

　有限温度におけるトンネル電流も, 基本的には同じ考え方によって扱われるが, 始状態として $|0_l\rangle|0_r\rangle$ ではなく熱平均の状態を導入し, 電流は l から r への成分と r から l への成分を両方とも考慮しなければならない [78,79]. トンネル電流は熱力学的 Green 関数に対応するスペクトル加重関数の形で表現される. 単純に遅延のない2体対ポテンシャルの場合を考えるならば, $T=0$ と同様に, コヒーレンス効果を含まない単純なエネルギーギャップモデルに基づく黄金律の式に帰着する. いろいろな温度の下での常伝導金属と超伝導金属の間の典型的な $I-V$ 特性を図3.8 に示してある. ここでは Δ がエネルギーに依存しないものと仮定してある. 実験から得られる特性曲線は, 概してこのような理論曲線とよく一致するが, 小さなずれが無いわけではない. そのいくつかの要因について, 後から言及する予定である.

　常伝導金属と超伝導金属の間に起こる1粒子トンネルの過程を, 模式的に図3.9(a) と図3.9(b) に示す. 図3.9(a) では, 常伝導金属 (l) において Fermi 面の内側にある

3.6. 電子のトンネル過程

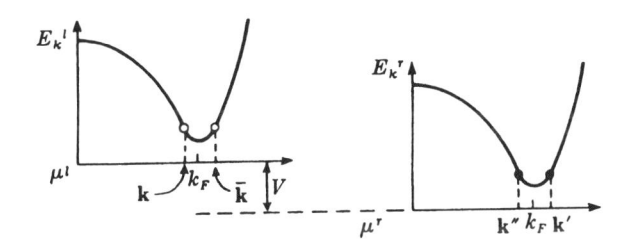

図3.10 (a)(b) 図3.9と類似の1粒子トンネル過程を表す図であるが，ここでは超伝導体から超伝導体へのトンネルを対象としている．

$\mathbf{k}\uparrow$ の電子が，酸化膜をトンネルして超伝導体 (r) の Fermi 面の外にある状態 $\mathbf{k}'\uparrow$ へ遷移する．この過程によって，l には励起エネルギー $\epsilon_\alpha = |\epsilon_\mathbf{k}|$ の正孔が生成されて残る．そして超伝導体 r では準粒子が $\mathbf{k}'\uparrow$ に加えられ，その励起エネルギーは $\epsilon_\beta = E_{\mathbf{k}'} = (\epsilon_{\mathbf{k}'}^2 + \Delta_{\mathbf{k}'}^2)^{1/2}$ である．この過程は，始状態において対状態 $(\mathbf{k}'\uparrow, -\mathbf{k}'\downarrow)$ が空いている場合にのみ可能であるが，始状態におけるそのような確率は $u_{\mathbf{k}'}^2$ である．$|\epsilon_\mathbf{k}| + E_{\mathbf{k}'} = V$ であれば，エネルギー保存は成立している．エネルギーが保存するもうひとつの過程を図3.9(b) に示してあるが，超伝導体において準粒子の加わる状態 $\mathbf{k}''\uparrow$ が Fermi 面の内側にある点だけが図3.9(a) と違っている．$\Delta = $ const とすると，これらの2つの状態は，上で見たように $\epsilon_{\mathbf{k}'} = -\epsilon_{\mathbf{k}''}$ という関係を持つ．始状態において $(\mathbf{k}''\uparrow, -\mathbf{k}'\downarrow)$ が空いている確率は $u_{\mathbf{k}''}^2 = v_{\mathbf{k}'}^2$ であり，したがって Pauli 原理の制約の下で図3.9 の過程が起こる全確率は $u_{\mathbf{k}'}^2 + v_{\mathbf{k}'}^2 = 1$ となる．したがってトンネル電流は，超伝導体における Fermi 面の外部 (もしくは内部) の状態だけに関する和として計算すれば充分であり，その代償として，コヒーレンス因子を1に置き替えておけばよい．

超伝導体内の励起に関する半導体モデルは，トンネル現象を論ずる上でしばしば有用である．しかしながら，このモデルを扱う際には注意が必要である．このモデルにおける "エネルギーギャップの上" の状態は，実際には Fermi 面の外側と内側の状態 (上述の例では $\mathbf{k}'\uparrow$ と $\mathbf{k}''\uparrow$) の線形結合に対応するからである．半導体モデル [79,80] の詳細に関心のある読者は Bardeen [74] を参照されたい．

2つの超伝導体の間の1粒子トンネルについても同様に，図3.10のようなダイヤグラムによって理解される．l における $\mathbf{k}\uparrow$ の電子が，r における $\mathbf{k}'\uparrow$ もしくは $\mathbf{k}''\uparrow$ のどちらへもトンネル遷移できることは前と同様であり，さらに $\bar{\mathbf{k}}\uparrow$ ($\epsilon_\mathbf{k} = -\epsilon_{\bar{\mathbf{k}}}$) における電子も同じ終状態の組へのトンネル遷移が可能である．始状態において $(\mathbf{k}\uparrow, -\mathbf{k}\downarrow)$

が占有されている確率は $v_\mathbf{k}^2$, $(\bar{\mathbf{k}}\uparrow, -\bar{\mathbf{k}}\downarrow)$ が占有されている確率は $v_\mathbf{k}^2 = u_\mathbf{k}^2$ なので、1 電子がトンネルを起こす全確率は $u_\mathbf{k}^2 + v_\mathbf{k}^2 = 1$ となる。したがって、やはりトンネル電流の計算は、和を Fermi 面の外側 (もしくは内側) だけに限定して、コヒーレンス因子を省いた計算を行えばよい。$T = 0$ であれば、印加電圧 $V = \Delta_l + \Delta_r$ において電流が流れ始める。

Josephson によって提案された、超流体を構成する対そのもののトンネル過程 [83] に話題を転じてみよう。彼は印加電圧がゼロの場合に、2 つの超伝導体の間で、準粒子をどちら側にも生成することなく、超流体を一方からもう一方へと遷移させることが可能であると指摘した。Josephson 自身 [83] や Anderson [84] による Josephson 効果の単純な導出によって、超伝導体同士のトンネル接合における物理的な状況が極めて明確になった。障壁における印加ポテンシャルとトンネルハミルトニアンを除いた状況において、超流体の ν 個の対を一方からもう一方へ移すことにエネルギーは必要ではない。ν 個の対が (基準状態との比較において) 左から右へ移った状態を Φ_ν と表すことにすると、トンネル演算子が存在するときの正確な固有状態に対する"強い束縛近似"は次のようになる。

$$\Psi_\alpha = \sum_\nu e^{i\alpha\nu} \Phi_\nu \tag{3.49}$$

正準運動量 α は、バンド理論における波数 $\mathbf{k}$ の役割を担う。H_T はひとつの電子を遷移させるだけなので、異なる Φ_ν の間の結合は H_T の 2 次の過程であり、固有状態の H_T によるエネルギーずれは、

$$E_\alpha = \frac{\langle \Psi_\alpha | H_\mathrm{T}^{(2)} | \Psi_\alpha \rangle}{\langle \Psi_\alpha | \Psi_\alpha \rangle} = -\frac{\hbar J_1}{2} \cos\alpha \tag{3.50}$$

と表される。ここで $H_\mathrm{T}^{(2)}$ は 2 次のトンネルハミルトニアンで、

$$H_\mathrm{T}^{(2)} = H_\mathrm{T} \frac{1}{E - H_0} H_\mathrm{T} \tag{3.51}$$

と表される。また、

$$\hbar J_1 = 4 \left| \langle \Phi_{\nu+1} | H_\mathrm{T}^{(2)} | \Phi_\nu \rangle \right| \tag{3.52}$$

である。電流を計算するために、対の遷移頻度に着目しよう。

$$\frac{d\langle \nu \rangle}{dt} = \left\langle \frac{dE_\alpha}{d\hbar\alpha} \right\rangle = \frac{J_1}{2} \langle \sin\alpha \rangle \tag{3.53a}$$

平均の計算はいろいろな Ψ_α によって形成された波束状態に関して行う。これは金属電子論における強い束縛近似と完全に類似した議論にあたる。バイアス電圧の印

3.6. 電子のトンネル過程

加がない場合，運動量 $\hbar\alpha$ (対の数 ν の正準共役量にあたる) は運動における保存量となる．しかし $V \neq 0$ の場合には，

$$\frac{d\langle\hbar\alpha\rangle}{dt} = 2V \tag{3.53b}$$

となる．式(3.53a) と式(3.53b) より，電子が障壁(バリヤ)を透過する頻度(レート)は，

$$J(t) = \frac{2d\langle\nu\rangle}{dt} = J_1 \sin\frac{2Vt}{\hbar} + \alpha_0 \tag{3.54}$$

と与えられる．すなわち接合に $V \neq 0$ の電圧を印加した場合には交流電流が流れることが予想され，その周波数は $2V/\hbar = 483.6\,\mathrm{MHz}/\mu\mathrm{V}$ となる．他方，$V = 0$ の場合には式(3.53a) に従って定常電流が流れることが予想される．この直流効果は Rowell and Anderson [85] によって観測された．Josephson が指摘したように [83]，磁束量子の数倍程度の磁束が接合部を貫通する程度の外部磁場を印加するだけで，その直流電流は急激に減少する．この効果は Rowell によって観測された [86]．交流効果の方は Shapiro(シャピロ) によって観測された [86c]．

　Taylor and Burstein [81] のトンネル実験では，多くの場合，低温では印加バイアス Δ_l や Δ_r において (すなわち1粒子トンネルの閾値 $\Delta_l + \Delta_r$ よりも低電圧にあたる) 超伝導体間に過剰電流が流れることが示された．Wilkins と著者はこの現象を説明するために，超流体の電子を含む2粒子のトンネル機構を提案した [82]．この過程を図3.11 の (a) と (b) に示したが，これらは2次の行列要素を含む過程である．図3.11(a) は l 側の超流体の電子対(つい)が，l には励起を残さずに r へとトンネルして r において2つの準粒子状態を占める過程であり，このような電流成分が現れ始めるバイアスは $\Delta_r = V$ である．図3.11(b) に示す過程では，やはり超流体成分に属する2つの電子が l から r に移るが，そのとき l に2つの準粒子を生成する．r に移った2つの電子は互いに再結合をして r 内部の超流体成分となるので，r には励起を生じない．この過程が起こり始めるバイアスは $\Delta_l = V$ である．これらの過程は $\Delta_l = \Delta_r$ ならば電流の向きに依存せず，温度依存の弱い過剰電流を生じるはずであるが，この性質は実験結果と整合する．観測される電流量に適正な解釈を与えるには，酸化膜がつぎはぎ的 (patchy) で均一な厚さを持たないと考えなければならない．2粒子トンネル頻度(レート)に現れる4次行列要素 $|T|^4$ の影響は，$|T|^2$ を含む1粒子頻度(レート)に対して相対的に弱いはずであるが，酸化膜が局部的に薄い領域を持つために，過剰電流成分も観測にかかるものと想定される．実験値を説明するために想定すべき酸化膜の厚さや厚い領域と薄い領域の比率などは，実験に用いる酸化膜の不完全さを考慮するならば，不自然ではないように思われる．

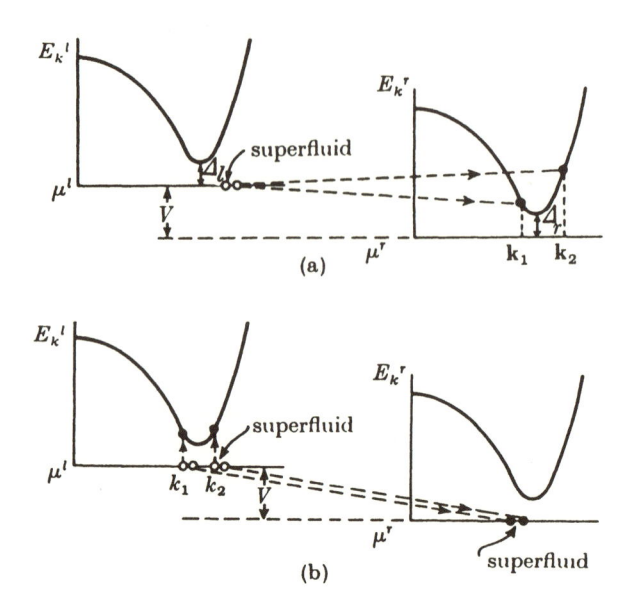

図3.11 (a)(b) 2粒子トンネル機構に寄与する過程．各電流成分が流れ始めるバイアスは，それぞれ Δ_l および Δ_r である．

3.7　対形成理論の他の応用

　本章では対形成理論の最も簡単な応用を，ごく少数の例に限定して紹介した．第8章では超伝導体の電磁的性質，すなわち Meissner 効果，超伝導電流の持続性，磁束の量子化，常磁性スピン磁化率と Knight シフトなどについて論じる予定である．対形成理論へのさらなる実験的な支持は，磁性不純物と非磁性不純物のエネルギーギャップに与える影響の違いから与えられる．Anderson が示したように，非磁性不純物がギャップ端を緩和することはない．むしろ逆に非磁性不純物は結晶に依存するエネルギーギャップの異方性を除き，観測されるエネルギーギャップの端を急峻にする．Anderson の議論では，不純物散乱ポテンシャルの時間反転不変性が本質的な役割を持つが，Abrikosov と Gor'kov は磁性不純物の影響を論じた．彼らは時間反転不変性の欠如に起因するエネルギーギャップ端の緩和効果を見いだした．不純物濃度を臨界値 ($\sim 1\%$) まで上げるとギャップは消失してしまうが，Fermi 面付近の状態密度は依然として常伝導状態よりも低い．この臨界濃度値以上の非常に狭い濃度範囲において，不純物超伝導材料は"ギャップレス超伝導"を示すことになる．この効果は

Reif and Woolf のトンネル実験によって発見された．

　対形成理論に対して更なる実験的な支持を与える多くの応用に関心のある読者は参考文献を参照してもらいたい [9,16]．たとえば熱伝導，境界の効果と微小試料の特性，第II種超伝導体などの話題がある．対形成理論は，かなり単純化したモデルを採用しているにもかかわらず，概して実験結果と非常によく整合する理論予想を与える．

第 4 章 電子-イオン系

前章までに見たように，超伝導体において観測される多くの性質は，常伝導金属における電子の対(つい)の間に，非常に単純化した引力ポテンシャルを導入しただけのモデルに基づいて説明できてしまう．しかしながら，同位体効果 [11,12] や電子トンネル電流の異常 [87,88] を詳しく調べると，ほとんどの超伝導体 (すべてではないとしても) における超伝導現象の起源として，電子-フォノン相互作用が本質的な役割を果たしていることが分かる．

4.1 電子-イオン系のハミルトニアン

超伝導現象をさらに完全に理解するために，我々は電子-イオン系全体について学び，第2章や第3章で利用した単純化したモデルが"第1原理"からどのように導かれるかを示す必要がある．特に望まれることは，(a) 同位体効果に対する説明を与えること，(b) 超伝導金属とそうでない金属の区別の明確化，(c) 転移温度を決めるパラメーターの特定，(d) トンネル実験において観測される状態密度異常の説明と，対(つい)間相互作用の描像の検証である．さらには現実の種々の超伝導物質における"状態対応の法則"からのずれについても説明を与えたい．この法則とは，すべての超伝導体が，その性質を還元単位で示すならば共通の特性を持つというものである．たとえば臨界磁場の温度依存性を $H_c(T)/H_0$ と T/T_c の関係として表すと，近似的には普遍関数と見なせるが，正確に普遍関数になっているわけではない．現時点ですべての目的に到達することはできないが，現実の金属における多体効果を扱うために必要とされる基本的な理論の枠組みは急速に整備されつつある．上述の諸々の疑問は，予見し得る将来において解決されるものと思われる．

本章の我々の議論では，次のように単純化した金属のモデルを考えることにする．金属結晶を構成するイオンは，強く束縛された殻内電子を持っており，伝導電子系の海と相互作用をしている．もちろんイオン同士の間にも相互作用があり，伝導電子同士の間にも相互作用がある．殻内電子は原子核の振動に対して断熱的に追随するけれ

ども，それ以外の過程によって励起されることはないものとする．すなわち我々の近似では，電子殻の分極を無視してしまう．殻内電子の励起に必要なエネルギーは大きいので，このような効果はほとんどの超伝導体において目立った影響を持たないものと見なせるからである．電子殻の分極はイオン-イオン相互作用を決める上で重要な役割を担うかも知れないが，この効果は近似的にイオン-イオンポテンシャルに含めた形で扱えるものと見なす．

議論を簡単にするために，当面はスピン-軌道相互作用も無視しておく．ただし後から，超伝導状態において観測されるKnight（ナイト）シフトを説明するために，この相互作用も考慮することになる [89,90]．超微細相互作用と電子のスピン-スピン相互作用も当面は無視しておく．前者は核スピン緩和過程を考察する際に，摂動として扱う必要がある (第3章)．

一時的に，伝導電子の軌道運動によって生じる"磁気的"相互作用も省いておくと都合がよい．この相互作用はMeissner効果の説明に不可欠なので，本当は超伝導現象の説明においても極めて重要である．最初の段階において，このような省略が問題を生じない理由は，外場 (および試料内の正味の電流) がない場合には，電子間の磁気的な力は互いに相殺し合い，その影響が非常に弱くなるからである．外場と正味電流が存在する場合には，電子間でゆらいでいる磁場が付加的に考慮される．そのような場は自己無撞着場の近似によって簡便に扱われ，平均場からのゆらぎは再び無視される．我々は第8章で超伝導体の磁気的性質を扱う際に，このような描像を採用する．

結局，伝導電子-イオン系のハミルトニアンは，次のように表される．

$$H = \sum_i \frac{\mathbf{p}_i^2}{2m} + \frac{1}{2} \sum_{i \neq j} \frac{e^2}{|\mathbf{r}_i - \mathbf{r}_j|} + \sum_\nu \frac{\mathbf{P}_\nu^2}{2M_\nu}$$
$$+ \frac{1}{2} \sum_{\nu \neq \nu'} W(\mathbf{R}_\nu, \mathbf{R}_{\nu'}) + \sum_{i,\nu} U(\mathbf{r}_i, \mathbf{R}_\nu) \tag{4.1}$$

$\mathbf{r}_i$ は i 番目の伝導電子の位置を表す．また $\mathbf{R}_\nu$ は ν 番目のイオンの位置であり，その平衡位置は $\mathbf{R}_\nu^0$ である．添字 ν はイオン $\mathbf{R}_\nu^0$ が属する結晶中の単位胞（ユニット・セル）の番号 n とその胞（セル）内の位置番号（サイト）α の両方を合わせたイオンの識別指標だが，単位胞あたりに原子がひとつだけある結晶では α は不要であり，n をそのまま用いればよい．式(4.1) の第1項は伝導電子の運動エネルギーを表し，第2項は伝導電子間のCoulomb相互作用のエネルギーを表す．第3項はイオンの運動エネルギー，第4項はイオン-イオン相互作用エネルギーを表す．式(4.1) の最後の項は，伝導電子-イオン相互作用の項であり，伝導電子と殻内電子の交換相互作用のために，電子座標表示においては一般に非対角である．

我々は系の体積を単位体積に設定し，周期境界条件を適用する．基本的なアプローチとして，複雑な多体ハミルトニアンを，よく知られた場の量子論の技法を用いることができるような形へ移行させることを試みる．まずは慣例にしたがって"裸の"粒子系から議論を始めて，それらの粒子間の結合を一貫した方法で扱い，"衣をまとった"粒子系を導いて，それによって物理系の性質を記述することになる．このアプローチは，利用できる近似技法の豊富さや，計算の容易さといった観点から非常に魅力的である．多体問題における場の量子論的な技法 [91] の入門を第5章と第6章で与える予定である．

我々が扱う"裸の"粒子は2種類ある．Bloch状態を占める単一電子と，イオン格子の振動運動の量子である．これらの励起の間の結合は，系の状態に初等的な摂動論では扱えないような劇的な変化をもたらす．それにもかかわらず，場の量子論の方法は超伝導現象の起源への理解を促し，超伝導の性質の詳細に関わる理論予想を行うための充分に強力な手段を与える．

4.2 裸のフォノン

波数 $\mathbf{q}$，分極モード λ を持つ裸のフォノンの"座標" $Q_{\mathbf{q}\lambda}$ を導入しよう．これはイオンの平衡位置 $\mathbf{R}_\nu^0$ からのずれ $\delta\mathbf{R}_\nu$ を記述するためのものであって，次の正準変換を通じて導入される．

$$\mathbf{R}_{n\alpha} = \mathbf{R}_{n\alpha}^0 + \frac{1}{(N_c M_c)^{1/2}} \sum_{\mathbf{q},\lambda} Q_{\mathbf{q}\lambda} \boldsymbol{\epsilon}_{\mathbf{q}\lambda}(\alpha) e^{i\mathbf{q}\cdot\mathbf{R}_{n\alpha}^0} \tag{4.2}$$

各 Q は，イオン-イオン相互作用を調和振動近似で扱った場合の，振動する仮想振動子 (振動モード) の"座標"にあたる[§]．この手続きはPeierls (バイエルス) によって詳しく論じられている [92]．式(4.2)において，N_c は，系 (ここでは単位体積) に含まれる単位胞 (ユニット・セル) の数，M_c は，単位胞内の全イオンの質量である．分極ベクトル $\boldsymbol{\epsilon}_{\mathbf{q}\lambda}(\alpha)$ は，上述の規準モードの問題を解くことで決定される．このベクトルを次のように規格化しておくと都合がよい．

$$\sum_\alpha M_\alpha \left|\boldsymbol{\epsilon}_{\mathbf{q}\lambda}(\alpha)\right|^2 = M_c \tag{4.3}$$

単位胞 (ユニット・セル) あたり1原子の結晶では，この条件は単純に $|\boldsymbol{\epsilon}_{\mathbf{q}\lambda}| = 1$ となる．各 $\boldsymbol{\epsilon}$ の規格化条件と直交条件をまとめて，次のように表すことができる．

[§](訳註) 一般化座標 $Q_{\mathbf{q}\lambda}$ は単純な距離の次元を持たず，単位は (cgs系では) $g^{1/2}$cm である．

$$\sum_\alpha M_\alpha \boldsymbol{\epsilon}_{\mathbf{q}\lambda}(\alpha) \cdot \boldsymbol{\epsilon}_{-\mathbf{q}\lambda'}(\alpha) = M_c \delta_{\lambda\lambda'} \tag{4.4}$$

波数 q は第 1 Brillouin ゾーン (N_c 個の点を含む) の中に制約されている. q 空間におけるフォノンの状態密度は, 特定の分極モードに関して (体積)$/(2\pi)^3$ なので, (体積) $= 1$ の下では, q に関する和を次のように積分に置き換えることができる.

$$\sum_{\mathbf{q}} \to \frac{1}{(2\pi)^3} \int d^3 q \tag{4.5}$$

独立な分極モード (フォノンスペクトルにおける分枝) の数 α_0 は, 単位胞に含まれるイオン数の 3 倍にあたるので, フォノンモードの全数は予想の通りにイオン格子の自由度に等しい. また分極ベクトルには, 次のような完全性の性質も備わっている.

$$\sum_{\mathbf{q},\lambda} \boldsymbol{\epsilon}_{\mathbf{q}\lambda}(\alpha) \cdot \boldsymbol{\epsilon}_{-\mathbf{q}\lambda}(\alpha') e^{i\mathbf{q}\cdot\left(\mathbf{R}_{n\alpha}^0 - \mathbf{R}_{n'\alpha'}^0\right)} = \delta_{nn'}\delta_{\alpha\alpha'} \tag{4.6}$$

長波長の極限において単位胞内のすべてのイオンが位相をそろえた運動をするような 3 つの分枝を, 音響分枝 (acoustic branch) と呼ぶことが慣例となっている. 残りの分枝は光学分枝 (optical branch) と呼ばれる. 波数ベクトル q が結晶において対称性を持つ方向をむいているならば, 分極ベクトル $\boldsymbol{\epsilon}_{\mathbf{q}\lambda}$ は q に対して平行 (縦波フォノン) もしくは垂直 (横波フォノン) になる. 一般に分極ベクトルと q の間に単純な関係はないが, やはり着目する分枝について q と対称方向との関係から縦波フォノンと横波フォノンという術語が流用されている.

 $\mathbf{q} \to 0$ のときに横波音響モードは振動数もゼロになるが, 縦波モードは Coulomb 力の長距離力としての性質により, 振動数が有限で一定のイオン-プラズマ振動数 $\Omega_p = (4\pi N_c Z_c^2 e^2/M_c)^{1/2}$ に近づくものと予想される[†][93]. しかし実際の固体において, 縦波音波の振動数も q に比例し, $q \to 0$ においてゼロになることが知られている. この食い違いの理由は明らかに, イオン系の振動によって生じる電場に対して伝導電子が応答し, 長距離力を遮蔽するということに因っている. 我々が扱う体系では, 電子-フォノン相互作用と電子-電子相互作用によって遮蔽が生じる. 要点は,

---

[†](訳註) SI 単位系では $\Omega_p = (N_c Z_c^2 e^2 / \varepsilon_0 M_c)^{1/2}$. Z_c はイオン価数, ε_0 は真空誘電率. 典型値としては $\Omega_{p[Al]} \simeq 1.9 \times 10^{14}/\text{sec}$, $\Omega_{p[Pb]} \simeq 6.7 \times 10^{13}/\text{sec}$ (エネルギーに換算すると $\hbar\Omega_{p[Al]} \simeq 123$ meV, $\hbar\Omega_{p[Pb]} \simeq 44$ meV). プラズマ振動は Coulomb 力に起因する荷電粒子多体系 (ここでは多イオン系) の集団運動であり, それ故その固有振動数は, 構成粒子の電荷 ($Z_c e$), 体積密度 (N_c), 質量 (M_c) によって決まる.

4.2. 裸のフォノン

フォノンの振動数のずれは大きいけれども ($\Omega_p \to \sim 0$), 問題を標準的な場の量子論の技法によって扱えることである. もちろん, この問題に対して, より単純な方法を用いることもできるが (たとえば Thomas-Fermi 近似や時間に依存しない自己無撞着場のアプローチなど), これらの方法は一般性を持たず, 超伝導を扱うには不充分である. 我々は単純な問題を, より精密な体系を用いて扱うことによって, 超伝導の問題に対するアプローチの方法を, より良く理解することが可能となる.

裸のフォノンの力学を完成させるために, 正準変換(4.2)の運動量の部分を与える.

$$\mathbf{P}_{n\alpha} = \left(\frac{M_c}{N_c}\right)^{1/2} \sum_{\mathbf{q},\lambda} \Pi_{\mathbf{q}\lambda} \boldsymbol{\epsilon}_{-\mathbf{q}\lambda}(\alpha) e^{-i\mathbf{q}\cdot\mathbf{R}_{n\alpha}^0} \tag{4.7}$$

$\Pi_{\mathbf{q}\lambda}$ はフォノンの運動量である. イオンの変数に関する正準交換関係は, 次のように与えられる.

$$[\mathbf{P}_{n\alpha}, \mathbf{R}_{n'\alpha'}] = \frac{\hbar}{i}\delta_{nn'}\delta_{\alpha\alpha'}\mathbf{1} \tag{4.8a}$$

$$[\mathbf{P}_{n\alpha}, \mathbf{P}_{n'\alpha'}] = [\mathbf{R}_{n\alpha}, \mathbf{R}_{n'\alpha'}] = 0 \tag{4.8b}$$

導入されたフォノンの変数は, 次の正準交換関係を満足する.

$$[\Pi_{\mathbf{q}\lambda}, Q_{\mathbf{q}'\lambda'}] = \frac{\hbar}{i}\delta_{\mathbf{q}\mathbf{q}'}\delta_{\lambda\lambda'} \tag{4.9a}$$

$$[\Pi_{\mathbf{q}\lambda}, \Pi_{\mathbf{q}'\lambda'}] = [Q_{\mathbf{q}\lambda}, Q_{\mathbf{q}'\lambda'}] = 0 \tag{4.9b}$$

式(4.8a)における $\mathbf{1}$ は単位テンソルである. 後から見るように, フォノンがボゾンであるという事実は, 個々のイオンが持つスピンとは関係がない. このことは我々がイオンを, 格子位置に局在している識別可能な粒子として扱っていることからも明白である. フォノンのボゾンとしての性質は, 個別のイオンに課した初等量子力学的な交換関係を単純に反映したものにすぎない.

上の関係に基づいて, イオンの運動エネルギーとイオン-イオン相互作用 ($\delta\mathbf{R}$ の 2 次までを扱う) の和を, フォノンの"座標"による式へと直接に変換することができる.

$$\sum_\nu \frac{\mathbf{P}_\nu^2}{2M_\nu} + \frac{1}{2}\sum_{\nu\neq\nu'} W_{\nu\nu'} \simeq \frac{1}{2}\sum_{\mathbf{q},\lambda}\left\{\Pi_{\mathbf{q}\lambda}^+\Pi_{\mathbf{q}\lambda} + \Omega_{\mathbf{q}\lambda}^2 Q_{\mathbf{q}\lambda}^+ Q_{\mathbf{q}\lambda}\right\} + \text{const} \tag{4.10}$$

$\Omega_{\mathbf{q}\lambda}$ は規準モードの振動数であり, 定数項は各イオンがそれぞれの平衡位置にあるときのイオン系のエネルギーである. 裸のフォノンの生成演算子 $a_{\mathbf{q}\lambda}^+$ と消滅演算子 $a_{\mathbf{q}\lambda}$ を, 次の関係式によって導入する.

$$Q_{\mathbf{q}\lambda} = \left(\frac{\hbar}{2\Omega_{\mathbf{q}\lambda}}\right)^{1/2}\left(a_{\mathbf{q}\lambda} + a_{-\mathbf{q}\lambda}^+\right) \tag{4.11a}$$

$$\Pi_{\mathbf{q}\lambda} = i\left(\frac{\hbar\Omega_{\mathbf{q}\lambda}}{2}\right)^{1/2}\left(a_{\mathbf{q}\lambda}^+ - a_{-\mathbf{q}\lambda}\right) \tag{4.11b}$$

これらの演算子を扱う第二量子化の形式については，付録で論じることにする．式(4.9) により，a と a^+ はボゾンの交換関係を満たす．

$$[a_{\mathbf{q}\lambda}, a^+_{\mathbf{q}'\lambda'}] = \delta_{\mathbf{q}\mathbf{q}'}\delta_{\lambda\lambda'} \tag{4.12a}$$

$$[a_{\mathbf{q}\lambda}, a_{\mathbf{q}'\lambda'}] = [a^+_{\mathbf{q}\lambda}, a^+_{\mathbf{q}'\lambda'}] = 0 \tag{4.12b}$$

裸のフォノンのハミルトニアン(4.10) は，次のように書き直される．

$$H_{\mathrm{ph}} = \sum_{\mathbf{q},\lambda} \hbar\Omega_{\mathbf{q}\lambda}\left(N_{\mathbf{q}\lambda} + \frac{1}{2}\right) \tag{4.13}$$

$N_{\mathbf{q}\lambda} = a^+_{\mathbf{q}\lambda}a_{\mathbf{q}\lambda}$ はフォノン数演算子である．式(4.10) の定数項は省いた．H_{ph} は系のゼロ次ハミルトニアンを構成する2つの項のうちのひとつにあたる．

N状態とS状態の間の体積変化はほとんど無いので，式(4.10) において無視した非調和項は，超伝導に対して影響を持たないものと想定される [4]．転移温度 T_c はDebye温度に比べて低いので‡，イオン振動の振幅は T_c 以下において充分に小さく，フォノンの調和振動近似も精度よく成立するものと考えられる．

4.3　裸の電子

裸の伝導電子を記述するために，1電子固有状態 $\chi_{\mathbf{k}}$ の完全系を導入しようとすると，困難が生じる．1体ポテンシャル U_0 の下で，Schrödinger方程式，

$$\left[\frac{\mathbf{p}^2}{2m} + U_0\right]\chi_{\mathbf{k}} = \epsilon_{\mathbf{k}}\chi_{\mathbf{k}} \tag{4.14}$$

を満たす状態 $\chi_{\mathbf{k}}$ を考えると，$\chi_{\mathbf{k}}$ は一般に殻内状態とは直交しない．U_0 を調節して，各イオンが平衡位置にあるときに殻内状態と直交する式(4.14) の"伝導帯"の解を得たとしても，イオンが振動するときには直交関係は保持されない．この問題に対する部分的な解決策が Wilkins によって与えられたが [94]，彼は Kleinman and Phillips の擬ポテンシャル法を用いた．この仕事は Bassani, Robinson, Goodman と著者により，殻内の強く束縛された電子が1電子近似で記述されるような多体問題へと一般化された [95]．この問題は数学的に複雑なので，今，この手続きについては論じない．電子殻が振動しても殻内状態と適正に直交するような，伝導電子の状態を記述す

---

‡(訳註) 数値例：$T_{\mathrm{c}[\mathrm{Al}]} \simeq 1.18\,\mathrm{K}$, $\Theta_{\mathrm{Debye}[\mathrm{Al}]} \simeq 420\,\mathrm{K}$, $T_{\mathrm{c}[\mathrm{Pb}]} \simeq 7.2\,\mathrm{K}$, $\Theta_{\mathrm{Debye}[\mathrm{Pb}]} \simeq 96\,\mathrm{K}$. 多くの超伝導金属において $T_\mathrm{c} \ll \Theta_{\mathrm{Debye}}$ であるが，この関係は，いわゆる高温超伝導体にはあてはまらない．

4.3. 裸の電子

る補助的な波動場を導入することが可能であることを述べておけば，ここでは充分であろう．この補助的な波動場に関する運動方程式は，ポテンシャルを再定義する必要があることを除けば，元々の方程式と同じ形をしている．現在のところ，第1原理からこのポテンシャルを推定することは困難であるが，ここではこの問題を考えずに，式(4.14)によって記述される1電子状態を裸の伝導電子の状態として採用して議論を進めることにする．

具体的に状態 $\chi_\mathbf{k}$ を得るために，U_0 を定義する必要がある．フォノンが無いときには電子は格子によって散乱されないので，U_0 は各イオンが平衡位置にあるときの電子-イオン相互作用を含まなければならない．イオン系は大きな正電荷を持ち，伝導電子に対して負に働く非常に大きなポテンシャルを形成する．他の伝導電子との Coulomb 相互作用は，このイオン正電荷との相互作用の大部分を打ち消すので，U_0 には標準的に配置されている他の伝導電子によるポテンシャルも含める．この配置の候補としては電子電荷の均一な分布でよいかも知れないし，伝導電子を Hartree-Fock 近似(ハートリー フォック)によって扱った結果を適用することも考えられる．もちろん U_0 を適切に選んでおくほど，後から裸の電子と結合させるべき余分の要因を少なくできる．何れにせよ U_0 は結晶格子の周期性を持たねばならず(座標表示において対角的ではないかも知れないにしても)，伝導電子の状態が Bloch の定理に従うことは必須である[96]．

$$\chi_\mathbf{k}(\mathbf{r}+\mathbf{a}) = e^{i\mathbf{k}\cdot\mathbf{a}}\chi_\mathbf{k}(\mathbf{r}) \tag{4.15}$$

$\mathbf{a}$ は結晶格子を不変に保つような任意の並進操作である．この式は，対象となる伝導電子の状態の識別指標となる"結晶運動量"$\hbar\mathbf{k}$ の定義を与えている．$\chi_\mathbf{k}$ は結晶運動量の固有関数であり，一般には物理的な運動量の固有関数ではない．すなわち伝導電子の状態は単一の平面波ではなく，波数 $\mathbf{k}+\mathbf{K}_n$ の複数の平面波の線形結合として表される．ベクトル $\mathbf{K}_n$ は逆格子ベクトルであり，次のように定義される．

$$\mathbf{K}_n \cdot \mathbf{a} = 2\pi \times [整数] \tag{4.16}$$

$\mathbf{a}$ は許容される任意の並進操作である．これらの逆格子ベクトルは固体論において重要な役割を担う．結晶内の力学的な過程において，物理的な運動量ではなく結晶運動量(の $\hbar\mathbf{K}_n$ による剰余)が保存することになるので，通常，固体論において使われるのは結晶運動量の方である．

ϵ と $\mathbf{k}$ の関係を表す曲線(曲面)は，アルカリ金属では極めて単純だが，多価金属では複雑である．この分野は急速な進展を見せており，理論的および実験的な結果に関する議論が Ziman(ザイマン) の本に与えられている[96]．自由電子の場合と同様に，第1

Brillouinゾーンに曲線を重ね込む還元ゾーン形式よりも，エネルギー状態を拡張ゾーン形式で表現すると，全体像の把握が容易になる．多くの場合，エネルギー面の形はゾーン境界を過る部分に生じる不連続を除いて，大部分が自由電子のそれとよく似ている．計算に用いる主要な部分は Fermi 面付近の状態であり，これがゾーン境界に近いとすると，有効質量近似によってバンド構造の総体が適切に表現されることが期待される．我々は数学を簡単にするために，この近似をしばしば用いるが，この近似によって議論の本質が変わることはない．

伝導電子を扱うために，我々は第二量子化の形式を採用する．この形式の概説を付録に与えてある．波数 $\mathbf{k}$，スピンの z 方向成分 s という状態を持つ電子の生成演算子を $c_{\mathbf{k}s}^+$，消滅演算子を $c_{\mathbf{k}s}$ と表す．これらの演算子はフェルミオンの反交換関係を満たす．

$$\{c_{\mathbf{k}s}, c_{\mathbf{k}'s'}^+\} = \delta_{\mathbf{k}\mathbf{k}'}\delta_{ss'} \tag{4.17a}$$

$$\{c_{\mathbf{k}s}, c_{\mathbf{k}'s'}\} = \{c_{\mathbf{k}s}^+, c_{\mathbf{k}'s'}^+\} = 0 \tag{4.17b}$$

裸の電子系のハミルトニアンは，次のように表される．

$$H_{\mathrm{el}} = \sum_{\mathbf{k},s} \epsilon_{\mathbf{k}} n_{\mathbf{k}s} \tag{4.18}$$

$n_{\mathbf{k}s} = c_{\mathbf{k}s}^+ c_{\mathbf{k}s}$ は状態 $\mathbf{k}, s$ の電子の個数演算子である．$\mathbf{k}$ に関する和の計算は，拡張ゾーン形式において考え，電子殻状態を除くすべての状態について行う．

周期的な結晶格子におけるスピン-軌道相互作用は，単純な軌道関数 $\chi_{\mathbf{k}}$ の代わりにスピン-軌道状態を採用することによって，式(4.18) に含めることができる．そうすると電子-フォノン相互作用はスピン反転項を含むことになる．当面，我々はこのような複雑さを無視することにする．

以上により，ゼロ次の全ハミルトニアンは，裸の電子と裸のフォノンのエネルギーの総和として表される．

$$H_0 = \sum_{\mathbf{k},s} \epsilon_{\mathbf{k}} n_{\mathbf{k}s} + \sum_{\mathbf{q},\lambda} \hbar\Omega_{\mathbf{q}\lambda}\left(N_{\mathbf{q}\lambda} + \frac{1}{2}\right) \tag{4.19}$$

4.4　電子-フォノン相互作用

我々は H_0 に，全電子が静的平衡状態，全イオンが平衡位置にある場合の相互作用を (U_0 を通じて) 含めた．このポテンシャルと，実際の全電子-イオンポテンシャル

4.4. 電子-フォノン相互作用

の違いの部分を摂動として扱うことになる (他にもいくつかの項が加わる). 大抵の目的に関しては, この違いをイオン変位 $\delta \mathbf{R}_\nu$ の冪に展開し, 初めの項を残せば充分であることが分かっている. したがって裸の電子と裸のフォノンの相互作用は, 常套的なボゾン-フェルミオン結合の形を取る. すなわちボゾン場に関してもフェルミオン場に関しても線形となる.

大部分の超伝導体に関して, 第1原理に立脚した信頼し得る電子-フォノン結合の計算は, 現在のところ不可能である. そのためには正確な1電子波動関数や, 正確なイオンポテンシャルの形を知る必要がある. 残念ながら, この相互作用に関する大抵の信頼し得る計算は, 移行運動量が小さな場合に限られている. このような過程に関わる位相空間は狭く, 超伝導の発現に対する寄与は少ない. むしろ重要となるのは大きな移行運動量 (Fermi運動量 $\hbar k_\mathrm{F}$ の程度) を伴う相互作用であるが, それを正確に推定することは難しい. この場合にはイオンポテンシャルの Coulomb 裾 の部分よりも, むしろ短距離における構造の詳細が強く影響するからである. これに加えて, この過程では Bloch 関数の電子殻付近の部分が重要となるはずであるが, $\chi_\mathbf{k}$ に対する自由電子近似では, 近似としてはこの部分の精度が最も劣る. 実際には, 電子-フォノン行列要素の詳細を特定せずに, 行列要素の平均を, 電気抵抗や熱伝導率や超伝導転移温度などから決めることのできるパラメーターで置き換えることが可能である.

電子-フォノン結合について, いくつかの一般的な命題を示すことができる. i 番目の電子に作用する摂動ポテンシャルは, 次のように与えられる.

$$\sum_\nu \left[U_{i\nu} - U_{i\nu}^0 \right] = -\sum_\nu \delta \mathbf{R}_\nu \cdot \nabla_i U_{i\nu}$$

$$= -\frac{1}{(N_c M_c)^{1/2}} \sum_{\mathbf{q},\lambda} Q_{\mathbf{q}\lambda} \sum_\nu \boldsymbol{\epsilon}_{\mathbf{q}\lambda}(\nu) \cdot \nabla_i U_{i\nu} e^{i\mathbf{q} \cdot \mathbf{R}_\nu^0} \quad (4.20)$$

上式では式(4.2)を用い, $U(\mathbf{r}_i, \mathbf{R}_\nu)$ を $U_{i\nu}$, $U(\mathbf{r}_i, \mathbf{R}_\nu^0)$ を $U_{i\nu}^0$ と表記した. 指定した $\mathbf{q}$ と λ に関して, このポテンシャルの電子状態 $\mathbf{k}$ と $\mathbf{k}'$ の間の行列要素は, 次のように表される.

$$-\frac{Q_{\mathbf{q}\lambda}}{(N_c M_c)^{1/2}} \sum_\nu \langle \mathbf{k}' | \nabla_i U_{i\nu} | \mathbf{k} \rangle \cdot \boldsymbol{\epsilon}_{\mathbf{q}\lambda}(\nu) e^{i\mathbf{q} \cdot \mathbf{R}_\nu^0} \quad (4.21)$$

ここで単位胞 の規準位置 $\mathbf{R}_n^0$ と, 胞内の相対規準位置 $\boldsymbol{\rho}_\alpha^0$ を, 次のように導入する.

$$\mathbf{R}_{n\alpha}^0 = \mathbf{R}_n^0 + \boldsymbol{\rho}_\alpha^0 \quad (4.22)$$

そうすると，行列要素は次のように簡約される.

$$-Q_{\mathbf{q}\lambda}\left(\frac{N_c}{M_c}\right)^{1/2}\sum_{\alpha}\langle \mathbf{k}'|\nabla_i U_{i\alpha}|\mathbf{k}\rangle\cdot\boldsymbol{\epsilon}_{\mathbf{q}\lambda}(\alpha)e^{i\mathbf{q}\cdot\boldsymbol{\rho}_{\alpha}^0}\sum_{\mathbf{K}_n}\delta_{\mathbf{k}'-\mathbf{k},\mathbf{q}+\mathbf{K}_n} \quad (4.23)$$

上の簡約化において，Blochの定理(4.15)と，$U_{i\nu}$が電子とイオンの相対的な位置関係だけに依存するという事実を用いた. 式(4.23)において$U_{i\alpha}$を原点に位置する単位胞(ユニット・セル)の中の各イオンに対応させることができる. すなわち$\mathbf{R}_n^0 = \mathbf{0}$と見る. $\mathbf{K}_n$は逆格子ベクトルである. 式(4.23)を見ると，既に言及した通りに，電子-フォノン相互作用が結晶運動量(の$\hbar\mathbf{K}$による剰余)を保存することが分かる. 式(4.23)における多くの添字はいささか混乱を招くので，次の記号を導入する.

$$g_{\mathbf{kk}'\lambda} \equiv \left(\frac{\hbar N_c}{2\Omega_{\mathbf{q}\lambda}M_c}\right)^{1/2}\sum_{\alpha}\langle\mathbf{k}'|\nabla_i U_{i\alpha}|\mathbf{k}\rangle\cdot\boldsymbol{\epsilon}_{\mathbf{q}\lambda}(\alpha)e^{i\mathbf{q}\cdot\boldsymbol{\rho}_{\alpha}^0} \quad (4.24)$$

$\mathbf{q}$の値は第1Brillouinゾーン内に制約されているので，移行運動量$\mathbf{k}'-\mathbf{k}$が第1ゾーンの外に出た場合には，対応する$\mathbf{q}$の還元波数を用いて$\mathbf{K}$を抑制する. 次の関係に注意する.

$$g_{\mathbf{k}'\mathbf{k}\lambda} = g_{\mathbf{kk}'\lambda}^* \quad (4.25)$$

電子に関して第二量子化の形式へ移行すると，裸の電子-フォノン相互作用は次のように表される.

$$H_{\text{el-ph}} = \sum_{\mathbf{k},\mathbf{k}',s,\lambda} g_{\mathbf{kk}'\lambda}\varphi_{\mathbf{k}'-\mathbf{k},\lambda} c_{\mathbf{k}'s}^+ c_{\mathbf{k}s} \quad (4.26)$$

ここで，無次元のフォノン場$\varphi_{\mathbf{q}\lambda}$は，次のように定義される(式(4.11a)参照).

$$\varphi_{\mathbf{q}\lambda} = a_{\mathbf{q}\lambda} + a_{-\mathbf{q}\lambda}^+ \quad (4.27)$$

既に述べたように，多くの良い研究がなされているにもかかわらず，第1原理から行列要素$g_{\mathbf{kk}'\lambda}$を理解する試みは現在のところ全く粗雑な段階にある. Zimanは最近の多くの仕事について詳細な議論を与えている[96].

過度に単純化されているが，それなりに有用な固体のモデルとして，イオン系を空間的に連続な電荷分布を持つ"ゼリー(jelly)"のように扱う方法がある. イオン系の振動がない場合，このモデルにおいてゼリーは空間的に全く一様と見なされ，Bloch関数は単純な平面波に還元する. 裸のフォノンはゼリーの振動を量子化したものにあ

4.4. 電子-フォノン相互作用

たる．この"ジェリウム (jellium) モデル"において，電子-フォノン相互作用を計算するのは容易であり，縦波フォノンについて，次の結果が得られる [93]．

$$g_{\mathbf{k}\mathbf{k}'} \equiv g_{\mathbf{q}} = i\frac{4\pi e^2}{q}\left(\frac{\hbar Z_c^2 N_c}{2\Omega_p M_c}\right)^{1/2} \tag{4.28}$$

$Z_c e$ は単位胞(ユニット・セル)における全イオン電荷であり，$\Omega_p = (4\pi N_c Z_c^2 e^2/M_c)^{1/2}$ はイオン-プラズマ振動数である．長波長の極限 ($\mathbf{q} \to \mathbf{0}$) では，このモデルは比較的妥当のようにも思われるが，しかしながらこの極限において，電子と裸の縦波フォノンとの結合は特異的になってしまう．この特異性は明らかに長距離に及ぶ Coulomb 力に原因がある．遮蔽を考慮すると，衣をまとった相互作用は $\mathbf{q} \to \mathbf{0}$ においてゼロになるので，ここでも金属における遮蔽の重要性を見て取ることができる．

ジェリウムモデルにおける縦波フォノンには，次の関係が成立する．

$$\frac{2g_{\mathbf{q}}^2}{\hbar\Omega_p} = \frac{4\pi e^2}{q^2} \tag{4.29}$$

この式は超伝導現象を考える上で重要である．左辺は仮想フォノンの交換によって生じる裸の電子-電子相互作用に関係するからである．式(4.29) の等式関係は，電子がそのエネルギーを変えずに散乱されるならば，フォノンによる引力と Coulomb 斥力が正確に相殺し合う (すなわち静的極限において正味の相互作用が消失する) ことを表している．この結果はジェリウムモデルに特有のものであるが，実際の金属におけるフォノン相互作用と Coulomb 相互作用の相対的な尺度は，大雑把には式(4.29) のように定まる．

ジェリウムモデルは，電子と横波フォノンが結合しない点でも，過度に単純化されている．相互作用は $\mathbf{q}\cdot\boldsymbol{\epsilon}_{\mathbf{q}\lambda}$ に比例するので，このモデルでは横波フォノンによる相互作用が消失してしまう．

実際の金属におけるイオン系はジェリウムよりかなり複雑であり，横波フォノンは反転過程(ウムクラップ) (移行運動量 $\mathbf{k}' - \mathbf{k}$ が第 1 Brillouin ゾーンの外に出る散乱過程) において顕著な役割を演じる [96]．また，$\mathbf{k}$ 空間における等エネルギー面が球面でなかったり，$\mathbf{q}$ が対称方向ではない場合，横波フォノンは通常の (非反転の)(ノン・ウムクラップ) 散乱過程にも関わる．横波フォノンと電子の間には電磁的な結合も働く [67]．付言すると，裸の縦波フォノンによる行列要素も，式(4.28) より実際は複雑なはずであり，結晶の異方性や内殻ポテンシャルの詳細や，内殻付近の Bloch 関数の挙動なども関与する．実際の金属における電子-フォノン相互作用の詳細については，Ziman の本を参照されたい．直交化した平面波の方法は，この困難な問題に対する洞察を得る上で極めて有用であることが示されている [94,97,98]．

4.5 電子-フォノン系のハミルトニアン

電子-イオンハミルトニアン(4.1) を裸の電子とフォノンの演算子によって表す計画を完成させるには，伝導電子同士の Coulomb 相互作用を含めなければならない．付録に示すように，これは第二量子化の形式において，次のように表される．

$$H_{\text{el-el}} = \frac{1}{2} \sum_{\mathbf{k}_1 \cdots \mathbf{k}_4, s, s'} \langle \mathbf{k}_3, \mathbf{k}_4 | V | \mathbf{k}_1, \mathbf{k}_2 \rangle c^+_{\mathbf{k}_3 s} c^+_{\mathbf{k}_4 s'} c_{\mathbf{k}_2 s'} c_{\mathbf{k}_1 s} \quad (4.30)$$

Coulomb 行列要素は，次のように与えられる．

$$\langle \mathbf{k}_3, \mathbf{k}_4 | V | \mathbf{k}_1, \mathbf{k}_2 \rangle = \int \chi^*_{\mathbf{k}_3}(\mathbf{r}) \chi^*_{\mathbf{k}_4}(\mathbf{r}') \frac{e^2}{|\mathbf{r} - \mathbf{r}'|} \chi_{\mathbf{k}_1}(\mathbf{r}) \chi_{\mathbf{k}_2}(\mathbf{r}') d^3 r d^3 r' \quad (4.31)$$

Bloch の定理(4.15) により，Coulomb 相互作用は結晶運動量の逆格子ベクトル $\mathbf{K}$ による剰余を保存するので，ゼロでない行列要素が残る条件として，

$$\mathbf{k}_1 + \mathbf{k}_2 = \mathbf{k}_3 + \mathbf{k}_4 + \mathbf{K} \quad (4.32)$$

が与えられる．H の最後の項は，Bloch 関数を定義するために導入した 1 体ポテンシャル U_0 (式(4.14)参照) と，平衡位置に固定された電子とイオンの相互作用 $U^0_{i\nu}$ との差である．この寄与は，

$$H_{\tilde{U}} = \sum_{\mathbf{k}, \mathbf{K}, s} \langle \mathbf{k} + \mathbf{K} | \tilde{U} | \mathbf{k} \rangle c^+_{\mathbf{k} + \mathbf{K} s} c_{\mathbf{k} s} \quad (4.33)$$

と表される．$\tilde{U}$ は，

$$\tilde{U} = \sum_{\nu} U^0_{i\nu} - U_0 \quad (4.34)$$

である．総体的な電子-フォノン系のハミルトニアンは，次のように表される．

$$H = H_{\text{el}} + H_{\text{ph}} + H_{\text{el-ph}} + H_{\text{el-el}} + H_{\tilde{U}} \quad (4.35)$$

場の量子論的な観点からすると，この系はかなり複雑である．Bose 場と，自身と結合している Fermi 場が相互作用をしており，後から見るように，その結合定数は小さく"ない"のである．次章において，この系に対して場の量子論の技法を応用する方法を論じることにする．

第 5 章　多体問題に対する場の量子論の方法

　本章では，場の理論の技法を多体問題へ導入するが，まずは量子力学的な問題を扱う際に用いられる 3 通りの "描像" (表示) から議論を始めることにする．

5.1　Schrödinger描像，Heisenberg描像，相互作用描像

　通常，量子力学の初等的な議論では "Schrödinger描像" が用いられる．この描像では，力学変数を表す演算子は時間に依存せず，波動関数が時間依存性を担う．この描像において，波動関数 $\Psi_{\mathrm{S}}(t)$ は，次の Schrödinger 方程式を満たす．

$$i\hbar \frac{\partial \Psi_{\mathrm{S}}(t)}{\partial t} = H(t)\Psi_{\mathrm{S}}(t) \tag{5.1}$$

力学変数に対応する演算子は時間に依存しないけれども，系に作用する外場 (外因ポテンシャル) が時間変化をするのであれば，ハミルトニアンもそれに応じて時間依存性をあらわに持つので，式(5.1) ではハミルトニアンを $H(t)$ と表記してある．孤立している物理系を考える場合には，H は時間に依存せず，式(5.1) の正確な解が，

$$\Psi_{\mathrm{S}}(t) = e^{-iH(t-t_0)/\hbar}\Psi_{\mathrm{S}}(t_0) \tag{5.2}$$

と表される．目的によっては，ユニタリー変換を通じて "Heisenberg描像" に移行する方が都合のよい場合も多い．この描像では波動関数 Ψ_{H} が時間に依存せず，演算子が時間依存性の問題を担う．ある時刻 t_0 において Ψ_{S} と Ψ_{H} が互いに等しくなるように位相を選ぶと，これらの波動関数は，次のように関係づけられる．

$$\Psi_{\mathrm{H}}(t) = \Psi_{\mathrm{H}} = e^{iH(t-t_0)/\hbar}\Psi_{\mathrm{S}}(t) \tag{5.3}$$

このように $\Psi_{\mathrm{S}}(t)$ の時間依存性の因子 (を相殺する因子) が，波動関数を変換するユニタリー演算子となる．観測可能なすべての量 (各行列要素) が変換によって変更を受けないように，両方の描像における演算子 Θ は，次のような関係を持つ必要がある．

$$\Theta_{\mathrm{H}}(t) = e^{iH(t-t_0)/\hbar}\Theta_{\mathrm{S}}(t)e^{-iH(t-t_0)/\hbar} \tag{5.4}$$

どちらの描像においても，ハミルトニアンは共通の $H(p,q)$ という形で与えられるが，H を表すための p と q の時間依存性は，式(5.4)のように互いに異なっており，Schrödinger描像では時間依存性を持たない．式(5.4)により，Heisenberg演算子の時間依存性は，次の運動方程式を満たすことが分かる．

$$i\hbar \frac{d\Theta_\mathrm{H}(t)}{dt} = [\Theta_\mathrm{H}(t), H] + i\hbar \frac{\partial \Theta_\mathrm{H}(t)}{\partial t} \tag{5.5}$$

右辺の偏微分の項は，Schrödinger演算子 $\Theta_\mathrm{S}(t)$ の外場による時間依存性の部分を受け持っている．

摂動展開をするために，ハミルトニアンを，

$$H = H_0 + H' \tag{5.6}$$

のように分けて，以下のような変換を通じて相互作用描像を定義すると，都合のよい場合が多い．

$$\Psi_\mathrm{I}(t) = e^{iH_0(t-t_0)/\hbar}\Psi_\mathrm{S}(t) \tag{5.7a}$$

$$\Theta_\mathrm{I}(t) = e^{iH_0(t-t_0)/\hbar}\Theta_\mathrm{S}(t)e^{-iH_0(t-t_0)/\hbar} \tag{5.7b}$$

摂動項 H' をゼロと置くと，Heisenberg描像と相互作用描像の区別はなくなる．H' がある場合にも，相互作用描像における演算子 $\Theta_\mathrm{I}(t)$ の時間依存性はゼロ次ハミルトニアン H_0 だけによって規定され，その一方で波動関数 $\Psi_\mathrm{I}(t)$ の時間依存性は摂動ハミルトニアン H' だけに依存して決まる．我々は $\Theta_\mathrm{I}(t)$ の時間依存性が単純になるように H_0 を選ぶ．そうすると H' を摂動展開の形で扱うための簡単な規則を構築することが可能となり，それはそのままFeynman_{ファインマン}ダイヤグラムに対応する．

式(5.7a) を Schrödinger方程式(5.1) に代入すると，次式が得られる．

$$i\hbar \frac{\partial \Psi_\mathrm{I}(t)}{\partial t} = H'_\mathrm{I}(t)\Psi_\mathrm{I}(t) \tag{5.8}$$

H'_I は，相互作用描像によって表した摂動ハミルトニアンであり，次のように与えられる．

$$H'_\mathrm{I}(t) = e^{iH_0(t-t_0)/\hbar}H'_\mathrm{S}e^{-iH_0(t-t_0)/\hbar} \tag{5.9}$$

次節以降では，$\hbar = 1$ とする単位系を採用する．

5.2 Green関数の定義

多体問題において最終的に関心の対象となるのは，系全体の熱力学的性質や力学的性質，導電率や熱伝導率のような巨視的な非平衡特性，外場からの量子の吸収などに関わる巨視的な物理量の予言である．極端に単純な物理系でない限り，これらの諸量を厳密な多体問題の固有関数から決定することは事実上不可能である．仮に波動関数の厳密解が得られたとしても，それを系の特定の性質の計算に適した形に還元しない限り，あまりにも複雑すぎて役に立たないであろう．波動関数の全情報を，関心の対象とはならないような部分まですべて扱うのではなく，実験結果と密接な関係を持つ情報だけを備えているような力学量(関数)を抽出できるならば好都合である．そうしておいて，Ψ自体ではなく，直接そのような力学量の方に対する近似解を見出す技法を展開すればよい．このような要件を満たす力学量として，場の量子論におけるGreen（グリーン）関数がある [91,99]．1電子Green関数は，電子系のスピンや電荷の密度分布，運動量分布，および系の励起スペクトルの情報を含んでいる．系が同種のフェルミオンだけを含み，フェルミオン同士に遅延のない2体ポテンシャルだけが働く場合には，1粒子Green関数から系の基底エネルギー(より一般には自由エネルギー)を求めることもできる [100]．導電率や磁化率その他の多くの非平衡状態に関わる性質は2粒子Green関数から得られる．

おそらくGreen関数を利用するアプローチの最大の利点は，目的に応じて近似の技法を容易に展開することができ，具体的な多体問題を解く際に，物理的な洞察を踏まえた近似の開発が可能となることであろう．我々は単純な問題を考察することによって，物理概念を場の量子論の言葉へと移しかえる方法を学ぶことができる．また，場の理論における数式的な近似法については，逆の過程を経ることによって，その物理的な解釈を，より確実なものにすることが可能である．これらの双方向の可能性に依拠することにより，我々は複雑な物理系に対する理解を深めてゆくことができるであろう．

まず当面はスピン $\frac{1}{2}$ の同種フェルミオンから成り，フェルミオン間にスピンに依存しない2体ポテンシャルが働く多体系を考察する．1粒子Green関数 G は次のように定義される．

$$G_s(\mathbf{r}_1, t_1; \mathbf{r}_2, t_2) = -i\langle 0|T\{\psi_s(\mathbf{r}_1, t_1)\psi_s^+(\mathbf{r}_2, t_2)\}|0\rangle \tag{5.10}$$

$|0\rangle$ はここでは第2章と異なり，相互作用を持つFermi液体(有限のFermiエネルギーを設定してある)の正確な基底状態をHeisenberg描像で表したものである．場の演算子 ψ_s と ψ_s^+ もHeisenberg描像の演算子である(付録参照)．s はスピンを表す．時

間順序化の記号 T の作用は，後に続く括弧内の演算子を，引数の時刻が早いものほど右側になるように並べ替え，反交換する演算子同士の入れ替えが生じた際には，その回数に応じて負号を加えるように規定されている．したがって式(5.10)を書き直すと，次のようになる．

$$G_s(\mathbf{r}_1,t_1;\mathbf{r}_2,t_2) = \begin{cases} -i\langle 0|\psi_s(\mathbf{r}_1,t_1)\psi_s^+(\mathbf{r}_2,t_2)|0\rangle & t_1 > t_2 \\ i\langle 0|\psi_s^+(\mathbf{r}_2,t_2)\psi_s(\mathbf{r}_1,t_1)|0\rangle & t_1 < t_2 \end{cases} \tag{5.11}$$

G の時刻依存性は一般に，$\tau \equiv t_1 - t_2$ だけによって決まることに注意してもらいたい (式(5.4)参照)．系が空間的にも連続並進不変性を持つ場合には，G は相対座標 $\mathbf{r} \equiv \mathbf{r}_1 - \mathbf{r}_2$ と $\tau \equiv t_1 - t_2$ だけに依存する．

$$G_s(\mathbf{r}_1,t_1;\mathbf{r}_2,t_2) \equiv G_s(\mathbf{r},\tau) \tag{5.12}$$

(上の単純化は固体中の電子系にそのまま適用することはできない．結晶格子は連続並進対称性を持たないからである．) $G(\mathbf{r},\tau)$ の Fourier(フーリエ)変換を次のように定義する．

$$G_s(\mathbf{p},p_\circ) = \int e^{-i(\mathbf{p}\cdot\mathbf{r}-p_\circ\tau)} G_s(\mathbf{r},\tau) d^3r d\tau \tag{5.13}$$

後から具体的に示すことになるが，式(5.13)を $p_\circ$ の複素関数として見ると，極の位置を系の素励起スペクトルに関係づけることができるので，むしろ Fourier 変換によって定義される関数 $G_s(\mathbf{p},p_\circ)$ の方が有用である．式(5.13)の逆 Fourier 変換は，次のように与えられる．

$$G_s(\mathbf{r},\tau) = \int e^{i(\mathbf{p}\cdot\mathbf{r}-p_\circ\tau)} G_s(\mathbf{p},p_\circ) \frac{d^3p\,dp_\circ}{(2\pi)^4} \tag{5.14}$$

前と同様に，系の体積を単位体積に設定して周期境界条件を適用するならば，($\hbar = 1$ の下で) 次の対応関係が成立する．

$$\sum_{\mathbf{p}} \leftrightarrow \int \frac{d^3p}{(2\pi)^3}$$

式の表記の煩雑さを避けるために，以下の略記法を採用する．

$$x \equiv (\mathbf{r},\tau)$$
$$p \equiv (\mathbf{p},p_\circ)$$
$$px \equiv \mathbf{p}\cdot\mathbf{r} - p_\circ\tau$$
$$d^4x \equiv d^3r\,d\tau$$
$$d^4p \equiv d^3p\,dp_\circ$$

5.3. 自由Fermi気体におけるGreen関数

そうすると，Fourier変換(5.13)と逆変換(5.14)は，次のように表される．

$$G_s(p) = \int e^{-ipx} G_s(x) d^4x \tag{5.13'}$$

$$G_s(x) = \int e^{ipx} G_s(p) \frac{d^4p}{(2\pi)^4} \tag{5.14'}$$

空間的に連続並進対称性を持つ系に関しては，次のような $G(\mathbf{r}, \tau)$ の空間的Fourier変換も，しばしば用いられる．

$$G_s(\mathbf{p}, \tau) = \int e^{-i\mathbf{p}\cdot\mathbf{r}} G_s(\mathbf{r}, \tau) d^3r \tag{5.15}$$

場の演算子を，次のように展開することができる§(付録参照)．

$$\psi_s(\mathbf{r}, t) = \sum_{\mathbf{p}} c_{\mathbf{p}s}(t) e^{i\mathbf{p}\cdot\mathbf{r}} \tag{5.16}$$

$c_{\mathbf{p}s}$ はスピン s を持つ平面波状態 $\mathbf{p}$ の電子をひとつ消滅させる演算子である．これを利用すると，$G_s(\mathbf{p}, \tau)$ を次のように表すことができる．

$$G_s(\mathbf{p}, \tau) = -i\langle 0|T\{c_{\mathbf{p}s}(\tau) c_{\mathbf{p}s}^+(0)\}|0\rangle \tag{5.17}$$

5.3　自由Fermi気体におけるGreen関数

G の構造を理解してゆくために，まず単位体積の箱に閉じ込めた相互作用のないスピン $\frac{1}{2}$ の同種フェルミオン多体系を考える．基底状態 $|0\rangle$ では，運動量が Fermi 運動量 p_F 以下のすべての1粒子平面波状態が上向きスピンと下向きスピンの電子によって完全に占有されており，それ以外の1粒子平面波状態は完全に空いている．この系のハミルトニアンは，次のように表される．

$$H = \sum_{\mathbf{p}, s} \epsilon_{\mathbf{p}} c_{\mathbf{p}s}^+ c_{\mathbf{p}s} \tag{5.18}$$

ここで $\epsilon_{\mathbf{p}} = p^2/2m$ である．系はスピン変数に関して対称なので，当面は上向きスピンの電子だけに注目することにして，添字 s を省略する．フェルミオン演算子の反交換関係(付録参照)，

$$\{c_{\mathbf{p}s}, c_{\mathbf{p}'s'}^+\} = \delta_{\mathbf{p}\mathbf{p}'} \delta_{ss'}$$
$$\{c_{\mathbf{p}s}, c_{\mathbf{p}'s'}\} = \{c_{\mathbf{p}s}^+, c_{\mathbf{p}'s'}^+\} = 0 \tag{5.19}$$

---

§(訳註) 系の体積 Vol (= 1) を明示すると，式(5.16) は $\psi_s = (1/\sqrt{\mathrm{Vol}}) \sum_{\mathbf{p}} c_{\mathbf{p}s} e^{i\mathbf{p}\cdot\mathbf{r}}$ である．$\psi_s(\mathbf{r}, t)$ は [体積]$^{-1/2}$ の次元を持ち，$c_{\mathbf{p}s}(t)$ は無次元である．

に基づき，Heisenberg描像において，フェルミオンの演算子は次の時間依存性を持つ.

$$c_{\mathbf{p}}(\tau) = c_{\mathbf{p}}(0) e^{-i\epsilon_{\mathbf{p}}\tau} \tag{5.20}$$

これを式(5.17) の $G_s(\mathbf{p},\tau)$ の定義式に適用すると，$t=0$ における演算子を用いた次の表式が得られる.

$$G(\mathbf{p},\tau) = \begin{cases} -i\langle 0|c_{\mathbf{p}} c_{\mathbf{p}}^+|0\rangle e^{-i\epsilon_{\mathbf{p}}\tau} & \tau > 0 \\ i\langle 0|c_{\mathbf{p}}^+ c_{\mathbf{p}}|0\rangle e^{-i\epsilon_{\mathbf{p}}\tau} & \tau < 0 \end{cases} \tag{5.21}$$

式(5.19) の利用すると，上式は次のように書き直される.

$$G(\mathbf{p},\tau) = \begin{cases} -i(1-f_{\mathbf{p}}) e^{-i\epsilon_{\mathbf{p}}\tau} & \tau > 0 \\ if_{\mathbf{p}} e^{-i\epsilon_{\mathbf{p}}\tau} & \tau < 0 \end{cases} \tag{5.22}$$

上式の $f_{\mathbf{p}}$ は絶対零度における Fermi 分布関数であり，$|\mathbf{p}| < p_F$ では 1，$|\mathbf{p}| > p_F$ では 0 である.

一般の多体問題において，G の Fourier 変換が多大な関心の対象となる．既に言及したように，時間変数を Fourier 変換した変数 (エネルギー変数 p_o) に関する特異点が，系の素励起スペクトルの情報を与えるからである．自由 Fermi 気体に関して，まず結果を示す.

$$G(\mathbf{p},p_\text{o}) \equiv G(p) = \frac{1}{p_\text{o} - \epsilon_{\mathbf{p}} + i\eta_{\mathbf{p}}} e^{ip_\text{o}\delta} \tag{5.23}$$

$\eta_{\mathbf{p}}$ は無限小の因子であるが，その符号は $|\mathbf{p}|$ が p_F よりも大きい (小さい) ときに正(負) となるように定義されている．δ は正の無限小因子である．$G(p) = G(\mathbf{p},p_\text{o})$ を $\mathbf{p}$ を指定して p_o の関数として見ると，$p_\text{o} = \epsilon_{\mathbf{p}}$ において極を持つことに注意してもらいたい．$\epsilon_{\mathbf{p}}$ は系に運動量 $\mathbf{p}$ の電子をひとつ加えるために必要なエネルギーである．式(5.23) を得るために，逆 Fourier 変換を考える.

$$G(\mathbf{p},\tau) = \int_{-\infty}^{\infty} e^{-ip_\text{o}\tau} \frac{e^{ip_\text{o}\delta}}{p_\text{o} - \epsilon_{\mathbf{p}} + i\eta_{\mathbf{p}}} \frac{dp_\text{o}}{2\pi} \tag{5.24}$$

この積分は Cauchy(コーシー) の定理†を用いて評価される．$\tau \leq 0$ の場合，図5.1 に示すように，複素 p_o 平面における積分路を上半面側で閉じることができるが，これは因子 $e^{-ip_\text{o}(\tau-\delta)}$ が，付け加えた半円積分路の部分において (半径を無限大に近づけると) ゼロになるからである．他方 $\tau > 0$ の場合には，理由は同様であるが，下半面側で積分路を閉

---

†(訳註) 閉曲線内に 1 位の極が 1 個以下ある場合について Cauchy (コーシー) の閉路積分の定理を確認しておくと，$f(z)$ が正則関数で z_0 が複素平面内の単純閉曲線 C の内側にあるならば $\oint_C \frac{f(z)}{(z-z_0)} dz = \pm 2\pi i f(z_0)$ である．符号は周回積分の向きによって決まり，反時計回りの場合にプラスになる．z_0 が C の外にある場合には積分はゼロになる.

5.3. 自由Fermi気体におけるGreen関数

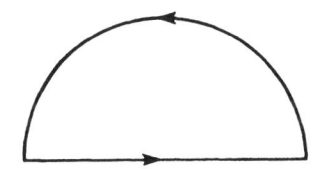

図5.1 式(5.24)を $\tau<0$ において評価する際の複素面内積分路.

じればよい. 因子 $i\eta_\mathbf{p}$ のために, $\mathbf{p}$ を $|\mathbf{p}|<p_\mathrm{F}$ において選んだ場合には, 複素変数 p_o の極が上半面側に生じる. $|\mathbf{p}|>p_\mathrm{F}$ の場合には, p_o の極は下半面側に生じる. したがって Cauchy 積分の結果, $\tau>0$ のときには,

$$G(\mathbf{p},\tau) = \begin{cases} 0 & |\mathbf{p}|<p_\mathrm{F} \\ -ie^{-i\epsilon_\mathbf{p}\tau} & |\mathbf{p}|>p_\mathrm{F} \end{cases}$$

となり, $\tau<0$ のときには,

$$G(\mathbf{p},\tau) = \begin{cases} ie^{-i\epsilon_\mathbf{p}\tau} & |\mathbf{p}|<p_\mathrm{F} \\ 0 & |\mathbf{p}|>p_\mathrm{F} \end{cases}$$

となる. この結果は式(5.22)と整合しており, これで式(5.23)の正当性が確認できたことになる. 式(5.23)における因子 $e^{ip_\mathrm{o}\delta}$ は, 大抵の目的に関して1に置き換えて差し支えないので, 通常はこの因子を省くことにしておく. しかしこの因子が必要となる場合も無いわけではない (たとえば Hartree-Fock 近似によって交換エネルギーを計算する場合など).

自由Fermi気体における G を求めるための別の方法として, $G(\mathbf{p},\tau)$ に関する運動方程式を構築する方法もある. まず, 式(5.17)を書き直してみる.

$$G(\mathbf{p},\tau) = -i\langle 0|c_\mathbf{p}(\tau)c_\mathbf{p}^\dagger(0)|0\rangle\theta(\tau) + i\langle 0|c_\mathbf{p}^\dagger(0)c_\mathbf{p}(\tau)|0\rangle\theta(-\tau) \tag{5.25}$$

θ 関数は, 次のように定義されている.

$$\theta(\tau) = \begin{cases} 1 & \tau>0 \\ 0 & \tau<0 \end{cases}$$

式(5.25)を τ について微分すると, 次式を得る.

$$i\frac{\partial G(\mathbf{p},\tau)}{\partial \tau} = \langle 0|T\left\{\frac{\partial c_\mathbf{p}(\tau)}{\partial \tau}c_\mathbf{p}^+(0)\right\}|0\rangle + \langle 0|\{c_\mathbf{p}(0),c_\mathbf{p}^+(0)\}|0\rangle\delta(\tau) \tag{5.26}$$

デルタ関数の項は，θ 関数の微分から生じている．反交換関係(5.19)と，式(5.20)を利用すると，$G(\mathbf{p},\tau)$ が次の微分方程式を満たすことが分かる．

$$\left(i\frac{\partial}{\partial \tau} - \epsilon_\mathbf{p}\right)G(\mathbf{p},\tau) = \delta(\tau) \tag{5.27}$$

上の方程式を見ると，G が "Green 関数" と呼ばれる理由は明白である．実際に G は演算子 $(i\partial/\partial\tau - \epsilon_\mathbf{p})$ の Green 関数になっているわけである．式(5.27)を，τ に関する Fourier 変換を利用して解くことができる．

$$G(\mathbf{p},p_\mathrm{o}) = \frac{1}{p_\mathrm{o} - \epsilon_\mathbf{p}} \tag{5.28}$$

この式と，正しい結果(5.23)の本質的な違いは，式(5.28)の方では $p_\mathrm{o} = \epsilon_\mathbf{p}$ における特異点の扱い方が決められていないという点にある．問題となる点は，式(5.27)が τ に関して1階の微分方程式であり，方程式を解くためには境界条件を指定しなければならないことである．式(5.27)の一般解は，ひとつの特解，

$$P(\mathbf{p},\tau) = \begin{cases} -ie^{-i\epsilon_\mathbf{p}\tau} & \tau > 0 \\ 0 & \tau < 0 \end{cases} \tag{5.29}$$

と，式(5.27)の右辺をゼロと置いた斉次方程式の一般解，

$$h(\mathbf{p},\tau) = i\tilde{f}_\mathbf{p} e^{-i\epsilon_\mathbf{p}\tau} \quad \text{(for all } \tau\text{)}$$

の和の形で書かれる．任意定数 $\tilde{f}_\mathbf{p}$ は，たとえば境界条件 $G(\mathbf{p},0^-) = if_\mathbf{p}$ から決定される．このように $\tilde{f}_\mathbf{p}$ を選ぶと，一般解 $P+h$ は式(5.23)と一致する．境界条件の指定に伴って，$G(p)$ の特異点を扱う方法が一意的に特定される．

この時点で読者は，相互作用のある系の G をどのように決め得るのか疑問に感じているかも知れない．前節では Green 関数が多体の波動関数そのものを扱わずに済ませるための道具となることを述べたにもかかわらず，本節では自由 Fermi 気体の Green 関数 (式(5.20)-(5.23)) を得るために，基底状態の波動関数を用いた．G (および，より高次の Green 関数) を求めるための一般的な方法は主として2つある．第1は式(5.27)と類似の G に関する運動方程式を構築する方法である．2体相互作用がある場合には，運動方程式の右辺に "2粒子 Green 関数" を含む余分の項が加わる．2粒子 Green 関数は，x 表示では次のように定義される．

$$G_2(x_1, x_2, x_3, x_4) = (-i)^2 \langle 0 | T\{\psi(x_1)\psi(x_2)\psi^+(x_4)\psi^+(x_3)\} | 0 \rangle \tag{5.30}$$

スピン添字は省略した．G_2 もまた未知の関数であり，これに関する運動方程式を書くと，そこには3粒子 Green 関数が現れる．これを続けてゆくと，方程式の無限の階

層連鎖が生じてしまう．実際にはこのような連鎖を，しばしば 2 個か 3 個よりも多い粒子間の同時相関を無視することによって終端させることになる．そうすれば原理的には連立する方程式を解いて，各 Green 関数を求めることができる．この方法は，そもそもの発想が直接的で分かりやすい反面，数学的な問題として見ると，仮に 2 体相関以上をすべて無視するとしても，複雑すぎて扱い難いものになる．通常は 2 体相関の一部だけを考慮することで妥協せざるを得ない．この方法については Schwinger（シュウィンガー），Martin, Kadanoff（カダノフ）, etc. が集中的な議論を与えている [99,101]．

第 2 の方法は，Feynman, 朝永, Dyson たちによって開発された，量子電磁力学において馴染み深い摂動展開の方法である [102]．この方法の最も素朴な形態は，摂動展開が収束するような問題にしか適用できないが，物理的な洞察を加味した措置の下で，発散する級数の部分和から物理的に意味のある結果を見いだすことさえ可能となる．これ以降，第 2 の方法に沿った議論を進めることにする．

5.4　Green 関数のスペクトル表示

相互作用がある Fermi 気体の 1 粒子 Green 関数は，相互作用のない自由 Fermi 気体における Green 関数と密接な関係を持つ．このことを見るために，スピンが上向きの粒子に関する 1 粒子 Green 関数を考えよう．

$$
G(\mathbf{p},\tau) = -i\langle 0|T\{c_{\mathbf{p}}(\tau)c_{\mathbf{p}}^+(0)\}|0\rangle \\
= \begin{cases} -i\langle 0|c_{\mathbf{p}}(0)e^{-iH\tau}c_{\mathbf{p}}^+(0)|0\rangle e^{iE_0^n\tau} & \tau > 0 \\ i\langle 0|c_{\mathbf{p}}^+(0)e^{iH\tau}c_{\mathbf{p}}(0)|0\rangle e^{-iE_0^n\tau} & \tau < 0 \end{cases} \tag{5.31}
$$

E_0^n は相互作用のある n 粒子系における基底エネルギーである．c と c^+ の間に $(n\pm 1)$ 粒子系の H の固有状態 $|\Psi_m^{n\pm 1}\rangle$ の完全系を挿入すると，次のようになる．

$$
G(\mathbf{p},\tau) = \begin{cases} -i\sum_m \left|(c_{\mathbf{p}}^+)_{m,0}\right|^2 e^{-i(E_m^{n+1}-E_0^n)\tau} & \tau > 0 \\ i\sum_m \left|(c_{\mathbf{p}})_{m,0}\right|^2 e^{i(E_m^{n-1}-E_0^n)\tau} & \tau < 0 \end{cases} \tag{5.32}
$$

上式に現れている行列要素は，次のように定義される．

$$(c_{\mathbf{p}}^+)_{m,0} = \langle \Psi_m^{n+1}|c_{\mathbf{p}}^+|\Psi_0^n\rangle \tag{5.33a}$$

$$(c_{\mathbf{p}})_{m,0} = \langle \Psi_m^{n-1}|c_{\mathbf{p}}|\Psi_0^n\rangle \tag{5.33b}$$

すなわち，これらは裸の電子の演算子を，全ハミルトニアンの正確な固有状態で挟んだ行列要素である．表記を簡単にするために，次の関係式を満たすエネルギー $\omega_m^{n\pm 1}$ を導入する．

$$E_m^{n+1} - E_0^n = \omega_m^{n+1} + \mu_n \tag{5.34a}$$

$$E_m^{n-1} - E_0^n = -\omega_m^{n-1} - \mu_{n-1} \tag{5.34b}$$

ここで $\mu_n = E_0^{n+1} - E_0^n$ は n 粒子系における化学ポテンシャルである．我々は巨視的な系に関心があるので $\mu_n \simeq \mu_{n-1} \equiv \mu$ と置いてよい．エネルギー ω_m^{n+1} は非負である一方，式(5.34b) では余分に負号を入れてあるので ω_m^{n-1} は"非正"である．これらの式により，式(5.32) は次のように書き直される．

$$G(\mathbf{p},\tau) = \begin{cases} -i \sum_m \left|(c_\mathbf{p}^+)_{m,0}\right|^2 e^{-i(\omega_m^{n+1}+\mu)\tau} & \tau > 0 \\ i \sum_m \left|(c_\mathbf{p})_{m,0}\right|^2 e^{-i(\omega_m^{n-1}+\mu)\tau} & \tau < 0 \end{cases} \tag{5.35}$$

ここで重要な量として，スペクトル加重関数 $A(\mathbf{p},\omega)$ を次のように定義する．

$$A(\mathbf{p},\omega) = \sum_m \left|(c_\mathbf{p}^+)_{m,0}\right|^2 \delta(\omega - \omega_m^{n+1}) + \sum_m \left|(c_\mathbf{p})_{m,0}\right|^2 \delta(\omega - \omega_m^{n-1}) \tag{5.36}$$

そうすると，相互作用をしている系の1粒子Green関数を，次のように書くことができる．

$$G(\mathbf{p},p_\circ) = \int_{-\infty}^{\infty} \frac{A(\mathbf{p},\omega)\,d\omega}{p_\circ - \omega - \mu + i\omega\delta} \tag{5.37}$$

δ は無限小の正数である．$\tau = 0$ における G の定義を適正なものにするためには，式(5.37) の右辺に，式(5.23) と同様に因子 $e^{ip_\circ\delta}$ が必要である．$G(p,p_\circ)$ のスペクトル表示(5.37) の妥当性を見るには，ここから逆Fourier変換 $G(\mathbf{p},\tau)$ を計算し，その結果が式(5.32) と一致することを確認すればよい．式(5.37) により，一般の $G(\mathbf{p},p_\circ)$ に対するひとつの捉え方として，相互作用のない系における Green関数(5.23) の重み付きの和として把握できることが分かる．

自由Fermi気体に関する G を得るためには，A をデルタ関数によって次のように与えればよい．

$$\begin{aligned} A(\mathbf{p},\omega) &= (1-f_\mathbf{p})\delta\big(\omega - [\epsilon_\mathbf{p} - \mu]\big) + f_\mathbf{p}\delta\big(\omega - [\epsilon_\mathbf{p} - \mu]\big) \\ &= \delta\big(\omega - [\epsilon_\mathbf{p} - \mu]\big) \end{aligned} \tag{5.38}$$

5.4. Green関数のスペクトル表示

$|\mathbf{p}| > p_\mathrm{F}$ であれば,式 (5.37) にこれを代入したときに第 1 項が $1/(p_\circ - \epsilon_\mathbf{p} + i\delta)$ を生じ,第 2 項は寄与を持たない.他方 $|\mathbf{p}| < p_\mathrm{F}$ であれば,第 2 項から $1/(p_\circ - \epsilon_\mathbf{p} - i\delta)$ を生じ,第 1 項は寄与を持たない.したがって式 (5.37)-(5.38) は式 (5.23) と整合している.

式 (5.36) を見ると,スペクトル加重関数は正の実数関数であることが分かる.

$$A(\mathbf{p}, \omega) = A^*(\mathbf{p}, \omega) \tag{5.39}$$

また,次の和則が成立する.

$$\int_{-\infty}^{\infty} A(\mathbf{p}, \omega)\, d\omega = 1 \tag{5.40}$$

この和則を証明するには,まず式 (5.36) を積分式に代入する.

$$\int_{-\infty}^{\infty} A(\mathbf{p}, \omega)\, d\omega = \sum_m \left|(c_\mathbf{p}^+)_{m,0}\right|^2 + \sum_m \left|(c_\mathbf{p})_{m,0}\right|^2$$

そして中間状態 $|\Psi_m^{n\pm 1}\rangle$ の完全性と,反交換関係 (5.19) を利用すると,和則を確認できる.

$$\int_{-\infty}^{\infty} A(\mathbf{p}, \omega)\, d\omega = \langle 0|c_\mathbf{p} c_\mathbf{p}^+ + c_\mathbf{p}^+ c_\mathbf{p}|0\rangle = 1$$

自由 Fermi 気体のスペクトル加重関数 (5.38) が,この和則を満たすことは自明であることを言い添えておく.

A の定義により,その正振動数の部分 ($\omega > 0$) は系に電子をひとつ加える過程に関する情報を含み,負振動数の部分 ($\omega < 0$) は正孔をひとつ加える (電子をひとつ除く) 過程に関する情報を含む.したがって,この和則は,これらの 2 種類の過程を関係づけている.

すでに言及したように,通常は,いきなり A を求めることはなく,まず最初に G を直接に考察することになる.Green 関数のスペクトル表示 (5.37) の虚部を取ることによって,これらの関数の間には単純な関係が見出される.

$$\mathrm{Im}\, G(\mathbf{p}, \omega + \mu) = \begin{cases} -\pi A(\mathbf{p}, \omega) & \omega > 0 \\ \pi A(\mathbf{p}, \omega) & \omega < 0 \end{cases} \tag{5.41}$$

上の結果を得るために,積分計算において良く知られている次の関係を用いた.

$$\frac{1}{x \pm i\eta} = \frac{P}{x} \mp i\pi \delta(x) \tag{5.42}$$

第5章 多体問題に対する場の量子論の方法

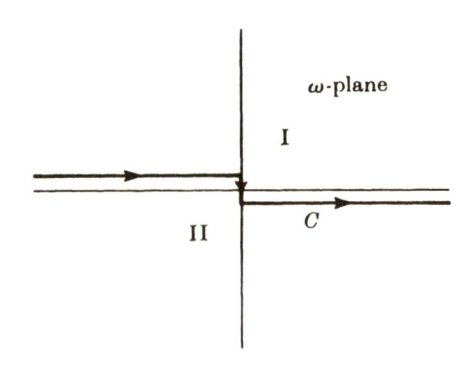

図5.2 $G(\mathbf{p}, p_\mathrm{o})$ のスペクトル表示における積分路.

P は積分の際に特異点の前後で主値を取ることを意味する. G の実部と虚部を関係づける分散関係は, 式(5.41) を逆に A の式に直して, スペクトル表示に代入することによって与えられる.

$$\mathrm{Re}\,G(\mathbf{p}, p_\mathrm{o}) = -\frac{1}{\pi} P \int_\mu^\infty \frac{\mathrm{Im}\,G(\mathbf{p}, p'_\mathrm{o})\,dp'_\mathrm{o}}{p_\mathrm{o} - p'_\mathrm{o}} + \frac{1}{\pi} P \int_{-\infty}^\mu \frac{\mathrm{Im}\,G(\mathbf{p}, p'_\mathrm{o})\,dp'_\mathrm{o}}{p_\mathrm{o} - p'_\mathrm{o}} \tag{5.43}$$

5.5 Green関数の解析的な性質

スペクトル表示(5.37) において, 図5.2 に示すような積分路 C に沿った ω-積分を考えるならば, 被積分関数の分母にある無限小の $i\omega\delta$ を無視することができる.

$$G(\mathbf{p}, p_\mathrm{o}) = \int_C \frac{A(\mathbf{p}, \omega)\,d\omega}{(p_\mathrm{o} - \mu) - \omega} \tag{5.44}$$

ここまで $G(\mathbf{p}, p_\mathrm{o})$ は, $p_\mathrm{o} - \mu$ が (p.101の図5.1 のような積分計算過程の便法は別として) 実数値のところだけで定義されるものと見なしてきたが, 今度は定義を拡張して, 任意の複素変数 p_o を引数とする関数として,

$$\hat{G}(\mathbf{p}, p_\mathrm{o}) = \int_C \frac{A(\mathbf{p}, \omega)\,d\omega}{(p_\mathrm{o} - \mu) - \omega} \tag{5.45}$$

を考えよう [100]. この形の積分は, 積分路 C の途上に存在し得る $(p_\mathrm{o} - \mu)$ の値を除けば, p_o の複素平面全体にわたって解析的な関数を与えるはずである‡. ここでは積

---

‡(訳註) 式(5.45) は $A(\mathbf{p},\omega)/\{(p_\mathrm{o}-\mu)-\omega\}$ (p_o の関数としては $p_\mathrm{o} = \omega + \mu$ に特異点がある) を ω を変えて重ね合わせた形をしているので, $A(\mathbf{p},\omega)$ の定義式(5.36) を併せて考える

分路 C が複素平面を2つの部分へ分割しているので，2つの互いに異なる関数 f_I と f_II を定義できる．図5.2 に示すように，$f_\mathrm{I}(p_\circ - \mu)$ は領域Iにおいて解析的であり，$f_\mathrm{II}(p_\circ - \mu)$ は領域IIにおいて解析的であるものとする．$G(\mathbf{p}, p_\circ)$ を $p_\circ$ の実軸上で見ると，$p_\circ - \mu > 0$ において $f_\mathrm{I}(p_\circ - \mu)$ に一致し，$p_\circ - \mu < 0$ において $f_\mathrm{II}(p_\circ - \mu)$ に一致する．関数 f_I を切断線 (積分路) において領域Iから領域IIへ解析接続すれば，領域IIにおいても f_I を定義できる．このようにして得た関数 f_I は，一般に領域II全域にわたって解析的になることはない．同様にして関数 f_II を領域Iへ拡げると，それは領域I全域にわたって解析的になることはない．関数 f_I と f_II は，後の計算において重要な役割を担うことになる．

$A(\mathbf{p}, \omega)$ は実数なので，式(5.45)を見ると，積分路に充分に近い領域において，領域Iにおける f_I と領域IIにおける f_II は互いに複素共役の関係を持つ．この性質も，後の議論において有用である．

5.6　Green関数の物理的な解釈

G を解釈する方法はいろいろある．x 表示を採用して $x_1 = x_2$ ($t_1 = t_2^-$) と設定すると，次式が得られる．

$$G_s(\mathbf{r}, t; \mathbf{r}, t) = i\langle 0|\psi_s^+(\mathbf{r}, t)\psi_s(\mathbf{r}, t)|0\rangle = i\langle 0|\rho_s(\mathbf{r}, t)|0\rangle \tag{5.46}$$

この極限において $-iG$ はスピン s の粒子密度の期待値を与える．空間的に連続並進対称性を持つ系では，$-iG(\mathbf{p}, \tau = 0^-)$ は裸の粒子の運動量分布を与える．

$$G_s(\mathbf{p}, 0^-) = i\langle 0|c_{\mathbf{ps}}^+ c_{\mathbf{ps}}|0\rangle = i\langle 0|n_{\mathbf{ps}}|0\rangle \tag{5.47}$$

式(5.46)と式(5.47)では G の $\tau = 0^-$ における値しか用いていないが，τ の関数としての G 全体は，当然，これよりも多くの情報を含んでいる．G は系の $\tau > 0$ における状態が，$\tau = 0^+$ における状態と同じ状態となる確率振幅も与える．このことは次のように説明される．$t = 0$ において Heisenberg描像と Schrödinger描像が一致するように位相を選ぶことにしよう．ここからしばらくの間，Schrödinger描像を採用する．$t = 0$ において裸の状態 $\mathbf{p}$ の粒子をひとつ生成することを考える．このときの波動関数は，

と，積分路 C の途上に系の可能な素励起状態 m の数だけ特異点が生じることになる．しかし本文でもすぐ後に言及があるように，巨視的極限を考えると $A(\mathbf{p}, \omega)$ は ω に対して離散的ではなく連続関数になる．この場合，有限系では積分路上に離散的に存在するはずの特異点が互いに融合して，実部の特異性は解消し，虚部には切断線 (段差) が形成される．p.110訳註も参照．

$$c_{\mathbf{p}}^{+}|\Psi_{S,0}(0)\rangle$$

と表される．$\Psi_{S,0}$ は基底状態である．ここから時刻 τ まで時間の経過した波動関数は，次のように時間発展している．

$$e^{-iH\tau}c_{\mathbf{p}}^{+}|\Psi_{S,0}(0)\rangle$$

(上の $t=\tau$ の状態において，$\mathbf{p}$ 状態の粒子がそのまま保持されている保証はない．) 他方において，$\mathbf{p}$ 状態の粒子をひとつ，$t=0$ ではなく $t=\tau$ において生成した波動関数は次のようになる．

$$c_{\mathbf{p}}^{+}e^{-iH\tau}|\Psi_{S,0}(0)\rangle$$

したがって，$t=0$ において $\mathbf{p}$ 状態の粒子がひとつある系の初期状態を設定したときに，$t=\tau>0$ における系の状態として初期状態と同じ状態が保持されていることを見いだす確率振幅は，時刻 τ における上記 2 通りの Schrödinger 状態のスカラー積として与えられる．

$$\langle\Psi_{S,0}(0)|e^{iH\tau}c_{\mathbf{p}}e^{-iH\tau}c_{\mathbf{p}}^{+}|\Psi_{S,0}(0)\rangle$$

Heisenberg 描像に移行すると，上式は次のように表される．

$$\langle 0|c_{\mathbf{p}}(\tau)c_{\mathbf{p}}^{+}(0)|0\rangle = -iG(\mathbf{p},\tau) \qquad (\tau>0)$$

物理的な観点から，この確率振幅は振動し，かつ一般には減衰するものと予想される．すなわち振動数を $(E_{\mathbf{p}}+\mu)$，単位時間あたりの減衰率を $|\Gamma_{\mathbf{p}}|$ と書くならば，

$$G(\mathbf{p},\tau) \propto e^{-i(E_{\mathbf{p}}+\mu)\tau}e^{-|\Gamma_{\mathbf{p}}|\tau}$$

と推測される．特例として自由 Fermi 気体の場合を考えると，式 (5.22) より明らかなように，$E_{\mathbf{p}}+\mu=\epsilon_{\mathbf{p}}$ および $\Gamma_{\mathbf{p}}=0$ と置くことで上式が正確に成立する．

次に，τ が大きい正数のときの $G(\mathbf{p},\tau)$ の性質を調べてみよう．スペクトル表示 (5.37) の逆 Fourier 変換を取ると，$\tau>0$ において次式が得られる．

$$G(\mathbf{p},\tau) = -i\int_{0}^{\infty}A(\mathbf{p},\omega)e^{-i(\omega+\mu)\tau}d\omega \tag{5.48}$$

$A(\mathbf{p},\omega)$ は，有限系においてはデルタ関数の和として与えられるが (式 (5.36))，巨視系の極限では連続関数になる．我々は図 5.3 に示すように，積分路を複素 ω 平面の下半面側に押し下げて積分を実行し，この領域における A の解析性を利用する．A が

5.6. Green関数の物理的な解釈

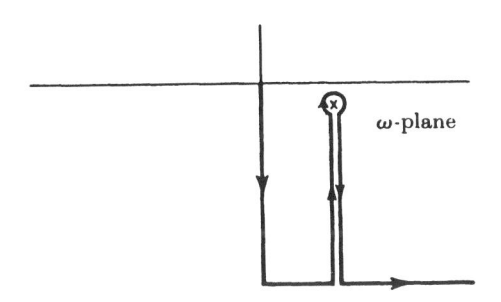

図5.3 t が大きな正数のときに $A(\mathbf{p},\omega)$ から $G(\mathbf{p},t)$ を決めるための複素 ω 平面内の積分路.

複素 ω 平面の下半面側において,孤立極 $\omega = E_\mathbf{p} - i|\Gamma_\mathbf{p}|$ (留数 $r_\mathbf{p}$) を除いて解析的であるならば,積分値は,この極からの寄与,

$$-2\pi r_\mathbf{p} e^{-i(E_\mathbf{p}+\mu)\tau} e^{-i|\Gamma_\mathbf{p}|\tau}$$

と,線積分,

$$\int_0^{-i\infty} A(\mathbf{p},\omega) e^{-i\omega\tau} d\omega$$

の和によって与えられる.この線積分は ω の虚軸の負の側に沿って行う.$E_\mathbf{p}\tau \gg 1$ ではあるが $e^{-|\Gamma_\mathbf{p}|\tau} \gtrsim 1/E_\mathbf{p}\tau$ であるような時刻 τ においては,極による G への寄与が支配的になり,先ほど推測した通りの単純な結果が得られる.極からの寄与を準定常状態による寄与と解釈して,これを準粒子と呼ぶならば,$A(\mathbf{p},\omega)$ を複素 ω 平面の下半面側へ解析接続して形成した関数において見出される極が,このような準粒子のエネルギーと時間あたりの減衰率を決める [100,101].

上述と同じことを,$A(\mathbf{p},\omega)$ よりも Green 関数自体によって表現するほうが便利であることが多い.まず μ よりも大きい実数値 p_o において $G(\mathbf{p},p_\mathrm{o})$ を考えよう[§].この関数を複素 p_o 平面の下半面側へ解析接続した関数 $\tilde{G}(\mathbf{p},p_\mathrm{o})$ は,実軸上関数を単純に拡張した $\hat{G}$ (式(5.45)) とは異なり,次のように与えられる.

$$\tilde{G}(\mathbf{p},p_\mathrm{o}) = \begin{cases} \hat{G}(\mathbf{p},p_\mathrm{o}) & \mathrm{Im}\, p_\mathrm{o} \geq 0 \\ \hat{G}(\mathbf{p},p_\mathrm{o}) - 2\pi i A(\mathbf{p},p_\mathrm{o}-\mu) & \mathrm{Im}\, p_\mathrm{o} < 0 \end{cases} \quad (5.49\mathrm{a})$$

[§](訳註) $G(\mathbf{p},p_\mathrm{o})$ における $p_\mathrm{o} > \mu$ は,$A(\mathbf{p},\omega)$ の正振動数部分 ($\omega > 0$) が特異性に影響を及ぼす領域である.式(5.44)参照.

$\hat{G}(\mathbf{p}, p_\mathrm{o})$ の複素 p_o 平面における特異点は実軸に沿ったところにしかないので (式(5.45) 参照)，$A(\mathbf{p}, p_\mathrm{o}-\mu)$ の下半面側における極は，$p_\mathrm{o} > \mu$ における $G(\mathbf{p}, p_\mathrm{o})$ の解析接続関数の極と一致する[†]．したがって，もし $p_\mathrm{o} - \mu > 0$ において，p_o の下半面側において $\tilde{G}(\mathbf{p}, p_\mathrm{o})$ にひとつの孤立極が存在するならば，この極は準粒子のエネルギーと単位時間あたりの減衰率を与えるものと解釈される．下半面側に複数の極が存在することを仮定するならば，τ が大きいときには実軸に最も近い極が支配的な寄与を与えるであろう．極からの寄与の解釈としては，$t = 0$ において運動量 $\mathbf{p}$ の裸の粒子が生成された場合に，それが準粒子状態となる確率振幅が，極の留数によって $2\pi i r_\mathbf{p}$ のように決まるということも言える．

上述の論法と完全に類似の方法により，$A(\mathbf{p}, \omega)$ を $\omega < 0$ において ω の上半面側に解析接続した関数は，準正孔のエネルギーと時間あたりの減衰率を与えるということも示される．再び A よりも G によってこれを表現すると都合がよい．μ よりも小さい実数 p_o について $G(\mathbf{p}, p_\mathrm{o})$ を考える．この関数の複素 p_o 平面への解析接続関数 $\tilde{\tilde{G}}(\mathbf{p}, p_\mathrm{o})$ は次のように与えられる．

$$\tilde{\tilde{G}} = \begin{cases} \hat{G}(\mathbf{p}, p_\mathrm{o}) + 2\pi i A(\mathbf{p}, p_\mathrm{o}-\mu) & \mathrm{Im}\, p_\mathrm{o} > 0 \\ \hat{G}(\mathbf{p}, p_\mathrm{o}) & \mathrm{Im}\, p_\mathrm{o} \leq 0 \end{cases} \quad (5.49\mathrm{b})$$

$\hat{G}$ の特異点は実軸に沿ったところにしかないので，p_o の上半面における A の極と $\tilde{\tilde{G}}(\mathbf{p}, p_\mathrm{o})$ の極は一致する．したがって $p_\mathrm{o} < \mu$ において，解析接続関数 $\tilde{\tilde{G}}$ の上半面における極は，準正孔のエネルギーと単位時間あたりの減衰率を与える．

5.7　スペクトル加重関数の解釈

前節までの議論は，スペクトル加重関数，

$$A(\mathbf{p}, \omega) = \sum_m \left|(c_\mathbf{p}^+)_{m,0}\right|^2 \delta(\omega - \omega_m^{n+1}) + \sum_m \left|(c_\mathbf{p})_{m,0}\right|^2 \delta(\omega - \omega_m^{n-1}) \quad (5.36)$$

を詳しく理解することによって，さらに明確な解釈が可能になる．まず，A の正振動数の部分 ($\omega > 0$) を考察しよう．系が初め基底状態 $|\Psi_0^n\rangle$ にあり，時刻 $t = 0$ におい

[†](訳註) $\mathrm{Re}\, p_\mathrm{o} > \mu$ において，$\hat{G}$ (式(5.45)) の虚部は p_o の実軸に沿った $\mathrm{Im}\, p_\mathrm{o} = 0^-$ 側に切断線 (不連続な段差) を持つが，下半面側だけに $-2\pi i A(\mathbf{p}, p_\mathrm{o}-\mu)$ を加えた $\tilde{G}$ (式(5.49a)) においては，実軸に沿った虚部の切断がちょうど解消されて，実軸から下半面側への解析接続が実現する形になる．一方，$\mathrm{Re}\, p_\mathrm{o} < \mu$ では $\hat{G}$ の虚部が $\mathrm{Im}\, p_\mathrm{o} = 0^+$ 側に切断線を持つので，式(5.49b) のように上半面側だけに $2\pi i A(\mathbf{p}, p_\mathrm{o}-\mu)$ を加えることで，実軸から上半面側への解析接続が実現する．

5.7. スペクトル加重関数の解釈

て状態 $\mathbf{p}$ に裸の電子がひとつ加えられたものとしよう．電子が加えられた直後の系の状態は，次のように表される．

$$|\Phi_{\mathbf{p}}\rangle = c_{\mathbf{p}}^{+}|\Psi_0^n\rangle \tag{5.50}$$

$|\Psi_m^n\rangle$ などの固有状態とは異なり，$|\Phi_{\mathbf{p}}\rangle$ は一般に規格化された波動関数ではないという点に注意が必要である．このことは，$|\Psi_0^n\rangle$ を各占有数の状態へ展開すると容易に理解できる．$|\Psi_0^n\rangle$ に含まれる成分の中で，状態 $\mathbf{p}$ が占有されているような状態は，Pauli の原理のために式(5.50) において欠落してしまい，寄与を持たない．したがって $|\Psi_0^n\rangle$ が全体として規格化されているならば，$|\Phi_{\mathbf{p}}\rangle$ は規格化条件から外れる．

$|\Phi_{\mathbf{p}}\rangle$ によって記述される状態 (一般には H の固有関数そのものではない) が，固有状態 $|\Psi_m^{n+1}\rangle$ として見出される相対的な確率 $P_m(\mathbf{p})$ を考えてみよう．規格化因子を除いて，この確率は次のように表される．

$$P_m(\mathbf{p}) = \left|\langle\Psi_m^{n+1}|\Phi_{\mathbf{p}}\rangle\right|^2 = \left|(c_{\mathbf{p}}^{+})_{m,0}\right|^2$$

したがって $A(\mathbf{p},\omega)$ の式(5.36) における第1項のデルタ関数の強度が，この相対確率を与える．(連続並進対称な自由 Fermi 気体ではもちろん，$\mathbf{p}$ が励起状態 m の運動量に一致するところ以外で $P_m(\mathbf{p})$ はゼロである．) 次に，系に電子がひとつ加えられた直後の状態 $|\Phi_{\mathbf{p}}\rangle$ において，系のエネルギー固有値が $[\omega, \omega+\delta\omega]$ の範囲にある何れかのエネルギー固有状態を取る相対確率 $P_\omega(\mathbf{p})d\omega$ を考える．ここでも規格化因子を除くならば，確率は次のように表される．

$$\begin{aligned}P_\omega(\mathbf{p})\delta\omega &= \int_\omega^{\omega+\delta\omega} \sum_m P_m(\mathbf{p})\delta(\omega' - \omega_m^{n+1})\,d\omega' \\ &= \int_\omega^{\omega+\delta\omega} A(\mathbf{p},\omega')\,d\omega'\end{aligned}$$

$|\Phi_{\mathbf{p}}\rangle$ と記述される系の状態は，一般にいろいろなエネルギー値の成分を含むが，上式を見ると $A(\mathbf{p},\omega)$ は，$|\Phi_{\mathbf{p}}\rangle$ が $|\Psi_0^n\rangle$ より $\omega+\mu$ だけ高いエネルギーを持つような相対確率 (単位エネルギーあたり) を与えている．

仮に $|\Phi_{\mathbf{p}}\rangle$ が規格化されていれば，$(n+1)$ 粒子系における状態系 $\{|\Psi_m^{n+1}\rangle\}$ の完全性により，全確率，

$$\sum_m P_m(\mathbf{p}) = \int_0^\infty A(\mathbf{p},\omega)\,d\omega$$

は1になるはずである.しかしここでは $|\Phi_{\mathbf{p}}\rangle$ は規格化されておらず,A の積分は次のようになる.

$$\int_0^\infty A(\mathbf{p},\omega)d\omega = \langle\Phi_{\mathbf{p}}|\Phi_{\mathbf{p}}\rangle = \langle\Psi_0^n|(1-n_{\mathbf{p}})|\Psi_0^n\rangle = 1 - \langle n_{\mathbf{p}}\rangle \tag{5.51}$$

ここでも自由Fermi気体のスペクトル加重関数(5.38)が上の条件を満たすことは自明である.$|\mathbf{p}| > p_\mathrm{F}$ では励起エネルギー ($\epsilon_{\mathbf{p}} - \mu$) がゼロより大きいので,式(5.51)の左辺は1となり,$\langle n_{\mathbf{p}}\rangle = 0$ である.他方 $|\mathbf{p}| < p_\mathrm{F}$ であれば左辺の積分はゼロになり,右辺の $1 - \langle n_{\mathbf{p}}\rangle = 0$ と一致する.

ここから $A(\mathbf{p},\omega)$ の負振動数の部分に目を転じることにして,次の状態を考える.

$$|\tilde{\Phi}_{\mathbf{p}}\rangle = c_{\mathbf{p}}|\Psi_0^n\rangle$$

これは基底状態から運動量 $\mathbf{p}$ の裸の電子がひとつ抜き取られた系の状態を記述する.やはり $|\tilde{\Phi}_{\mathbf{p}}\rangle$ も一般に規格化条件を満たしていない.系の状態 $|\tilde{\Phi}_{\mathbf{p}}\rangle$ が $(n-1)$ 粒子系の固有状態 $|\Psi_m^{n-1}\rangle$ として見出される確率は,

$$\tilde{P}_m(\mathbf{p}) = \left|\langle\Psi_m^{n-1}|\Phi_{\mathbf{p}}\rangle\right|^2 = \left|(c_{\mathbf{p}})_{m,0}\right|^2$$

と表され,これは $A(\mathbf{p},\omega)$ の式(5.37)の第2項における各デルタ関数の強度にあたる.我々が ω_m^{n-1} を定義する際に符号をたがえた流儀により(式(5.34b)),励起エネルギー $E_m^{n-1} - E_0^{n-1}$ は ω_m^{n-1} に対して負である.したがって $A(\mathbf{p},\omega)$ を ω の関数として描くときに,電子を抜き取ることに伴う励起エネルギーは,ω 軸の"負の側"に沿って計る形になる.我々の符号の選び方では $A(\mathbf{p},\omega)$ において電子に関する部分と正孔に関わる部分が重なることはない.我々の流儀ではなく符号の反転を行わない定義を採用するならば,同じ振動数区間 $[0,\infty]$ において,次のように2つの関数 $\rho^{(+)}$ と $\rho^{(-)}$ を導入しなければならない.

$$\rho^{(+)}(\mathbf{p},\omega) = \sum_m \left|(c_{\mathbf{p}}^+)_{m,0}\right|^2 \delta(\omega - \omega_m^{n+1}) \tag{5.36'a}$$

$$\rho^{(-)}(\mathbf{p},\omega) = \sum_m \left|(c_{\mathbf{p}})_{m,0}\right|^2 \delta(\omega - |\omega_m^{n-1}|) \tag{5.36'b}$$

そして,Green関数の式(5.37)は次のように変更される.

$$G(\mathbf{p},p_\circ) = \int_0^\infty \frac{\rho^{(+)}(\mathbf{p},\omega)\,d\omega}{p_\circ - \omega - \mu + i\delta} + \int_0^\infty \frac{\rho^{(-)}(\mathbf{p},\omega)\,d\omega}{p_\circ + \omega - \mu - i\delta} \tag{5.37'}$$

上記のような ρ 関数は,有限温度において励起エネルギーが必ずしも正とは限らない場合には,A に比べていくらか便利な面もある.

5.7. スペクトル加重関数の解釈

ここまでに示したスペクトル加重関数 A, $\rho^{(+)}$, $\rho^{(-)}$ と, Kadanoff and Baym が論じた関数 $A_{\rm BK}$, $G^>$, $G^<$ との関係は, 次のようになっている.

$$A_{\rm BK}(\mathbf{p},\omega) = 2\pi A(\mathbf{p},\omega)$$
$$G^>(\mathbf{p},\omega) = 2\pi \rho^{(+)}(\mathbf{p},\omega)$$
$$G^<(\mathbf{p},\omega) = 2\pi \rho^{(-)}(\mathbf{p},-\omega)$$

今や, 一般の Fermi 粒子系における準粒子近似を簡単に理解することが可能である. 基底状態に対して裸の電子をひとつ加えたり, 裸の電子をひとつ除いたりした直後の系のエネルギーに関する確率分布は, 一般に, ひとつもしくはそれ以上の Lorentz 関数によって近似される. 典型的には,

$$A(\mathbf{p},\omega) = \frac{u_\mathbf{p}^2 \dfrac{\left|\Gamma_\mathbf{p}^{(+)}\right|}{\pi}}{\left(\omega - E_\mathbf{p}^{(+)}\right)^2 + \left(\Gamma_\mathbf{p}^{(+)}\right)^2} + \frac{v_\mathbf{p}^2 \dfrac{\left|\Gamma_\mathbf{p}^{(-)}\right|}{\pi}}{\left(\omega + E_\mathbf{p}^{(-)}\right)^2 + \left(\Gamma_\mathbf{p}^{(-)}\right)^2} \tag{5.52}$$

という形が考えられるが, この式は, $u_\mathbf{p}^2 + v_\mathbf{p}^2 = 1$ であれば和則 (5.40) を満足する. このスペクトル加重関数は, 以下に示す 3 点の理由から, 自由 Fermi 気体における加重関数 $\delta(\omega - [\epsilon_\mathbf{p} - \mu])$ と比べて複雑になっている.

1. 準粒子エネルギー $E_\mathbf{p}^{(\pm)}$ は, 一般に $\pm|\epsilon_\mathbf{p} - \mu|$ とは異なり, 加えられた電子 (もしくは正孔) と媒質との相互作用から生じる "自己エネルギー" を含む.

2. 相互作用のある系では, $|\Phi_\mathbf{p}\rangle$ は一般に固有状態ではないので, スペクトル加重関数は自由 Fermi 気体のようなデルタ関数ではなく, 有限の幅を持つ Lorentz 関数のピークを持つ.

3. 加重関数 (5.52) には正の ω においてひとつ, 負の ω においてひとつ, 合わせて 2 つのピークがあって, それぞれの重みは $u_\mathbf{p}^2$ と $v_\mathbf{p}^2$ である. 上述の議論のようにこれらのピークは, ひとつの電子が $\mathbf{p}$ 状態に加わる可能性 (正振動数ピーク) と, ひとつの電子が $\mathbf{p}$ 状態から取り除かれる可能性 (負振動数ピーク) を反映している. 相互作用を持つフェルミオン系では, 一般に 1 粒子状態 $\mathbf{p}$ を電子が占有している確率が 1 でも 0 でもなく, その中間なので, 上記の両方の過程が可能となる.

自己エネルギーの効果が大きい場合でも, 必ずしもそれが準位幅 Γ が広いことを意味しないという事実は興味深い. 実際, BCS 簡約ハミルトニアンによって記述される系 (2.4-2.6 節参照) のスペクトル加重関数は, 式 (5.52) で正確に $\Gamma_\mathbf{p}^{(+)} = \Gamma_\mathbf{p}^{(-)} \to 0$ と置いた式になる.

$$A_{\rm BCS}(\mathbf{p},\omega) = u_\mathbf{p}^2 \delta(\omega - E_\mathbf{p}) + v_\mathbf{p}^2 \delta(\omega + E_\mathbf{p}) \tag{5.53}$$

このように BCS 簡約ハミルトニアンが記述するモデルは，自由電子気体と共通して，$c_\mathbf{p}|0\rangle$ と $c_\mathbf{p}^+|0\rangle$ が，系の固有状態にあたるという特殊な性質を備えているのである．準粒子のエネルギー $E_\mathbf{p}$ は，次のように与えられる．

$$E_\mathbf{p} = \left[(\epsilon_\mathbf{p} - \mu)^2 + \Delta_\mathbf{p}^2\right]^{1/2} \tag{5.54}$$

$\Delta_\mathbf{p}$ はエネルギーギャップパラメーターである．$\epsilon_\mathbf{p} \simeq \mu$ のところでは，$E_\mathbf{p}$ は $|\epsilon_\mathbf{p} - \mu|$ とは著しく異なる．関数 $u_\mathbf{p}^2$ と $v_\mathbf{p}^2$ は，

$$u_\mathbf{p}^2 = \frac{1}{2}\left(1 + \frac{\epsilon_\mathbf{p} - \mu}{E_\mathbf{p}}\right) \tag{5.55a}$$

$$v_\mathbf{p}^2 = \frac{1}{2}\left(1 - \frac{\epsilon_\mathbf{p} - \mu}{E_\mathbf{p}}\right) \tag{5.55b}$$

と表され，前者は裸の粒子の状態 $\mathbf{p}$ が占有されていない確率，後者は状態 $\mathbf{p}$ が占有されている確率を与えている．BCS のスペクトル加重関数において $\Delta_\mathbf{p} \to 0$ とすると，自由 Fermi 気体の加重関数に帰着する．BCS 近似よりも先へ考察を進めると，超伝導状態においても有限の準位幅が現れる (さらに複雑な '連続した寄与' も現れることを後から論じる予定である)．$A(\mathbf{p},\omega)$ は一般には非常に複雑な関数であるが，$|\epsilon_\mathbf{p} - \mu|$ と ω が小さい領域では，式 (5.52) のように単純な 2 つの Lorentz 関数の和として表されるものと予想される．しかしながら 2 つの留数の和が 1 未満になることはあり得る．この単純化された描像は，第 2 章において論じた Landau による Fermi 液体の理論から見出されるが，超伝導状態においても，これに対応するような単純な描像が成立する．大概の輸送特性にはスペクトル関数の低エネルギー部分だけが強く影響するので，導電率や熱伝導率などの計算には，準粒子近似が充分に有効である場合が多い．

5.8 フォノンの Green 関数

電子の場合と同様の方法で，"1 フォノン Green 関数" を定義する．

$$D_\lambda(\mathbf{r}_1,t_1;\mathbf{r}_2,t_2) = -i\langle 0|T\{\varphi_\lambda(\mathbf{r}_1,t_1)\varphi_\lambda^+(\mathbf{r}_2,t_2)\}|0\rangle \tag{5.56}$$

T 積は，フォノン場の演算子に関しては，次のように規定される．

$$T\{\varphi_\lambda(\mathbf{r}_1,t_1)\varphi_\lambda^+(\mathbf{r}_2,t_2)\} = \begin{cases} \varphi_\lambda(\mathbf{r}_1,t_1)\varphi_\lambda^+(\mathbf{r}_2,t_2) & t_1 > t_2 \\ \varphi_\lambda^+(\mathbf{r}_2,t_2)\varphi_\lambda(\mathbf{r}_1,t_1) & t_1 < t_2 \end{cases}$$

D の時刻依存性は相対時間 $\tau = t_1 - t_2$ だけに依存して決まり，空間的に連続並進対称性を持つ系では，座標依存性も相対座標 $\mathbf{r} = \mathbf{r}_1 - \mathbf{r}_2$ だけに依存して決まる．次の

5.8. フォノンのGreen関数

ようなフォノン場の展開を考える.

$$\varphi_\lambda(\mathbf{r},t) = \sum_\mathbf{q} \varphi_{\mathbf{q}\lambda}(t) e^{i\mathbf{q}\cdot\mathbf{r}}$$

そうすると連続並進対称性を持つ系において, 波数 $\mathbf{q}$, 分極モード λ を持つフォノンの伝播関数 (Green関数) が, 次のように表される.

$$D_\lambda(\mathbf{q},\tau) = -i\langle 0|T\{\varphi_{\mathbf{q}\lambda}(\tau)\varphi^+_{\mathbf{q}\lambda}(0)\}|0\rangle \tag{5.57}$$

フォノン場の振幅 $\varphi_{\mathbf{q}\lambda}$ は, 本来の定義から, フォノンの生成・消滅演算子と次のように関係している (式(4.11)-(4.12)および式(4.27)参照).

$$\varphi_{\mathbf{q}\lambda} = a_{\mathbf{q}\lambda} + a^+_{-\mathbf{q}\lambda}$$

G の場合と同様に, D のスペクトル表示のために, 次のようなスペクトル加重関数 B を導入する.

$$B_\lambda(\mathbf{q},\omega) = \sum_m \left|\langle m|\varphi^+_{\mathbf{q}\lambda}|0\rangle\right|^2 \delta(\omega-\omega_m) - \sum_m \left|\langle 0|\varphi_{\mathbf{q}\lambda}|0\rangle\right|^2 \delta(\omega+\omega_m) \tag{5.58}$$

ω_m は n 粒子系におけるフォノン励起エネルギー $E^n_m - E^n_0$ である. これを用いると, $D_\lambda(\mathbf{q},\tau)$ の時間Fourier変換は, 次のように与えられる.

$$D_\lambda(\mathbf{q},q_\circ) = \int_{-\infty}^{\infty} \frac{B_\lambda(\mathbf{q},\omega)\,d\omega}{q_\circ - \omega + i\omega\delta} \tag{5.59}$$

ここで $\delta = 0^+$ である. B は, その定義から実数なので, 式(5.59) の虚部として次の関係式が得られる.

$$\mathrm{Im}\,D_\lambda(\mathbf{q},q_\circ) = -\pi B_\lambda(\mathbf{q},q_\circ)\,\mathrm{sgn}\,q_\circ \tag{5.60}$$

したがって, D において次の分散関係が成立する.

$$D_\lambda(\mathbf{q},q_\circ) = -\frac{1}{\pi}\int_{-\infty}^{\infty} \frac{\mathrm{Im}\,D_\lambda(\mathbf{q},\omega)\,\mathrm{sgn}\,\omega}{q_\circ - \omega + i\omega\delta}\,d\omega \tag{5.61}$$

$G(\mathbf{p},p_\circ)$ の場合と同様に, スペクトル表示(5.59) を利用して, $D(\mathbf{q},q_\circ)$ の定義を複素 $q_\circ$ 平面へ拡張することができて, D の $q_\circ > 0$ における下半面側への解析接続は, 波数 $\mathbf{q}$ (もしくは $-\mathbf{q}$), 分極モード λ のフォノン (もしくはフォノン '空孔') のエネルギーと単位時間あたりの減衰率を与えるものと解釈される. この状況は電子の場合よりも少々複雑であるが, これは電子のGreen関数が消滅演算子と生成演算子によっ

て直接に定義されていたのに対して，D は $a_{\mathbf{q}\lambda}$ や $a_{\mathbf{q}\lambda}^+$ によってではなく，場の振幅 $\varphi_{\mathbf{q}\lambda} = a_{\mathbf{q}\lambda} + a_{-\mathbf{q}\lambda}^+$ と $\varphi_{\mathbf{q}\lambda}^+$ を用いて定義されているという違いによる．電子の追加過程と電子の除去過程は，我々の A の定義において分離されていた．しかし B の定義を見ると，B の正振動数の部分にも，負振動数の部分にも，それぞれにフォノンの生成過程と消滅過程が一緒に関与している．実際，反転対称な系では $\varphi_{\mathbf{q}\lambda}^+ = \varphi_{-\mathbf{q}\lambda}$ なので，B は，ω に関して反対称な関数になる．この場合，D は次のように書かれる．

$$D_\lambda(\mathbf{q}, q_\circ) = \int_0^\infty B_\lambda(\mathbf{q}, \omega) \frac{2\omega}{q_\circ^2 - \omega^2 + i\delta} d\omega \tag{5.62}$$

裸のフォノンだけから成る系 (すなわちフォノンが電子系と結合していないと考える) では，スペクトル関数は，

$$B_\lambda(\mathbf{q}, \omega) = \delta(|\omega| - \Omega_{\mathbf{q}\lambda}) \operatorname{sgn}\omega \tag{5.63}$$

と与えられ，フォノンの Green 関数 (伝播関数) は，次のようになる[‡]．

$$D_{0\lambda}(\mathbf{q}, q_\circ) = \frac{2\Omega_{\mathbf{q}\lambda}}{q_\circ^2 - \Omega_{\mathbf{q}\lambda}^2 + i\delta} \tag{5.64}$$

次節において，真の1電子Green関数や，真の1フォノンGreen関数を，相互作用のない系における Green 関数を用いた摂動級数として構築する方法を見ることにする．

5.9 摂動級数とダイヤグラム

我々は，電子とフォノンの Green関数に対する摂動級数展開の規則を数学的に導出する方法について，その詳細に立ち入らないことにするが，それには理由が2つある．第1に，この題材について既に良質の議論を収めた文献が出版されている [103]．第2に，結果として得られる単純な規則を用いる際に，必ずしもその導出方法を意識する必要はないのである．

摂動展開は主として2つの仮定に基づいて行われる．裸の粒子系 (たとえば Bloch 電子と裸のフォノンの系) を記述するゼロ次のハミルトニアンを H_0 と表記し，そこ

[‡] (訳註) 裸のフォノンの Green 関数は，文献によって式(5.64)と異なる場合もある (すなわちフォノンの Green 関数の定義が文献によって異なる)．これはフォノン場の演算子 (と電子-フォノン結合係数) の定義の違いに起因する．本書では電子-フォノン相互作用が無次元に定義されたフォノン場 $\varphi_{\mathbf{q}\lambda}$ を用いた形で設定され (式(4.26))，摂動計算に必要となる Green 関数も，$D_{\mathbf{q}\lambda}(\mathbf{q}, \tau)$ が式(5.57)のように無次元の $\varphi_{\mathbf{q}\lambda}$ と $\varphi_{\mathbf{q}\lambda}^+$ によって表される形になる．この流儀ではフォノンの Green 関数と電子の Green 関数 (式(5.23)，式(5.31)参照) の次元が揃う．

5.9. 摂動級数とダイヤグラム

に仮想的に，相互作用項が無限の時間の経過の下で徐々に断熱的に"加わる"(ターン・オン)ことを考えた場合に，H_0 の基底状態も相互作用を持つ系の基底状態へ断熱的に移行するものと仮定する．さらに，その相互作用の操作の結果として得られる基底状態の時間依存性と G や D の τ 依存性は，相互作用の強さの冪級数として展開できるものと仮定する．これらの仮定は一見した印象ほど強い制約ではない．前にも言及したように，展開級数は発散的であっても，そこから限られた項だけを選んで和を取ることによって，物理的に意味のある結果が得られることがしばしばある．しかし残念ながら，無視した項の影響によって，真の結果は大きく違うものになるかも知れないという批判は，常に付きまとうことになる．

議論を簡単にするために，初めに相互作用によって全結晶運動量 (たとえば Bloch 関数の運動量 $\mathbf{k}$ とフォノンの $\mathbf{q}$ の総和) は保存するものと仮定する．すなわち反転(ウムクラップ)過程を無視し，1 体ポテンシャル U の対角部分だけを考慮する．後からここで省いた要因による効果を含めるように議論を拡張することは容易である．ハミルトニアン (4.35) によって記述される相互作用のある系の 1 電子 Green 関数 $G_s(\mathbf{p}, p_\mathrm{o})$ を計算するための規則は，以下のように規定される[§]

1. スピン s，4 元運動量 $p = (\mathbf{p}, p_\mathrm{o})$ の 1 電子 (向きを持つ実線 [矢線] によって表す) が右側から入射して左側へ出射し，途中でトポロジー的に区別される相互作用の過程を経るダイヤグラムをすべて描く．ただし何れかの線を切らない限り 2 つもしくはそれ以上の部分に分離した構造にならない "連結ダイヤグラム" (connected diagram) だけを対象とする．電子間の Coulomb 相互作用は破線によって表し，1 体ポテンシャル $\tilde{U}$ は電子を表す線と×印 (1 体ポテンシャルの源) を結ぶ点線によって表す．フォノンは波線によって表現する．各々の結節点(ヴァーテックス)において 4 元運動量とスピンが保存するようにして，各線に 4 元運動量のラベルを付ける．フォノンの "スピン" は，我々の定義においてはゼロとする．

2. 4 元運動量 p のラベルを持つ裸の電子を表すそれぞれの線に，因子 $iG_0(p)$ を充てる．$G_0(p)$ は裸の電子の Green 関数である．

$$G_0(p) = \frac{1}{p_\mathrm{o} - \epsilon_\mathbf{p} + i\eta_\mathbf{p}} \tag{5.23}$$

3. 4 元運動量 q と分極モード λ のラベルを持つ裸のフォノンを表すそれぞれの線に，因子 $iD_{0\lambda}(q)$ を充てる．$D_{0\lambda}(q)$ は裸のフォノンの Green 関数である．

[§] (訳註) ダイヤグラム規則の導出方法の概要 (考え方) を章末で簡単に紹介する (p.125)．ここで用いる 4 元運動量 p は相対論的な 4 元ベクトルではなく，成分の次元も揃っていない．$\mathbf{p}$ は波数もしくは運動量，p_o は振動数もしくはエネルギーの次元を持つ ($\hbar = 1$)．

$$D_{0\lambda}(q) = \frac{2\Omega_{\mathbf{q}\lambda}}{q_o^2 - \Omega_{\mathbf{q}\lambda}^2 + i\delta} \tag{5.64}$$

4. 運動量 $\mathbf{q}$, 分極モード λ のフォノンを放出し (あるいは $-\mathbf{q}$ のフォノンを吸収し), 電子を $\mathbf{p}$ から $\mathbf{p}' = \mathbf{p} - \mathbf{q}$ へ散乱している 結節点(ヴァーテックス) に対して, 因子 $g_{\mathbf{pp}'\lambda}$ を充てる.

5. 一方の電子を $\mathbf{p}$ から $\mathbf{p}'$ へ, もう一方の電子を $\mathbf{k}$ から $\mathbf{k}'$ へ散乱する Coulomb 相互作用線に, 因子 $\langle \mathbf{p}', \mathbf{k}' | V | \mathbf{p}, \mathbf{k} \rangle$ を充てる. 裸の電子の状態を平面波で近似するのであれば, この因子は次のようになる.

$$V(\mathbf{p} - \mathbf{p}') = \frac{4\pi e^2}{(\mathbf{p} - \mathbf{p}')^2}$$

6. 運動量 $\mathbf{p}$ の電子に結合している 1 体ポテンシャル線には, 因子 $\langle \mathbf{p} | \tilde{U} | \mathbf{p} \rangle$ を充てる. この過程において 4 元運動量は保存される.

7. グラフに含まれる上記相互作用 4, 5, 6 の数 n に応じて因子 $(-i)^n$ を加える. また, グラフにおける電子線の閉じたループの数 l に応じて, 因子 $(-1)^l$ を加える.

8. 上記の因子をすべて掛け合わせたものを, グラフ内部において自由な値を取り得るすべての内部 4 元運動量 $k_1, \ldots, k_n$ に関して, 次のように積分する.

$$\int \frac{d^4 k_1}{(2\pi)^4} \frac{d^4 k_2}{(2\pi)^4} \cdots \frac{d^4 k_n}{(2\pi)^4} \left[F_2 F_3 F_4 F_5 F_6 F_7 \right]$$

$F_2, F_3, \ldots$ は, 上記規則 $2, 3, \ldots$ において生じる因子を表す.

9. 得られる寄与を, すべてのフォノン分極モードと内部電子線のスピンについて足し合わせる. トポロジー的に区別し得るあらゆる寄与に関して, そのような寄与の総和を取る.

図 5.4 の (a), (b), (c), (d), (e) に示すようなグラフに対応する, $iG(p)$ に対する低次の寄与を計算することによって, 上述の規則の扱い方を示してみる. 規則に基づいて与えられる式は, 以下の通りである.

(a) $\quad iG_0(p) = \dfrac{i}{p_o - \epsilon_{\mathbf{p}} + i\eta_{\mathbf{p}}}$ \hfill (5.65a)

(b) $\left[iG_0(p)\right] \left[(-i)(-1) \sum_s \int \dfrac{d^4 p'}{(2\pi)^4} \langle \mathbf{p}, \mathbf{p}' | V | \mathbf{p}, \mathbf{p}' \rangle iG_0(p') \right] \left[iG_0(p)\right]$ \hfill (5.65b)

(c) $\left[iG_0(p)\right] \left[-i \langle \mathbf{p} | \tilde{U} | \mathbf{p} \rangle \right] \left[iG_0(p)\right]$ \hfill (5.65c)

(d) $\left[iG_0(p)\right] \left[(-i) \int \dfrac{d^4 p'}{(2\pi)^4} \langle \mathbf{p}', \mathbf{p} | V | \mathbf{p}, \mathbf{p}' \rangle iG_0(p') \right] \left[iG_0(p)\right]$ \hfill (5.65d)

(e) $\left[iG_0(p)\right] \left[(-i)^2 \sum_\lambda \int \dfrac{d^4 p'}{(2\pi)^4} |g_{\mathbf{pp}'\lambda}|^2 iD_{0\lambda}(p - p') iG_0(p') \right] \left[iG_0(p)\right]$ \hfill (5.65e)

5.9. 摂動級数とダイヤグラム

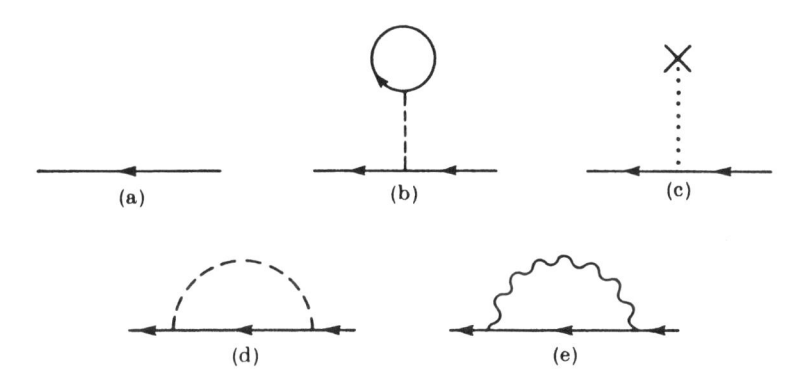

図5.4 $iG(\mathbf{p}, p_o)$ の摂動展開において現れる項に対応するグラフの例. (a) ゼロ次近似は $iG_0(\mathbf{p}, p_o)$ である. (b) Coulomb相互作用による最低次の"直接"寄与. (c) 1体ポテンシャル $\tilde{U}$ による最低次の寄与. これは (b) に起因する Coulomb相互作用による発散を相殺する. (d) Coulomb相互作用による"交換"寄与. (e) フォノン場による最低次の寄与.

(a) は相互作用を全て無視して G を相互作用のない系の G_0 によって近似する項である. (b) は加えた電子 (もしくは正孔) と,裸の伝導電子系 (スピンの向きを両方とも考える) の平均電荷分布との Coulomb相互作用である. この項は体積が無限大の極限において形式的に無限大となるが,図5.4(c) の1体ポテンシャル $\tilde{U}$ による反対符号の無限大によって相殺される ($\tilde{U}$ の意味については 4.4節と 4.5節を参照). $\tilde{U}$ の定義を考えると,この相殺効果は単に電子-イオン系全体の電荷が中性であることを反映しているに過ぎない. Coulomb相互作用の対角行列要素が現れる際には,必ずこれと類似の相殺が起こるので,我々は"この類の"無限大について思い煩う必要はない. ここで (b) において Coulomb相互作用線をフォノン線に置き換えたような項は生じないことを注意しておく. フォノンの定義から $\mathbf{q} \equiv 0$ のフォノンモードは存在せず,ループ側の結節点(ダィァグラム)の運動量保存が成立しないからである. (d) は Coulomb相互作用による最低次の交換項の寄与を表す. 予想される通り (d) においてスピンに関する和は不要である. 後から見る予定であるが,摂動級数を適切に捉え直すと,(b) や (c) のようなグラフは Hartree(ハートリー)近似の相互作用を含むことが分かる. さらにそこに (d) まで含めると,Hartree-Fock(フォック)近似が得られることになる.

(e) は,G に入るフォノンの最低次の過程であるが,この過程は電子の有効質量を補正し,加えた電子 (もしくは正孔) をフォノン放出によって減衰させる効果も持つ.

G_0 と D_0 の式 (式(5.23), 式(5.64)) を代入すれば, p'_0-積分を留数の方法によって実行することができる. しかしながら3次元運動量に関する積分の方は, 式に含まれる行列要素の具体的な形を知らないと実行できない. p'_0-積分の結果を後で与える予定である.

まず, 上述の G に対する寄与全体を, 次のように書けるという認識は重要である.

$$G(p) \simeq G_0(p) + G_0(p)\Sigma_R(p)G_0(p) \tag{5.66}$$

上式で導入した "可約な自己エネルギー" (reducible self-energy) $\Sigma_R(p)$ は, この次数までで次のように与えられる.

$$\Sigma_R(p) = \int \frac{d^4 p'}{(2\pi)^4} iG_0(p') \left\{ -\sum_s \langle \mathbf{p}, \mathbf{p}'|V|\mathbf{p}, \mathbf{p}' \rangle + \langle \mathbf{p}', \mathbf{p}|V|\mathbf{p}, \mathbf{p}' \rangle \right.$$
$$\left. + \sum_\lambda |g_{\mathbf{p}\mathbf{p}'\lambda}|^2 D_{0\lambda}(p-p') \right\} + \langle \mathbf{p}|\tilde{U}|\mathbf{p} \rangle \tag{5.67}$$

iG を表すあらゆるグラフが, 裸の電子線に始まって, 裸の電子線で終わるので, $G(p)$ は必ず式(5.66)の形に書けるはずである. このとき $\Sigma_R(p)$ の部分は, グラフの外部からそこに入ったり, そこから外部に出たりする外線を含まない. 一方, $G(p)$ を一般に "既約な自己エネルギー" (irreducible self-energy) $\Sigma(p)$ を用いて,

$$G(p) = G_0(p) + G_0(p)\Sigma(p)G(p) \tag{5.68}$$

と書けることも重要である. $\Sigma(p)$ は Σ_R を構成するすべてのグラフのうち, 単一の裸の電子線を切断することによって2つの非連結グラフに分断できるグラフを除いた残りの総体を表す. したがって図5.4 (p.119) の (b), (c), (d), (e) は Σ にも Σ_R にも寄与する一方, 図5.5 の (a) と (b) に示したグラフは Σ_R に含まれるけれども既約な自己エネルギー Σ からは除かなければならない. Σ に図5.4 の過程を含めておいて式(5.68) の逐次代入を考えると, 図5.5 の (a) と (b) は新たに Σ に含めなくても自動的に考慮される構造になっているのである. 他方において, 図5.5 の (c) は Σ に既約な高次過程として加えるべき寄与である. 式(5.68) は (G に関する) Dyson方程式として知られている [102]. この式を, 次のように書き直すこともできる.

$$\frac{1}{G(p)} = \frac{1}{G_0(p)} - \Sigma(p)$$

また, $G_0(p)$ の式を用いれば, 次の簡単な関係式が得られる.

$$G(p) = \frac{1}{p_0 - \epsilon_\mathbf{p} - \Sigma(p) + i\eta_\mathbf{p}} \tag{5.69}$$

5.9. 摂動級数とダイヤグラム

(a)

(b)

(c)

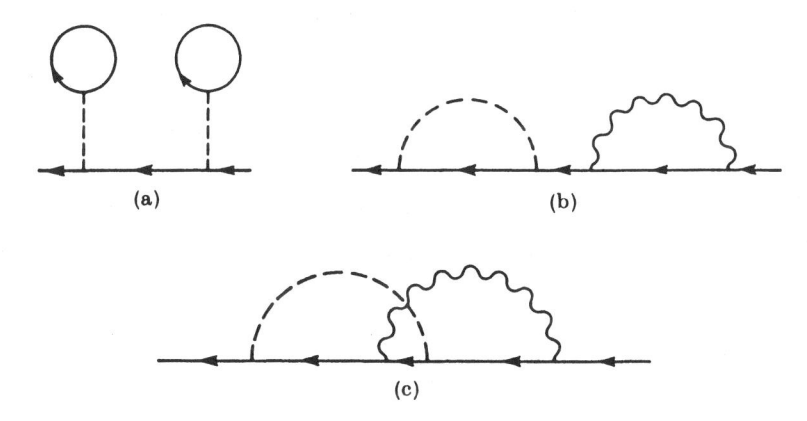

図5.5 $iG(\mathbf{p}, p_o)$ への高次補正. (a)このグラフは図5.4 (p.119) の (b) を既約な自己エネルギー Σ へ含めておけば自動的に考慮される. (b)このグラフも図5.4(d) と図5.4(e) を Σ に含めておけば自動的に考慮される. (c)これは既約な自己エネルギー部分を含むので，図5.4 のグラフから自動的には考慮されない. この寄与は Σ に含める必要がある.

グラフを用いた方法の威力の一部として，G の相互作用の強度に関する直接的な冪(べき)級数全体が意味を成さない場合でさえ，低い次数に限定した摂動によって $\Sigma(p)$ を評価した結果が，G に対して妥当な近似となることがしばしばある. Migdal(ミグダル)が指摘したように [15]，常伝導金属において電子-フォノン相互作用が G に及ぼす影響は，Σ の最低次のグラフによってほとんど完全に表現されることを後から見る予定である.

5.5節において，準粒子のエネルギー $E_\mathbf{p}$ と単位時間あたりの減衰率 $|\Gamma_\mathbf{p}|$ は，G の複素 p_o 平面における解析接続関数(右側では上半面側へ，左側では下半面側へ接続) の極によって与えられることに言及した [100]. 式(5.69) によって，これらを次のように書くことができる.

$$E_\mathbf{p} = \epsilon_\mathbf{p} + \mathrm{Re}\,\tilde{\Sigma}(\mathbf{p}, E_\mathbf{p} + i\Gamma_\mathbf{p}) \tag{5.70a}$$

$$\Gamma_\mathbf{p} = \mathrm{Im}\,\tilde{\Sigma}(\mathbf{p}, E_\mathbf{p} + i\Gamma_\mathbf{p}) \tag{5.70b}$$

$\tilde{\Sigma}$ も Σ から適切に接続している連続関数である. 通常，このような極が存在するので，それによって表される実数の ω に対するスペクトル加重関数 $A(\mathbf{p}, \omega)$ が適正かどうかを注意深く調べれば，それが $G(\mathbf{p}, p_o)$ の近似の妥当性に関するひとつの検証になる. 一般に G の解析的な性質は，理想化された準粒子の描像に比べて複雑な結果を与えるが，これについては次の第6章で見る予定である.

先ほど考察した既約な自己エネルギー Σ への低次の寄与の問題に戻ると，式(5.67)により，これは次のように表される．

$$\Sigma(p) \simeq \int \frac{d^3p'}{(2\pi)^3} \{2\langle \mathbf{p}, \mathbf{p}'|V|\mathbf{p}, \mathbf{p}'\rangle - \langle \mathbf{p}', \mathbf{p}|V|\mathbf{p}, \mathbf{p}'\rangle\} f_{\mathbf{p}'} + \langle \mathbf{p}|\tilde{U}|\mathbf{p}\rangle$$
$$+ \sum_\lambda i\int \frac{d^4p'}{(2\pi)^4} |g_{\mathbf{p}\mathbf{p}'\lambda}|^2 \frac{2\Omega_{\mathbf{q}\lambda}}{(p_\mathrm{o}-p'_\mathrm{o})^2 - \Omega_{\mathbf{q}\lambda}^2 + i\delta} \frac{1}{p'_\mathrm{o} - \epsilon_{\mathbf{p}'} + i\eta_{\mathbf{p}'}} \quad (5.71)$$

ここで $\mathbf{q} \equiv \mathbf{p} - \mathbf{p}'$ であり，また次の関係を利用した．

$$i\int \frac{dp'_\mathrm{o}}{2\pi} G_0(p') = i\int \frac{dp'_\mathrm{o}}{2\pi} \frac{e^{ip'_\mathrm{o}\delta}}{p'_\mathrm{o} - \epsilon_{\mathbf{p}'} + i\eta_{\mathbf{p}'}}$$
$$= -f_{\mathbf{p}'} = \begin{cases} -1 & |\mathbf{p}'| < p_\mathrm{F} \\ 0 & |\mathbf{p}'| > p_\mathrm{F} \end{cases} \quad (5.72)$$

式(5.71) 右辺の最初の2つの積分項は，Coulomb相互作用の直接項と交換項の寄与を表している．前者の大部分が第3項の $\langle \mathbf{p}|\tilde{U}|\mathbf{p}\rangle$ によって打ち消されることは既に述べた通りである．式(5.71) の最後の項は，次のように考えれば容易に評価できる．

$$i\int \frac{dp'_\mathrm{o}}{2\pi} D_{0\lambda}(p-p') G_0(p')$$
$$= i\int \frac{dp'_\mathrm{o}}{2\pi} \left(\frac{1}{p'_\mathrm{o}-p_\mathrm{o}-\Omega_{\mathbf{q}\lambda}+i\delta} - \frac{1}{p'_\mathrm{o}-p_\mathrm{o}+\Omega_{\mathbf{q}\lambda}-i\delta} \right) \frac{1}{p'_\mathrm{o} - \epsilon_{\mathbf{p}'} + i\eta_{\mathbf{p}'}} \quad (5.73)$$

D_0 にあたる括弧の部分の中の第1項は $|\mathbf{p}'| > p_\mathrm{F}$ において寄与を持たない．この項も $G_0(p')$ も上半面側で極を持たないからである．したがってこの場合は p'_o-積分路を上半面側で閉じるとゼロになる．同様に D_0 の第2項は $|\mathbf{p}'| < p_\mathrm{F}$ において寄与を持たない．この項も $G_0(p')$ も下半面側に極を持たないからである．残る部分は，次のように与えられる．

$$\begin{cases} i\int \dfrac{dp'_\mathrm{o}}{2\pi} \dfrac{1}{p'_\mathrm{o}-p_\mathrm{o}-\Omega_{\mathbf{q}\lambda}+i\delta} \dfrac{1}{p'_\mathrm{o}-\epsilon_{\mathbf{p}'}-i\delta} = \dfrac{1}{p_\mathrm{o}-\epsilon_{\mathbf{p}'}+\Omega_{\mathbf{q}\lambda}-i\delta} & |\mathbf{p}'| < p_\mathrm{F} \\ -i\int \dfrac{dp'_\mathrm{o}}{2\pi} \dfrac{1}{p'_\mathrm{o}-p_\mathrm{o}+\Omega_{\mathbf{q}\lambda}-i\delta} \dfrac{1}{p'_\mathrm{o}-\epsilon_{\mathbf{p}'}+i\delta} = \dfrac{1}{p_\mathrm{o}-\epsilon_{\mathbf{p}'}-\Omega_{\mathbf{q}\lambda}+i\delta} & |\mathbf{p}'| > p_\mathrm{F} \end{cases}$$
$$(5.74)$$

したがって，フォノンによる最低次の過程を表す式(5.71) の最後の項は，次のようになる．

$$\Sigma^{\mathrm{ph}}(p) = \sum_\lambda \int \frac{d^3p'}{(2\pi)^3} |g_{\mathbf{p}\mathbf{p}'\lambda}|^2 \left\{ \frac{1-f_{\mathbf{p}'}}{p_\mathrm{o}-\epsilon_{\mathbf{p}'}-\Omega_{\mathbf{q}\lambda}+i\delta} + \frac{f_{\mathbf{p}'}}{p_\mathrm{o}-\epsilon_{\mathbf{p}'}+\Omega_{\mathbf{q}\lambda}-i\delta} \right\}$$
$$(5.75)$$

5.9. 摂動級数とダイヤグラム

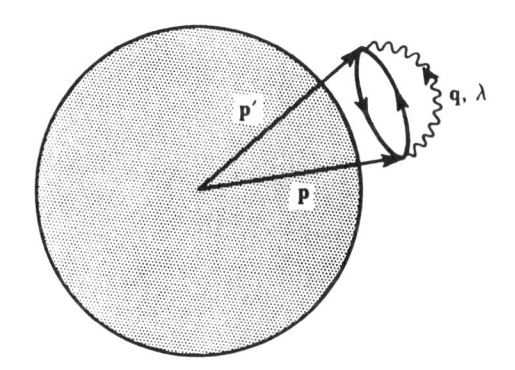

図 5.6 運動量 p の電子がひとつ加えられた状態に対する,時間に依存しない 2 次摂動による典型的な寄与. Pauli 原理の制約により,中間状態は $|\mathbf{p}'| > p_F$ でなければならない.

上式に現れている 2 つの項については,時間に依存しない (Brillouin-Wigner の) 摂動論の枠内で容易に解釈することができる.電子系に対して,Fermi 面の外側にある 1 電子状態 p へひとつの電子を加えることを考える.図 5.6 に示すような,加えた電子がエネルギー $\Omega_{\mathbf{q}\lambda}$ のフォノンを放出して再吸収する 2 次過程から生じるエネルギーのずれは,次のように与えられる.

$$\Delta E - \sum_\lambda P \int \frac{d^3 p'}{(2\pi)^3} \frac{|g_{\mathbf{p}\mathbf{p}'\lambda}|^2 (1 - f_{\mathbf{p}'})}{p_\circ - \epsilon_{\mathbf{p}'} - \Omega_{\mathbf{q}\lambda}} \tag{5.76}$$

P は積分の主値を取ることを意味する.因子 $(1 - f_{\mathbf{p}'})$ は,始状態において中間状態に関わる $\mathbf{p}'$ が空いていなければならないという Pauli 原理の要請を反映している.式 (5.76) は式 (5.75) の第 1 項の実部と一致する.

式 (5.75) の第 2 項は,少々把握し難い微妙な面があるが,多体問題における摂動論の一般的な性質を表している.Fermi 面の外に加えるはずの電子を,一時的に無くした状況を考えよう.そうすると電子-フォノン相互作用により,始状態では Fermi 面の内側 $\mathbf{p}'$ にあった電子が仮想的にエネルギー $\Omega_{\mathbf{q}\lambda}$ のフォノンを放出して,Fermi 面の外側の空いた状態 p へ入る過程があり得る.そして図 5.7 のように,励起された電子はフォノンを再吸収してもとの状態に戻ることができる.中間状態において励起電子が p (Fermi 面の外側) を占めるものとすると,この過程によるエネルギーのずれは,次のように与えられる.

$$\Delta E' = \sum_\lambda P \int \frac{d^3 p'}{(2\pi)^3} \frac{|g_{\mathbf{p}\mathbf{p}'\lambda}|^2 f_{\mathbf{p}'}}{\epsilon_{\mathbf{p}'} - \epsilon_{\mathbf{p}} - \Omega_{\mathbf{q}\lambda}} \tag{5.77}$$

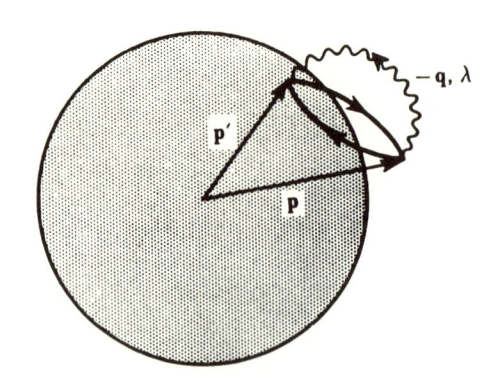

図5.7 Fermi面の外部の電子を無くした場合の，2次摂動への典型的な寄与．Pauli原理によって中間状態は $|\mathbf{p}| > p_F$ でなければならない．$\mathbf{p}$ を電子に占有させると，この"真空ゆらぎ"の過程が抑制されるので，この効果によって準粒子エネルギーのずれが生じる．

この場合，被積分関数は特異点を持たないので，記号 P は重要ではない．話を元に戻して，状態 $\mathbf{p}$ に電子を加えた場合を考えると，式(5.77)のようなエネルギーのずれをもたらすような仮想過程がPauli原理によって妨げられることになる．したがって励起エネルギーを計算する際には，この項を差し引いておく必要がある．よって状態 $\mathbf{p}$ に電子をひとつ加えたときの系の全励起エネルギーは，次式で与えられる．

$$\epsilon_{\mathbf{p}} + \Delta E - \Delta E'$$
$$= \epsilon_{\mathbf{p}} + \sum_\lambda P \int \frac{d^3 p'}{(2\pi)^3} |g_{\mathbf{p}\mathbf{p}'\lambda}|^2 \left\{ \frac{1 - f_{\mathbf{p}'}}{p_\circ - \epsilon_{\mathbf{p}'} - \Omega_{\mathbf{q}\lambda}} + \frac{f_{\mathbf{p}'}}{\epsilon_{\mathbf{p}} - \epsilon_{\mathbf{p}'} + \Omega_{\mathbf{q}\lambda}} \right\} \quad (5.78)$$

我々は既に行った議論から，系の励起エネルギーが $G(\mathbf{p}, p_\circ)$ の極の形でも与えられることを知っている．したがって g^2 の次数までで，次のようになる (式(5.69)参照)．

$$E_{\mathbf{p}} = \epsilon_{\mathbf{p}} + \mathrm{Re}\tilde{\Sigma}(\mathbf{p}, E_{\mathbf{p}}) \simeq \epsilon_{\mathbf{p}} + \mathrm{Re}\Sigma(\mathbf{p}, \epsilon_{\mathbf{p}}) \quad (5.79)$$

Σ として式(5.75)を用いると，期待される通りに式(5.78)と式(5.79)は等しくなる．

我々が多体系の摂動論を応用する際には，電子(もしくは正孔)が系に加えられたときに，系の仮想ゆらぎがPauli原理のために修正されるという類似の例を，他にも見ることになる．超伝導状態におけるエネルギーギャップの主要部分は，この種の効果から生じる．Pauliの原理は真の意味で，超伝導金属において低エネルギー励起が消失することの究極的な原因になっているのである．

5.9. 摂動級数とダイヤグラム

式(5.75) の解釈を完結するために，$-2\,\mathrm{Im}\,\Sigma(\mathbf{p},\epsilon_{\mathbf{p}}) = 2|\Gamma_{\mathbf{p}}|$ が，加えられた電子の単位時間あたりの減衰率であることを見てみよう．式(5.75) により，次式を得る．

$$-2\,\mathrm{Im}\,\Sigma(\mathbf{p},\epsilon_{\mathbf{p}}) = 2\pi \sum_{\lambda} \int \frac{d^3 p'}{(2\pi)^3} |g_{\mathbf{p}\mathbf{p}'\lambda}|^2 (1 - f_{\mathbf{p}'}) \delta(\epsilon_{\mathbf{p}} - \epsilon_{\mathbf{p}'} - \Omega_{\mathbf{q}\lambda}) \quad (5.80)$$

これは，時間に依存する常套的な 1 次の摂動論，すなわち黄金律と同じ結果である [104]．系に正孔を加えた場合にも，類似の議論によって，単位時間あたりの減衰率が与えられる．

訳者補遺：ダイヤグラム規則の導出方法の概要

ダイヤグラムによる計算規則 (p.117-118) を導くための厳密な議論については，他の文献 [91,103] を参照してもらう必要があるが，原書の記述だけでは本章の冒頭で相互作用描像を導入していることと摂動展開との関連が分かり難いと思われるので，参考までに考え方の大筋だけを紹介しておく．1 電子 Green 関数は，

$$G(x_1, x_2) = -i\langle 0' | T\{\psi_{\mathrm{H}}(x_1) \psi_{\mathrm{H}}^{+}(x_2)\} | 0' \rangle \tag{A}$$

と定義される (式(5.10))．ψ_{H} は Heisenberg 描像による電子場の演算子，$|0'\rangle$ は Heisenberg 描像の下で，摂動項までを考慮した系の正確な基底状態である．状態ベクトルの方には添字 H を付けないが，引数として時間を表示しない状態ベクトルは時間発展因子を含まない Heisenberg 描像のものと見なす．本文 (式(5.10)) では状態ベクトルの表記を $|0\rangle$ としてあるが，ここでは非摂動基底状態との区別を明示するためにプライム「′」を付けておく．式(A) では ψ_{H} も $|0'\rangle$ も，摂動ハミルトニアンの影響までを含んで定義されているために，そのままでは取扱いが難しい．そこで，相互作用描像の概念を利用しながら，次のように式を書き直すことを考える．

$$G(x_1, x_2) = -i\langle 0 | T\{\psi_{\mathrm{I}}(x_1) \psi_{\mathrm{I}}^{+}(x_2) S^{\mathrm{c}}\} | 0 \rangle \tag{B}$$

$|0\rangle$ は非摂動系の基底状態を Heisenberg 描像で表している．ただし数式的技巧として便宜的に $t \to \pm\infty$ において相互作用項を断熱的に消失させることを想定すれば，$|0\rangle$ は $t = -\infty$ における相互作用表示の基底状態ベクトル $|0(t=-\infty)\rangle_{\mathrm{I}}$ と同じ状態を表すものと見なしてよい (係数位相因子だけが異なる)．ψ_{I} は相互作用描像による電子場の演算子であるが，これは Heisenberg 描像の演算子から摂動ハミルトニアンによる時間発展への寄与を除いたものにあたるので (式(5.4), 式(5.7b))，Heisenberg 描像による非摂動系の電子場の演算子と言い換えてもよい．このように状態ベクトルと電子場演算子の対から摂動項 (相互作用) の情報を除く変更の影響を補償する演算子として S^{c} が挿入されている (通常の S 行列との関係は $S^{\mathrm{c}} = S/\langle 0|S|0\rangle$)．$n$ 次の過程を考えるのであれば，S^{c} は基本的に摂動ハミルトニアンが n 回作用する効果を表すことになり，n 個の相互作用密度演算子の積 $T\{\mathcal{H}'_{\mathrm{I}}(x'_1) \mathcal{H}'_{\mathrm{I}}(x'_2) \cdots \mathcal{H}'_{\mathrm{I}}(x'_n)\}$ の n 個の 4 元変数 x'_i による時空積分に，適当な係数因子を掛けた形で表される．$\langle 0|S|0\rangle$ の除算に関する議論は省略する

が,結果としては非連結ダイヤグラムを除くという意味を持つ.ここで用いる相互作用密度 $\mathcal{H}'_I$ は,相互作用描像の電子場の演算子 ψ_I, ψ_I^+ やフォノン場の演算子 φ_I,結合係数因子 g やポテンシャル関数 U などによって構成される(第4章の議論を座標空間で考える.$H'_I = \int \mathcal{H}'_I d^3r$). したがって式(B)において S^c に含まれる積分や,演算子以外の因子を $\langle 0|\cdots|0\rangle$ の外に出して,演算子の関わる部分の計算を実行するためには,

$$\langle 0|T\{ABCD\cdots\}|0\rangle \tag{C}$$

のような形の,多数の相互作用描像演算子のT積の非摂動基底状態における期待値を評価する必要がある.$A, B, C, D, \cdots$ は $\psi_I(x_1)$, $\psi_I^+(x_2)$ および S^c に含まれる電子場やフォノン場の演算子を表す.一般に式(C)のような式を計算するための便法として Wick(ウィック)の定理が用いられる.この定理について詳述はしないが,これを利用すると,たとえば,

$$\begin{aligned}\langle 0|T\{ABCD\}|0\rangle &= +\langle 0|T\{AB\}|0\rangle\langle 0|T\{CD\}|0\rangle \\ &\pm \langle 0|T\{AC\}|0\rangle\langle 0|T\{BD\}|0\rangle \\ &+ \langle 0|T\{AD\}|0\rangle\langle 0|T\{BC\}|0\rangle\end{aligned} \tag{D}$$

のように,非摂動基底状態に関する式(C)の形の期待値を,2つの演算子のT積の期待値('縮約'と呼ぶ)だけを用いた式へと展開することができる.各項の符号の付き方は,A, B, C, D にどのようにフェルミオン場の演算子が含まれるかに依る.ここで用いている演算子はすべて相互作用描像で表されているので,これらの時間依存性は非摂動系における Heisenberg 演算子のそれと同じである.Wick展開によって現れるいろいろな演算子の組 (X, Y) の縮約 $\langle 0|T\{XY\}|0\rangle$ の中で,ゼロにならずに残るのは X と Y が同種量子の生成と消滅を受け持つことのできる組合せの場合に限られ,結局そのような縮約は,因子 $-i$ などの違いを除き,非摂動系の電子やフォノンのGreen関数にほかならない.(同時刻の縮約は,粒子を含まない真空を基底状態とする通常の場の量子論ではすべてゼロと置くが,金属中の電子場に関する同時刻縮約は $\langle 0|T\{\psi_I^+(x)\psi_I(x)\}|0\rangle = -\langle 0|T\{\psi_I(x)\psi_I^+(x)\}|0\rangle \equiv -iG_0(\mathbf{r}, t; \mathbf{r}, t+0) = (1/2) \times$ [電子密度] と見なす.$1/2$ はスピンによる因子.式(5.46)参照.) すなわち式(B)の右辺に Wick 展開を施すと,求めたい摂動系の Green 関数が,非摂動系の Green 関数と,摂動ハミルトニアン密度 $\mathcal{H}'_I$ が演算子以外に含む因子を要素とする式(の $x'_1 \cdots x'_n$ に関する多重積分)によって表されることになる.これらの各要素を,それぞれが引数として持つ時空座標を頼りにして時空内のダイヤグラム要素として描く規則を設定すれば,Wick 展開の各項を4元座標空間におけるダイヤグラムで表現して計算する規則を構築することができる.このとき元々,個々の $\mathcal{H}'(x'_i)$ が一般に複数の場の演算子や座標の関数を含んでおり,同じ時空座標 x'_i を引数にする演算子が Wick 展開の際に別々のGreen 関数に入るなどして,別々の要素同士が端点として同じ時空座標を共有するような関係が生じる('相互作用' $\mathcal{H}'$ のダイヤグラムにおける表現).すなわち $\mathcal{H}'$ の形によって,ダイヤグラムを描く際の各結節点 x'_i におけるトポロジー的な制約規則が与えられることになる.

上述の議論を,Fourier 変換によって4元運動量空間に移行して考えると,p.117-118 に示されているような,ダイヤグラムを直接に利用するための実用的な計算規則が導かれる.

第 6 章 常伝導金属における素励起

前章で述べたような摂動級数の方法によって常伝導金属における電子の自己エネルギーを計算しようとすると，すぐに級数が発散するという事態に直面することになる．これは Coulomb 行列要素が移行運動量 $\mathbf{q}$ の小さなところで特異的な性質を持つためである．

6.1 Coulomb 相互作用を持つ電子気体

Coulomb 行列要素の特異性は，Coulomb 力が長距離力であるために生じるものであるが，価電子[†]による Coulomb ポテンシャルの遮蔽を表すような一連のグラフを足し合わせることによって，このような特異性を回避することができる．本節では一時的にフォノンを無視して考察を進めることにする．Bohm and Pines(ボーム・パインズ)の先駆的な仕事 [105]，および Gell-Mann and Brueckner(ゲルマン・ブルックナー) のさらに最近の仕事 [106] から，$\mathbf{q} \to 0$ の極限において最も重要な遮蔽効果は，いわゆる気泡(バブル)型グラフの和によって与えられることが知られている．すなわち裸の Coulomb 相互作用 V に対して遮蔽の主要な影響を含める措置として，図6.1 に示すような級数によって与えられる有効ポテンシャル $\mathcal{V}_c$ に置き換えることができる．このような遮蔽効果の近似法は，乱雑位相近似 (random phase approximation : RPA) と呼ばれている[‡]．計算を簡単にするために，運動量を保存しない過程を無視し，Bloch 状態を平面波状態によって近似する．そうすると Coulomb 相互作用は $V(q) = 4\pi e^2/|\mathbf{q}|^2$ と表される．Feynman グラフを評価するために第5章で与えた規則を応用すると，次式を得る．

[†](訳註) 金属を対象とするので，[価電子] = [伝導電子] と考えてよい．内殻電子ではない．

[‡](訳註) Bohm と Pines による元々の乱雑位相近似は，プラズマ遮蔽において同じ波数を持つ密度波間の Coulomb 相互作用だけを考慮し，異なる波数を持つ密度波モード間の相互作用の効果を (波数の違いに応じた各項の位相が相関を持たず乱雑に打消し合うと考えて) 無視するという近似である．グラフの手法から見ると，これが相互作用線として単純気泡の連鎖グラフだけをすべて足し合わせ，他のグラフ (p.131, 図6.4参照) を無視した結果と等価であることが示される．

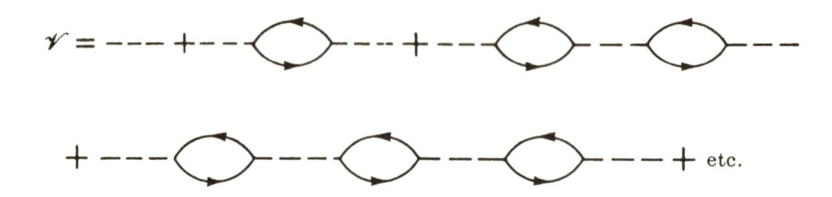

図6.1 電子気体における相互作用の乱雑位相近似 (RPA).

$$\mathcal{V}_c^{\mathrm{RPA}}(q) = V(q) - V(q) P^{\mathrm{RPA}}(q) \mathcal{V}_c^{\mathrm{RPA}}(q) \tag{6.1}$$

"既約な分極部分" (irreducible polarizability) $P(q)$ を RPA の枠内で評価すると，次のようになる．

$$P^{\mathrm{RPA}}(q) = 2i \int G_0(p+q) G_0(p) \frac{d^4 p}{(2\pi)^4} \tag{6.2}$$

因子 2 はスピンの和に因るものである．式(6.1) を，次のように書き直す．

$$\mathcal{V}_c^{\mathrm{RPA}}(q) = \frac{V(q)}{1 + V(q) P^{\mathrm{RPA}}(q)} = \frac{V(q)}{\kappa_0(q)} \tag{6.3}$$

ここで $(q) = (\mathbf{q}, q_\mathrm{o})$ であるが, $V(q)$ は $|\mathbf{q}|^2$ だけの関数である§. 式(6.3) の分母は, 波数ベクトルと振動数に依存する価電子系の誘電関数 $\kappa_0(\mathbf{q}, q_\mathrm{o})$ を, 乱雑位相近似で評価したものにあたる [103a,107]. G_0 の式を，式(6.3) の P^{RPA} に適用すると, 分母の実部について，次の関係が得られる．

$$\begin{aligned}\mathrm{Re}\,\kappa_0(\mathbf{q}, q_\mathrm{o}) &= 1 + V(q) \mathrm{Re}\,P^{\mathrm{RPA}}(\mathbf{q}, q_\mathrm{o}) \\ &= 1 - 2V(q) P \int \frac{d^3 p}{(2\pi)^3} f_\mathbf{p} (1 - f_{\mathbf{p}+\mathbf{q}}) \frac{2(\epsilon_{\mathbf{p}+\mathbf{q}} - \epsilon_\mathbf{p})}{q_\mathrm{o}^2 - (\epsilon_{\mathbf{p}+\mathbf{q}} - \epsilon_\mathbf{p})^2}\end{aligned} \tag{6.4}$$

P は積分の主値を取ることを表す．虚部については，次式が得られる．

$$\begin{aligned}\mathrm{Im}\,\kappa_0(\mathbf{q}, q_\mathrm{o}) = 2\pi V(q) \int \frac{d^3 p}{(2\pi)^3} f_\mathbf{p} (1 - f_{\mathbf{p}+\mathbf{q}}) \\ \times \left[\delta(q_\mathrm{o} - \epsilon_{\mathbf{p}+\mathbf{q}} + \epsilon_\mathbf{p}) + \delta(q_\mathrm{o} + \epsilon_{\mathbf{p}+\mathbf{q}} - \epsilon_\mathbf{p}) \right]\end{aligned} \tag{6.5}$$

式(6.4) と式(6.5) は直接積分することが可能で，ここから Lindhard (リントハルト) が与えた結果を得ることができる[†][108].

---

§(訳註) $q = |\mathbf{q}|$ とする表記もテキストの中に混在する (p についても同様)．式(6.3) の分母を見ると分かるように，$V(q)P(q)$ が電子系の分極率 (電気感受率) である．

[†](訳註) 次元の整合性については q_o と q の次元が異なること ($[q_\mathrm{o}] = \mathrm{s}^{-1}$, $[q] = \mathrm{cm}^{-1}$) と $\hbar \to 1$ を考慮すればよい．$m q_\mathrm{o} \leftarrow m q_\mathrm{o}/\hbar$, $e^2 m k_\mathrm{F}/q^2 \leftarrow e^2 m k_\mathrm{F}/\hbar^2 q^2$, $e^2 m^2 q_\mathrm{o}/q^3 \leftarrow e^2 m^2 q_\mathrm{o}/\hbar^3 q^3$ と見れば辻褄が合う (cgs-gauss系では $[e^2] = \mathrm{erg\,cm} = \mathrm{g\,cm^3\,s^{-2}}$).

6.1. Coulomb相互作用を持つ電子気体

$$\mathrm{Re}\,\kappa_0(\mathbf{q}, q_\mathrm{o}) = 1 + \frac{2e^2 m k_\mathrm{F}}{\pi q^2} \left\{ 1 + \frac{k_\mathrm{F}}{2q}\left[1 - \left(\frac{mq_\mathrm{o}}{qk_\mathrm{F}} + \frac{q}{2k_\mathrm{F}}\right)^2\right] \ln\left|\frac{1+\left(\frac{mq_\mathrm{o}}{qk_\mathrm{F}} + \frac{q}{2k_\mathrm{F}}\right)}{1-\left(\frac{mq_\mathrm{o}}{qk_\mathrm{F}} + \frac{q}{2k_\mathrm{F}}\right)}\right|\right.$$

$$\left. - \frac{k_\mathrm{F}}{2q}\left[1 - \left(\frac{mq_\mathrm{o}}{qk_\mathrm{F}} - \frac{q}{2k_\mathrm{F}}\right)^2\right] \ln\left|\frac{1+\left(\frac{mq_\mathrm{o}}{qk_\mathrm{F}} - \frac{q}{2k_\mathrm{F}}\right)}{1-\left(\frac{mq_\mathrm{o}}{qk_\mathrm{F}} - \frac{q}{2k_\mathrm{F}}\right)}\right|\right\}$$

(6.6a)

$$\mathrm{Im}\,\kappa_0(\mathbf{q}, q_\mathrm{o}) = \begin{cases} 0 & \text{for} \quad 2m|q_\mathrm{o}| > q^2 + 2qk_\mathrm{F} \\ 0 & \text{for} \quad q > 2k_\mathrm{F} \text{ and } 2m|q_\mathrm{o}| < q^2 - 2qk_\mathrm{F} \\ 2e^2 m^2 \dfrac{q_\mathrm{o}}{q^3} & \text{for} \quad q < 2k_\mathrm{F} \text{ and } 2m|q_\mathrm{o}| < |q^2 - 2qk_\mathrm{F}| \\ \dfrac{e^2 m k_\mathrm{F}^2}{q^3}\left\{1 - \left(\dfrac{mq_\mathrm{o}}{qk_\mathrm{F}} - \dfrac{q}{2k_\mathrm{F}}\right)^2\right\} & \\ \quad\quad \text{for} \quad |q^2 - 2qk_\mathrm{F}| < 2m|q_\mathrm{o}| < |q^2 + 2qk_\mathrm{F}| \end{cases}$$

(6.6b)

$q_\mathrm{o} = 0$ のときには, 式(6.6) より $\mathrm{Im}\,\kappa_0 = 0$ であり, 静的な誘電率は次のように与えられる.

$$\kappa_0(\mathbf{q}, 0) = 1 + 0.66 r_\mathrm{s}\left(\frac{k_\mathrm{F}}{q}\right)^2 u\left(\frac{q}{2k_\mathrm{F}}\right) \tag{6.7a}$$

$$u(x) = \frac{1}{2}\left[1 + \frac{(1-x^2)}{2x}\ln\left|\frac{1+x}{1-x}\right|\right] \tag{6.7b}$$

$$\frac{4\pi r_\mathrm{s}^3 a_0^3}{3} = \frac{1}{n} \tag{6.7c}$$

a_0 は Bohr(ボーア) 半径であり, r_s は電子密度 n の電子系における Coulomb相互作用の影響の強さと逆相関する無次元の指標となる. 式(6.7) に基づく $1/\kappa_0(\mathbf{q}, 0)$ のプロットを, Thomas-Fermi の結果と併せて図6.2 に示す. この関数の主な特徴を指摘しておく.

1. κ_0 は, $q \to 0$ (長波長極限) において, Thomas-Fermi 近似による結果,

$$\kappa_0(\mathbf{q}, 0) = 1 + \frac{k_\mathrm{s}^2}{q^2} \tag{6.8}$$

に近づく. 遮蔽波数 k_s は, 次のように与えられる[‡].

$$k_\mathrm{s}^2 = \frac{6\pi n e^2}{E_\mathrm{F}}$$

[‡] (訳註) SI単位系では $k_\mathrm{s}^2 = 3ne^2/2\varepsilon_\mathrm{o} E_\mathrm{F}$. Al や Pb では $1/k_\mathrm{s} \simeq 0.5$ Å である.

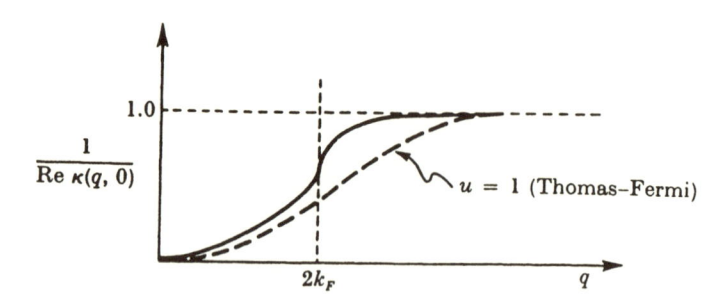

図6.2 振動数がゼロのときの RPA 誘電関数 κ の逆数を,波数 q の関数として示した図. Thomas-Fermi 近似による $1/\kappa$ も併せて示す.

2. $q \to 2k_\mathrm{F}$ において $d\kappa_0/dq \to \infty$ となる.Kohn, Langer, and Vosko が論じたように [109a,b],この事実から,長距離における遮蔽された Coulomb ポテンシャルの漸近形は湯川ポテンシャルではなく,次のような振動的な関数になることが導かれる.

$$\mathcal{V}(r) \propto \frac{\cos(2k_\mathrm{F} r + \phi)}{r^3} \tag{6.9}$$

この結果を支持する実験的な証拠も得られている [110].

3. $q \to \infty$ とすると $\kappa_0 \to 1$ である.したがって,電子間の運動量の移行が非常に大きい過程については,遮蔽の効果を無視してよい.

$q_\mathrm{o} \neq 0$ の場合,$|\mathbf{p}| < p_\mathrm{F}$ かつ $|\mathbf{p}+\mathbf{q}| > p_\mathrm{F}$ で,式(6.5)においてデルタ関数の引数がゼロになるような q_o と $\mathbf{q}$ の関係が成立するときだけに κ の虚部がゼロ以外になり得る.すなわち誘電関数に虚部(散逸項)が生じる振動数 $|q_\mathrm{o}|$ の範囲は,

$$q^2 - 2qk_\mathrm{F} \leq 2m|q_\mathrm{o}| \leq q^2 + 2qk_\mathrm{F} \quad \left(\Leftrightarrow (q-k_\mathrm{F})^2 \leq 2m|q_\mathrm{o}|+k_\mathrm{F}^2 \leq (q+k_\mathrm{F})^2 \right) \tag{6.10}$$

である.この様子を図6.3に示す[§].振動数が高い $|q_\mathrm{o}| \gg q^2 + (2qk_\mathrm{F}/2m)$ のときに,誘電関数の実部として,次の馴染み深い形が得られる.

$$\mathrm{Re}\,\kappa_0(\mathbf{q}, q_\mathrm{o}) = 1 - \frac{\omega_\mathrm{P}^2}{q_\mathrm{o}^2} \tag{6.11}$$

[§](訳註) 式(6.10)の条件を,振動数 $q_\mathrm{o}(>0)$ を指定したときの波数 q の許容範囲の形に直すと $(k_\mathrm{F}^2+2mq_\mathrm{o})^{1/2}-k_\mathrm{F} \leq q \leq (k_\mathrm{F}^2+2mq_\mathrm{o})^{1/2}+k_\mathrm{F}$ である.$q_\mathrm{o}=0$ のときには $0 \leq q \leq 2k_\mathrm{F}$ となり,$\kappa_2 \neq 0$ (散逸条件) の範囲が Fermi 球の内側から外側のあらゆる方向への電子の励起に対応することが分かる.

6.1. Coulomb相互作用を持つ電子気体

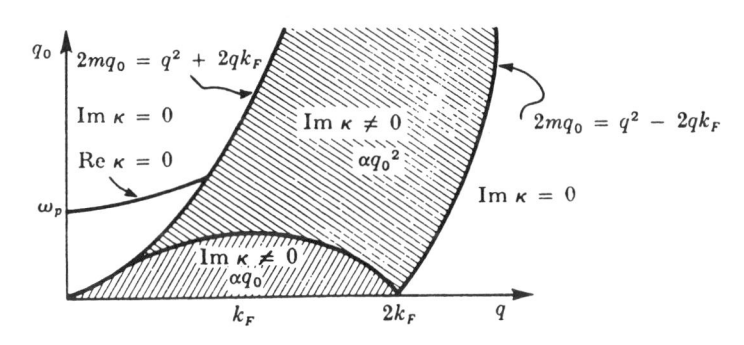

図6.3 波数 q と振動数 q_0 に対する RPA 誘電関数の虚部の挙動を示したダイヤグラム.

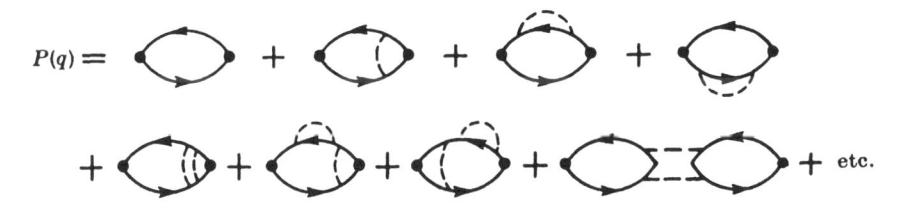

図6.4 既約な分極部分 $P(q)$ の摂動級数. RPA は最初の項だけから生じる.

ここで $\omega_{\mathrm{p}}^2 = 4\pi ne^2/m$ である[†]. 誘電関数の 2 通りの極限の式 (式(6.8) と式(6.11)) は, 物理的な議論をするために有用である.

RPA は移行運動量が小さい場合に妥当であるが, "すべての"真空分極過程を含むような有効ポテンシャル $\mathcal{V}_{\mathrm{c}}(q)$ の導入が望まれる [103a]. 既約な分極部分 $P(q)$ を, 左右両端において外部につながる Coulomb相互作用線と接続できて, かつその内部の単一の Coulomb 線を切断することによって 2 つの非連結グラフに分離することができないような一連のグラフの総和として定義すれば, そのような既約部分を含む級数の部分和の計算を実行することが可能になる. $P(q)$ を図6.4 に示す. 有効ポテンシャルは,

$$\mathcal{V}_{\mathrm{c}}(q) = \frac{V(q)}{1 + V(q)P(q)} \equiv \frac{V(q)}{\kappa(q)} \tag{6.12}$$

[†] (訳註) SI単位系では $\omega_{\mathrm{p}}^2 = ne^2/\varepsilon_0 m$. ω_{p} は電子系のプラズマ振動数である. 数値例: $\omega_{\mathrm{p[Al]}} \simeq 2.40 \times 10^{16}$/s, $\omega_{\mathrm{p[Pb]}} \simeq 2.05 \times 10^{16}$/s. エネルギー換算すると $\hbar\omega_{\mathrm{p[Al]}} \simeq 15.8$ eV, $\hbar\omega_{\mathrm{p[Pb]}} \simeq 13.5$ eV. イオン-プラズマ振動数 Ω_{p} より 2～3 桁ほど高い (p.86 訳註, p.138 訳註参照).

と表される. RPA の結果は $P(q)$ の最初の項だけから得られる.

$\kappa(q)$ の簡単な表式を得るために, 次の量を考える (Heisenberg描像の下で評価する).

$$\langle 0|T\{\rho_{-\mathbf{q}}(-\tau)\rho_{\mathbf{q}}(0)\}|0\rangle \tag{6.13a}$$

$\rho_{\mathbf{q}}$ は電子密度演算子の, 波数 $\mathbf{q}$ に関する Fourier 成分である.

$$\rho_{\mathbf{q}}(t) = \sum_s \int e^{-i\mathbf{q}\cdot\mathbf{r}} \psi_s^+(\mathbf{r},t)\psi_s(\mathbf{r},t) d^3r = \sum_{\mathbf{p},s} c_{\mathbf{p}s}^+(t) c_{\mathbf{p}+\mathbf{q}s}(t) \tag{6.13b}$$

ここでも当面, フォノンの過程を無視しておく. 式(6.13a) の時間に関する Fourier 変換を, Coulomb 相互作用の摂動級数として展開することが可能であり, $\mathcal{V}_c(q)$ を表す級数と容易に関係づけることができる.

$$\frac{\mathcal{V}_c(q) - V(q)}{V(q)} = \frac{1}{\kappa(q)} - 1$$
$$= -iV(q)\int_{-\infty}^{\infty} e^{iq_0\tau}\langle 0|T\{\rho_{-\mathbf{q}}(-\tau)\rho_{\mathbf{q}}(0)\}|0\rangle d\tau \tag{6.13c}$$

この式を用いると, $\kappa(\mathbf{q}, q_0)$ の ($\mathbf{q}$ を固定したときの) q_0 に対する解析的な構造を調べることが可能となる. $G_0(\mathbf{p}, p_0)$ を扱ったときと同様に, 式(6.13) において $\rho_{-\mathbf{q}}$ と $\rho_{\mathbf{q}}$ の間に H の固有状態から成る完全系を挿入すると, 誘電関数の逆数に対するスペクトル表示が得られる.

$$\frac{1}{\kappa(\mathbf{q},q_0)} - 1 = \int_{-\infty}^{\infty} \frac{F(\mathbf{q},\omega)d\omega}{q_0 - \omega + iq_0\delta} \tag{6.14a}$$

$$F(\mathbf{q},\omega) = V(q)\sum_n \left|\langle n|\rho_{-\mathbf{q}}|0\rangle\right|^2 \delta(\omega - \omega_{n0}) \quad \text{for } \omega > 0 \tag{6.14b}$$

$$F(\mathbf{q},\omega) = -F(-\mathbf{q},|\omega|) \quad \text{for } \omega < 0 \tag{6.14c}$$

空間反転対称性を持つ系に関しては, 式(6.14c) は $F(\mathbf{q},\omega) = -F(\mathbf{q},-\omega)$ と等価なので, 式(6.14a) を次のように書き直すことができる.

$$\frac{1}{\kappa(\mathbf{q},q_0)} - 1 = \int_0^{\infty} F(\mathbf{q},\omega)\left(\frac{1}{q_0 - \omega + iq_0\delta} - \frac{1}{q_0 + \omega + iq_0\delta}\right)d\omega \tag{6.15}$$

式(6.15) の右辺は, フォノン (ボソン) の Green 関数のスペクトル表示と同じ形をしている (式(5.62) および式(5.73)参照). 両者の本質的な違いは, ここでの加重関数 $F(\mathbf{q},\omega)$ が "電子系の" 密度ゆらぎ演算子の行列要素を含んでいるのに対し, 縦波フォ

6.1. Coulomb相互作用を持つ電子気体

ノンの加重関数 $B(\mathbf{q},\omega)$ は"イオン系の"密度ゆらぎ演算子の行列要素を含んでいる点にある. したがって, フォノンの Green 関数から類推されるように, $1/\kappa(\mathbf{q},q_\mathrm{o})$ の極は"電子気体"において縦波の場によって励起される"ボゾン的な"励起の情報を与える.

このボゾン的な励起の性質は, RPA の枠内で容易に理解できる. 式(6.14a) の虚部を取ると,

$$F(\mathbf{q},q_\mathrm{o}) = \begin{cases} -\dfrac{1}{\pi}\mathrm{Im}\dfrac{1}{\kappa(\mathbf{q},q_\mathrm{o})} & \text{for } q_\mathrm{o} > 0 \\ \dfrac{1}{\pi}\mathrm{Im}\dfrac{1}{\kappa(\mathbf{q},q_\mathrm{o})} & \text{for } q_\mathrm{o} < 0 \end{cases} \tag{6.16a}$$

となるが, これを次のように表すこともできる.

$$F(q) = -\frac{1}{\pi}\frac{\kappa_2(q)\,\mathrm{sgn}\,q_\mathrm{o}}{\kappa_1^2(q)+\kappa_2^2(q)} \tag{6.16b}$$

κ_1 と κ_2 はそれぞれ κ の実部と虚部である.

RPA の式(6.6a) と (6.6b) を κ_1 と κ_2 に充てるならば, 運動量 $\mathbf{q}$ を指定したときに, ボゾン励起は次の振動数範囲 (エネルギー範囲) にわたって連続スペクトルを形成する.

$$q^2 - 2qk_\mathrm{F} \leq 2mq_\mathrm{o} \leq q^2 + 2qk_\mathrm{F}$$

これは既に式(6.10) として示した通り, κ_2 はこの範囲だけで有限値を取り, それ以外ではゼロになるからである. これらの励起は相互作用のない系における励起と1対1の対応関係を持つ. すなわち始状態において Fermi 面の内側 $\mathbf{p}$ を占めていた電子が Fermi 面の外側の $\mathbf{p}+\mathbf{q}$ へと励起する過程に対応させることができる.

RPA はこれらの1粒子的な励起のエネルギーが, 相互作用のない系における励起エネルギーと対応関係を持つことを予言するが, 励起を表す"波動関数"は, 励起された電子 (正孔) と背景となる電子系との相関のために, 相互作用のない系のそれとは著しく異なる. 極言するならば, 励起した電子はその近傍にある電子を排斥して"相関正孔の雲"を形成し, 励起電子が系内を移動すると, そのような雲が励起電子に追随するのである. このように, 背景となる電子系が励起電子付近の領域で減少するために, そこで電荷中性条件が局所的に破れて現れるイオン正電荷の雲が, 励起電子から発する電気力線を終端させることになる. したがって励起電子から生じる正味の電場, すなわち励起電子による電場と相関正孔による電場を合わせたものは, 相関正孔が占める空間範囲の外部ではゼロになる. 励起に伴って長距離に及ぶ電場が生じない

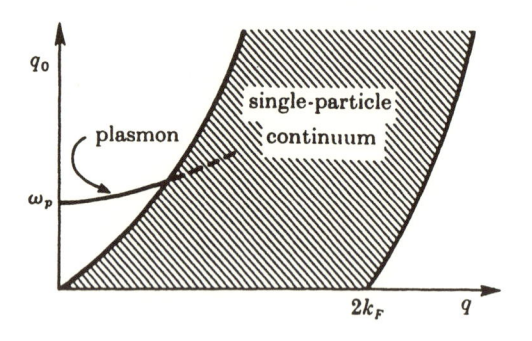

図6.5 電子気体の励起スペクトルを RPA で扱った場合のダイヤグラム.

ことから，Gaussの法則に従って，励起が持つ実効的な電荷は，巨視的に見ればゼロであると言える．励起電子が系内を移動しても，背景となる電子系の局所的な分布変動もそれに追随して移動するので，正味の電荷の移動量もゼロとなる．

この背景流動 (backflow) は，Feynman and Cohen によって論じられた超流動 He^4 における背景流動 [111] と類似の現象である．金属電子系を扱う場合，外場に対する系の応答を表す矛盾のない式を得るためには，この背景流動が欠かせないものになる．特に，超伝導状態における背景流動を適正に考慮すると，Meissner効果をゲージ不変な方法によって扱えること [112-114] を，後から見る予定である．背景流動を考慮しないと，電子系の電荷連続の方程式が破られてしまい，ゲージ不変性も破綻を来たす．この問題については第8章で詳しく論じることにする．

先ほど述べたように，κ_2 は式(6.10) で指定された範囲外ではゼロになる．しかしながら $1/\kappa$ が特異性を持つのは κ_1 と κ_2 が両方ともゼロになるところだけである．長波長，高振動数の極限で考えると，式(6.11) により，κ_1 は次の条件を満たすときにゼロになる．

$$q_o^2 = \omega_p^2 = \frac{4\pi n e^2}{m} \tag{6.17}$$

したがって，励起エネルギー (振動数) が電子系のプラズマ振動数に一致するところに，電子系の励起状態が存在する．金属電子系におけるこのような励起状態を理論的に見出したのは Bohm and Pines であり [105]，彼らはこの励起をプラズモン (plasmon) と名付けた．プラズモンは物理的には，電子系の集団運動よる密度ゆらぎ波を表している．運動量 q が充分に大きい場合，プラズモンは図6.5 に示すように，1粒子的な励起の生じる連続領域に入り込んで，著しく減衰してしまう．そのような領域では，

6.1. Coulomb相互作用を持つ電子気体

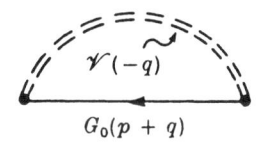

図6.6 遮蔽された交換項による電子の自己エネルギーの評価．このグラフは，移行運動量の小さい過程 ($|\mathbf{q}| \ll k_\mathrm{F}$) から生じる最も重要な $\Sigma(p)$ への寄与を与えるものと想定される．

もはやプラズモンの描像が実体的な有効性を保持していない．$\mathbf{q}$ が小さい場合に関して，電子系への縦波の摂動に対する応答を決める上で，プラズモンは非常に重要な役割を担う．

ここまで遮蔽の問題を論じてきたが，相互作用を持つ電子気体における1電子Green関数を求める問題に戻ろう．系は電気的に中性であり，(簡便な仮定として) 連続並進対称性を持つものと見なすので，自己エネルギー Σ におけるHartree項(ハートリー)はゼロになる．遮蔽に関する上述の議論を踏まえると，次に考慮すべき交換過程の自己エネルギーは，裸のCoulomb行列要素 $V(q)$ によるものではなくて，遮蔽されたポテンシャル $\mathcal{V}_\mathrm{c}(q)$ による過程を考慮することが自然な措置と考えられる．これを図6.6のように表すことにする．すなわち，自己エネルギーを次のように与える．

$$\Sigma(p) = i \int G_0(p+q) \mathcal{V}_\mathrm{c}(-q) \frac{d^4 q}{(2\pi)^4} \tag{6.18}$$

G_0 と $\mathcal{V}_\mathrm{c}$ は具体的に分っているが，一般の p の下で積分を実行することは難しい．最初にこの計算を行ったのは Quinn and Ferrell である [115]．彼らの結果によるとFermi面付近における準粒子のエネルギーは [91b],

$$E(p) = E_\mathrm{F} \left\{ \frac{p^2}{k_\mathrm{F}^2} \quad 0.166 r_\mathrm{s} \left[\frac{p}{k_\mathrm{F}} \left(\ln r_\mathrm{s} + 0.203 \right) + \ln r_\mathrm{s} - 1.80 \right] \right\} \tag{6.19a}$$

となり，電子-正孔対(つい)の生成による単位時間あたりの減衰率は，次のようになる[‡]．

$$\left| 2 \Gamma^\mathrm{pair}(p) \right| = 2 E_\mathrm{F} \left(0.252 r_\mathrm{s}^{1/2} \right) \left| \left(\frac{p}{k_\mathrm{F}} \right)^2 - 1 \right|^2 \tag{6.19b}$$

Fermi面付近における準粒子の有効質量は，式(6.19a) を微分することによって得られる．

[‡](訳註) 議論の筋道としては，前章で見たように $\Sigma(p)$ が分かれば $G(p)$ の極が決まるので，そこから準粒子エネルギー $E_\mathbf{p} = \epsilon_\mathbf{p} + \mathrm{Re}\Sigma(p)$ と時間減衰率 $\Gamma_\mathbf{p} = \mathrm{Im}\Sigma(p)$ が与えられる $((p) = (\mathbf{p}, E_\mathbf{p} + i\Gamma_\mathbf{p}))$. 式(5.69)-(5.70)を参照．ここでは $E(p) = E_\mathbf{p} + E_\mathrm{F}$ である．

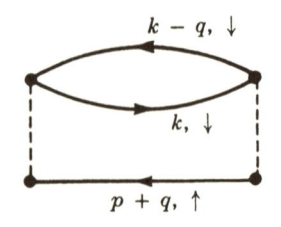

図6.7 図5.4(d) (p.119) を取り込んだ後に，大きな移行運動量 ($|\mathbf{q}| \gg k_\mathrm{F}$) の下で Σ に主要な寄与をもたらす過程．

$$\frac{1}{m^*} = \frac{1}{k_\mathrm{F}} \frac{\partial E_\mathbf{p}}{\partial p}\bigg|_{p=k_\mathrm{F}} = \frac{1}{m}\left[1 - 0.083 r_\mathrm{s}\left(\ln r_\mathrm{s} + 0.203\right)\right] \tag{6.19c}$$

電子比熱 C は m^* に比例するので，

$$\frac{C}{C_\mathrm{free}} = 1 + 0.083 r_\mathrm{s}\left(\ln r_\mathrm{s} + 0.203\right) \tag{6.20}$$

である．この結果は Gell-Mann によって導かれた [116]．式(6.19b) によれば，$|\epsilon_\mathbf{p} - E_\mathrm{F}| \lesssim \frac{1}{5} E_\mathrm{F}$ の範囲内であれば，$|E(p) - E_\mathrm{F}| \gg |\Gamma(p)|$ という意味において，準粒子描像がよく定義されるものと見ることができる．しかしながらフォノンを考慮に入れると，これが必ずしも成立しなくなることを次節で示す予定である．

ここで得た結果 (式(6.19a,b,c)) が厳密に成立するのは高密度の極限 ($r_\mathrm{s} < 1$) だけである．実際の金属における r_s は典型的に $2 < r_\mathrm{s} < 5$ なので，これらの結果を利用する際には注意が必要である[§]．Coulombポテンシャルの長波長部分については，RPA の枠内で与えた遮蔽されている交換グラフによる Σ によって，おそらく適正に説明されるであろう．短波長 (すなわちポテンシャルの短距離の部分) については，互いに平行なスピンを持つ電子同士は Pauli 原理によって元々排斥し合うはずなので，両者の間に相互作用は働かない．反平行なスピンを持つ電子同士の相互作用は，図6.7 に示すような2次のグラフによって扱えるものと考えられる [103,117]．Silverstein [118] と Pines は，これらの極限の式 (q が大きい極限と小さい極限) を利用し，両者の極限の間を内挿して Σ の推定を得た．この複雑な問題について更に詳細を知りたい読者は，文献 [91] を参照されたい．

[§](訳註) 式(6.7c)により $r_{\mathrm{s}[\mathrm{Al}]} \simeq 2.1$, $r_{\mathrm{s}[\mathrm{Pb}]} \simeq 2.3$．参考までに式(6.19c) を用いて有効質量を算出すると $m^*_{[\mathrm{Al}]} \simeq 1.19m$, $m^*_{[\mathrm{Pb}]} \simeq 1.24m$ となる．準粒子の減衰率 (式(6.19b)) については p.144 訳註を参照．

6.2 電子-フォノン結合系

遮蔽効果は衣をまとったフォノンの振動数や，衣をまとった電子-フォノン相互作用においても重要な役割を担う．イオン同士やイオンと電子の間に働く長距離のCoulomb力も，伝導電子によって遮蔽されるからである．長波長の効果に関しては，再び乱雑位相近似を用いることで，この極限における主要な補正が与えられる．一方，波長が短くなると，RPAでは無視されている過程も影響を及ぼし始める．しかしながらRPAは全波長にわたって，おおよそ妥当な結果を与える．RPAが最も不正確になる短波長領域では，裸の量に対する補正自体が小さくなるので，そこで生じる誤差を無視しても問題にはならない場合が多い．

我々は電子-フォノン系全体をRPAの枠内で扱うことから議論を始め，簡単のためCoulomb相互作用でも電子-フォノン相互作用でも反転(ウムクラップ)過程を無視することにする．既約な縦波フォノン (longitudinal phonon) の自己エネルギー $\Pi_l(q)$ は，図6.8に示す一連のグラフによって与えられる．気泡(バブル)の連鎖構造がRPAの特徴であるが，これは単純にイオン-イオンポテンシャルの遮蔽を表している．図6.1 (p.128)に示した遮蔽された電子間ポテンシャル $\mathcal{V}_c(q)$ のグラフと比べると，$\mathcal{V}_c(q)$ と $\Pi_l(q)$ は次の2つの点で異なっている．(a) $\mathcal{V}_c(q)$ における右端・左端のCoulomb線の代わりに，$\Pi_l(q)$ の両端には電子-フォノン行列要素が置かれている．(b) $\mathcal{V}(q)$ の最初の項 $V(q)$ に相当する項は $\Pi_l(q)$ には無い．したがって，次の関係が成立する．

$$\frac{\mathcal{V}_c(q) - V(q)}{V^2(q)} = \frac{1}{V(q)}\left[\frac{1}{\kappa(q)} - 1\right] = |g_{\mathbf{q}l}|^{-2}\Pi_l(q) \tag{6.21a}$$

左側の等式には式(6.3)を用いた．また $g_{\mathbf{pp}'\lambda}$ には縦波フォノンだけが関わり（添字 $\lambda \to l$ に限定），移行運動量だけの関数になるものと仮定してある（添字 $\mathbf{pp}' \to \mathbf{q} = \mathbf{p}' - \mathbf{p}$）．式(6.21a)を $\Pi_l(q)$ について書き直すと，次式となる．

$$\Pi_l(q) = \frac{|g_{\mathbf{q}l}|^2}{V(q)}\left[\frac{1}{\kappa(q)} - 1\right] \tag{6.21b}$$

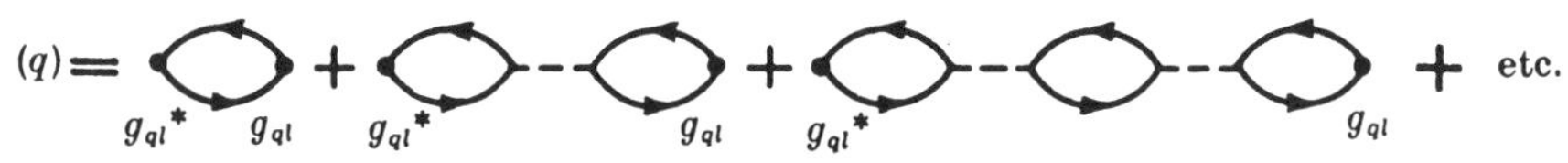

図6.8 縦波フォノンの自己エネルギーに対する乱雑位相近似．

Dyson方程式により，
$$\frac{1}{D_l(q)} = \frac{1}{D_{0l}(q)} - \Pi_l(q)$$
なので，次式を得る．

$$D_l(q) = \frac{2\Omega_{\mathbf{q}l}}{q_o^2 - \dfrac{2|g_{\mathbf{q}l}|^2\Omega_{\mathbf{q}l}}{V(q)\kappa(q)} - \left[\Omega_{\mathbf{q}l}^2 - \dfrac{2|g_{\mathbf{q}l}|^2\Omega_{\mathbf{q}l}}{V(q)}\right] + i\delta} \tag{6.22}$$

第4章で言及したように，ジェリウムモデルでは，
$$\Omega_{\mathbf{q}l}^2 = \frac{2|g_{\mathbf{q}l}|^2\Omega_{\mathbf{q}l}}{V(q)} \tag{4.29a}$$
が成り立っており，このモデルでは $D_l(q)$ が，簡単に次のように表される [91a]．

$$D_l(q) = \frac{2\Omega_{\mathbf{q}l}}{q_o^2 - \dfrac{\Omega_{\mathbf{q}l}^2}{\kappa(q)} + i\delta} \tag{6.23}$$

D の極は，衣をまとったフォノンの振動数 $\omega_{\mathbf{q}l}$ を与えるので，次の結果が得られる．

$$\omega_{\mathbf{q}l}^2 = \frac{\Omega_{\mathbf{q}l}^2}{\tilde{\kappa}(\mathbf{q},\omega_{\mathbf{q}l})} \tag{6.24}$$

$\tilde{\kappa}$ は κ を q_o 軸に沿った1粒子的な切断を過ぎって解析接続させた関数である．式 (6.24) は，イオン間の力 (もしくはイオン電荷の自乗) が電子系の誘電率によって実効的に弱められ，衣をまとった振動数が決まるという直観的な描像と整合している．$\Omega_{\mathbf{q}l}^2$ はイオン電荷の自乗に比例する量であり，式 (6.24) はまさに予想どおりの結果である．典型的なフォノンの振動数は電子系の振動数に比べて $\sim (m/M)^{1/2} \lesssim 10^{-2}$ 程度に過ぎず[†]，$\omega_{\mathbf{q}l}$ の実部を計算するときには電子系の静的な誘電率 $\kappa(\mathbf{q},0)$ を使えば充分である．長波長の極限では $\kappa = \kappa_0$ と置いてよいので，式 (6.8) を利用すると次式が得られる．

$$\omega_{\mathbf{q}l}^2 = \frac{\Omega_{\mathbf{q}l}^2}{\kappa(\mathbf{q},0)} = \frac{\Omega_{\mathbf{q}l}^2}{1 + \dfrac{k_s^2}{q^2}} = \frac{mZ}{3M}v_F^2 q^2 \tag{6.25a}$$

すなわち，

$$\omega_{\mathbf{q}l} = \left(\frac{mZ}{3M}\right)^{1/2} v_F q \tag{6.25b}$$

[†] (訳註) 数値例：$(m/M_{[\text{Al}]})^{1/2} \simeq 4.5\times 10^{-3}$, $(m/M_{[\text{Pb}]})^{1/2} \simeq 1.6\times 10^{-3}$. 但し $\Omega_\text{p}/\omega_\text{p} = (Zm/M)^{1/2}$ であり (Z は価数)，Alは3価，Pbは4価なので，$(\Omega_\text{p}/\omega_\text{p})_{[\text{Al}]} \simeq 7.8\times 10^{-3}$, $(\Omega_\text{p}/\omega_\text{p})_{[\text{Pb}]} \simeq 3.3\times 10^{-3}$ となる．

6.2. 電子-フォノン結合系

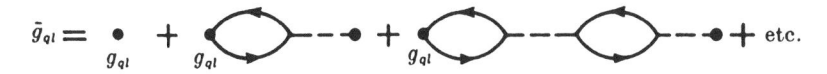

$$\bar{g}_{\mathbf{q}l} = \underset{g_{\mathbf{q}l}}{\bullet} + \underset{g_{\mathbf{q}l}}{\bigcirc}\text{--}\bullet + \underset{g_{\mathbf{q}l}}{\bigcirc}\text{--}\bigcirc\text{--}\bullet + \text{etc.}$$

図6.9 電子と縦波フォノンの間の遮蔽された相互作用に対する乱雑位相近似.

である.衣をまとった縦波フォノンは,裸のフォノンとは違って音響波型の分散則 ($\omega_{\mathbf{q}} \propto q$) を持ち,その音速にあたる速度は $(mZ/3M)^{1/2}v_{\mathrm{F}}$ となっている (v_{F} は Fermi速度).このジェリウムモデルにおけるフォノンの分散関係を最初に導いたのは Bohm と Staver である [119].実際の金属では,裸のフォノン振動数 $\Omega_{\mathbf{q}l}$ も裸の電子-フォノン行列要素も結晶方位に依存していて実状はかなり複雑であるし,反転過程(ウムクラップ)も重要になる.このような複雑さを無視しているにもかかわらず,ジェリウムモデルは遮蔽効果が裸のイオン系の定振動数モードを音響波モードへと変えてしまうという本質を捉えており,いろいろな技法の適用を試みるためのモデルとして,必ずしも非現実的なものではない.

衣をまとったフォノン系の電子系への結合に関心を向けてみよう.イオン-イオン相互作用については既に遮蔽の影響を考察したが,電子-イオン相互作用 (電子-フォノン相互作用) については,まだ遮蔽の方法を示していない.直観的に,遮蔽された行列要素 $\bar{g}$ は次のようになるものと期待される.

$$\bar{g}_{\mathbf{q}l} = \frac{g_{\mathbf{q}l}}{\kappa(q)} \tag{6.26}$$

すなわち裸の行列要素を,伝導電子系における波数と振動数に依存する誘電関数で割ればよい.この結果は,遮蔽された相互作用が図6.9に示すような級数によって与えられることに注意すれば容易に得られる.この級数は式(6.26) を既約な分極部分の冪(べき)で展開したものにあたる.

衣をまとった D-関数 (式(6.22)) と遮蔽された電子-フォノン行列要素を用いて他の力学量を計算する際には,これらの関数において既に考慮されている真空分極過程を重複して勘定しないように注意が必要である.D と $\bar{g}$ を用いる際の処方は,その定義から明らかである.

それでは,遮蔽された交換近似 (式(6.18)) の枠内で,ただし Coulomb相互作用だけでなく縦波フォノンも考慮に入れて,$G(p)$ を求めてみよう.$\Sigma(p)$ において遮蔽された Coulomb相互作用に関わる部分は式(6.18) によって与えられるが,図6.10 のような1フォノン過程による寄与は,次のように表される.

第6章 常伝導金属における素励起

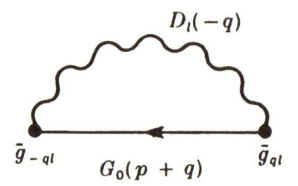

図6.10 電子の自己エネルギーに対する衣をまとったフォノンの最低次の寄与.

$$\Sigma^{\rm ph}(p) = i\int G_0(p+q)\{\bar{g}_{\mathbf{q}l}\}^2 D_l(-q)\frac{d^4q}{(2\pi)^4} \tag{6.27}$$

ここで $\{\bar{g}_{\mathbf{q}l}\}^2 \equiv \bar{g}_{\mathbf{q}l}\bar{g}_{-\mathbf{q}l}$ である.したがって全自己エネルギーは,この近似の下で次のように表される.

$$\Sigma(p) = i\int G_0(p+q)\bigl[\mathcal{V}_{\rm c}(q) + \{\bar{g}_{\mathbf{q}l}\}^2 D_l(-q)\bigr]\frac{d^4q}{(2\pi)^4} \tag{6.28}$$

ジェリウムモデルにおいて成立する関係 $2|g_{\mathbf{q}l}|^2/\Omega_{\mathbf{q}l} = V(q)$ を適用すると,簡単な結果が得られる.

$$\Sigma(p) = i\int G_0(p+q)\mathcal{V}_{\rm c}(q)\left[\frac{q_{\rm o}^2}{q_{\rm o}^2 - \dfrac{\Omega_{\mathbf{q}l}^2}{\kappa(q)} + i\delta}\right]\frac{d^4q}{(2\pi)^4} \tag{6.29a}$$

あるいは,次のようにも表される.

$$\Sigma(p) = i\int G_0(p+q)\frac{V(q)}{1 + V(q)P(q) - \dfrac{\Omega_{\mathbf{q}l}^2}{q_{\rm o}^2} + i\delta}\frac{d^4q}{(2\pi)^4} \tag{6.29b}$$

電子系の場合 (式(6.11)) からの類推により,$-\Omega_{\mathbf{q}l}^2/q_{\rm o}^2$ は高い振動数におけるイオン系の分極率を表すので,式(6.29b) の中の分母は,電子系とイオン系の分極効果を合わせた系全体の動的な誘電率にあたる.したがって,伝導電子間に働く遮蔽された有効ポテンシャルは,裸の Coulombポテンシャル $V(q)$ を,媒体の全誘電率で割ったものである.式(6.29a) において,この実効的な相互作用は $q_{\rm o}^2 < \omega_{\mathbf{q}}^2$ であれば引力になることが見て取れる[‡].これは電子間に直接はたらく Coulomb斥力を,イオン系の

[‡] (訳註) $\omega_{\mathbf{q}l}$ のフォノンモード添字 l (longitudinal:縦波) は随時,省略される.$\Omega_{\mathbf{q}l}^2/\kappa(q) \simeq \omega_{\mathbf{q}}^2$ である (式(6.24)-(6.25a) 参照).$q_{\rm o} \sim \omega_{\mathbf{q}}\ (\lesssim \Omega_{\rm p})$ のあたりのフォノンの振動数領域に注目する際には,やはり電子系の応答の振動数依存性を考える必要はなく ($\Omega_{\rm p}/\omega_{\rm p} \sim (m/M)^{1/2} \lesssim 10^{-2}$),$\mathcal{V}_{\rm c}(q) \simeq \mathcal{V}_{\rm c}(\mathbf{q},0)$ と見なせばよい.

6.2. 電子-フォノン結合系

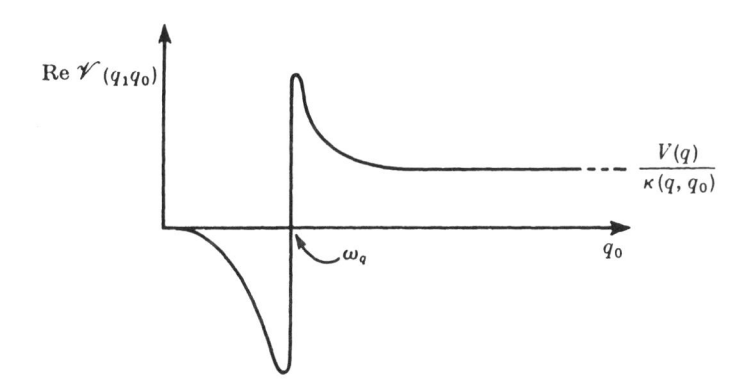

図6.11 遮蔽された Coulomb 相互作用と衣をまとったフォノンの交換による有効相互作用の実部を，移行運動量 **q** を固定して，移行エネルギー q_0 に対する関数として描いた図．金属の"ジェリウムモデル"において RPA を適用した計算結果である．衣をまとったフォノンの振動数 $\omega_\mathbf{q}$ のところで共鳴が生じている．$q_0 < \omega_\mathbf{q}$ では裸の Coulomb 相互作用に対するイオン系の過剰遮蔽の効果が現れている．$q_0 > \omega_\mathbf{q}$ では"反遮蔽的"になる．高い振動数の領域 $q_0 \gg \omega_\mathbf{q}$ ではイオン系がほとんど応答しなくなるので，$\mathcal{V}(\mathbf{q}, q_0)$ は裸の Coulomb 相互作用を電子系の誘電関数 $\kappa(\mathbf{q}, q_0)$ で割った値に近づく．

振動が"過剰遮蔽"する条件に相当する．一方 $q_0^2 > \omega_\mathbf{q}^2$ ならばイオン系の振動の位相がずれて，裸のポテンシャルに対して"反遮蔽的"に働くので，実効的な斥力は電子系の Coulomb 斥力よりもむしろ強まる．$q_0^2 \gg \omega_\mathbf{q}^2$ になると，イオン分極の効果を無視できるので，裸のポテンシャルに対する遮蔽としては伝導電子によるものだけを考えればよい．**q** の値を固定したときの有効ポテンシャルの q_0 依存性を図6.11 に示す．主として誘電異常の左側(低振動数側) の引力的な領域が，超伝導現象の起源に関わっている．

ここで一言，注意を促しておくのが適当であろう．我々が用いてきた"ポテンシャル"という術語は，ハミルトニアン形式の力学における許容範囲よりも広義のものを指している．"有効ポテンシャル"を直接にハミルトニアン形式で用いることは"できない"．有効相互作用が強い振動数依存性を持つことは，著しい遅延効果を含意する．しかしハミルトニアン形式における2体ポテンシャルは同時刻で定義されねばならず，遅延効果を表現しようとすると速度依存性を持つポテンシャルの導入が必要だが，これは明らかに不自然な手続きである．その上，有効相互作用は一般に実数関数ではないので，減衰効果を無視しない限り，ハミルトニアンがエルミートではなくなってし

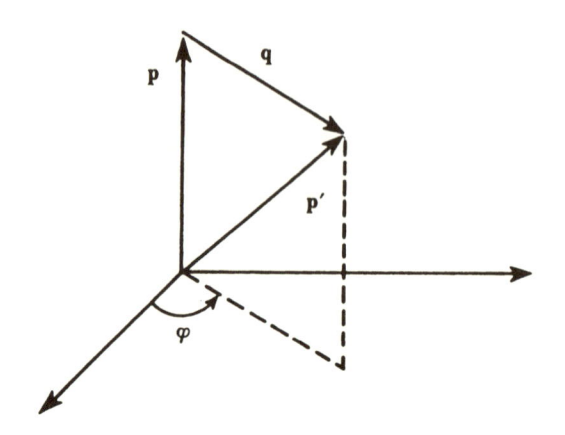

図6.12 $\Sigma^{\rm ph}$ を求める運動量積分を実行するための座標系.

まう．このような事情から，超伝導体における遅延効果や減衰効果を扱うには，ハミルトニアン形式ではなく，Green関数の形式の方が適しているのである．

遮蔽された交換項の近似 (6.28) の枠内で，具体的な $\Sigma(p)$ の式を得るためには，Coulomb相互作用による寄与の部分については既に論じたので (式(6.18))，フォノンによる寄与(6.27) だけを考察すればよい．式 (6.27) の積分計算については，まず3次元空間の運動量に関する積分を行うのが最善の方法である．図6.12に示すように変数 $p' \equiv |\mathbf{p}'| = |\mathbf{p}+\mathbf{q}|$ と $q \equiv |\mathbf{q}|$ と φ ($\mathbf{p}$ を極軸としたときの $\mathbf{p}'$ の方位角) を導入すると，フォノンの寄与は次のように表される[§]．

$$\Sigma^{\rm ph}(p) = \frac{i}{(2\pi)^3|\mathbf{p}|}\int_{-\infty}^{\infty}dq_{\rm o}\int p'dp'\frac{1}{(p_{\rm o}+q_{\rm o})(1+i\delta)-\epsilon_{\mathbf{p}'}}\int qdq\{\bar{g}_{\mathbf{q}l}\}^2 D_l(-q) \tag{6.30}$$

数式の運用を簡単にするために，Fermi準位 $E_{\rm F}$ を基準としてすべての運動エネ

[§](訳註) 電子の非摂動Green関数 $G_0(\mathbf{p},p_{\rm o})$ は，通常は $p_{\rm o}$ に関する積分を先に施すことを想定するので，分母に加える虚数の無限小因子を運動量 $\mathbf{p}$ (閾値 $|\mathbf{p}|=p_{\rm F}$) を参照する形にして $G_0(\mathbf{p},p_{\rm o}) = (p_{\rm o}-\epsilon_{\mathbf{p}}+i\eta_{\mathbf{p}})^{-1}$ としてあるが (式(5.23))，ここでは $\mathbf{p}$ に関する積分を先に施すので，分母に加える無限小因子をエネルギー $p_{\rm o}$ (閾値 $p_{\rm o}=0$) を参照する形で $G_0(\mathbf{p},p_{\rm o}) = \{p_{\rm o}-\epsilon_{\mathbf{p}}+i{\rm sgn}(p_{\rm o})\delta\}^{-1} \simeq (p_{\rm o}-\epsilon_{\mathbf{p}}+ip_{\rm o}\delta)^{-1}$ としてある．章末に言及があるように (p.146)，G_0 の代わりに $G(\mathbf{p},p_{\rm o}) = (p_{\rm o}-\epsilon_{\mathbf{p}}-\Sigma+ip_{\rm o}\delta)^{-1}$ (式(5.69)参照) を用いる場合も，式(6.31) のように積分変数を $\epsilon_{\mathbf{p}}$ へ変換した式を考え，Σ が $\mathbf{p}$ に依存しないという近似が成立すると仮定するならば，Σ の計算には影響を与えない．つまり Σ の $\mathbf{p}$ 依存性が効かない場合は，自己無撞着性に煩わされずに Σ を計算できる．

6.2. 電子-フォノン結合系

ルギーを計るので, $|\mathbf{p}| = p_{\mathrm{F}}$ において $\epsilon_{\mathbf{p}} = 0$ である. q_o が大きい領域では D は $1/q_\mathrm{o}^2$ に比例して減少し, 積分の主要部分は $|q_\mathrm{o}| \lesssim \omega_\mathrm{av}$ の領域から生じる (ω_av は典型的なフォノンエネルギー $\simeq (m/M)^{1/2}E_\mathrm{F} \lesssim 10^{-2}E_\mathrm{F}$ である). 電子のエネルギーも $|p_\mathrm{o}| \lesssim \omega_\mathrm{av}$ の領域に関心が持たれるので, $|\epsilon_{\mathbf{p}'}|$ も ω_av 程度以下のところだけが重要である. このような理由から, $p' = |\mathbf{p}|$ に関する積分を $\epsilon_{\mathbf{p}'}$ に関する積分に置き換えて, 積分範囲を $-\infty$ から ∞ までに変更してもよい.

$$\Sigma^\mathrm{ph}(p) \simeq \frac{im}{(2\pi)^3 p}\int_{-\infty}^{\infty}dq_\mathrm{o}\int_{-\infty}^{\infty}d\epsilon_{\mathbf{p}'}\frac{1}{(p_\mathrm{o}+q_\mathrm{o})(1+i\delta)-\epsilon_{\mathbf{p}'}}\int_0^{2k_\mathrm{F}}qdq\{\bar{g}_{\mathbf{q}l}\}^2 D_l(q) \tag{6.31}$$

q-積分の上限は, $|\mathbf{p}'| \simeq k_\mathrm{F}$ の状態が積分に主要な寄与を及ぼすことを考慮して設定した. フォノン波数の最大値 q_m が $2k_\mathrm{F}$ よりも小さいならば (通常はこの条件に該当する), $q > q_\mathrm{m}$ を含む遷移は 反転 過程と解すべきであって (これを含めて考える), 適切な還元波数を D の計算において用いる必要がある. 留数の方法によって $\epsilon_{\mathbf{p}'}$-積分を実行すると, 次のようになる.

$$\begin{aligned}\Sigma^\mathrm{ph}(p) &= \frac{m}{8\pi^2 p}\int_{-\infty}^{\infty}\mathrm{sgn}(p_\mathrm{o}+q_\mathrm{o})dq_\mathrm{o}\int_0^{2k_\mathrm{F}}qdq\{\bar{g}_{\mathbf{q}l}\}^2 D_l(q) \\ &= \frac{m}{4\pi^2 p}\int_0^{p_\mathrm{o}}dq_\mathrm{o}\int_0^{2k_\mathrm{F}}qdq\{\bar{g}_{\mathbf{q}l}\}^2 D_l(q)\end{aligned} \tag{6.32}$$

上式では $\{\bar{g}\}^2 D$ が q_o の偶関数であるという性質を利用した. $\mathrm{Im}\Sigma^\mathrm{ph}(p)$ の最も重要な項は, $\{\bar{g}_{\mathbf{q}l}\}^2$ を実数として $D_l(q)$ に対して極近似を (実振動数 $\omega_{\mathbf{q}l}$ について) 施すことで得られる. これらの近似の下で, フォノンによる自己エネルギーの虚部は,

$$\mathrm{Im}\Sigma^\mathrm{ph}(p) - \frac{-m}{4\pi p}\mathrm{sgn}\, p_\mathrm{o}\int_0^{q(p_\mathrm{o})}qdq\{\bar{g}_{\mathbf{q}l}\}^2\frac{\Omega_{\mathbf{q}l}}{\omega_{\mathbf{q}l}} \tag{6.33}$$

と表される. $q(p_\mathrm{o})$ は $\omega_{\mathbf{q}l} = |p_\mathrm{o}|$ を満たす波数である. $n(q)$ をジェリウムモデルの静的な長波長極限 k_s^2/q^2 によって与えるならば (式(6.8)参照), 実フォノンの放出に起因する励起電子の単位時間あたりの減衰率は,

$$2\mathrm{Im}\Sigma^\mathrm{ph}(p) = -\frac{mM}{4\pi k_\mathrm{F}n}\mathrm{sgn}\, p_\mathrm{o}\int_0^{|p_\mathrm{o}|}\omega^2 d\omega = -\frac{mM}{12\pi k_\mathrm{F}n}p_\mathrm{o}^3$$

によって,

$$\left|\Gamma^\mathrm{ph}(p)\right| = \frac{1}{3}\left(\frac{4}{9\pi}\right)^{1/3}r_\mathrm{s}\left|\frac{p_\mathrm{o}}{\Omega_\mathrm{p}}\right|^3\Omega_\mathrm{p} \tag{6.34}$$

と求まる．$\Omega_{\rm p} = (4\pi N Z e^2/M)^{1/2}$ はイオン-プラズマ振動数であり，また Σ は p に対して変化が緩やかなので $p = k_{\rm F}$ と置いた．式(6.34) が成立するのは $p_{\rm o} \ll \Omega_{\rm p}$ であるが，フォノンの最大エネルギー $\omega_{\max} \simeq \Omega_{\rm p}$ までの $|p_{\rm o}|$ については，式(6.34) による結果が (ジェリウムモデルの範囲内で) 充分によい近似となる．$|p_{\rm o}| > \omega_{\max}$ では定数近似をして，式(6.34) において $|p_{\rm o}| = \omega_{\max}$ と置いた値を採用すればよい．

式(6.19b) と式(6.34) を組み合わせると，電子-正孔対生成と実フォノン放出を両方とも考慮した，単位時間あたりの全減衰率が得られる．

$$\left|2\Gamma(k_{\rm F}, p_{\rm o})\right| = \left|2\Gamma^{\rm pair}(k_{\rm F}, p_{\rm o})\right| + \left|2\Gamma^{\rm ph}(k_{\rm F}, p_{\rm o})\right|$$
$$\simeq 2\Omega_{\rm p}\left[0.252 r_{\rm s}^{1/2} \frac{\Omega_{\rm p}}{E_{\rm F}}\left(\frac{p_{\rm o}}{\Omega_{\rm p}}\right)^2 + \frac{1}{3}\left(\frac{4}{9\pi}\right)^{1/3} r_{\rm s}\left\{\left|\frac{p_{\rm o}}{\Omega_{\rm p}}\right|^3, 1\right\}\right] \quad (6.35)$$

ここで $\{a, b\}$ は a と b の小さい方を意味する．$\Omega_{\rm p} \lesssim 10^{-2} E_{\rm F}$ なので，$|p_{\rm o}| \lesssim 0.1 E_{\rm F}$ では概ね第 1 項よりも第 2 項のフォノン過程が支配的に減衰に影響を与えるものと見てよい．極端に低いエネルギー $|p_{\rm o}| \sim 10^{-3} \Omega_{\rm p}$ では状況が異なるが，このようなエネルギー領域は (強結合の) 超伝導現象に関して重要ではない．

式(6.32) により，$\Sigma^{\rm ph}(p)$ の実部は，次のように与えられる．

$$\text{Re}\,\Sigma^{\rm ph}(p) \simeq -\frac{m}{4\pi|p|}\int_0^{2k_{\rm F}} q\,dq\,\{\bar{g}_{\rm ql}\}^2 \frac{\Omega_{\rm ql}}{\omega_{\rm ql}} \log\left|\frac{p_{\rm o} + \omega_{\rm ql}}{p_{\rm o} - \omega_{\rm ql}}\right| \quad (6.36)$$

ここからジェリウムモデルの下での Fermi 面付近における有効質量補正が，次のように求まる．

$$\delta m_{\rm ph} = m\,\frac{4}{\pi}\left(\frac{\pi^2}{18}\right)^{1/3} r_{\rm s} \ln\left[\frac{(2k_{\rm F})^2 + k_{\rm s}^2}{k_{\rm s}^2}\right] \quad (6.37)$$

式(6.37) を見ると，電子を取り囲むフォノンの雲が，電子の有効質量を重くすることが分かる．但し，この式から得られる $\delta m_{\rm ph}$ の数値を，実際の金属における値としてそのまま信用してはならない (減衰率の式(6.34) も定量的な信頼性はない)[†]．我々が採用したジェリウムモデルでは 反転(ウムクラップ) 過程を通常の過程のように扱っているし，横波のフォノンを全く無視している．更には第4章で論じたように，実際の金属におけ

[†] (訳註) あくまで参考値として式(6.37) による有効質量補正の数値を示すと $\delta m_{\rm ph[Al]} \simeq 2.9m$，$\delta m_{\rm ph[Pb]} \simeq 3.1m$ である．準粒子の時間減衰率 (式(6.35)) は $\Gamma^{\rm pair} \propto p_{\rm o}^2$，$\Gamma^{\rm ph} \propto p_{\rm o}^3$ なので，どのエネルギー領域に注目するかによって，準粒子寿命の評価値には桁で違いが出る．ここでは参考までに $p_{\rm o} = \Delta_0(0)$ において式(6.35) に基づく緩和時間の概算を示すと $\hbar/\Gamma^{\rm pair}{}_{\rm [Al]} \simeq 0.74\,\mu\text{s}$，$\hbar/\Gamma^{\rm ph}{}_{\rm [Al]} \simeq 0.65\,\mu\text{s}$ ($p_{\rm o} = 0.17$ meV)；$\hbar/\Gamma^{\rm pair}{}_{\rm [Pb]} \simeq 9.1$ ns，$\hbar/\Gamma^{\rm ph}{}_{\rm [Pb]} \simeq 1.2$ ns ($p_{\rm o} = 1.34$ meV) である．前者 [Al] の計算例では $p_{\rm o} \sim 10^{-3}\Omega_{\rm p}$ であり (p.86訳註)，電子-正孔対生成とフォノン放出の寄与が同等である．

6.2. 電子-フォノン結合系

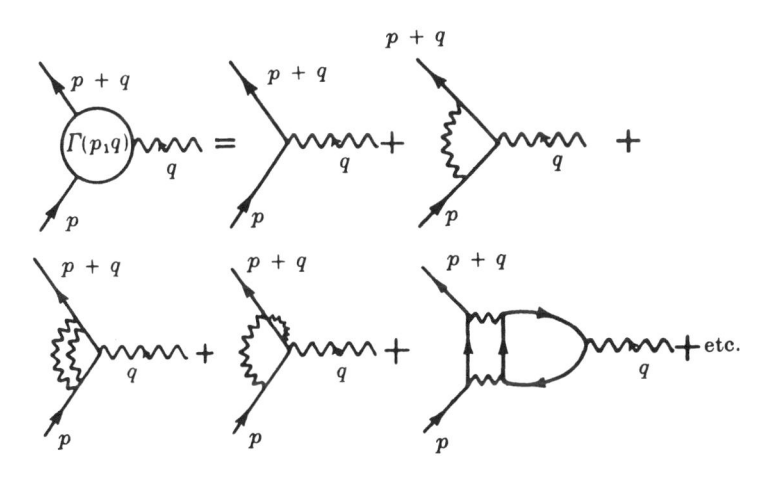

図6.13 電子-フォノン結節部分関数 $\Gamma(p,q)$ を表す摂動級数．見た目に分かりやすいように，外線を付けてある．

る裸の電子-フォノン行列要素は，移行運動量の大きいところでジェリウムの結果と大きく食い違うはずである．それにもかかわらず，これらの式はフォノンの過程による減衰効果や質量補正が極めて重要であることを示しており，このような概念は実験的にも支持されている．

ここから，Migdal（ミグダル）によって提示された結節部分（ヴァーテックス）に関する重要な議論 [15] を見ることにしよう．Coulomb相互作用が，遮蔽された電子-フォノン結節点 (結節部分) と衣をまとったフォノン線において暗に含まれる以外にはあらわに現れないような Σ のグラフの組を考察する．議論を簡単にするために横波フォノンを無視する．これが Migdal の採用したモデルの本質である．モデルの枠内において，次の正確な関係式が与えられる

$$\Sigma^{\mathrm{ph}}(p) = i\int \bar{g}_{\mathbf{q}} G(p+q)\Gamma(p,q)D(q)\frac{d^4q}{(2\pi)^4} \tag{6.38}$$

G は未知関数 Σ を用いた Dyson 方程式によって表現される．結節部分関数（ヴァーテックス）$\Gamma(p,q)$ は，4元運動量 $p+q$ の電子がひとつ出射し，4元運動量 p の電子ひとつと，4元運動量 q のフォノンひとつが入射するようなグラフで，かつ内部の1本の電子線もしくは1本のフォノン線を切断することによって互いに分離した2つの部分にはならないようなグラフの総和として与えられる．Γ の低次の項の例を図6.13 に示す．見て分か

りやすいように各グラフに外線を接続して描いてあるが，結節部分関数 Γ 自体は外線を"含まない"．この級数の 2 次およびそれより高次の項を見積もることによって，Migdal は $\bar{g}_\mathbf{q}$ に対する補正が $(m/M)^{1/2}\bar{g}_\mathbf{q} \lesssim 10^{-2}\bar{g}_\mathbf{q}$ のオーダーであり，これらを無視できると論じた (Migdal の定理)．彼の結論は，音速と Fermi 速度の比の値が 1 に比べて小さいことに強く依存している．しかし光学フォノンの位相速度は $q \to 0$ において Fermi 速度よりも大きいので，光学フォノンが関わる場合に関しては，彼の結論には当てはまらない [120]．

図6.13 に示した級数において，結節点に対する最初の補正項を考察してみると，Migdal の結果を理解できるようになる．ここで p_o や q_o として関心の対象となるのは Debye エネルギー ω_D と同等か，それ以下のオーダーの値である．外線 p から接続する電子の内部中間状態を k とすると，結節部分の内部で交換されるフォノンの伝播関数は $p_\mathrm{o} - k_0 \gg \omega_\mathrm{D}$ において $(p_\mathrm{o} - k_0)^{-2}$ に依存して減衰するので，k_0 の値としても ω_D のオーダーまでが重要である．電子の伝播関数が結節点に対して 1 程度 (すなわち $g^2 N(0)/\omega_\mathrm{D}$ 程度) のオーダーの補正を生じるのは，電子の連続した中間状態 $\mathbf{k}$ と $\mathbf{k}+\mathbf{q}$ が"両方とも"Fermi 面から ω_D 程度 (波数では $\omega_\mathrm{D}/v_\mathrm{F}$ 程度) の範囲内となる場合に限られる ($q \ll k_\mathrm{F}$ の場合を除く．この条件下では特別の注意が必要となる)．したがって補正は $g^2 N(0)/\omega_\mathrm{D}$ ではなく $[g^2 N(0)/\omega_\mathrm{D}](\omega_\mathrm{D}/E_\mathrm{F})$ 程度，すなわち相対的に $\sim (m/M)^{1/2}$ 程度にしかならない．より複雑な結節点補正項についても，同様の説明がなされる．

もし Migdal の結論を受け入れるならば，我々は容易に，積分方程式，

$$\Sigma^\mathrm{ph}(p) = i \int G(p+q)\{\bar{g}_\mathbf{q}\}^2 D(q) \frac{d^4 q}{(2\pi)^4} \tag{6.39}$$

を解いて $\Sigma(p)$ を求めることが可能である．G の代わりに G_0 を用いた方程式の解は既に求めてあり，結果は式(6.32) である．Migdal が指摘したように，この式で G と G_0 のどちらを用いるかという違いは解に影響を与えない．これは Σ が積分に影響を持つ領域において $\Sigma^\mathrm{ph}(p)$ が本質的に 3 次元運動量には依存せず，式(6.31) における $\epsilon_{\mathbf{p}'}$-積分が，分母から $\Sigma(p')$ を引いて $G_0(p')$ から $G(p')$ の計算に変更しても影響を受けないことに因っている[‡]．実際，我々は式(6.31) の導出の際に，このような事情を示すために Migdal の積分の手続きを用いたのである．したがって，式(6.39) の解も式(6.32) によって与えられ，式(6.32) から導かれる結果も依然として有効である．

[‡](訳註) p.142 訳註参照．

6.2. 電子-フォノン結合系

上述の議論は簡明で魅力的に映るが，電子のフォノン起因の自己エネルギーが式(6.32)によって正確に $(m/M)^{1/2} \lesssim 10^{-2}$ のオーダーになると Migdal が結論していることを見ると疑わしくなる．既に見たように，式(6.32)は連続した励起スペクトルを与え，エネルギーギャップの存在を導かないが，現実の超伝導体は $10^{-1}\Omega_{\rm p}$ 程度のエネルギーギャップを持つものもあり，これは Migdal の議論において設定されている誤差限界の 10 倍にもなる．この困難は，Γ に含まれるある種の補正が，各項は形式的に $(m/M)^{1/2}$ のオーダーと見積もられるものであっても，級数の総和としては発散し得るという点に原因がある．この特異性の問題を解決するには，定性的に新しい系の状態を想定する必要がある．そのような状態は金属の超伝導状態に対応し，その素励起スペクトルはエネルギーギャップを持つことになる．

本章を締め括るにあたり，Migdal 問題 (すなわち 'Fröhlich ハミルトニアン' によって記述される系) における解 (6.32) によって，もし $g_{\bf q}$ と $\omega_{\bf q}$ が与えられえばスペクトル加重関数 $A({\bf p},\omega)$ を決めることが可能であることを指摘しておこう．Engelsberg と著者 [120] は，$g_{\bf q}$ と $\omega_{\bf q}$ に対する 2 つのモデルについて検討を行った．第 1 のモデルでは，フォノンに関して Einstein スペクトル，すなわち $\omega_{\bf q} = \omega_0 = {\rm const}$ を採用し，$g_{\bf q}$ には一般の関数を想定した．第 2 のモデルでは Fröhlich モデルのように，$g_{\bf q}$ と $\omega_{\bf q}$ が q に比例するものと仮定した．図 6.14 (p.148-149) および図 6.15 (p.150-151) に，波数 ${\bf p}$ の Fermi 面からの隔たりを幾通りかに変えて，スペクトル加重関数を描いてある[§]．結合は強結合超伝導体に大まかに合うように選んであるが，弱結合の場合も状況はよく似ている．ここから学ぶべき主な教訓は，準粒子近似は，Fermi 面に極めて近い状態や，Fermi 面から極めて遠い状態に関しては良好と言えるが，$\omega_{\rm av}$ をフォノンの平均エネルギーとして，$\epsilon_{\bf p}$ が $\sim \omega_{\rm av}/2 \to 2\omega_{\rm av}$ の範囲では，単純な Lorentz 関数やその和としては再現できないスペクトルになるということである[†]．しかしながら既に述べているように，このような領域こそが，超伝導を発生させる相互作用が最も起こる領域にあたるのである．しかし幸いにして G に対して精緻な準粒子 (あるいは極) の近似を持ちこまなくても，超伝導体における多くの性質を導くことができる．

[§](訳註) ここでは $A({\bf p},\omega)$ の引数 ${\bf p}$ の代わりに，Fermi 準位を基準とした電子の運動エネルギー $\epsilon_{\bf p}$ の値を設定してある．

[†](訳註) 5.7 節で言及されているように，電子のスペクトル加重関数 $A({\bf p},\omega)$ を ${\bf p}$ を固定して ω の関数として見ると，単純化された典型的な電子系のモデルの下では $\omega = \pm E_{\bf p}$ において単純なピーク構造が見られる．$|{\bf p}| > p_{\rm F}$ ならば，$\omega = +E_{\bf p}$ におけるピークの方が $\omega = -E_{\bf p}$ のピークよりも強い．BCS 簡約ハミルトニアンが記述する電子系のモデルでは $\pm E_{\bf p} = \pm(\epsilon_{\bf p}^2 + \Delta_{\bf p}^2)^{1/2}$ においてデルタ関数が現れる．式 (5.52)-式 (5.55) を参照．

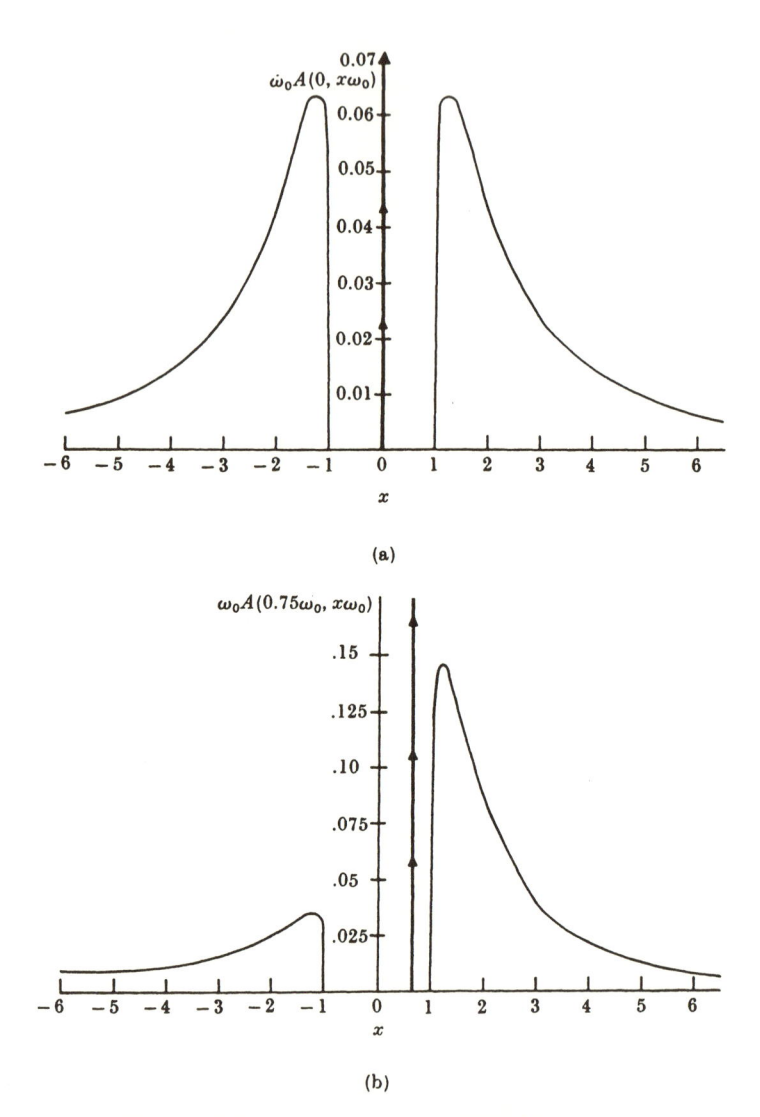

図6.14 一定の振動数 ω_0 を持つ衣をまとったフォノンと相互作用をしている電子のスペクトル加重関数 $A(\mathbf{p},\omega)$. ここでは $\mathbf{p}$ を選ぶ代わりに Fermi 準位を基準とした Bloch エネルギー $\epsilon_\mathbf{p}$ を設定し,$A(\epsilon_\mathbf{p}, x\omega_0)$ をエネルギー変数 x に対する関数として表示している.結合定数は $g^2 N(0)/\omega_0 = 1/2$ とした.各図における縦の太い矢線はデルタ関数を表している.(a) $\epsilon_\mathbf{p} = 0$. (b) $\epsilon_\mathbf{p} = 0.75\omega_0$.

6.2. 電子-フォノン結合系

(c)

(d)

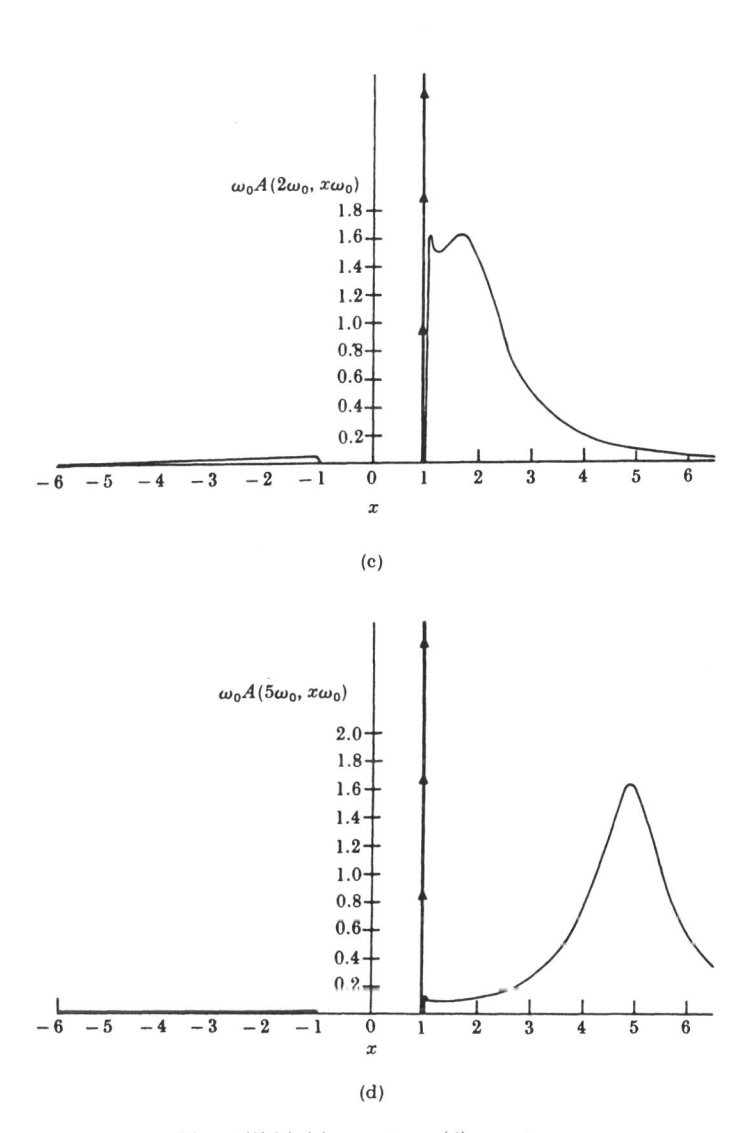

図 6.14 (続き) (c) $\epsilon_\mathbf{p} = 2\omega_0$. (d) $\epsilon_\mathbf{p} = 5\omega_0$.

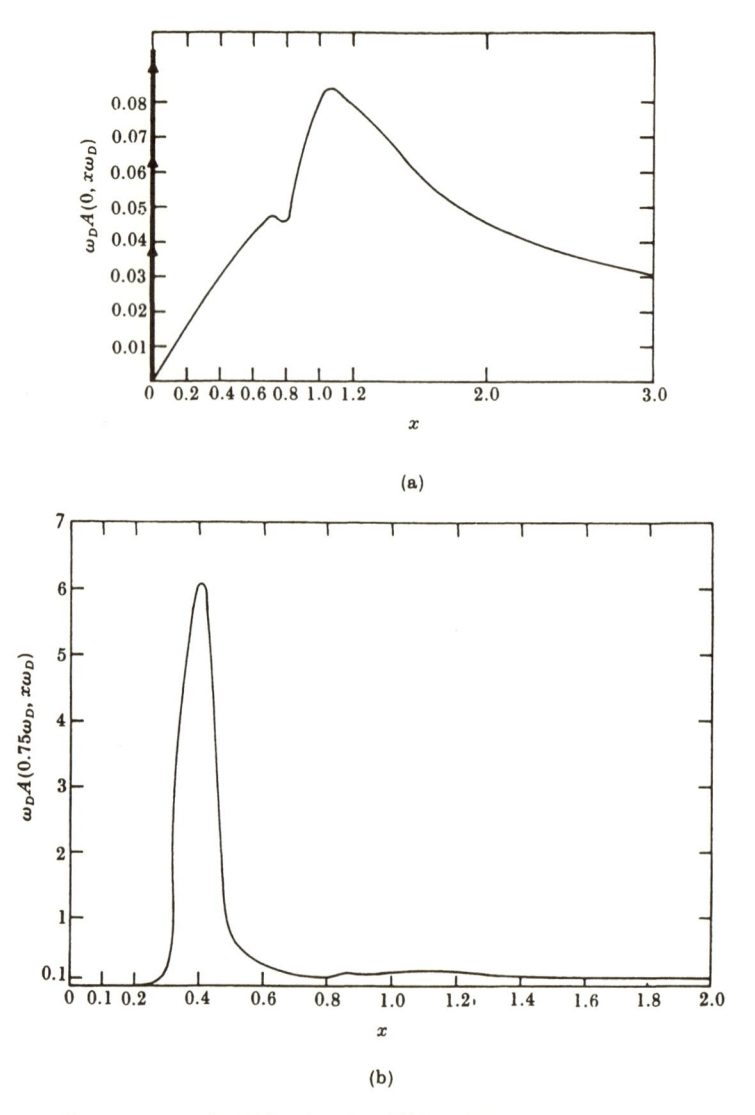

図6.15 1電子のスペクトル加重関数 $A(\mathbf{p},\omega)$ の計算例.電子は衣をまとったフォノンと相互作用をしており,そのフォノンは最大振動数 ω_D まで Debye スペクトル $\omega_\mathbf{q} \propto q$ を持つ.$\mathbf{p}$ の代わりに Fermi 準位基準の Bloch エネルギー $\epsilon_\mathbf{p}$ を設定し,$A(\epsilon_\mathbf{p}, x\omega_D)$ として表示.(a) $\epsilon_\mathbf{p}=0$.$x=0$ においてデルタ関数の寄与がある.(b) $\epsilon_\mathbf{p}=0.75\omega_D$.

6.2. 電子-フォノン結合系

(c)

(d)

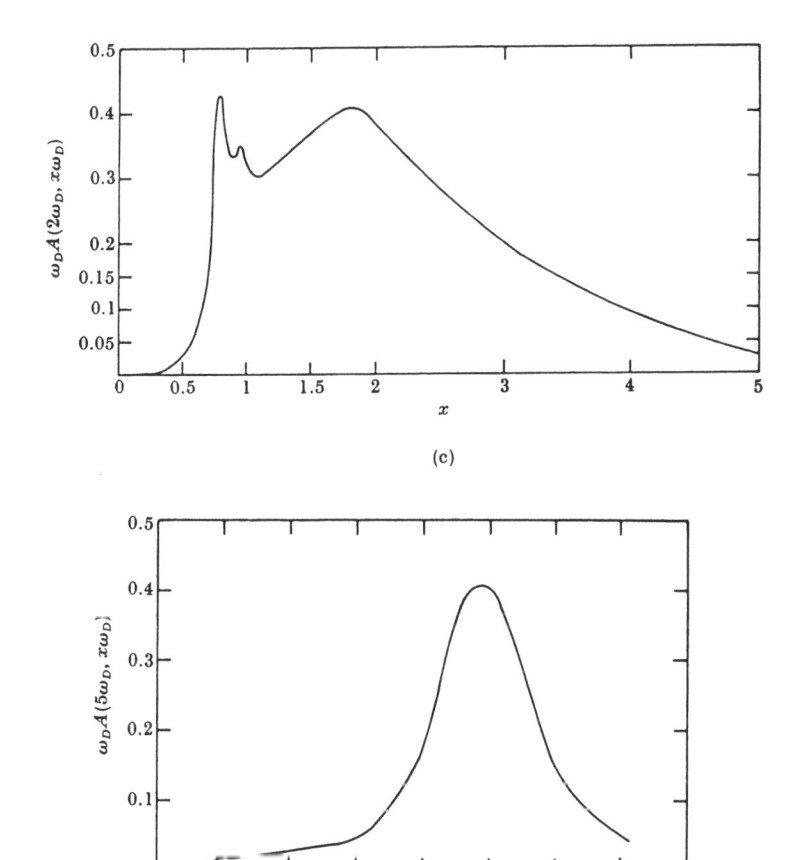

図6.15 (続き) (c) $\epsilon_{\mathbf{p}} = 2\omega_{\mathrm{D}}$. (d) $\epsilon_{\mathbf{p}} = 5\omega_{\mathrm{D}}$.

第 7 章　超伝導に対する場の量子論の応用

　第2章と第3章では常伝導状態における減衰のない Landau 準粒子の間に，遅延のない相互作用を設定することによって，超伝導状態を扱った．しかし実際の金属を考えるならば，超伝導相の本質を理解する上で遅延効果や減衰効果も重要な役割を担うことになる．さらには集団運動モードを考慮することも，ゲージ不変な方法で超伝導体の電磁的な特性を理解する際に重要となる．第4章から第6章にかけて概説した場の量子論の方法が，これらの効果を扱うために有用な手段の礎になる．

7.1　常伝導相の不安定性

　第2章において，引力的な2体ポテンシャルが存在する電子系では常伝導相が不安定となり，互いに束縛し合った電子対の形成が起こることを見た．ここで Migdal の議論に戻って，不安定性を引き起こすようなグラフを調べることは教育的に有意義である．まず Cooper が論じた2粒子問題 [41] に対応するような，2つの電子が繰り返し相互散乱を行う一連のグラフに注目してみよう．図7.1 の一連の梯子グラフ (ladder graph) が，そのような効果を表す．有効ポテンシャルが引力的であるならば，2粒子間に相互束縛的な相関が生じて，常伝導系全体の不安定性が誘発されるものと予想される．この類のグラフの $\Sigma(p)$ への寄与を考察するには，図7.2 に示すように，梯子における一方の電子の矢線を閉じてループを形成してしまえばよい．このような形のグラフを G と D と Γ によって解釈すると，系の不安定性は図7.3 に表されるよう

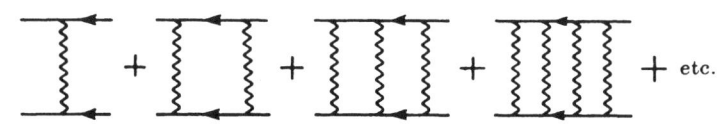

図7.1　一連の梯子グラフ．

図7.2 Σ に対する梯子近似.

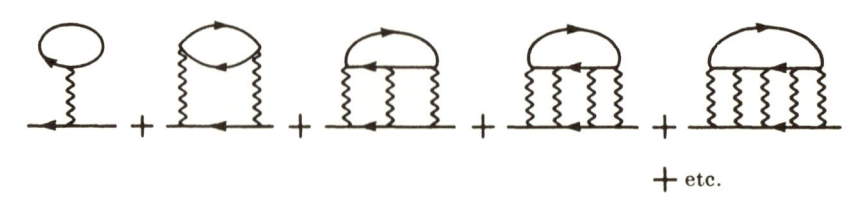

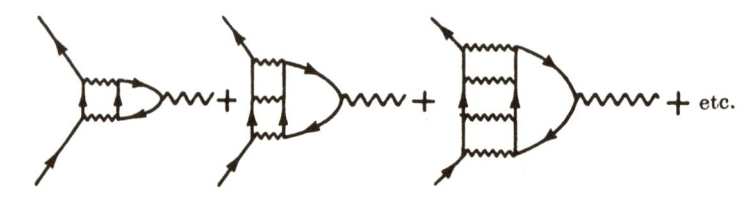

図7.3 電子-フォノン結節部分関数 Γ に対する一連の梯子グラフの寄与. これらの過程が常伝導状態の不安定性を引き起こす.

なグラフに起因する Γ の特異性から生じることが分かる (式(6.38)参照).

常伝導状態の不安定性を, より詳しく理解するために, 図7.1 の梯子グラフを具体的に考察しよう. 電子の外線部分を除いた一連の梯子グラフによる無限級数の総和は, 次式を満たす "t 行列" として定義される[‡].

$$\langle k'+q, -k'|t|k+q, -k \rangle$$
$$= \mathcal{V}(k'-k) + i\int \mathcal{V}(k'-k'') G_0(k''+q) G_0(-k'') \langle k''+q, -k''|t|k+q, -k \rangle \frac{d^4 k''}{(2\pi)^4} \tag{7.1}$$

上式の t 行列が実際に梯子グラフの級数を表すことは, 式(7.1) において逐次代入を行い, $\mathcal{V}$ に関する冪級数の解を作れば確認できる. この形の積分方程式は一般には解けない. しかし簡単なモデルとして, $\mathcal{V}(q)$ は相互作用前後の電子の波数による変数

[‡](訳註) t 行列は, 2体相互作用の行列 $\mathcal{V}(k'-k) = \langle k', -k'|\mathcal{V}|k, -k \rangle$ を, 高次の梯子過程を含めるように一般化した行列要素にあたる. q は相互作用をする電子対の重心運動量を表す. 式(7.1) も Dyson 方程式と同様の考え方で構築されている. つまり, この式を $q=0$ と置いて見ると, 右辺第1項は, 一方の電子が $\mathcal{V}$ によって直接 $k \to k'$ の遷移をする過程, 第2項は一方の電子が, まず t によって $k \to k''$ と遷移し, それから $\mathcal{V}$ によって $k'' \to k'$ へ遷移する過程を表している.

7.1. 常伝導相の不安定性

分離が可能な s 波の同時刻ポテンシャルであって，単純に Fermi 面を含む薄い球殻領域だけで有限値を取るものと仮定してみる．

$$\mathcal{V}(p-k) = \lambda_0 w_\mathbf{p}^* w_\mathbf{k}$$
$$w_\mathbf{k} = \begin{cases} 1 & |\epsilon_\mathbf{k}| < \omega_c \\ 0 & \text{otherwise} \end{cases} \tag{7.2}$$

この場合には t 行列の解が，次のように求まる．

$$\langle k'+q, -k'|t|k+q, -k\rangle = \frac{\lambda_0 w_{\mathbf{k}'+\mathbf{q}}^* w_{\mathbf{k}+\mathbf{q}}}{1 - i\lambda_0 \int |w_{\mathbf{p}+\mathbf{q}}|^2 G_0(p+q) G_0(-p) \frac{d^4 p}{(2\pi)^4}} \tag{7.3}$$

これが正しい解となっていることは，直接の代入によって確認できる．

もし t 行列の解析的な性質に問題があることが判明すれば，Γ にも問題が生じる．Γ が次のように与えられるからである[§]（図7.3参照）．

$$\Gamma(p,q) = g_q \left[1 - i \int \langle p, k+q|t|p+q, k\rangle G_0(k) G_0(k+q) \frac{d^4 k}{(2\pi)^4} \right] \tag{7.4}$$

t は，もし式(7.3) の右辺の分母がゼロになるところがあれば，そこで特異性を持つはずである．すなわち，その条件を与える式は，

$$\frac{1}{\lambda_0} = i \int |w_{\mathbf{p}+\mathbf{q}}|^2 G_0(k+q) G_0(-k) \frac{d^4 k}{(2\pi)^4} \tag{7.5}$$

である．議論を簡単にするために，相互作用をする電子の対の重心運動量がゼロの場合を考える (すなわち Cooper 問題と同様に $\mathbf{q}=0$ とする)．そして式(7.5) が満たされるような q_o を求めることを試みる．G_0 の式を代入して，k_0-積分を留数を用いて実行すると，式(7.5) は次のようになる．

$$\frac{1}{\lambda_0} = \sum_{|\mathbf{k}|>k_\text{F}} \frac{|w_\mathbf{k}|^2}{q_\text{o} - 2\epsilon_\mathbf{k}} - \sum_{|\mathbf{k}|<k_\text{F}} \frac{|w_\mathbf{k}|^2}{q_\text{o} - 2\epsilon_\mathbf{k}} \equiv \tilde{\Phi}(q_\text{o}) \tag{7.6}$$

上式は $\mathbf{q}=0$ の Cooper 問題において得た式(2.11) と類似の観点から関心が持たれるので，$\int d^3 k/(2\pi)^3$ を $\sum_\mathbf{k}$ に置き換えた．もし Fermi 面の内側において $|w_\mathbf{k}|^2$ がゼロであれば，式(2.11) と式(7.6) は同じ式になる．相互作用が働く範囲を Fermi 球面の外部だけでなく内部まで拡げると，Fermi 面の内側の状態が t の特異性を決定する上で重要な役割を担うことになる．式(7.6) の右辺の関数を図7.4 に示す．$\lambda_0 > 0$

[§]（訳註）p, q はそれぞれ結節部分への入射電子および入射フォノンの運動量 (波数) を表し，出射電子の運動量は $p+q$ となる．図6.13 (p.145) 参照．図7.3 の各図において，右側のフォノン外線に結節点 g_q を介して接続している結節部分内部の2本の電子の運動量がそれぞれ k および $k+q$ で，これらが t によって表される梯子構造の片側の出射線・入射線になっている．

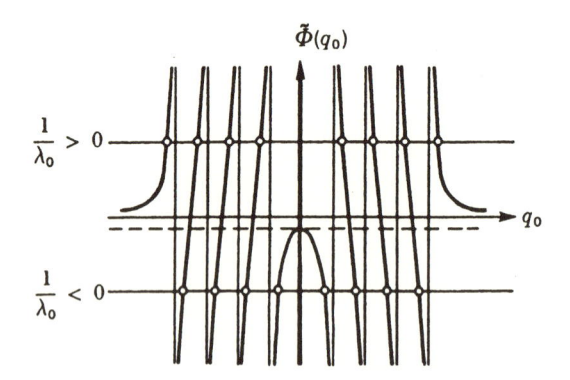

図7.4 多体系において t 行列の極を決める関数 $\tilde{\Phi}(q_0)$ を描いたグラフ. s 波の斥力が働く場合には $(\lambda_0 > 0)$, すべての極が実数において生じる. 引力が働く場合には $(\lambda_0 < 0)$, 純虚数の極が 2 つ生じる可能性がある (系の巨視的極限を考えるならば, $q_0 = 0$ 付近におけるピークの高さが $-\infty$ へ後退するので, $|\lambda_0|$ の強さには依らず必ず 2 つの純虚数極が現れる). この純虚数極の存在は, 2 体の引力相互作用を持つ系の $T=0$ における常伝導状態の不安定性を表している.

(斥力) の場合, 摂動を受けた各状態は, 隣接する非摂動状態 (図中縦線) の間隙にそれぞれ捕獲され, 束縛状態が生じることはない. $\lambda_0 < 0$ (引力) でも相互作用が弱ければ, やはり束縛状態は生じない. しかしながら λ_0 を負に大きくすると (強い引力), $1/\lambda_0$ を表す図中の水平線は上昇して q_0 軸に近づいてゆく. $q_0 = 0$ の付近にある $\tilde{\Phi}(q_0)$ のピークの高さに達するまでは, 非摂動状態と対応する定常解しか現れない. しかし $1/\lambda_0$ の水準がこれよりも上がるように, 引力を臨界値を超えるところまで強めると, $\tilde{\Phi}$ と交わる 2 つの実数解が消失し, 代わりに 2 つの純虚数解を生じるようになる. これらの純虚数解 [101] は, 式(7.6)における和を積分に戻し, Fermi 準位付近における Bloch 状態のエネルギー状態密度を定数 $N(0)$ と見なせば求めることができる. この"不安定状態"の解を $q_0 = i\alpha$ と置くと, 次式を得る.

$$\frac{1}{N(0)\lambda_0} = \int_0^{\omega_c} \frac{d\epsilon}{i\alpha - 2\epsilon} - \int_{-\omega_c}^0 \frac{d\epsilon}{i\alpha - 2\epsilon}$$
$$= -\frac{1}{2} \log\left[\frac{(2\omega_c)^2 + \alpha^2}{\alpha^2}\right] \tag{7.7}$$

$N(0)\lambda_0 < 0$ であれば (そして引力が上述の臨界値よりも強ければ, ということであるが, 系の巨視的極限では臨界値はほどんどゼロになるので, 引力はいくら弱くてもよい), 純虚数解の組が次のように与えられる.

$$\alpha = \pm \frac{2\omega_c}{\left\{\exp\left[\frac{2}{N(0)|\lambda_0|}\right] - 1\right\}^{1/2}} \simeq \pm 2\omega_c \exp\left[-\frac{1}{N(0)|\lambda_0|}\right] \tag{7.8}$$

上式の後ろ側の近似は，弱結合すなわち $N(0)|\lambda_0| < \frac{1}{4}$ の場合に妥当となる．

Cooperの2粒子問題の結果と上述の t 行列問題の結果には重要な違いが見られる．2粒子問題では，定常的な束縛状態に対応する実エネルギーの解が得られた．しかし t に関しては Fermi 面の内側にも相互作用を導入していることにより，常伝導相から安定な束縛状態が形成されることはなくなり，対相関の振幅が虚エネルギー $i\alpha$ に応じた形で非定常的に強化されてゆく．残念ながら，この不安定な状態の時間発展を永く辿って最終的に実現される状態を見いだすことは難しい．上述の t の近似は超伝導相における相関を充分に正しく扱えるものではないからである．

Cooper問題と t 行列問題のもうひとつの違いとして，Cooper対モデルにおける束縛エネルギーは $e^{-2/N(0)|\lambda_0|}$ であったが，t による単位時間あたりの相関強化率 α は，より指数関数的に大きい因子 $e^{-1/N(0)|\lambda_0|}$ を含む．第2章で見たように，超伝導状態のエネルギーギャップを表す式は後者の因子を含む．Fermi面の内外両側において相関の扱い方を一貫させたことにより，共通の因子が得られているのである．

有限の重心運動量 $\mathbf{q}$ の下で式(7.5)の解を検討すると，$\mathbf{q}$ を増やすにしたがって相関強化指数 $\alpha(q)$ は低下する．したがって正味の電流が流れていない常伝導状態において，$\mathbf{q} = 0$ の対が最も不安定であり，このような対が超伝導相の基底状態を形成する上で最も重要な役割を持つものと予想される．(電子の平均流れ速度 $\mathbf{v}_\mathrm{d}$ を持つ常伝導状態においては，$\mathbf{q} = 2m\mathbf{v}_\mathrm{d}$ の対状態が最も強く相関強化に与ることになる．)

7.2 南部-Gor'kov形式

第5章で論じた Green 関数に対する摂動級数展開は，常伝導状態の不安定性の問題を解決するために適切なものではないが，代わりに南部 (Nambu) によって修正された形式を採用すれば，やはり Feynman-Dyson 級数の簡明さを利用して問題を扱うことができる [114]．南部の仕事に先だって Gor'kov もこれに極めて近い形式を展開していた [121]．南部の定式化の方法は，計算を行うために特に有用なので，このアプローチを詳しく論じることにしよう．

南部の形式を理解する方法としては，遅延のない2体ポテンシャル V によって相互作用をする電子系を考察するのが，おそらく最も容易である．この電子系のハミル

トニアンは，次のように表される．

$$H = \sum_{\mathbf{k},s} \epsilon_{\mathbf{k}} n_{\mathbf{k}s} + \frac{1}{2} \sum_{\mathbf{k},\mathbf{k},\mathbf{q},s,s'} \langle \mathbf{k}+\mathbf{q},\mathbf{k}'-\mathbf{q}|V|\mathbf{k},\mathbf{k}'\rangle c^+_{\mathbf{k}+\mathbf{q}s} c^+_{\mathbf{k}'-\mathbf{q}s'} c_{\mathbf{k}'s'} c_{\mathbf{k}s} \tag{7.9}$$

Hartree-Fock近似では，与えられた状態 $|0\rangle$ を用いて 2 体相互作用演算子 H_{int} を "1 体" 演算子に置き換えて線形化する．この線形化によって，典型的な演算子積 $c^+_1 c^+_2 c_3 c_4$ は次のように置き換わる．

$$\begin{aligned} c^+_1 c^+_2 c_3 c_4 \Rightarrow \quad & \langle 0|c^+_1 c_4|0\rangle c^+_2 c_3 - \langle 0|c^+_1 c_3|0\rangle c^+_2 c_4 \\ & + \langle 0|c^+_2 c_3|0\rangle c^+_1 c_4 - \langle 0|c^+_2 c_4|0\rangle c^+_1 c_3 \end{aligned} \tag{7.10}$$

状態 $|0\rangle$ は線形化されたハミルトニアンの固有状態として，自己無撞着に決定される．この手続きと実質的に等価であるが，我々の目的から更に便利な近似の施し方として，修正されたゼロ次ハミルトニアンを導入してみる．

$$H'_0 = H_0 + H_\chi - \mu N \tag{7.11}$$

ここで，

$$H_\chi = \sum_{\mathbf{k},s} \chi_{\mathbf{k}} n_{\mathbf{k}s} \tag{7.12}$$

は Hartree-Fockポテンシャルによるエネルギーを表す．議論を簡単にするために，連続並進対称性を仮定し，スピン依存は考えない．式(7.11) の最後の項，

$$\mu N = \mu \sum_{\mathbf{k},s} n_{\mathbf{k}s} \tag{7.13}$$

は運動エネルギーの原点を容易に変更するために含めた項であり，μ は化学ポテンシャルを表す．ゼロ次ハミルトニアンの修正の結果，これに含まれずに残っている "相互作用" (残留相互作用) のハミルトニアンも，

$$H'_{\mathrm{int}} = H_{\mathrm{int}} - H_\chi \tag{7.14}$$

のように修正する必要がある．すなわち，

$$H' = H'_0 + H'_{\mathrm{int}} = H - \mu N \tag{7.15}$$

である．したがって H と H' のエネルギースペクトルは，μN によるエネルギーのずれがあるけれども，構造的には同じである．この流儀において Hartree-Fock (HF)

7.2. 南部-Gor'kov形式

近似の意味するところは，修正項 H_χ を適切に設定すれば，H_0' の素励起スペクトルが，残留相互作用 H_{int}' による影響を 1 次までは受けない (そのように H_χ を決める) ということである．

上述の処方を実行に移すために，H_0' の下での 1 粒子 Green 関数 $G_0(\mathbf{p}, p_\text{o})$ は H_0' の素励起エネルギー $\bar{\epsilon}_\mathbf{p}$ を与えることに注意する．絶対零度の系を仮定すると，

$$G_{0s}(\mathbf{p}, t) = -i\langle 0|T\{c_{\mathbf{p}s}(t)c_{\mathbf{p}s}^+(0)\}|0\rangle \tag{7.16}$$

である．上式の $|0\rangle$ は H_0' の下における，粒子数が N_0 の基底状態であり，電子の演算子は，ここでは次のように時間発展する．

$$c_{\mathbf{p}s}(t) = e^{iH_0' t}c_{\mathbf{p}s}(0)e^{-iH_0' t} = c_{\mathbf{p}s}(0)e^{i(\epsilon_\mathbf{p}+\chi_\mathbf{p}-\mu)t} \tag{7.17}$$

式(7.17) により，非摂動系の Green 関数は，次のように与えられる．

$$G_0(\mathbf{p}, p_\text{o}) = \frac{e^{i\delta p_\text{o}}}{p_\text{o} - (\epsilon_\mathbf{p} + \chi_\mathbf{p} - \mu) + i\delta p_\text{o}} = \frac{e^{i\delta p_\text{o}}}{p_\text{o} - \bar{\epsilon}_\mathbf{p} + i\delta p_\text{o}} \tag{7.18}$$

ここで $\delta = 0^+$ である．式(7.18) に因子 $e^{i\delta p_\text{o}}$ を入れてあることにより，$G_{0s}(p)$ を p_o で積分したものが，基底状態における各 1 電子状態の平均占有数に対応する．

$$-iG_{0s}(\mathbf{p}, t=0) = -i\int G_{0s}(\mathbf{p}, p_\text{o})\frac{dp_\text{o}}{2\pi} = \langle 0|n_{\mathbf{p}s}|0\rangle \tag{7.19}$$

式(7.18) を式(7.19) に代入して，p_o-積分路を上半面で閉じることにより，次の結果が得られる．

$$\langle 0|n_{\mathbf{p}s}|0\rangle = \begin{cases} 1 & \epsilon_\mathbf{p} + \chi_\mathbf{p} < \mu \\ 0 & \epsilon_\mathbf{p} + \chi_\mathbf{p} > \mu \end{cases} \tag{7.20}$$

全電子数は N_0 でなければならないので，次の制約が課される．

$$\langle 0|\sum_{\mathbf{p},s} n_{\mathbf{p}s}|0\rangle = 2\int \frac{d^3p}{(2\pi)^3}\bigg|_{\epsilon_\mathbf{p}+\chi_\mathbf{p}<\mu} = N_0 \tag{7.21}$$

Hartree-Fock ポテンシャル $\chi_\mathbf{p}$ を与えると，上式に基づいて化学ポテンシャル μ が決定される．$G_{0s}(\mathbf{p}, p_\text{o})$ の極は $p_\text{o} = \epsilon_\mathbf{p} + \chi_\mathbf{p} - \mu \equiv \bar{\epsilon}_\mathbf{p}$ にある．第 5 章で見たように，$\bar{\epsilon}_\mathbf{p} > 0$ の場合には，$\bar{\epsilon}_\mathbf{p}$ が N_0 粒子系に電子をひとつ加えて形成した (N_0+1) 粒子系の励起エネルギーを表し，$\bar{\epsilon}_\mathbf{p} < 0$ の場合には，$-\bar{\epsilon}_\mathbf{p} = |\bar{\epsilon}_\mathbf{p}|$ が N_0 粒子系から電子をひとつ除いて形成した (N_0-1) 粒子系の励起エネルギーを表す．

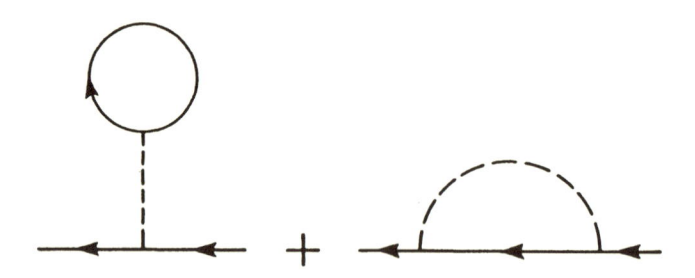

図7.5 Hartree-Fock近似の範囲内での Σ への寄与．電子を表す線は，自己無撞着に決定される自己エネルギー Σ を含んでいるものと見る．

励起スペクトルに対する H'_{int} の影響を調べるために，この残留相互作用に起因する自己エネルギー $\Sigma(\mathbf{p}, p_\text{o})$ を求める必要がある．標準的な Feynman-Dyson 規則を用いると，H'_{int} の1次までの自己エネルギーは次のように与えられる．

$$\Sigma(\mathbf{p}, p_\text{o}) = -2i \int \langle \mathbf{p}, \mathbf{p}' | V | \mathbf{p}, \mathbf{p}' \rangle G_0(\mathbf{p}', p'_\text{o}) \frac{d^4 p'}{(2\pi)^4}$$
$$+ i \int \langle \mathbf{p}', \mathbf{p} | V | \mathbf{p}, \mathbf{p}' \rangle G_0(\mathbf{p}', p'_\text{o}) \frac{d^4 p'}{(2\pi)^4} - \chi_{\mathbf{p}} \qquad (7.22)$$

第1項と第2項はそれぞれ図7.5 に示してある直接項と交換項にあたり，最後の項として Hartree-Fock ポテンシャルを差し引いてある．2体ポテンシャルの行列要素は p'_o に依存しないので，式(7.19) を利用して簡単な結果が得られる．

$$\Sigma(\mathbf{p}, p_\text{o}) = \int_{\bar{\epsilon}_{\mathbf{p}'} < 0} \frac{d^3 p'}{(2\pi)^3} \left\{ 2 \langle \mathbf{p}, \mathbf{p}' | V | \mathbf{p}, \mathbf{p}' \rangle - \langle \mathbf{p}', \mathbf{p} | V | \mathbf{p}, \mathbf{p}' \rangle \right\} - \chi_{\mathbf{p}} \qquad (7.23)$$

もし，期待される通りに H'_0 が既に H' に充分に近い性質を備えていて，$G_0(\mathbf{p}, p_\text{o})$ の極が Σ に影響を受けないとすると，次の自己無撞着条件が満たされねばならない．

$$\Sigma(\mathbf{p}, \bar{\epsilon}_{\mathbf{p}}) = 0 \qquad (7.24)$$

ここで我々が扱っている問題では Σ が p_o に依存しないので，上の条件から $\chi_{\mathbf{p}}$ を決定するための，いわゆる Hartree-Fock の関係式が再現される．

$$\chi_{\mathbf{p}} = \int_{\bar{\epsilon}_{\mathbf{p}'} < 0} \frac{d^3 p'}{(2\pi)^3} \left\{ 2 \langle \mathbf{p}, \mathbf{p}' | V | \mathbf{p}, \mathbf{p}' \rangle - \langle \mathbf{p}', \mathbf{p} | V | \mathbf{p}, \mathbf{p}' \rangle \right\} \qquad (7.25)$$

上述の議論は HF 近似を扱う方法としてはいささか複雑で迂遠に見えるが，この形式によれば，容易に対相関を含めることができるという利点がある．考え方とし

7.2. 南部-Gor'kov形式

て，演算子積の線形化の手続き (式(7.10)) において，$\langle 0|c_1^+ c_2^+|0\rangle$ や $\langle 0|c_3 c_4|0\rangle$ まで
を Hartree 的に考慮するように一般化すればよい．通常の Hartree-Fock の方法と同
様に，ここでも状態 $|0\rangle$ は自己無撞着に決定されるべき状態である．

　この段階で疑問を感じる読者もあるだろう．本来，全ハミルトニアンは全粒子数演
算子 $N_{\rm op}$ と可換であり，H の正確な固有関数は $N_{\rm op}$ の固有関数でもある．したがっ
て近似的に決める状態 $|0\rangle$ も $N_{\rm op}$ の固有関数に選ぶべきであり，Hartree 的に付け加
える $\langle 0|c_1^+ c_2^+|0\rangle$ や $\langle 0|c_3 c_4|0\rangle$ の項は恒等的にゼロになるのではないだろうか．これ
に対して 2 通りの反論が可能である．第 1 に，電子の運動エネルギーの原点を化学ポ
テンシャル μ に設定して，そこからの相対エネルギーを考えるならば，巨視的な系
の極限において N_0 粒子基底状態も $(N_0+\nu)$ 粒子基底状態も，$|\nu|\ll N_0$ なので事
実上，互いに縮退しているものと見なせる．したがって H の基底状態を，これらの
縮退した状態の線形結合に選んでもよいのであって，H の基底状態 (一般には固有状
態) が $N_{\rm op}$ の固有状態である必要は "ない"．第 2 に，もし真に適正な状態が $N_{\rm op}$ の
固有状態で "ない" ならば，粒子数の異なる基底状態同士が正確に縮退していないと
しても，より正確な (粒子数の確定していない) 状態を工夫して構築することができ
るであろう．我々は BCS 理論を扱ったときに，このような事情を既に見ている．何
れにせよ一般化された Hartree 形式は，ゼロ次ハミルトニアンに擬似的な相互作用の
寄与までを含めるものであり，この措置に伴って元のハミルトニアンにおける保存量
が確定しないような基底状態の採用もあり得ることになる．要点は，計算の各段階に
おいて系の状態が $N_{\rm op}$ の固有状態であることを要請するよりも，ゼロ次において解
析的でない対相関を導入して，$|0\rangle$ が $N_{\rm op}$ の固有状態でなければならないという制約
を外した方が議論を進めやすくなるということである．これと似た状況は，原子核構
造論にもある．そこでは最低次で球対称ではない Hartree ポテンシャルが導入され，
その基底状態は角運動量の固有関数ではない．

　次に，より一般化された HF 近似を見てみるために，さらに修正を施したゼロ次ハ
ミルトニアン，

$$H_0' = H_0 + (H_\chi + H_\phi) - \mu N \tag{7.26}$$

を考える．追加した項 H_ϕ は，次の形を持つものとする．

$$H_\phi = \sum_{\mathbf{k}} \left\{ \phi_{\mathbf{k}}^* c_{\mathbf{k}\uparrow}^+ c_{-\mathbf{k}\downarrow}^+ + {\rm H.c.} \right\} \tag{7.27}$$

$\phi_{\mathbf{k}}$ は未定の "相関ポテンシャル" であり，この新たな項の導入は，$\mathbf{k}\uparrow$ と $-\mathbf{k}\downarrow$ の間
の対相関を記述することを意図している．H_0' は H_ϕ を含むことによって，もはや普

通の意味での1粒子演算子ではなくなっている．このことは摂動の扱い方を複雑なものにする．式(7.26)のゼロ次ハミルトニアンと組み合わすべき，修正を施した残留相互作用ハミルトニアンは，次のように与えられる．

$$H'_{\text{int}} = H_{\text{int}} - (H_\chi + H_\phi) \tag{7.28}$$

南部は，この形式的な複雑さを回避する賢明な方法を発見した．すなわち2成分(スピノル)場の演算子，

$$\Psi_{\mathbf{k}} = \begin{pmatrix} c_{\mathbf{k}\uparrow} \\ c^+_{-\mathbf{k}\downarrow} \end{pmatrix} \qquad \Psi_{\mathbf{k}1} = c_{\mathbf{k}\uparrow} \qquad \Psi_{\mathbf{k}2} = c^+_{-\mathbf{k}\downarrow} \tag{7.29}$$

と，そのエルミート共役，

$$\Psi^+_{\mathbf{k}} = \begin{pmatrix} c^+_{\mathbf{k}\uparrow}, & c_{-\mathbf{k}\downarrow} \end{pmatrix} \tag{7.30}$$

を導入する．これらの反交換関係は，

$$\{\Psi_{\mathbf{k}}, \Psi^+_{\mathbf{k}'}\} = \delta_{\mathbf{kk}'} \mathbf{1} \qquad \{\Psi_{\mathbf{k}}, \Psi_{\mathbf{k}'}\} = 0$$

である．こうすると形式的にH'_0を$\Psi_{\mathbf{k}}$に関する1体演算子のように表すことができる．通例のように，4つのPauli行列を，

$$\tau_1 = \begin{pmatrix} 0 & 1 \\ 1 & 0 \end{pmatrix} \quad \tau_2 = \begin{pmatrix} 0 & -i \\ i & 0 \end{pmatrix} \quad \tau_3 = \begin{pmatrix} 1 & 0 \\ 0 & -1 \end{pmatrix} \quad \mathbf{1} = \begin{pmatrix} 1 & 0 \\ 0 & 1 \end{pmatrix} \tag{7.31}$$

と置くと，この形式におけるエルミート演算子$\Psi^+_{\mathbf{k}} \tau_i \Psi_{\mathbf{k}}$は，実際には，それぞれ以下の意味を持つ．

$$\Psi^+_{\mathbf{k}} \tau_1 \Psi_{\mathbf{k}} = c^+_{\mathbf{k}\uparrow} c^+_{-\mathbf{k}\downarrow} + c_{-\mathbf{k}\downarrow} c_{\mathbf{k}\uparrow} \tag{7.32a}$$

$$\Psi^+_{\mathbf{k}} \tau_2 \Psi_{\mathbf{k}} = -i \left[c^+_{\mathbf{k}\uparrow} c^+_{-\mathbf{k}\downarrow} - c_{-\mathbf{k}\downarrow} c_{\mathbf{k}\uparrow} \right] \tag{7.32b}$$

$$\Psi^+_{\mathbf{k}} \tau_3 \Psi_{\mathbf{k}} = n_{\mathbf{k}\uparrow} + n_{-\mathbf{k}\downarrow} - 1 \tag{7.32c}$$

$$\Psi^+_{\mathbf{k}} \mathbf{1} \Psi_{\mathbf{k}} = n_{\mathbf{k}\uparrow} - n_{-\mathbf{k}\downarrow} + 1 \tag{7.32d}$$

したがって，H'_0を次のように書き直すことができる．

$$H'_0 = \sum_{\mathbf{k}} \Psi^+_{\mathbf{k}} \left[\bar{\epsilon}_{\mathbf{k}} \tau_3 + \phi_{\mathbf{k}1} \tau_1 + \phi_{\mathbf{k}2} \tau_2 \right] \Psi_{\mathbf{k}} + \sum_{\mathbf{k}} \bar{\epsilon}_{\mathbf{k}} \tag{7.33}$$

7.2. 南部-Gor'kov形式

$\phi_{\mathbf{k}1}$ と $\phi_{\mathbf{k}2}$ は，それぞれ $\phi_{\mathbf{k}}$ の実部と虚部を表す．前と同様に $\bar{\epsilon}_{\mathbf{k}} = \epsilon_{\mathbf{k}} + \chi_{\mathbf{k}} - \mu$ である．式(7.33) の最後の項は，式(7.32c) に現れた -1 を打ち消すために導入してある．この煩わしい (無限大の) 項は，我々が Green 関数の形式を利用するならば，容易に除くことができる．H'_0 の表式(7.33) は，もし H'_{int} が $\Psi_{\mathbf{k}}$ の1体もしくは2体ポテンシャルの形で与えられるならば，Feynman-Dyson 摂動級数を適用するために必要な形を備えている．H'_{int} を次のように表すことができる．

$$H'_{\text{int}} = \frac{1}{2} \sum_{\mathbf{k},\mathbf{k}',\mathbf{q}} \langle \mathbf{k}+\mathbf{q}, \mathbf{k}'-\mathbf{q} | V | \mathbf{k}, \mathbf{k}' \rangle \left(\Psi^{+}_{\mathbf{k}+\mathbf{q}} \tau_3 \Psi_{\mathbf{k}} \right) \left(\Psi^{+}_{\mathbf{k}'-\mathbf{q}} \tau_3 \Psi_{\mathbf{k}'} \right)$$
$$- \sum_{\mathbf{k}} \Psi^{+}_{\mathbf{k}} \left(\chi_{\mathbf{k}} \tau_3 + \phi_{\mathbf{k}1} \tau_1 + \phi_{\mathbf{k}2} \tau_2 \right) \Psi_{\mathbf{k}} \tag{7.34a}$$

ただし，ここでは V が次の対称性の要請を満たすことを仮定している．

$$\langle \mathbf{k}_1, \mathbf{k}_2 | V | \mathbf{k}_3, \mathbf{k}_4 \rangle = \langle -\mathbf{k}_3, -\mathbf{k}_4 | V | -\mathbf{k}_1, -\mathbf{k}_2 \rangle$$
$$= \langle -\mathbf{k}_3, \mathbf{k}_2 | V | -\mathbf{k}_1, \mathbf{k}_4 \rangle$$
$$= \langle \mathbf{k}_1, -\mathbf{k}_4 | V | \mathbf{k}_3, -\mathbf{k}_2 \rangle \tag{7.34b}$$

電子-フォノン相互作用や Coulomb 相互作用は，これらの対称性の条件を満足する．式(7.34a) の第1項を正確に H_{int} と一致させるためには，式(7.33) と同様に余分の項を加える必要がある．しかしそのような項は，我々が採用する G_0 に自動的に含まれることになるので，今はそのような項を考えなくてもよい．

先ほどの Hartree-Fock 近似を再現する手続きを手本にして，化学ポテンシャル μ と Hartree 場 $\chi_{\mathbf{k}}$ および $\phi_{\mathbf{k}}$ を決めることを考えよう．1粒子 Green 関数 (にあたる 2×2 行列) を次のように定義する．

$$\mathbf{G}_{0\alpha\beta}(\mathbf{p},t) = -i\langle 0 | T\{ \Psi_{\mathbf{p}\alpha}(t) \Psi^{+}_{\mathbf{p}\beta}(0) \} | 0 \rangle \tag{7.35}$$

$|0\rangle$ は電子数 "の平均" が N_0 に設定されている H'_0 の基底状態である．演算子の時間発展は，

$$\Psi_{\mathbf{p}}(t) = e^{iH'_0 t} \Psi_{\mathbf{p}}(0) e^{-iH'_0 t} \tag{7.36}$$

とする．まず $\mathbf{G}_0$ の対角要素を見ると，

$$\mathbf{G}_{011}(\mathbf{p},t) = -i\langle 0 | T\{ c_{\mathbf{p}\uparrow}(t) c^{+}_{\mathbf{p}\uparrow}(0) \} | 0 \rangle \tag{7.37}$$

は，スピンが上向きの電子に関する Green 関数であり，

$$\mathbf{G}_{022}(\mathbf{p},t) = -i\langle 0 | T\{ c^{+}_{-\mathbf{p}\downarrow}(t) c_{-\mathbf{p}\downarrow}(0) \} | 0 \rangle \tag{7.38}$$

は，スピンが下向きの正孔に関する Green 関数である．残りの非対角要素,

$$\mathbf{G}_{012}(\mathbf{p},t) = -i\langle 0|T\{c_{\mathbf{p}\uparrow}(t)c_{-\mathbf{p}\downarrow}(0)\}|0\rangle \tag{7.39a}$$

$$\mathbf{G}_{021}(\mathbf{p},t) = -i\langle 0|T\{c^{+}_{-\mathbf{p}\downarrow}(t)c^{+}_{\mathbf{p}\uparrow}(0)\}|0\rangle \tag{7.39b}$$

はそれぞれ，系に素励起を生成することなく電子対を除く振幅，および電子対を加える振幅に関係している．H'_0 から無限大の c-数の項を除くために，$\mathbf{G}_0(\mathbf{p},t=0)$ を，次のように定義しておくと都合がよい．

$$\mathbf{G}_{011}(\mathbf{p},t=0) = \lim_{t\to 0^{-}}\mathbf{G}_{011}(\mathbf{p},t) \tag{7.40a}$$

$$\mathbf{G}_{022}(\mathbf{p},t=0) = \lim_{t\to 0^{+}}\mathbf{G}_{022}(\mathbf{p},t) \tag{7.40b}$$

これらの条件の下で，$\mathbf{G}_0(\mathbf{p},t)$ の時間に関する Fourier 変換は，次のようになる．

$$\mathbf{G}_0(\mathbf{p},p_\circ) = \frac{(p_\circ\mathbf{1} + \bar{\epsilon}_{\mathbf{p}}\tau_3 + \phi_{\mathbf{p}1}\tau_1 + \phi_{\mathbf{p}2}\tau_2)e^{i\delta p_\circ \tau_3}}{p_\circ^2 - \bar{\epsilon}_{\mathbf{p}}^2 - \phi_{\mathbf{p}1}^2 - \phi_{\mathbf{p}2}^2 + i\delta} \tag{7.41}$$

$p_\circ > 0$ における $\mathbf{G}_0(\mathbf{p},p_\circ)$ の極は準粒子 (準電子) のエネルギー $E_{\mathbf{p}}$ を与える．したがって $E_{\mathbf{p}}$ は次のように表される．

$$E_{\mathbf{p}} = \left(\bar{\epsilon}_{\mathbf{p}}^2 + \phi_{\mathbf{p}1}^2 + \phi_{\mathbf{p}2}^2\right)^{1/2} \tag{7.42}$$

$\mathbf{G}_0$ の各行列要素を具体的に書くと，以下の通りである．

$$\mathbf{G}_{011}(p) = \frac{(p_\circ + \bar{\epsilon}_{\mathbf{p}})e^{i\delta p_\circ}}{p_\circ^2 - E_{\mathbf{p}}^2 + i\delta} \tag{7.43a}$$

$$\mathbf{G}_{022}(p) = \frac{(p_\circ - \bar{\epsilon}_{\mathbf{p}})e^{-i\delta p_\circ}}{p_\circ^2 - E_{\mathbf{p}}^2 + i\delta} \tag{7.43b}$$

$$\mathbf{G}_{012}(p) = \frac{\phi^{*}_{\mathbf{p}}}{p_\circ^2 - E_{\mathbf{p}}^2 + i\delta} = \mathbf{G}^{*}_{021}(p) \tag{7.43c}$$

HF 近似の場合と同様に，全電子数 (の平均値) を N_0 に設定する必要がある．この条件は，式(7.40) を用いて，次のように書かれる．

$$\langle 0|\sum_{\mathbf{p},s}n_{\mathbf{p}s}|0\rangle = \sum_{\mathbf{p}}(-i)\big[\mathbf{G}_{011}(\mathbf{p},t=0) - \mathbf{G}_{022}(\mathbf{p},t=0)\big]$$

$$= \sum_{\mathbf{p}}(-i)\mathrm{Tr}\big[\tau_3\mathbf{G}_0(\mathbf{p},t=0)\big] = N_0 \tag{7.44}$$

式(7.41) の逆変換を考えると，

7.2. 南部-Gor'kov形式

$$-i\mathbf{G}_0(\mathbf{p}, t=0) = -i\int \mathbf{G}_0(\mathbf{p}, p_\text{o})\frac{dp_\text{o}}{2\pi}$$
$$= \frac{(E_\mathbf{p} - \bar{\epsilon}_\mathbf{p})\tau_3 - \phi_{\mathbf{p}1}\tau_1 - \phi_{\mathbf{p}2}\tau_2}{2E_\mathbf{p}} \tag{7.45}$$

であり，これを式(7.44)に代入すれば，化学ポテンシャル μ を決めるための，次の条件式が得られる[†].

$$\int \left(1 - \frac{\bar{\epsilon}_\mathbf{p}}{E_\mathbf{p}}\right)\frac{d^3p}{(2\pi)^3} = 2\int v_\mathbf{p}^2 \frac{d^3p}{(2\pi)^3} = N_0 \tag{7.46}$$

上式を導くために $\tau_i^2 = 1$, $\text{Tr}\,\tau_i = 0$, $\text{Tr}\,\mathbf{1} = 2$ を用いた．読者は式(7.46)が，第2章で得た結果と整合していることが分かるであろう．

ここで $\chi_\mathbf{k}$ と $\phi_\mathbf{k}$ を適正に決めるという問題に取りかかる．我々は式(7.22)と同様にして，H'_{int} の効果を Feynman-Dyson 規則に従って計算することができる．自己エネルギーへの H'_{int} の最低次の寄与は，次のように与えられる．

$$\Sigma(\mathbf{p}, p_\text{o}) = -i\tau_3 \int \langle \mathbf{p}, \mathbf{p}'|V|\mathbf{p}, \mathbf{p}'\rangle \text{Tr}\left[\tau_3 \mathbf{G}_0(p')\right]\frac{d^4p'}{(2\pi)^4}$$
$$+ i\int \langle \mathbf{p}', \mathbf{p}|V|\mathbf{p}, \mathbf{p}'\rangle \tau_3 \mathbf{G}_0(p')\tau_3 \frac{d^4p'}{(2\pi)^4}$$
$$- \left(\chi_\mathbf{p}\tau_3 + \phi_{\mathbf{p}1}\tau_1 + \phi_{\mathbf{p}2}\tau_2\right) \tag{7.47}$$

第5章で示した規則からの唯一の変更点は，電子の線に2体ポテンシャルの相互作用線 (やフォノンの線) が結合する"各々の結節点_{ヴァーテックス}"に，因子 τ_3 が加わることである．これは結合が $\Psi^+\tau_3\Psi$ という形になることによる (式(7.34a)参照)．また，グラフから与えられる各行列を適正な順序で並べること，および閉じたループについて式(7.47)の第1項のように $\mathbf{G}_0$ 行列の対角和_{トレース}を取るという規則も忘れてはならない．式(7.45)を利用して $\mathbf{G}_0$ を $E_\mathbf{p}$, $\phi_{\mathbf{p}1,2}$, $v_\mathbf{p}$ によって表すと，式(7.47)は次のようになる．

$$\Sigma(\mathbf{p}, p_\text{o}) = \tau_3 \left[\int \frac{d^3p'}{(2\pi)^3}\left\{2\langle\mathbf{p}, \mathbf{p}'|V|\mathbf{p}, \mathbf{p}'\rangle - \langle\mathbf{p}', \mathbf{p}|V|\mathbf{p}, \mathbf{p}'\rangle\right\}v_{\mathbf{p}'}^2 - \chi_\mathbf{p}\right]$$
$$+ \tau_1 \left[\int \frac{d^3p'}{(2\pi)^3}\langle\mathbf{p}', \mathbf{p}|V|\mathbf{p}, \mathbf{p}'\rangle \frac{\phi_{\mathbf{p}'1}}{2E_{\mathbf{p}'}} + \phi_{\mathbf{p}1}\right]$$
$$+ \tau_2 \left[\int \frac{d^3p'}{(2\pi)^3}\langle\mathbf{p}', \mathbf{p}|V|\mathbf{p}, \mathbf{p}'\rangle \frac{\phi_{\mathbf{p}'2}}{2E_{\mathbf{p}'}} + \phi_{\mathbf{p}2}\right] \tag{7.48}$$

[†](訳註) $\bar{\epsilon}_\mathbf{p}$ も $v_\mathbf{p}$ も μ に依存する関数である．$\bar{\epsilon}_\mathbf{p} = \epsilon_\mathbf{p} + \chi_\mathbf{p} - \mu$ であり，$v_\mathbf{p}$ は見て分かるように $\bar{\epsilon}_\mathbf{p}$ (と $E_\mathbf{p}$) を用いて定義されている．

ここで，やはり準粒子エネルギー $E_\mathbf{p}$ が H'_int の1次過程までは影響を受けないものと仮定すると，自己無撞着条件の式は，次のような行列の式の形で与えられる．

$$\Sigma(\mathbf{p}, E_\mathbf{p}) = 0 \tag{7.49}$$

各 Pauli 行列は互いに1次独立なので，式(7.49) は，式(7.48) における各 τ の係数を同時にゼロにすることを要請する式である．ここから χ, ϕ_1, ϕ_2 を決める3本の式が得られる．

$$\chi_\mathbf{p} = \int \frac{d^3 p'}{(2\pi)^3} \left\{ 2\langle \mathbf{p}, \mathbf{p}'|V|\mathbf{p}, \mathbf{p}'\rangle - \langle \mathbf{p}', \mathbf{p}|V|\mathbf{p}, \mathbf{p}'\rangle \right\} v_{\mathbf{p}'}^2 \tag{7.50a}$$

$$\phi_{\mathbf{p}1} = -\int \frac{d^3 p'}{(2\pi)^3} V_{\mathbf{p}\mathbf{p}'} \frac{\phi_{\mathbf{p}'1}}{2E_{\mathbf{p}'}} \tag{7.50b}$$

$$\phi_{\mathbf{p}2} = -\int \frac{d^3 p'}{(2\pi)^3} V_{\mathbf{p}\mathbf{p}'} \frac{\phi_{\mathbf{p}'2}}{2E_{\mathbf{p}'}} \tag{7.50c}$$

対間相互作用の行列要素 $V_{\mathbf{p}\mathbf{p}'}$ は，次のように定義される (式(7.34b)参照)．

$$V_{\mathbf{p}\mathbf{p}'} = \langle \mathbf{p}', -\mathbf{p}'|V|\mathbf{p}, -\mathbf{p}\rangle = \langle \mathbf{p}', \mathbf{p}|V|\mathbf{p}, \mathbf{p}'\rangle \tag{7.51}$$

"全ハミルトニアン" は τ 空間において τ_3 軸のまわりの回転の下で不変なので (粒子数を不定にする τ_1 や τ_2 の項が全ハミルトニアン H に含まれることは決してない)，位相を $\phi_2 = 0$ となるように選んでも一般性を損なうことはない．そうすると式(7.50b) は BCS のエネルギーギャップ方程式に帰結し，$\phi_\mathbf{p}$ を $\Delta_\mathbf{p}$ に同定することができる (式(2.72)参照)．興味深いことに，$v_{\mathbf{p}'}^2$ が $\mathbf{p}', s$ の1電子状態の平均占有率を表すことを念頭に置いて $\chi_\mathbf{p}$ を求める式(7.50a) を見ると，まさに Hartree-Fock ポテンシャルの式として予想される形になっている．この一般化された HF 近似は，$\chi_\mathbf{p}$ を第2章のエネルギー $\epsilon_\mathbf{p}$ に含めて考えれば，BCS 理論と等価なものになっている．

第5章のスペクトル加重関数 $A(\mathbf{p}, \omega)$ との関連を考えて，$\mathbf{G}_{011}(p)$ を次のように書き直すこともできる．

$$\mathbf{G}_{011}(p) = \frac{p_\circ + \bar{\epsilon}_\mathbf{p}}{p_\circ^2 - E_\mathbf{p}^2 + i\delta} = \frac{u_\mathbf{p}^2}{p_\circ - E_\mathbf{p} + i\delta} + \frac{v_\mathbf{p}^2}{p_\circ + E_\mathbf{p} - i\delta} \tag{7.52}$$

$u_\mathbf{p}$ と $v_\mathbf{p}$ は，今までと同様に，

$$u_\mathbf{p}^2 = \frac{1}{2}\left(1 + \frac{\bar{\epsilon}_\mathbf{p}}{E_\mathbf{p}}\right) \tag{7.53a}$$

$$v_\mathbf{p}^2 = \frac{1}{2}\left(1 - \frac{\bar{\epsilon}_\mathbf{k}}{E_\mathbf{p}}\right) \tag{7.53b}$$

7.2. 南部-Gor'kov形式

である. ここでは全てのエネルギーを μ を基準として相対的に計っているので, スペクトル加重関数は, 式(5.41)により,

$$A(\mathbf{p},\omega) = -\frac{\text{sgn}\omega}{\pi} \text{Im}\,\mathbf{G}_{011}(\mathbf{p},\omega)$$
$$= u_\mathbf{p}^2 \delta(\omega - E_\mathbf{p}) + v_\mathbf{p}^2 \delta(\omega + E_\mathbf{p}) \tag{7.54}$$

である. $A(\mathbf{p},\omega)$ が持つ2つのピークの物理的な解釈については, 式(5.53)のところで言及したので, ここでは繰り返さない.

遅延や減衰などの効果を容易に取り入れられる形式を得るという観点から, 一般化されたHF近似を導くもうひとつの方法として, 狭義のHF近似からの拡張ではなく, 一般性を持った自己無撞着な摂動論からの帰結として提示する方法もある. このアプローチでは, $\boldsymbol{\Sigma}(p)$ を摂動級数で計算するときに, そこに用いる1粒子Green関数として, 計算されるべき自己エネルギーを含んだ形の関数を採用する. このようにすると, $\boldsymbol{\Sigma}$ を自己無撞着に決めるための積分方程式が得られる. この手続きを進める際には, 同じグラフを重複して数え上げないように注意が必要である. 引き続き南部の表記法を用いるならば, $\boldsymbol{\Sigma}(p)$ の最も一般的な形を, 未定の複素パラメーター関数 $Z, \chi, \phi, \tilde{\phi}$ を用いて, 次のように設定することができる.

$$\boldsymbol{\Sigma}(p) = \left[1 - Z(p)\right] p_\circ \mathbf{1} + \chi(p)\tau_3 + \phi(p)\tau_1 + \tilde{\phi}(p)\tau_2 \tag{7.55}$$

ここでも τ_2 の係数がゼロになるように位相を選ぶことが可能である. 上式では τ_1 の係数が実数でなくてもよいという点が, HF近似を拡張する方法とは対照的である. 実際に ϕ の虚部が準粒子の減衰に関わることを後から見る予定である. また, 式(7.55)における Z, χ, ϕ は4元運動量 $(\mathbf{p}, p_\circ)$ の関数であって, 式(7.50)の場合のような3次元運動量 $\mathbf{p}$ だけの関数ではない. 第6章で常伝導状態における遅延効果を考察したが, 超伝導状態において遅延を考察する場合に, このような一般性が必要となる. 一般化された Hartree 形式は, 1次の自己無撞着な摂動論に対応する. このことは, この近似において $\boldsymbol{\Sigma}$ (式(7.55))が次のように与えられることを見れば分かる.

$$\boldsymbol{\Sigma}(p) = -i\tau_3 \int \frac{d^4 p'}{(2\pi)^4} \langle \mathbf{p}, \mathbf{p}' | V | \mathbf{p}, \mathbf{p}' \rangle \text{Tr}\,\tau_3 \mathbf{G}(p')$$
$$+ i \int \frac{d^4 p'}{(2\pi)^4} \langle \mathbf{p}', \mathbf{p} | V | \mathbf{p}, \mathbf{p}' \rangle \tau_3 \mathbf{G}(p') \tau_3 \tag{7.56}$$

Dyson方程式 (ここでは 2×2 行列の方程式である) により,

$$\mathbf{G}^{-1}(p) = \mathbf{G}_0^{-1}(p) - \boldsymbol{\Sigma}(p) \tag{7.57}$$

であり，この式と式(7.55)から，Green関数(の行列)の一般的な形が次のように決まる．

$$\mathbf{G}(p) = \frac{Z(p)p_\circ \mathbf{1} + \bar{\epsilon}(p)\tau_3 + \phi(p)\tau_1}{\{Z(p)p_\circ\}^2 - \{E(p)\}^2 + i\delta} \tag{7.58}$$

式(7.57)で用いられる $\mathbf{G}_0(p)$ は，南部形式における非摂動の1電子Green関数である．

$$\mathbf{G}_0(p) = \frac{p_\circ \mathbf{1} + \epsilon_\mathbf{p}\tau_3}{p_\circ^2 - \epsilon_\mathbf{p}^2 + i\delta} = \left[p_\circ \mathbf{1} - \epsilon_\mathbf{p}\tau_3 + i\delta p_\circ \mathbf{1}\right]^{-1} \tag{7.59}$$

$\epsilon_\mathbf{p}$ は μ を基準とした相対値である．式(7.58)では，HF近似を拡張した場合と類似の，次の表記を採用している．

$$\bar{\epsilon}(p) = \epsilon_\mathbf{p} + \chi(p) \tag{7.60a}$$

$$E(p) = \left[\{\bar{\epsilon}(p)\}^2 + \{\phi(p)\}^2\right]^{1/2} \tag{7.60b}$$

したがって，自己エネルギー行列 $\mathbf{\Sigma}$ を決める式(7.56)は，実質的に3つのパラメーター関数 Z と χ と ϕ を決定するための連立積分方程式を表している．式(7.56)の右辺において $\mathbf{1}$ の係数はゼロなので，この近似の下では $Z(p) = 1$ であり(式(7.55)参照)，式(7.56)の残りの項は，期待どおりに式(7.50)に帰着する．

一般に，南部形式の技法は $\mathbf{\Sigma}$ の式(7.55)における各 Pauli 行列の係数に相当する量を，自己無撞着な摂動のアプローチによって決定する手続きと等価である．

7.3 絶対零度における励起スペクトル

我々は，超伝導体の絶対零度における準粒子スペクトルを，減衰効果や遅延効果を含めて扱えるところに到達した．南部[114]と Eliashberg[122] は，この問題を自己無撞着な摂動論によって扱い，図7.5 (p.160)に示したような，衣をまとったフォノンと Coulomb 相互作用による $\mathbf{\Sigma}$ への最低次の寄与を調べた．この近似の下で，$\mathbf{\Sigma}$ を決定するための(行列の)方程式は，次のようになる．

$$\mathbf{\Sigma}(p) = i\int \tau_3 \mathbf{G}(p')\tau_3 \left[\sum_\lambda \{g_{\mathbf{pp'}\lambda}\}^2 D_\lambda(p-p') + \mathcal{V}_c(p-p')\right]\frac{d^4p'}{(2\pi)^4} \tag{7.61}$$

$\mathbf{G}$ の形は式(7.58)に与えられており，上の方程式から $\mathbf{G}$ に含まれる未知の複素関数 $Z(p)$, $\chi(p)$, $\phi(p)$ を決めることができる．電子-フォノン結節部分関数が，対の

7.3. 絶対零度における励起スペクトル

不安定性の起源となる特異性以外の特異性を持たないものと仮定すると，この積分方程式では電子-フォノン相互作用が $(m/M)^{1/2} \lesssim 10^{-2}$ のオーダーまで正確に扱われることになる．$\mathcal{V}_c(p-p')$ は Coulomb ポテンシャルを電子系の誘電関数 κ で割った量である (式(6.12)参照)．原理的には，式(7.61) に用いられる衣をまとったフォノンの伝播関数 D を決める方程式も構築すべきであるが，この方程式を数値的に解いてみると，解の一般的な性質はフォノンのスペクトルの詳細に対して敏感ではない．したがって実験的に得られたスペクトルから決めた簡単な関数 D を用いたとしても，かなり信頼できる結果が得られるものと予想される．フォノンの振動数は本質的に常伝導状態でも超伝導状態でもほとんど同じであって [66]，実際の Σ の計算において相転移に伴うフォノン振動数のずれ (典型的に $\delta\omega_\mathbf{q}/\omega_\mathbf{p} \lesssim 10^{-4}$) を考慮する必要はない．式(7.61) における有効相互作用，

$$\sum_\lambda \{g_{\mathbf{pp'}\lambda}\}^2 D_\lambda(p-p') + \mathcal{V}_c(p-p') \tag{7.62}$$

は，式(6.28) に現れている相互作用を一般化したものである．ここでは横波フォノンも含み，反転(ウムクラップ)過程も考慮する点が，式(6.28) の中の相互作用と異なっている．

第 6 章では，常伝導状態においてフォノンの Σ への寄与が解析的に得られることを述べた．これは G に対して Σ が影響を持つ領域において，$\Sigma^{\mathrm{ph}}(\mathbf{p}, p_\circ)$ が基本的に $\mathbf{p}$ に依存しないという事情を利用した措置である (式(6.39)参照)．前章で見たように，先に 3 次元運動量空間内の積分を実行すると，G の極における留数は Σ に依存せず，Σ を決める積分方程式が求積問題へ簡約されるわけである．しかし超伝導状態では状況が異なる．運動量積分を先に行う Migdal の技法(トリック)は，常伝導状態とは違って Σ に依存しない式を導くわけではない．それでもこの技法は有用であり，遮蔽された Coulomb 相互作用 $\mathcal{V}_c$ の扱い方に工夫を施せば，式(7.61) も 4 次元積分から 1 次元積分の式へ簡約できる．このような 1 次元積分の式が数値的に解けることを，後から見ることにする．

式(7.61) を 1 次元積分の形にするために，相互作用のフォノンに起因する部分から議論を始める．

$$\Sigma^{\mathrm{ph}}(p) = i\int \tau_3 \mathbf{G}(p') \tau_3 \sum_\lambda \{\bar{g}_{\mathbf{pp'}\lambda}\}^2 D_\lambda(p-p') \frac{d^4 p'}{(2\pi)^4} \tag{7.63}$$

この式は $\mathbf{p}$ の関数であるが，右辺の被積分関数は移行運動量 $|\mathbf{p'} - \mathbf{p}|$ に依存して決まる (結晶の異方性は無視する)．$\mathbf{p'}$-積分の角度部分を実行する際に，移行運動量は平均化されるので，Σ^{ph} の p_F 付近での $|\mathbf{p}|$ に対する変化は緩慢であり，$|\mathbf{p}|$ の変

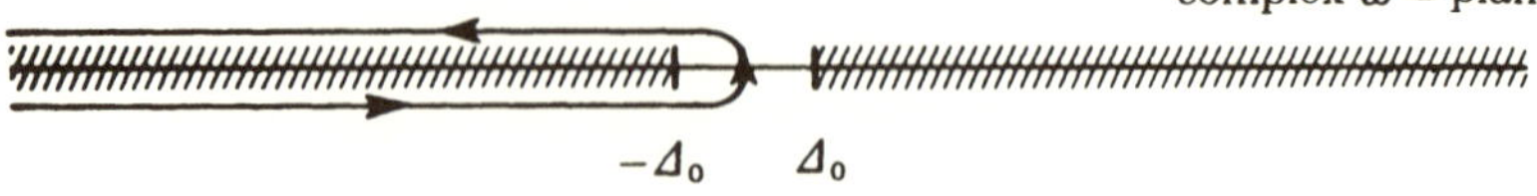

図7.6 Σ_u^{ph} の評価のために採用する折り返しを施した積分路.

化が $\sim \frac{1}{2}p_{\mathrm{F}}$ 程度にならない限り $\mathbf{p}$ に対する依存性を無視してよい. 他方において $\Sigma^{\mathrm{ph}}(\mathbf{p}, p_{\mathrm{o}})$ のエネルギー変数 p_{o} への依存性を考えるならば, 関心の対象となるのは $|p_{\mathrm{o}}| \lesssim \omega_{\mathrm{D}} \ll E_{\mathrm{F}}$ の領域である. フォノンの伝播関数は $|p_{\mathrm{o}}' - p_{\mathrm{o}}| \gg \omega_{\mathbf{p}'-\mathbf{p}}$ において $1/(p_{\mathrm{o}}' - p_{\mathrm{o}})^2$ に比例して減衰するので, p_{o}'-積分からの主要な寄与は $p_{\mathrm{o}}' \lesssim \omega_{\mathrm{c}}$ のエネルギー領域だけから生じる. 切断エネルギー ω_{c} は Debye エネルギー ω_{D} 程度 (数倍以内) であり, $\omega_{\mathrm{D}} \ll E_{\mathrm{F}}$ である. このことは $|\mathbf{p}|$-積分からの主要な寄与も, $\mathbf{G}$ の中の運動エネルギー $\lesssim \omega_{\mathrm{c}}$ の状態に関わる部分に依存して生じることを意味する. したがって我々は Σ^{ph} を評価する時に, 積分の中で $\Sigma(\mathbf{p}, p_{\mathrm{o}})$ を考慮する必要があるとしても, 近似として p_{o} だけの関数 $\Sigma(p_{\mathrm{F}}, p_{\mathrm{o}})$ に置き換えてよい (したがって Z や ϕ なども p_{o} だけの関数と見る. 式(7.55)参照). 式(6.30) の積分と同様に変数 p', q, φ を導入すると, 次式が得られる.

$$\Sigma^{\mathrm{ph}}(p) \simeq \frac{im}{(2\pi)^3|\mathbf{p}|} \int_{-\infty}^{\infty} dp_{\mathrm{o}}' \int_{-\infty}^{\infty} d\bar{\epsilon}_{\mathbf{p}'} \frac{Z(p_{\mathrm{o}}')p_{\mathrm{o}}' \mathbf{1} - \phi(p_{\mathrm{o}}')\tau_1}{\{Z(p_{\mathrm{o}}')p_{\mathrm{o}}'\}^2 - \bar{\epsilon}_{\mathbf{p}'}^2 - \phi^2(p_{\mathrm{o}}') + i\delta}$$

$$\times \sum_{\lambda} \int_0^{2k_{\mathrm{F}}} q\,dq \{\bar{g}_{\mathbf{q}\lambda}\}^2 D_\lambda(\mathbf{q}, p_{\mathrm{o}} - p_{\mathrm{o}}') \quad (7.64)$$

上式では式(6.31) と同様の近似を行い, また Fermi 面付近において電子-正孔の対称性を仮定して, Σ^{ph} による τ_3 の項が消えるようにした. 上式の導出において, 我々は Eliashberg による積分の手続き [122] を利用し, $D(p - p')$ を 2 つの部分に分けて考えた. すなわち p_{o}' 平面において, 上半面側が解析的な D^u と, 下半面側が解析的な D^l を導入した (D のスペクトル表示(5.59)を参照). D^u の項に関する p_{o}'-積分路は図7.6 に示すように, 元々は実軸上の正の部分にあったはずの径路を上の方に折り返して, 上半面側を実軸の負の部分に反平行に戻るように設定する. 図中の刻み目の部分は $\mathbf{G}(p')$ の特異性を表している. D^u は上半面側で解析的なので, 左側の G-切断線のところに D^u の不連続性はない. 次の関係,

$$\mathbf{G}(\mathbf{p}, p_{\mathrm{o}} + i\delta) = \mathbf{G}^*(\mathbf{p}, p_{\mathrm{o}} - i\delta) \tag{7.65}$$

7.3. 絶対零度における励起スペクトル

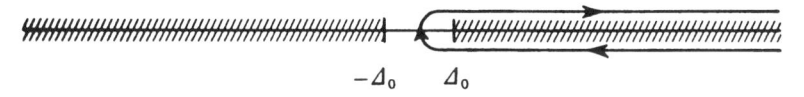

図7.7 Σ_l^{ph} を評価するために折り返しを施した積分路.

すなわち $\mathbf{G}$ の切断線を挟んだ反対側の値は,複素共役な値を取るという関係 (5.4節参照) により,もし $\mathbf{G}(p)$ を $\mathbf{G}(p) - \mathbf{G}^*(p) = 2i\,\mathrm{Im}\,\mathbf{G}(p)$ によって置き換えるならば,この折り返した積分を切断線の下側に沿った積分に置き換えることができる.したがって $\mathbf{\Sigma}^{\mathrm{ph}}$ の D^u に関わる部分は,次のように与えられる.

$$\mathbf{\Sigma}_u^{\mathrm{ph}}(p) = \frac{-2m}{(2\pi)^3|\mathbf{p}|}\int_{-\infty}^{0}dp_{\mathrm{o}}'\,\mathrm{Im}\left\{\int_{-\infty}^{\infty}d\epsilon'\,\frac{Z'p_{\mathrm{o}}'\mathbf{1}-\phi'\tau_1}{(Z'p_{\mathrm{o}}')^2-\phi'^2-\epsilon'^2+i\delta}\right\}$$
$$\times \sum_\lambda \int_0^{2k_{\mathrm{F}}} q\,dq\,\{\bar{g}_{\mathbf{q}\lambda}\}^2 D_\lambda^u(\mathbf{q},p_{\mathrm{o}}-p_{\mathrm{o}}') \qquad (7.66)$$

ϵ'-積分を実行すると,次式を得る.

$$\mathbf{\Sigma}_u^{\mathrm{ph}}(p) = \frac{m}{(2\pi)^2|\mathbf{p}|}\int_{-\infty}^{0}dp_{\mathrm{o}}'\,\mathrm{Re}\left\{\frac{Z'p_{\mathrm{o}}'\mathbf{1}-\phi'\tau_1}{[(Z'p_{\mathrm{o}}')^2-\phi'^2]^{1/2}}\right\}$$
$$\times \sum_\lambda \int_0^{2k_{\mathrm{F}}} q\,dq\,\{\bar{g}_{\mathbf{q}\lambda}\}^2 D_\lambda^u(\mathbf{q},p_{\mathrm{o}}-p_{\mathrm{o}}') \qquad (7.67)$$

D^l による項に関する p_{o}'-積分路についても同様に考えて,図7.7 のように元々の実軸上の負の部分にあったはずの径路を下側へ折り返して,実軸の正の部分に反平行な下半面側の径路から積分が始まるように変更する.右側の G-切断線のところに D^l の不連続性はない.ここでは次式が得られる.

$$\mathbf{\Sigma}_l^{\mathrm{ph}}(p) = \frac{m}{(2\pi)^2|\mathbf{p}|}\int_0^{\infty}dp_{\mathrm{o}}'\,\mathrm{Re}\left\{\frac{Z'p_{\mathrm{o}}'\mathbf{1}-\phi'\tau_1}{[(Z'p_{\mathrm{o}}')^2-\phi'^2]^{1/2}}\right\}$$
$$\times \sum_\lambda \int_0^{2k_{\mathrm{F}}} q\,dq\,\{\bar{g}_{\mathbf{q}\lambda}\}^2 D_\lambda^l(\mathbf{q},p_{\mathrm{o}}-p_{\mathrm{o}}') \qquad (7.68)$$

式(7.67) において $p_{\mathrm{o}}' \to -p_{\mathrm{o}}'$ として,$Z(p)$ と $\phi(p)$ が p_{o} に関して偶関数であること(式(7.61)による) を利用すると,$|\mathbf{p}| \sim p_{\mathrm{F}}$ において次式が得られる.

$$\Sigma^{\mathrm{ph}}(p) = \Sigma_l^{\mathrm{ph}}(p) + \Sigma_u^{\mathrm{ph}}(p)$$
$$= N(0) \int_0^\infty dp_{\mathrm{o}}' \,\mathrm{Re}\left\{ \frac{Z' p_{\mathrm{o}}' \mathbf{1} - \phi' \tau_1}{[(Z' p_{\mathrm{o}}')^2 - \phi'^2]^{1/2}} \right\} K_{\pm}^{\mathrm{ph}}(p_{\mathrm{o}}, p_{\mathrm{o}}') \quad (7.69)$$

上式に用いた相互作用の積分核 K_+^{ph} と K_-^{ph} は,次のように定義される.

$$K_{\pm}^{\mathrm{ph}}(p_{\mathrm{o}}, p_{\mathrm{o}}') = \sum_\lambda \int_0^{2k_{\mathrm{F}}} \frac{dq\, dq}{2 k_{\mathrm{F}}^2} \int_0^\infty d\omega B_\lambda(\mathbf{q},\omega) \{\bar{g}_{\mathbf{q}\lambda}\}^2$$
$$\times \left[\frac{1}{p_{\mathrm{o}}' + p_{\mathrm{o}} + \omega - i\delta} \pm \frac{1}{p_{\mathrm{o}}' - p_{\mathrm{o}} + \omega - i\delta} \right] \quad (7.70)$$

K_-^{ph} は式(7.69) の $\mathbf{1}$-成分とともに用いられ,K_+^{ph} は τ_1-成分と関係する.式(7.70) の $B_\lambda(\mathbf{q},\omega)$ は,式(5.58) によって定義されるフォノンのスペクトル加重関数である.後から示すが,K_+^{ph} は対形成相互作用のフォノンによる部分を受け持つ.横波フォノンを含めた式の導出を行って $\epsilon_{\mathbf{p}} = \epsilon_{\mathbf{p}'}$ と置くと,静的な極限 $(p_{\mathrm{o}}, p_{\mathrm{o}}' \to 0)$ における K_+^{ph} は Bardeen and Pines が与えた式 [93] に帰着する.一般の p_{o} と p_{o}' の下では K_+^{ph} は彼らの速度依存性を持つ遅延のない相互作用とは異なるが,K_+^{ph} の方が正しい結果を与える.既に言及したように,ここで得られる結果は $(m/M)^{1/2} \lesssim 10^{-2}$ のオーダーまで正確である.

話を転じて,式(7.61) の Σ の中で Coulomb 項の方を 1 次元の形に簡約する問題を考える [123].残念ながら,このポテンシャル $\mathcal{V}_{\mathrm{c}}(p - p')$ はフォノンの場合とは違って $|p_{\mathrm{o}} - p_{\mathrm{o}}'| > \omega_{\mathrm{D}}$ において急速に減衰するわけではないので,p_{o}'-積分を $|p_{\mathrm{o}}'| < \omega_{\mathrm{c}}$ に限定することはできない.したがって先に 3 次元運動量に関する積分を行う技法は,そのままの形では使えない.この都合の悪い状況を回避するために,我々は式(7.61) の中の Coulomb 相互作用を再現するポテンシャルとして,エネルギー範囲 $-\omega_{\mathrm{c}} < p_{\mathrm{o}}' < \omega_{\mathrm{c}}$ の外側の効果までを形式的に低エネルギー領域の中に含めてしまえるような擬ポテンシャルを導入する.この一般的なアプローチは Bogoliubov, Tolmachev, and Shirkov [52] によって論じられたものであるが,Morel and Anderson [124] は,この手法を He^3 における対相関を扱うために再構築した.擬ポテンシャルを決めるために,電子の自己エネルギーにおける Coulomb 部分を考える.

$$\Sigma^{\mathrm{c}}(p) = i \int \tau_3 \mathbf{G}(p') \tau_3 \mathcal{V}_{\mathrm{c}}(p - p') \frac{d^4 p'}{(2\pi)^4} \quad (7.71)$$

Σ^{c} における τ_1,τ_3,$\mathbf{1}$ の係数をそれぞれ ϕ^{c},χ^{c},$(1-Z)^{\mathrm{c}} p_{\mathrm{o}}$ と表すことにすると,これらは次のように与えられる.

$$\phi^{\mathrm{c}}(p) = -i \int \frac{d^4 p'}{(2\pi)^4} \frac{\phi'}{(Z' p_{\mathrm{o}}')^2 - \bar{\epsilon}'^2 - \phi'^2} \mathcal{V}_{\mathrm{c}}(p - p') \quad (7.72\mathrm{a})$$

7.3. 絶対零度における励起スペクトル

$$\chi^{\mathrm{c}}(p) = i\int \frac{d^4 p'}{(2\pi)^4} \frac{\bar{\epsilon}'}{(Z'p'_{\mathrm{o}})^2 - \bar{\epsilon}'^2 - \phi'^2} \mathcal{V}_{\mathrm{c}}(p-p') \tag{7.72b}$$

$$\left[1 - Z(p)\right]^{\mathrm{c}} p_{\mathrm{o}} = i\int \frac{d^4 p'}{(2\pi)^4} \frac{Z'p'_{\mathrm{o}}}{(Z'p'_{\mathrm{o}})^2 - \bar{\epsilon}'^2 - \phi'^2} \mathcal{V}_{\mathrm{c}}(p-p') \tag{7.72c}$$

議論を簡単にするために，$\mathcal{V}_{\mathrm{c}}(p-p')$ は静的に遮蔽されたポテンシャルによって概ねよく表され，p_{o} と p'_{o} には依らないものと見なす．式(7.72c) の左辺は p_{o} に関して反対称であり，右辺は p_{o} に依存しないので，$[1 - Z(p)]^{\mathrm{c}} = 0$ となることが分かる．また χ^{c} も無視することにするが，この因子の主たる影響は，化学ポテンシャルに多少のずれを生じることと，Bloch状態の有効質量を若干変更することに過ぎない．後者の効果は状態密度 $N(\epsilon)$ に含めて考えることができる．したがって，我々の関心の対象として残るのは ϕ^{c} の式(7.72a) である．これを次のように書き直すことができる．

$$\phi^{\mathrm{c}}(p) = 2\int_{\Delta_0}^{\infty} \frac{dp'_{\mathrm{o}}}{2\pi} \int \frac{d^3 p'}{(2\pi)^3} \mathrm{Im}\left\{\frac{\phi'}{(Z'p'_{\mathrm{o}})^2 - \bar{\epsilon}'^2 - \phi'^2}\right\} \mathcal{V}_{\mathrm{c}}(\mathbf{p}-\mathbf{p}') \tag{7.73}$$

上式の導出では図7.7 (p.171) のように p'_{o}-積分路を折り返し，G-切断線における不連続が $2\,\mathrm{Im}\,G$ であることを利用した．式(7.73) における p'_{o} の積分範囲を $\Delta_0 \to \omega_{\mathrm{c}}$ に限定できるような擬ポテンシャル U_{c} が望まれるので，これを次式で定義する．

$$\phi^{\mathrm{c}}(p) = 2\int_{\Delta_0}^{\omega_{\mathrm{c}}} \frac{dp'_{\mathrm{o}}}{2\pi} \int \frac{d^3 p'}{(2\pi)^3} \mathrm{Im}\left\{\frac{\phi'}{(Z'p'_{\mathrm{o}})^2 - \bar{\epsilon}'^2 - \phi'^2}\right\} U_{\mathrm{c}}(p,p') \tag{7.74}$$

式(7.73) と式(7.74) が整合するためには，$U_{\mathrm{c}}(p,p')$ が次式を満たす必要がある．

$$U_{\mathrm{c}}(p,p') = \mathcal{V}_{\mathrm{c}}(\mathbf{p}-\mathbf{p}') + 2\int_{\omega_{\mathrm{c}}}^{\infty} \frac{dp''_{\mathrm{o}}}{2\pi} \int \frac{d^3 p''}{(2\pi)^3} \mathcal{V}_{\mathrm{c}}(p-p'')$$
$$\times \mathrm{Im}\left\{\frac{1}{p''^2_{\mathrm{o}} - E''^2 + i\delta}\right\} U_{\mathrm{c}}(p'',p') \tag{7.75}$$

上式では，次のような簡略化を採用した．

$$\begin{aligned}Z(p) &\to 1 \\ \phi(p) &\to \phi^{\mathrm{c}}(p)\end{aligned} \quad \text{for} \quad p_{\mathrm{o}} > \omega_{\mathrm{c}} \tag{7.76}$$

これは K_{+}^{ph} の式(7.70) と，積分方程式(7.69) に依っている．式(7.75) で与えられる U_{c} が実際に適正な ϕ^{c} を導くことは，U_{c} の形式解を式(7.74) に代入して，式(7.73) に照合できるように式変形を行うことで確認できる．

U_{c} の強さを見積もるために，我々は超伝導体において s 波の対形成を仮定する．この場合，$\mathcal{V}_{\mathrm{c}}(\mathbf{p}-\mathbf{p}')$ の球平均だけが関与する．

$$\frac{1}{2}\int \mathcal{V}_{\mathrm{c}}(p-p')\,d\mu \equiv V_{\mathrm{c}}(p,p') \tag{7.77}$$

μ は **p** と **p**$'$ が成す角の余弦である。擬ポテンシャルが満たすべき方程式(7.75)は，次のようになる。

$$U_c(p,p') = V_c(p,p') - \int \frac{d^3p''}{(2\pi)^3} \theta(E_{\mathbf{p}''} - \omega_c) V_c(p,p'') \frac{1}{2E_{\mathbf{p}''}} U_c(p'',p') \tag{7.78a}$$

θ 関数は次のように定義されている。

$$\theta(x) = \begin{cases} 1 & x > 0 \\ 0 & x < 0 \end{cases} \tag{7.78b}$$

擬ポテンシャル U_c の物理的な解釈は，方程式の形から明らかである。この式は，エネルギー領域 $-\omega_c \to \omega_c$ の外側における2粒子の反復散乱を考慮した t 行列のうち，s 波部分が満たすべき式である。Fermi面付近の粒子間に用いる有効ポテンシャルが，Fermi面から離れた領域におけるすべての反復散乱の総和と，Fermi面付近の散乱に関する Born 項の和によって与えられることは理に適っており，式(7.78a)はそのように解釈される。$V_c(p,p')$ を，変数分離の可能な，

$$V_c(p,p') = \begin{cases} V_c & |\epsilon_{\mathbf{p}}| \text{ and } |\epsilon_{\mathbf{p}'}| < \omega_m \\ 0 & \text{otherwise} \end{cases} \tag{7.79}$$

という形で近似するならば，擬ポテンシャルを具体的に求めることができる。最大エネルギー ω_m は Fermi エネルギー E_F のオーダーである。これは粗い近似であるが，それでも U_c の正しいオーダーを見積もることができる。Bloch状態の状態密度が $|\epsilon_{\mathbf{p}}| < \omega_m$ において近似的に定数と見なせるならば，

$$U_c(p,p') = \frac{V_c}{1 + N(0)V_c \ln\left(\dfrac{\omega_m}{\omega_c}\right)} \tag{7.80}$$

となる。上の結果は Bogoliubov, Tolmachev, and Shirkov [52] によって与えられた。これによれば，Fermi面付近において用いるべき有効Coulomb斥力は，因子 $[1 + N(0)V_c \ln(\omega_m/\omega_c)]$ による除算のために，遮蔽された Coulomb 相互作用よりも弱くなる。この因子の典型値は2から3程度である。この斥力の低減効果の物理的な含意は，Fermi面から隔たったところで起こる散乱が，2つの電子が互いに遮蔽された Coulomb ポテンシャルの到達範囲に存在する確率を低下させるということである。したがって，$|p_0''| < \omega_c$ の領域では，これらの相関を持つ状態間の遮蔽された Coulomb相互作用による行列要素は，これに対応する単純な平面波行列要素よりも小さい。

7.3. 絶対零度における励起スペクトル

我々は 3 次元運動量に関する積分を実行できるところに到達した. 何となれば, この積分の主要な部分は, $U_c(p, p')$ を定数 U_c と置いて良いような Bloch 状態だけから与えられるからである. この積分もフォノンに関する寄与と同様に簡約化を行うことができる. 最終的に得られる全 Σ は次のようになる.

$$\Sigma(p) = N(0) \int_0^{\omega_c} dp'_o \operatorname{Re}\left\{\frac{Z'p'_o \mathbf{1} + \phi'\tau_1}{[(Z'p'_o)^2 - \phi'^2]^{1/2}}\right\} K_\pm(p_o, p'_o) \tag{7.81}$$

前と同様に K_+ は τ_1-成分と共に用い, K_- は $\mathbf{1}$-成分と共に用いる積分核である. ここでは次のように定義される[‡].

$$K_+(p_o, p'_o) = K_+^{\mathrm{ph}}(p_o, p'_o) - U_c \tag{7.82a}$$

$$K_-(p_o, p'_o) = K_-^{\mathrm{ph}}(p_o, p'_o) \tag{7.82b}$$

$K_\pm^{\mathrm{ph}}$ は式 (7.70) によって与えられる. もし我々が動的な誘電関数 $\kappa(\mathbf{q}, q_o)$ を導入し, 電子-正孔の対称性を仮定しないならば, Coulomb 相互作用の影響は K_- の方にも及ぶことになるが, この効果については Schrieffer, Scalapino, and Wilkins [78] によって論じられている. 式 (7.81) の積分方程式は, 次のように定義されるエネルギーギャップパラメーター Δ を導入することによって, 少し簡単になる.

$$\Delta(p_o) \equiv \frac{\phi(p_o)}{Z(p_o)} \tag{7.83}$$

南部形式において, BCS のパラメーター $\Delta_\mathbf{p}$ と最も近い対応関係を持つ量は, この $\Delta(p_o)$ である. Δ と Z を決める次の積分方程式は, Eliashberg 方程式と呼ばれる.

$$\Delta(p_o) = \frac{N(0)}{Z(p_o)} \int_{\Delta_0}^{\omega_c} dp'_o \operatorname{Re}\left\{\frac{\Delta(p'_o)}{[p'^2_o - \Delta^2(p'_o)]^{1/2}}\right\} K_+(p_o, p'_o) \tag{7.84a}$$

$$[1 - Z(p_o)]p_o = N(0) \int_{\Delta_0}^{\omega_c} dp'_o \operatorname{Re}\left\{\frac{p'_o}{[p'^2_o - \Delta^2(p'_o)]^{1/2}}\right\} K_-(p_o, p'_o) \tag{7.84b}$$

Δ_0 はギャップ端におけるギャップパラメーターであり, 次式によって定義される[§].

$$\Delta_0 = \Delta(\Delta_0) \tag{7.84c}$$

[‡] (訳註) 電子間相互作用の強さを表す無次元指標として, $\lambda = N(0)K_+^{\mathrm{ph}}(0,0)$ と $\mu^* = N(0)U_c$ を用いる文献が多い. $\lambda - \mu^*$ が, BCS モデルにおける無次元の対間相互作用指標 $N(0)V$ (p.37 参照) に近い性質を持つ指標となる. μ^* は通常の金属において 0.1 程度であり, λ の数値例としては $\lambda_{[\mathrm{Al}]} \sim 0.4$, $\lambda_{[\mathrm{Pb}]} \sim 1.55$ である.

[§] (訳註) ここでは Δ_0 を実数と見なしておく. $\Delta(p_o)$ の値を p_o の実軸上で見ると, $0 \leq p_o \leq \Delta_0$ の範囲内では (ギャップ内の散逸を無視するならば) 実数値を取ると見てよい. (p.177, 図 7.8 および p.178, 図 7.9(a) を参照. 左端 $\omega = \Delta_0$ において $\Delta_2 = \operatorname{Im}\Delta(\omega) \to 0$ である.)

これらの方程式を解くために、多くの近似計算が試みられてきた。最初に数値計算を行ったのは Swihart [125] であるが、彼は $Z = 1$ と置き、Bardeen-Pines ポテンシャルに対する近似を意図して K_+ を実効的に $p_\circ - p_\circ'$ に対する矩形井戸ポテンシャルと見なし、その結果から $\Delta(p_\circ)$ は $p_\circ$ を増やしてゆくと単調に減少していって符号を変えると結論した。Morel and Anderson [124] や Culler et al. [126] は、式(7.84) に現れる K に正確な Eliashberg ポテンシャルを用いたが、やはり $Z = 1$ と置いた。前者のグループは振動数が一定のフォノン (Einstein スペクトル) を仮定して解析的な検討を行ったが、後者のグループは Debye スペクトル ($\omega_\mathbf{q} \propto q$) を仮定した。両方の場合において、$p_\circ$ を Δ_0 から増やしてゆくと、最初はまず Δ の実部も増加し、それから減少に転じて、Δ_0 と平均フォノン振動数の和の付近で符号を変え、その部分に Δ の虚部のピークが現れるという結果が見出された。Δ の虚部のピークは Eliashberg 相互作用の共鳴的な性質によって生じるものと考えられる。

現在、最も信頼できる計算結果は Schrieffer, Scalapino, and Wilkins (SSW) によるものである [78]。彼らは Rowell, Anderson, and Thomas (RAT) [88] や、より早くには Giaever, Hart, and Megerle [87] によって報告されていた超伝導状態の鉛に対するトンネル電流の異常を説明することを試みて、$K_\pm^{\mathrm{ph}}$ (式 (7.70)) を決めるための無次元の加重関数†の形を、次のように仮定した。

$$N(0) \sum_\lambda \int_0^{2k_\mathrm{F}} \frac{q\,dq}{2k_\mathrm{F}^2} \{\bar{g}_{\mathbf{q}\lambda}\}^2 B_\lambda(\mathbf{q}, \omega) = \sum_\lambda \frac{w_\lambda \omega_2^\lambda / \pi}{(\omega - \omega_1^\lambda)^2 + (\omega_2^\lambda)^2} \tag{7.85}$$

この Lorentz 関数は、各分極モードのフォノンの状態密度と総体的に整合するように調整された。すなわち横波モードと縦波モードの平均値として、それぞれ $\omega_1^t = 4.4\,\mathrm{meV}$ および $\omega_1^l = 8.5\,\mathrm{meV}$、それぞれの半値幅として $\omega_2^t = 0.75\,\mathrm{meV}$ および $\omega_2^l = 0.5\,\mathrm{meV}$ という数値が採用された。これらは鉛を用いた実験において Brockhouse が観測したフォノンのスペクトルと概ね合うように選んであり、後から見るように、鉛におけるトンネル状態密度の異常な構造を近似的に再現できる。結合の強さ w_λ は λ に依らないものとしてあるが、この場合は相互作用の主要な部分が 反転 (ウムクラップ) 過程を含むので、これは理に適った措置である。w の値は Δ_0 が鉛のギャップ値 $1.34\,\mathrm{meV}$ となるように調整された。$\Delta(\omega)$ の実部と虚部を図7.8に示す‡。$\mathrm{Re}\,\Delta \equiv \Delta_1$ は、ω を Δ_0 から増やしてゆくと、$\omega_1^t + \Delta_0$ と $\omega_1^l + \Delta_0$ において極大値を持つが、これはこ

---

† (訳註) $\alpha^2(\omega) F(\omega)$ という表記を用いる文献もある。
‡ (訳註) 原書では、この部分から本節末まで、テキスト中で Δ や Z の引数として用いる実数のエネルギー (振動数) を E と表記しているが、訳稿では図7.8と図7.9に合わせて ω を用いた。式(7.86) のようにトンネル状態密度を扱う場合には、ω がそのまま 3.6節のトンネル準位エネルギー E と同定される。

7.3. 絶対零度における励起スペクトル

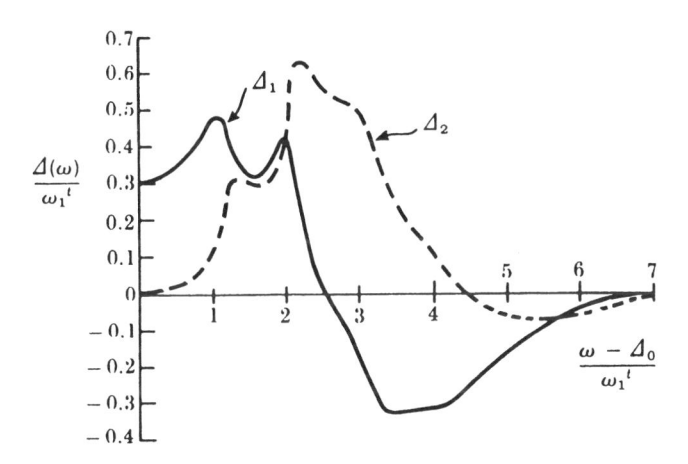

図7.8 鉛のエネルギーギャップパラメーター Δ の実部 Δ_1 と虚部 Δ_2 を，エネルギーの関数として示した図．縦軸は $\Delta_{1,2}/\omega_1^t$，横軸は $(\omega-\Delta_0)/\omega_1^t$ とした．Coulomb擬ポテンシャルをゼロと置いた計算結果である．

れらの振動数付近における K^{ph} の共鳴を反映したものである．$\mathrm{Im}\,\Delta \equiv \Delta_2$ は $p_\circ$ が横波フォノンの"放出閾値" $\simeq \omega_1^t + \Delta_0$ に近づくまでは小さく，まず，そのエネルギー付近で増加し，次に縦波フォノンの閾値 $\omega_1^l + \Delta_0$ の付近で2度目の増加がある．これらの計算は Coulomb擬ポテンシャルをゼロと置いたものであるが，鉛を想定した値として $N(0)U_c = 0.11$ と置いた場合の $\Delta(\omega)$ と $Z(\omega)$ をそれぞれ図7.9 の (a) と (b) に示してある．これらの結果を実験と比較するために，式(3.43a) と式(3.44a) により，トンネル状態密度の理論値が，

$$\frac{N_\mathrm{T}(\omega)}{N(0)} = -\frac{1}{\pi}\int_{-\infty}^{\infty}d\epsilon_\mathbf{k}\,\mathrm{Im}\,G(\mathbf{k},\omega) = \mathrm{Re}\left\{\frac{\omega}{[\omega^2-\Delta^2(\omega)]^{1/2}}\right\} \tag{7.86}$$

と与えられることに着目する．上式には，次の関係を用いた．

$$G(\mathbf{k},\omega) = \mathbf{G}_{11}(\mathbf{k},\omega) = \frac{1}{Z(\omega)}\left[\frac{\omega+\hat{\epsilon}}{\omega^2-\hat{\epsilon}^2-\Delta^2(\omega)+i\delta}\right] \tag{7.87}$$

ここで $\hat{\epsilon} = \epsilon_\mathbf{k}/Z(\omega)$ である．上述の方法で得られた $\Delta(\omega)$ に基づくトンネル状態密度の計算結果 (SSW) を，Rowell, Anderson, and Thomas による実験結果 (RAT) と併せて図7.9(c) に示す．計算ではフォノンのスペクトルや電子-フォノン結合にかなり単純なモデルが用いられているにもかかわらず，実験結果とよく合っている．$N_\mathrm{T}(\omega)$ の総体的な構造は，式(7.86) を Δ^2 の1次まで展開することによって理解される．

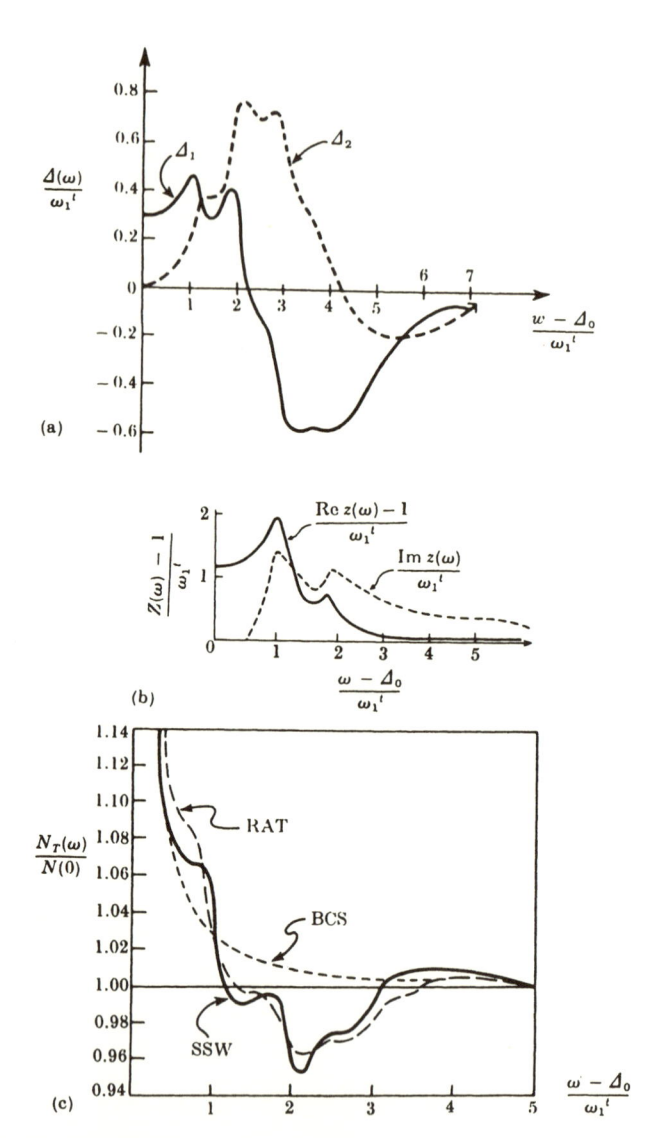

図7.9 (a) 図7.8 と同様の $\Delta(\omega)$ のプロットであるが，この計算では Coulomb 擬ポテンシャルを，鉛を想定した概数 $N(0)U_c = 0.11$ に設定してある．(b) この計算における繰り込み関数 $Z(\omega)$ の実部と虚部．(c) トンネル状態密度．

7.3. 絶対零度における励起スペクトル

$$\frac{N_\mathrm{T}(\omega)}{N(0)} = 1 + \frac{\left[(\mathrm{Re}\,\Delta)^2 - (\mathrm{Im}\,\Delta)^2\right]}{2\omega^2} \tag{7.88}$$

すでに指摘したように，フォノン放出の閾値のすぐ下の ω の領域において $\mathrm{Re}\,\Delta$ は増加するので，これに対応する $(\omega - \Delta_0)/\omega_1^\mathrm{t} = 1$ のすぐ下の部分において N_T の曲線に，上に凸の構造 (knee) が認められる．この閾値に達すると $\mathrm{Re}\,\Delta$ は減少を始め，$\mathrm{Im}\,\Delta$ は大きくなるので，N_T は急激に減少する．これと似た状況が縦波フォノン放出の閾値の前後でも起こる．このように，フォノンの状態密度の構造は N_T 曲線において，凸の構造もしくはピークと，それに続く急速な減少として反映される．トンネル電流の $I-V$ 曲線から，フォノンの状態密度に関する豊富な情報を得ることができるが，特に d^2I/dV^2 特性には，フォノンのスペクトルにおける van Hove 特異点や，より一般的な特異点の情報も反映される．これらの性質は Scalapino and Anderson [127] によって論じられている．

鉛の場合，電子-フォノン結合が極めて強く，エネルギースペクトルの大部分において Δ_2 が大きいので減衰効果が顕著であって，準粒子の描像が意味をなさない．しかしながら Green 関数によるアプローチは充分に強力かつ単純であって，このような問題も詳細に扱うことができる．また，たとえば $N_\mathrm{T}(\omega)$ などの測定可能量においては，摂動論で計算されるような準位幅に比べて狭いエネルギー区間においても有意の構造が見出される．それは，この場合にスペクトル加重関数 $A(\mathbf{p},\omega)$ が Lorentz 関数とは全く異なるという事実に依っている．

ここまで，これらの計算から同位体効果が導かれることに言及しなかった．Morel and Anderson [124] が与えた同位体効果の指数の推定式，

$$\alpha \equiv -\frac{\partial \ln \Delta_0}{\partial \ln M} \tag{7.89}$$

は多くの超伝導体における実験結果と整合するけれども，例外もある．彼らの近似の下で亜鉛 (非常に結合の弱い超伝導体) の指数は $\alpha \sim 0.35$ となり，実験 $(0.4 \sim 0.5)$ とは合わないが，Garland [24] による更に完全な計算は実験結果と整合した．これに加えて Garland は，"汚れた"遷移金属 (たとえば充分に不純であって1粒子状態が s 状態と d 状態の混合として表される) では，大きな d バンド状態密度がギャップ方程式を解く際の有効 Coulomb ポテンシャルに強く影響して，フォノン交換が引力相互作用の起源であっても $\alpha = \frac{1}{2}$ から大幅なずれが起こり得ることを論じた．この考察はルテニウム (Ru) において同位体効果が認められないことや，オスミウム (Os) において $\alpha \sim 0.2$ と小さい値が見られることの説明となり得るかも知れない．同位体効果を示さない超伝導機構としては，純度を高くした遷移金属に関して d バンドも

しくは f バンドの分極効果によって $s\text{-}s$ Coulomb 相互作用が引力になるという可能性も，今のところ排除できない．しかしながらこのような特殊な機構は，理論的にも実験的な観点からも，蓋然性が低いように思われる．

7.4　有限温度への理論の拡張

有限温度の問題を扱おうとする場合，系の正確な各励起状態に関する Green 関数の統計平均を取って，有限温度の 1 粒子 Green 関数を定義する必要がある [91c,99b]．より一般的には，全粒子数が異なる状態の統計集団までを考えて，適切な重み因子を付けて大正準集団の統計平均を考える方が便利である．そこで新たな Green 関数を，次のように定義する．(一旦，南部形式から離れて通常の形式で議論を始める.)

$$G_s(\mathbf{r}_1, \mathbf{r}_2, \tau, \beta, \mu) = -i\,\mathrm{Tr}\left[u(\beta,\mu)T\{\psi_s(\mathbf{r},\tau)\psi_s^+(\mathbf{r}_2,0)\}\right] \tag{7.90}$$

大正準密度行列 $u(\beta,\mu)$ は，次のように与える．

$$u(\beta,\mu) = \frac{e^{-\beta(H-\mu N)}}{\mathrm{Tr}\,e^{-\beta(H-\mu N)}} \qquad \beta = \frac{1}{k_\mathrm{B}T} \tag{7.91}$$

T 積の定義は以前と同様である．これ以降，表記を簡単にするために，G の引数として β と μ をあらわには表示しない．$H - \mu N = K$ と定義し，時間発展を H ではなく K によって与える．

$$\psi_s(\mathbf{r},\tau) = e^{iK\tau}\psi_s(\mathbf{r},0)e^{-iK\tau} \tag{7.92}$$

連続並進対称性を持つ系に関しては，次の Green 関数に関心が持たれる．

$$G_s(\mathbf{p},\tau) = -i\,\mathrm{Tr}\left[u(\beta,\mu)T\{c_{\mathbf{p}s}(\tau)c_{\mathbf{p}s}^+(0)\}\right] \tag{7.93}$$

この関数について洞察するために，第 5 章と同様に，$G(\mathbf{p},\tau)$ の時間に関する Fourier 変換をスペクトル表示の形にする．

$$G(\mathbf{p},p_\mathrm{o}) = \int_{-\infty}^{\infty} d\omega\, \frac{\rho^{(+)}(\mathbf{p},\omega)}{p_\mathrm{o} - \omega + i\delta} + \int_{-\infty}^{\infty} d\omega\, \frac{\rho^{(-)}(\mathbf{p},\omega)}{p_\mathrm{o} + \omega - i\delta} \tag{7.94}$$

スペクトル関数は，次のように与えられる．

$$\rho^{(+)}(\mathbf{p},\omega) = \sum_{n,m} u_n \left|\langle m|c_\mathbf{p}^+|n\rangle\right|^2 \delta(E_m - E_n - \omega) \tag{7.95a}$$

$$\rho^{(-)}(\mathbf{p},\omega) = \sum_{n,m} u_n \left|\langle m|c_\mathbf{p}|n\rangle\right|^2 \delta(E_m - E_n - \omega) \tag{7.95b}$$

7.4. 有限温度への理論の拡張

ここで，状態 $|n\rangle$ は K の固有状態で，

$$K|n\rangle = (H - \mu N)|n\rangle = E_n|n\rangle \tag{7.96a}$$

であり，u_n は密度行列の対角要素を表す．

$$u_n = \frac{e^{-\beta E_n}}{\sum_m e^{-\beta E_m}} \tag{7.96b}$$

式(7.95) と式(7.96) により，$\rho^{(+)}$ と $\rho^{(-)}$ は次のような関係を持つ．

$$\rho^{(-)}(\mathbf{p}, \omega) = e^{\beta \omega} \rho^{(+)}(\mathbf{p}, -\omega) \tag{7.97}$$

上式は，式(7.95b) のダミー添字を入れ換えることによって確認できる．したがってスペクトル表示の式(7.94) を，次のように書き直すことも可能である．

$$\text{Re}\, G(\mathbf{p}, p_\circ) = P \int_{-\infty}^{\infty} \frac{A(\mathbf{p}, \omega)}{p_\circ - \omega} d\omega \tag{7.98a}$$

$$\text{Im}\, G(\mathbf{p}, p_\circ) = -\pi A(\mathbf{p}, p_\circ) \tanh \frac{\beta p_\circ}{2} \tag{7.98b}$$

スペクトル加重関数 $A(\mathbf{p}, p_\circ)$ の定義は，

$$A(\mathbf{p}, \omega) = \rho^{(+)}(\mathbf{p}, \omega) + \rho^{(-)}(\mathbf{p}, -\omega) = \rho^{(+)}(\mathbf{p}, \omega)\left(1 + e^{-\beta \omega}\right)$$

であり，絶対零度において，この関数は第5章のスペクトル加重関数(5.36) に一致する．有限温度では絶対零度の場合と異なり，一般に μ 以下で粒子を加えることも μ 以上で粒子を除くことも可能となるので，$\rho^{(+)}$ と $\rho^{(-)}$ は一般に ω の実軸全体にわたって有限値を取る．したがって $T \neq 0$ において，$A(\mathbf{p}, \omega)$ の正振動数部分が電子の追加，負振動数部分が正孔の追加に対応するという単純な区分けも成立しなくなる．

$T = 0$ において，$A(\mathbf{p}, \omega)$ は次の和則を満たす．

$$\int_{-\infty}^{\infty} A(\mathbf{p}, \omega) d\omega \tag{7.99a}$$

これは，次のように確認される．

$$\begin{aligned}
\int_{-\infty}^{\infty} A(\mathbf{p}, \omega) d\omega &= \int_{-\infty}^{\infty} \left[\rho^{(+)}(\mathbf{p}, \omega) + \rho^{(-)}(\mathbf{p}, \omega)\right] d\omega \\
&= \sum_{n,m} u_n \left\{ \langle n|c_\mathbf{p} c_\mathbf{p}^+|n\rangle + \langle n|c_\mathbf{p}^+ c_\mathbf{p}|n\rangle \right\} \\
&= \text{Tr}\, u = 1
\end{aligned} \tag{7.99b}$$

上の計算では，c と c^+ の反交換関係を利用した．

第5章でも指摘したように，関数 A, $\rho^{(+)}$, $\rho^{(-)}$ は，Kadanoff and Baym [91c] が論じた関数 A_{BK}, $G^>$, $G^<$ と，次のように関係している．

$$A_{\mathrm{BK}}(\mathbf{p},\omega) = 2\pi A(\mathbf{p},\omega) \tag{7.100a}$$

$$G^>(\mathbf{p},\omega) = 2\pi \rho^{(+)}(\mathbf{p},\omega) \tag{7.100b}$$

$$G^<(\mathbf{p},\omega) = 2\pi \rho^{(-)}(\mathbf{p},-\omega) \tag{7.100c}$$

絶対零度の G に対する摂動級数が，決まった規則の運用によって自動的に決まるという性質は，Abrikosov, Gor'kov, and Dzyaloshinskii [128] によって導入されたエレガントな手続きによって，有限温度の場合にまで拡張される．彼らは松原 (Matsubara) による先駆的な仕事を展開して，この技法を確立した．多体問題における Green 関数について基本的な仕事を行った Martin and Schwinger [99b] も，独立に同様の技法に到達した．彼らが得た本質的な結果は，一連の離散的な純虚数振動数 $i\omega_n$ において定義された Green 関数 $\mathcal{G}(\mathbf{p},i\omega_n)$ からの解析接続で $G(\mathbf{p},p_\circ)$ を決定できるというものである[§]．"温度Green関数" $\mathcal{G}(\mathbf{p},i\omega_n)$ は通常の Feynman-Dyson 規則によって構築できる．ただし絶対零度の摂動展開において現れるフェルミオン線 (電子の伝播線) に付随するすべてのエネルギー変数 $p_\circ$ を，形式的に次のように置き換える必要がある．

$$p_\circ \to i\omega_n = \frac{i(2n+1)\pi}{\beta} \qquad (n = [\text{整数}]) \tag{7.101}$$

これに対応して，エネルギー積分を和の計算に置き換える．

$$\int_{-\infty}^{\infty} \frac{dp_\circ}{2\pi} \to \frac{i}{\beta} \sum_{n=-\infty}^{\infty} \tag{7.102}$$

同時に，フォノンのエネルギー変数を，次のように置き換える．

$$q_\circ \to i\nu_m = \frac{i2m\pi}{\beta} \tag{7.103}$$

すなわち $\pi i/\beta$ の "偶数倍" である (電子の 'エネルギー' は $\pi i/\beta$ の "奇数倍" である)．ボゾンとフェルミオンに対する規則の違いは，T積の定義の違いに起因している．式(7.102) と同様にして，$q_\circ$-積分も和に置き換える．

$$\int_{-\infty}^{\infty} \frac{dq_\circ}{2\pi} \to \frac{i}{\beta} \sum_{m=-\infty}^{\infty} \tag{7.104}$$

[§](訳註) 密度行列因子が $\propto e^{-\beta K}$ であることと，時間発展因子が $e^{-iK\tau}$ であることから (式(7.91)-(7.92))，$\beta \leftrightarrow i\tau$ という形式的な対応関係が成立することを利用している．

7.4. 有限温度への理論の拡張

摂動級数に用いるゼロ次の伝播関数は，次のように与えられる．

$$\mathcal{G}_0(\mathbf{p}, i\omega_n) = \frac{1}{i\omega_n - \epsilon_{\mathbf{p}}} \tag{7.105a}$$

$$\mathcal{D}_{0\lambda}(\mathbf{p}, i\nu_m) = \frac{2\Omega_{\mathbf{q}\lambda}}{(i\nu_m)^2 - \Omega_{\mathbf{q}\lambda}^2} \tag{7.105b}$$

一旦，関数 $\mathcal{G}(\mathbf{p}, i\omega_n)$ が整数 $n = 0, \pm 1, \pm 2, \ldots$ において定義されたならば，$\mathcal{G}(\mathbf{p}, z)$ が複素 z 平面において $z \to \infty$ を境界とする解析関数となるように，実エネルギー軸へ $i\omega_n \to p_\mathrm{o}$ の解析接続を施す．実際の接続の手続きとしては，$e^{\beta i\omega_n}$ や $e^{\beta i\nu_m}$ のような因子をそれぞれ -1 および $+1$ と置き，残った虚数エネルギーを実エネルギーへ $i\omega_n \to p_\mathrm{o}$（および $i\nu_m \to q_\mathrm{o}$）のように置き換えればよい．連続関数 $\mathcal{G}(\mathbf{p}, p_\mathrm{o})$ が決まれば，実際の Green 関数 $G(\mathbf{p}, p_\mathrm{o})$ は次のように与えられる．

$$\mathrm{Re}\, G(\mathbf{p}, p_\mathrm{o}) = \mathrm{Re}\, \mathcal{G}(\mathbf{p}, p_\mathrm{o}) \tag{7.106a}$$

$$\mathrm{Im}\, G(\mathbf{p}, p_\mathrm{o}) = \tanh\left(\frac{\beta p_\mathrm{o}}{2}\right) \mathrm{Im}\, \mathcal{G}(\mathbf{p}, p_\mathrm{o} + i\delta) \tag{7.106b}$$

慣例どおり，$\delta = 0^+$ とする．

離散的な純虚数振動数に関する和の計算を行う際には，Poisson(ポリソン)の和の公式が非常に有用である．

$$\sum_{n=-\infty}^{\infty} F(i\omega_n) = -\frac{\beta}{2\pi i} \int_c \frac{F(\omega)}{e^{\beta\omega} + 1} d\omega$$

$$= \frac{\beta}{2\pi i} \int_c \frac{F(\omega)}{e^{-\beta\omega} + 1} d\omega \quad \left[\omega_n = \frac{(2n+1)\pi}{\beta} \right] \tag{7.107}$$

c は図7.10のように ω の虚軸を囲む積分路を表し，この積分路の内部に $F(\omega)$ の特異点は含まれないものとする．この公式は Cauchy の定理によって証明される．すなわち分母として $(e^{\beta\omega} + 1)$ もしくは $(e^{-\beta\omega} + 1)$ を持つ被積分関数は，$\omega = i\omega_n$ において1位の極を持つ．フォノンのエネルギーに関する和については，次の公式が利用される．

$$\sum_{m=-\infty}^{\infty} F(i\nu_m) = \frac{\beta}{2\pi i} \int_c \frac{F(\nu)}{e^{\beta\nu} - 1} d\nu$$

$$= -\frac{\beta}{2\pi i} \int_c \frac{F(\nu)}{e^{-\beta\nu} - 1} d\nu \quad \left[\nu_m = \frac{2m\pi}{\beta} \right] \tag{7.108}$$

それから ω-積分路や ν-積分路を，$F(\omega)$ の特異点近傍だけを避けながら複素面内で無限遠まで拡げて，$F(\omega)$ の各特異点からの寄与を逆回りの積分路によって考慮する

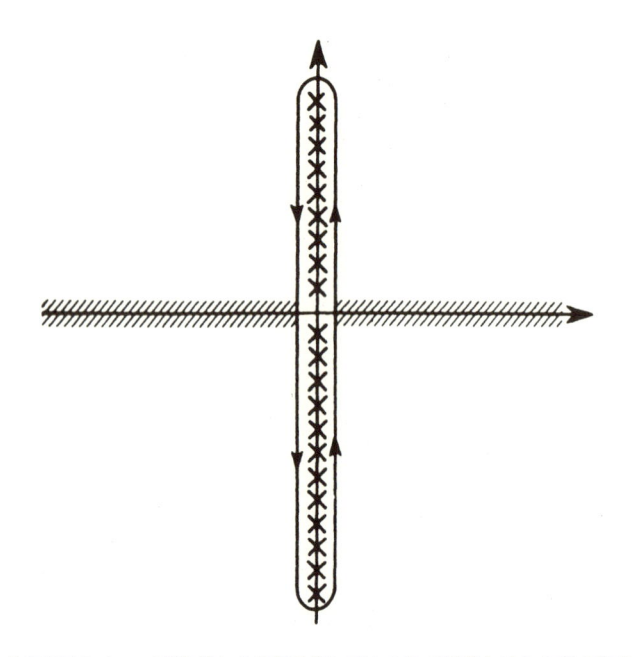

図7.10 有限温度において離散的な虚数振動数に関する和の計算を考える際の積分路.

形に変形する.大抵の場合,$F(\omega)$ は無限遠において充分に速くゼロに近づくので,無限大の円周に沿った積分はゼロになって $F(\omega)$ の特異点に付随する留数だけが残り,これを直接計算することができる.

この手続きを具体的に見るために,常伝導状態を記述する電子-フォノン系の Fröhlich モデルを採用して $\mathcal{G}$ を計算してみよう.Σ には最低次の寄与だけを含めることにする.絶対零度における自己エネルギーは,次式で与えられる (式 (6.27) 参照).

$$\Sigma(\mathbf{p}, p_\circ) = i\int \frac{d^4 p'}{(2\pi)^4} |g_\mathbf{q}|^2 G_0(\mathbf{p}', p'_\circ) D_0(\mathbf{q}, p_\circ - p'_\circ) \tag{7.109}$$

$\mathbf{q} = \mathbf{p}' - \mathbf{p}$ である.$\mathcal{G}$ を計算するために,上述の処方に従って,この Σ の式を,$\mathcal{G}$ へ適用する自己エネルギー $\overline{\Sigma}$ に変換する.

$$\overline{\Sigma}(\mathbf{p}, i\omega_n) = -\frac{1}{\beta} \sum_{n'=-\infty}^{\infty} \int \frac{d^3 p'}{(2\pi)^3} |g_\mathbf{q}|^2 \mathcal{G}_0(\mathbf{p}', i\omega_{n'}) \mathcal{D}_0(\mathbf{q}, i\omega_n - i\omega_{n'}) \tag{7.110}$$

n' の和の計算に式(7.107) を用いると,次のようになる.

7.4. 有限温度への理論の拡張

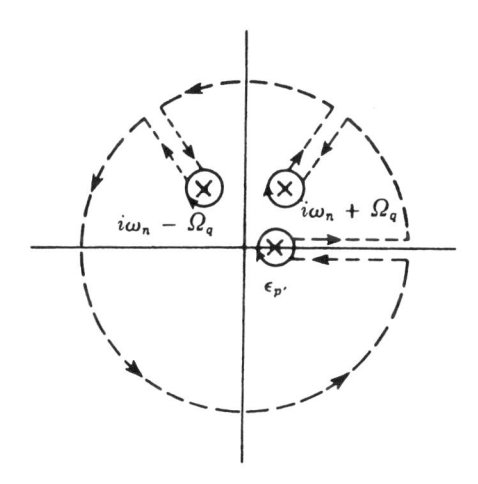

図7.11 Cauchyの定理を利用して和の計算を実行するために，図7.10の積分路に変形を施した後の積分路．"すべての"極の周囲において，各々の近傍を周回する積分路が"時計回り"の向きを持つ．ここで示している極は，常伝導状態の電子の自己エネルギーに対して，最低次のフォノンの寄与を考慮するために必要な極である．

$$-\frac{1}{\beta}\sum_{n'=-\infty}^{\infty}\mathcal{G}_0(\mathbf{p}',i\omega_{n'})\mathcal{D}_0(\mathbf{q},i\omega_n-i\omega_{n'}) = \frac{1}{2\pi i}\int_c \mathcal{G}_0(\mathbf{p}',\omega)\mathcal{D}_0(\mathbf{q},i\omega_n-\omega)f(\omega)d\omega$$
(7.111)

$f(\omega) = 1/(e^{\beta\omega}+1)$ は Fermi 分布関数である．ω-積分路を特異点近傍を避けながら無限遠まで拡げると[†]，$\mathcal{G}_0$ の $\omega=\epsilon_{\mathbf{p}'}$ における極からの寄与と，$\mathcal{D}_0$ の $\omega = i\omega_n \pm \Omega_{\mathbf{q}}$ からの寄与が，極近傍を周回する積分路から生じる．(Fröhlichモデルでは $\Omega_{\mathbf{q}}$ が電子-遮蔽効果を含んでいて $\Omega_{\mathbf{q}} \propto q$ と仮定される．) $\epsilon_{\mathbf{p}'} > 0$, $\omega_n > 0$ とした場合の，上述の変形を施した後の積分路を図7.11に示す．すべての極の周囲に形成した積分路は，極の近傍において，通常の単純閉路の周回積分とは逆の，時計回りの周回方向を持つことに注意してもらいたい．Cauchyの定理を適用すると，式(7.111) の和は，次のように算出される．

$$\frac{-2\Omega_{\mathbf{q}}f(\epsilon_{\mathbf{p}'})}{(\epsilon_{\mathbf{p}'}-i\omega_n)^2-\Omega_{\mathbf{q}}^2} - \frac{f(i\omega_n+\Omega_{\mathbf{q}})}{i\omega_n+\Omega_{\mathbf{q}}-\epsilon_{\mathbf{p}'}} + \frac{f(i\omega_n-\Omega_{\mathbf{q}})}{i\omega_n-\Omega_{\mathbf{q}}-\epsilon_{\mathbf{p}'}}$$
(7.112)

[†](訳註) あるいは，積分路を単純に無限遠まで拡げて単純な反時計回りの大きい円周積分路を形成すると同時に，その内部に存在する特異点を"くり抜く"ための時計回りの小さい単純円周積分路を，各特異点の周囲にそれぞれ追加導入すると言ってもよい．図7.11を参照．

$\mathcal{G}(\mathbf{p},z)$ が z の絶対値が大きい極限で境界を持つために，$i\omega_n$ を z で置き換える前に，

$$f(i\omega_n \pm \Omega_\mathbf{q}) = \frac{1}{e^{i\beta\omega_n}e^{\pm\beta\Omega_\mathbf{q}}+1} = \frac{1}{1-e^{\pm\beta\Omega_\mathbf{q}}} \tag{7.113}$$

($e^{i\omega_n} \to -1$) としておく必要がある．したがって適正に解析接続された自己エネルギーは，次のように与えられる．

$$\overline{\Sigma}(\mathbf{p},z) = \int \frac{d^3 p'}{(2\pi)^3}|g_\mathbf{q}|^2 \left\{ \frac{1-f_{\mathbf{p}'}+N_\mathbf{q}}{z-\epsilon_{\mathbf{p}'}-\Omega_\mathbf{q}} + \frac{f_{\mathbf{p}'}+N_\mathbf{q}}{z-\epsilon_{\mathbf{p}'}+\Omega_\mathbf{q}} \right\} \tag{7.114}$$

$T \to 0$ としたとき $N_\mathbf{q}$ はゼロであり，括弧内の前の項は $\epsilon_{\mathbf{p}'}>0$ でのみ，すなわち Fermi 面の外側だけで寄与を持つ．括弧内の後の項は $\epsilon_{\mathbf{p}'}<0$ でのみ寄与を持つ．これは前に得ている結果 (5.78) と整合している．ここまで到達すると，物理的に関心の対象となる Green 関数 G を，式 (7.112) の関係と $\mathcal{G}$ に関する Dyson 方程式，

$$\mathcal{G}(\mathbf{p},z) = \frac{1}{z-\epsilon_\mathbf{p}-\overline{\Sigma}(\mathbf{p},z)} \tag{7.115}$$

から得ることができる．上述の例を見ると，有限温度における摂動展開も基本的に，それに対応する絶対零度の計算と同等の労力しか必要でないことは明白である．ただし有限温度になると，運動量に関する積分 ($\to$ 和) の計算だけが少々難しくなる．

離散的な虚数振動数の和を取る方法は，南部形式にも適用できる．簡単な例として，遅延のない 2 体相互作用 V を持つ絶対零度の系に関する式 (7.56) を有限温度へ一般化することを考える．$\overline{\Sigma}$ も $\mathcal{G}$ も 2×2 行列になる．議論を簡単にするために $\overline{\Sigma}$ のエネルギーギャップの部分だけ (すなわち τ_1-成分だけ) を残すことにすると，次式が得られる．

$$\overline{\phi}(\mathbf{p},i\omega_n) \equiv \phi_\mathbf{p} = \frac{1}{\beta}\int \frac{d^3 p'}{(2\pi)^3}\langle \mathbf{p}',\mathbf{p}|V|\mathbf{p},\mathbf{p}'\rangle \sum_{n'=-\infty}^{\infty} \frac{\phi_{\mathbf{p}'}}{(i\omega_{n'})^2 - \epsilon_{\mathbf{p}'}^2 - \phi_{\mathbf{p}'}^2} \tag{7.116}$$

Poisson の和の公式 (7.113) により，n' に関する和は複素積分に変換される．

$$\frac{1}{\beta}\sum_{n'=-\infty}^{\infty}\frac{\phi_{\mathbf{p}'}}{(i\omega_{n'})^2-\epsilon_{\mathbf{p}'}^2-\phi_{\mathbf{p}'}^2} = -\frac{1}{2\pi i}\int_c \frac{\phi_{\mathbf{p}'}f(\omega)d\omega}{\omega^2-\epsilon_{\mathbf{p}'}^2-\phi_{\mathbf{p}'}^2} \tag{7.117}$$

c は ω の虚軸を囲む積分路である．この積分路を複素面内において，図 7.12 に示してあるように $\omega=\pm(\epsilon_{\mathbf{p}'}^2+\phi_{\mathbf{p}'}^2)^{1/2}\equiv \pm E_{\mathbf{p}'}$ にある極だけを避けて無限遠まで拡げると，式 (7.117) の和の結果として，次式が得られる．

7.4. 有限温度への理論の拡張

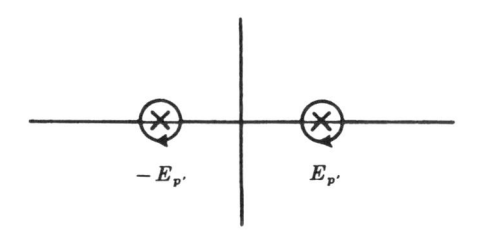

図7.12 遅延のない2体引力相互作用を想定した場合に，超伝導状態における電子の自己エネルギーに寄与を持つ極．

$$\frac{\phi_{\mathbf{p}'}}{2E_{\mathbf{p}'}}\left[f(E_{\mathbf{p}'}) - f(-E_{\mathbf{p}'})\right] = -\frac{\phi_{\mathbf{p}'}}{2E_{\mathbf{p}'}}\left[1 - 2f(E_{\mathbf{p}'})\right]$$
$$= -\frac{\phi_{\mathbf{p}'}}{2E_{\mathbf{p}'}}\tanh\left(\frac{\beta E_{\mathbf{p}'}}{2}\right) \tag{7.118}$$

したがって，エネルギーギャップの方程式は，次のようになる．

$$\phi_{\mathbf{p}'} = -\int \frac{d^3 p'}{(2\pi)^3} V_{\mathbf{p}\mathbf{p}'} \frac{\phi_{\mathbf{p}'}}{2E_{\mathbf{p}'}}\tanh\left(\frac{\beta E_{\mathbf{p}'}}{2}\right) \tag{7.119}$$

ここで $V_{\mathbf{p}\mathbf{p}'} = \langle \mathbf{p}', \mathbf{p}|V|\mathbf{p}, \mathbf{p}'\rangle$ である．このギャップ方程式は，BCSの結果とも，線形化した運動方程式による結果(2.76)とも一致している．7.3節において論じた遅延のある相互作用の問題の有限温度への一般化も，本節に示した技法に基づいて，直接に実施することができる [78]．

我々は有限温度における G の計算方法だけを論じたが，フォノンのGreen関数についても同様の方法が適用される．

本章の結論として，BCS理論を相互作用の遅延と減衰効果を含めるように洗練させた場合に変更されるのは，準粒子スペクトルの詳細だけであると言える．素励起スペクトルにおけるエネルギーギャップは，上の近似の範囲内でも存在する．準粒子のエネルギーに対する実効的な状態密度分布は，ギャップ端付近では単純なBCSモデルによって充分によく近似され，その誤差は1〜5％程度もしくはそれ以下でしかない．次章において，集団運動の効果を考慮しても，これらの結論に基本的な変更はないけれども，条件設定によっては，エネルギーギャップ内にも集団運動モードが存在し得ることを見る予定である

第 8 章　超伝導体の電磁的な性質

　超伝導体における特異な諸性質の中でも，外部から与えた電場や磁場に対する応答は驚異である．Kamerlingh Onnes（オンネス）は 1911 年に，各種金属の電気抵抗を液体ヘリウム温度で測ってみて，数種の金属では試料に有限の電流を流していても，試料における電位降下が消失する現象を発見した [7]．彼はこの新しい状態を無限大の電気伝導率を持つ状態，すなわち"超伝導"状態と見なした．これと同等に驚嘆すべき発見はMeissner（マイスナー）と Ochsenfeld（オクセンフェルト）によるもので [6]，彼らは理想的な条件下において超伝導体が完全反磁性を示すことを見出した．すなわち，超伝導体の巨視的試料（バルク）を磁場中に置いても，その内部では磁場 B が排除されて存在し得ないことが明らかになった．

8.1　Londonによる超流体の"堅さ"の概念

　我々は第 1 章において，超伝導体の特異な性質に対する定性的な議論を与えた．ここでは更に定式的なアプローチを採用して，これらの効果が微視的な理論に基づいて，如何に説明されるかを示す．この種の議論は数学的な側面において様々な混乱があったが，現象の背景となる物理の本質については London が 1935 年に明確に述べている [5]．彼は"超流体"の電子の波動関数 Ψ_s が，弱い磁場の摂動に対して"堅い"(rigid, stiff) と主張した．そうすると原子の反磁性の問題などと同様に，ベクトルポテンシャルに有限の電流密度が対応することになる．

$$\langle \mathbf{j} \rangle = \langle -ne\mathbf{v} \rangle = -\frac{ne}{m}\left\langle \mathbf{p} + \frac{e\mathbf{A}}{c} \right\rangle = -\frac{ne^2}{mc}\mathbf{A} \tag{8.1}$$

すなわち上式では Ψ_s の堅さを想定して $\langle \mathbf{p} \rangle = \mathbf{0}$ と見なしている[‡]．この誘導電流に伴って生じる磁場は，外部から浸入する磁場を打ち消すように働くので，大きな超伝

[‡](訳註) $\mathbf{p}$ は正準運動量であって，力学的運動量ではないので，$\langle \mathbf{p} \rangle = \mathbf{0}$ (Ψ_s が変わらない) という条件によって表現される "堅さ" は，超伝導体が力学的に動きにくいという意味ではない．むしろ超流体は自発的に $\mathbf{v}_{\text{dia}} = (e/mc)\mathbf{A}$ で動いて Ψ_s の変動を抑制し，正準運動量をゼロに保つ．原著者は力学的運動量の概念に依らず，この $\mathbf{v}_{\text{dia}}$ による反磁性電流が仮想的に常に (超伝導体以外でも) 存在するものと見て，それ以外の $\mathbf{v}_{\text{canonical}} = \mathbf{p}/m$ による仮想常磁性電流成分との和 (相殺関係) という抽象的な捉え方で，電子系の磁場への応答を論じている．

導体の試料では，表面領域において外部磁場が遮蔽され，試料全体としての完全反磁性が成立する．

London による Meissner 効果の説明を微視的理論から解釈する方法は，以下のようになる．Maxwell の方程式により，磁場は必ず横波の場 ($\nabla \cdot \mathbf{B} = 0$) なので，磁気的な摂動 H' は系の横波励起だけに影響を与える．Ψ_s が基本的に，この (弱い) 摂動に影響を受けないと仮定すると，1次の摂動振幅の絶対値の自乗和，

$$\sum_\alpha |a_\alpha|^2 = \sum_\alpha \left| \frac{\langle \Psi_\alpha | H' | \Psi_s \rangle}{E_\alpha - E_s} \right|^2 \tag{8.2}$$

は無視できるほど小さくなければならない．Ψ_α は横波励起 α が生じている状態を表す．この和が極めて小さな値を取るためには，励起エネルギー $E_\alpha - E_s$ が有限値を保ちながら行列要素 $\langle \Psi_\alpha | H' | \Psi_s \rangle$ がゼロに近づく必要がある．磁場が空間的に激しく変化する場合には，このような状況にはなり得ない．そのような場は Fermi 面からはるかに隔たった電子を含むような励起を生じるはずである．このような励起電子は超伝導相関の影響を受けないものと考えられるので，常伝導状態と同様に，有限の行列要素を生じるはずである．幸いなことに Meissner 効果を考察するには，空間的な変化が緩やかな磁場に対する応答だけを考えればよい．この極限では Fermi 面付近の1電子状態だけが励起に関わるので，行列要素がゼロに近づかないと考える理由はない．したがって London による Meissner 効果の解釈から生じる疑念としては，(1) 外部磁場によって超流体から横波励起を生じる行列要素は，磁場の空間的な変化が非常に緩やかな場合にゼロに近づくのかどうか，(2) 超流体の横波励起のスペクトルにはエネルギーギャップが存在するのかどうか，ということになる．これから見るように，これらの条件は BCS 理論によって満たされる．しかしながら長波長の極限では，行列要素とエネルギー分母が "両方とも" ゼロに近づき，和が有限値になることも可能である．この極限において和が正確に反磁性電流を打ち消さないとしても，Meissner 効果は説明できる．$l \neq 0$ の対や "ギャップレス" の超伝導体においても Meissner 効果は発現する [170,172]．金属における常伝導状態と超伝導状態の本質的な違いは，後者では長波長極限において，常磁性電流が反磁性電流を正確には相殺しない点にある．

上述の議論から考えると，絶縁体も横波の電子励起に関するエネルギーギャップを持つはずであるが，絶縁体は何故，完全反磁性を示さないのかという疑問を持つ読者もあるだろう．要点は，絶縁体におけるエネルギーギャップは結晶場による1体ポテンシャルから生じており，電子間の有効相互作用に起因する相関によるものではない (波動関数の総体としての '堅さ' を伴わない) ということである．絶縁体に関しては，式 (8.1) において $\langle \mathbf{p} \rangle$ が反磁性項 $e\mathbf{A}/c$ を打ち消すように波動関数がシフト変動するので，

常伝導金属と同様の弱い反磁性しか効果として残らない.

もし Meissner 効果を説明できるならば，Onnes によって確認された"無限大の電気伝導率"の説明も可能である．何故なら，彼の実験系 (すなわち電気回路の一部に超伝導の部分があり，それ以外の導電部分は常伝導体から成る) において，電気回路に流れる電流は，超伝導体の部分において反磁性電流にあたるからである [1]. つまり超伝導体における電流は，基本的に電流が無い場合と同じ波動関数によって記述される電子系によって担われる．有限の電流は，その電流自身から誘起される磁場に伴って自己無撞着に生じる[§].

Meissner 効果に加えて，超伝導体のリングのように穴を持つ超伝導体試料において見られる永久電流についても理解する必要がある．この現象を詳しく考察すると，やはり Meissner 効果が重要な役割を果たしているが，この場合には，試料は総体として反磁性を示さない．上述の例のような状況とは異なり，このような試料において永久電流が流れている状態の波動関数は，永久電流が流れない状態の波動関数と明らかに違っている．しかしながら，やはりこの性質も，波動関数の熱力学的ゆらぎに対する"堅さ"によって生じている．すなわち熱的なゆらぎの効果は，自由エネルギーが高い状態への励起を起こすことができず，超伝導電流を減衰させるような状態への遷移は抑制され続けるのである.

8.2 弱い外部磁場に対する応答

第 2 章の初めにおいて，超伝導を引き起こす対(つい)相互作用を考察する際に，横波の電磁場を直接に含める必要はないことを論じた．横波電磁場の影響は，外場と試料内部を流れる電流から自己無撞着に計算される，空間座標と時間に依存する平均場において考慮される．電子系への外部からの磁場の印加は，一般にその系に対する大きな摂動となるが，超伝導体へ磁場を印加した場合には，そのとき誘起される超伝導電流に伴う磁場が，超伝導体内部の大部分において外部磁場を打ち消してしまう (Meissner 効果). 外場が作用するのは超伝導体の表面付近だけに限られ，外部磁場の印加は系全体から見ると弱い摂動と見なせる場合が多い．したがって，我々は形式的に横波電磁場をすべて外部から印加された場として扱い，超伝導機構から分離された別の問題として自己無撞着に解を考察すればよい.

既に見てきたように，Coulomb ポテンシャルは対(つい)形成理論において基本的な役割

[§] (訳註) 超伝導体内部では $\langle \mathbf{j} \rangle \propto \mathbf{A}_{\text{London}}$ であり (式(8.1))，電流 $\langle \mathbf{j} \rangle$ も磁場 $\mathbf{A}$ も超伝導体表面に集中する.

の一部を担う.これは横波電磁場と同格の自己無撞着場として扱うことはできず,ゼロ次ハミルトニアンには全 Coulomb 相互作用を含めておかなければならない.

まず穴のない単純構造を持つ超伝導体の巨視的試料(バルク)(単位体積とする)を考え,これが外部からの弱い電磁場にさらされているものと考える.外場はベクトルポテンシャル $\mathbf{A}(\mathbf{r},t)$ とスカラーポテンシャル $\varphi(\mathbf{r},t)$ によって記述される.通常の周期境界条件を適用する.表記を簡単にするために,外場をまとめて次のように書く[†].

$$A_\mu(x) = \begin{cases} A_i(x) & (\mu = i = 1,2,3) \\ c\varphi(x) & (\mu = 0) \end{cases} \tag{8.3}$$

ここで $x \equiv (\mathbf{r},t)$ である.A_μ の1次までで,この電磁場と電子系の結合は,次のように表される.

$$H^{\mathrm{p}} = -\frac{1}{c}\int \sum_\mu j_\mu^{\mathrm{p}}(x)A_\mu(x)d^3r$$
$$= -\frac{1}{c}\int \left[\mathbf{j}^{\mathrm{p}}(x)\cdot\mathbf{A}(x) - \rho_e(x)c\varphi(x)\right]d^3r \tag{8.4}$$

我々は μ に関する和を取る際に,$\mu = 1,2,3$ および 0 それぞれに計量 $(1,1,1,-1)$ を充てる.上記の H^{p} を常磁性結合 (paramagnetic coupling) と呼ぶことにする.常磁性4元電流を次のように定義する.

$$j_\mu^{\mathrm{p}}(x) = \begin{cases} j_i^{\mathrm{p}}(x) \equiv -\dfrac{e}{2mi}\sum_s \left\{\psi_s^+(x)\nabla_i\psi_s(x) - \left[\nabla_i\psi_s^+(x)\right]\psi_s(x)\right\} & \\ \hfill (\mu = i = 1,2,3) & \\ \rho_e(x) = -e\sum_s \psi_s^+(x)\psi_s(x) = -e\rho(x) \quad (\mu = 0) & \end{cases} \tag{8.5}$$

ここで $(1,2,3)$ 成分は A がない場合の電子電流密度を与えており,最後の成分は電荷密度演算子である.A がある場合の物理的な電流密度 $j_\mu(x)$ は,

$$j_\mu(x) = j_\mu^{\mathrm{p}}(x) + j_\mu^{\mathrm{d}}(x) \tag{8.6}$$

と表され,上式における反磁性電流 j^{d} は,次のように与えられる.

[†](訳註) A_i も φ も単位は共通して $\mathrm{erg\,esu^{-1}}$ であり (esu は電荷量の単位),$A_\mu = (A_i, c\varphi)$ は光速 $c\,[\mathrm{cm\,s^{-1}}]$ を φ だけに乗じてあるために単位が揃っていない.これは $j_\mu = (j_i, \rho)$ と組み合わせて用いることを想定した措置である.j_i の単位は $\mathrm{esu\,cm^{-2}s^{-1}}$,$\rho$ の単位は $\mathrm{esu\,cm^{-3}}$ で,こちらは前者が $\mathrm{cm\,s^{-1}}$ を余分に含んでいるものと見なされる.

8.2. 弱い外部磁場に対する応答

$$j_\mu^{\mathrm{d}}(x) = \begin{cases} \dfrac{e}{mc}\rho_{\mathrm{e}}(x)A_i(x) & (\mu = i = 1,2,3) \\ 0 & (\mu = 0) \end{cases} \tag{8.7}$$

電子系と摂動電磁場の結合は,

$$H' = H^{\mathrm{p}} + H^{\mathrm{d}}$$

と表され，第 2 項の反磁性結合は，次式で与えられる (式 (8.4), 式 (8.7) 参照).

$$H^{\mathrm{d}} = -\frac{e}{2mc^2}\int \rho_{\mathrm{e}}(x)\sum_{i=1}^{3}A_i^2(x)\,d^3r \tag{8.8}$$

全ハミルトニアンは，次のように表される．

$$\mathcal{H} = H + H'$$

H' を摂動項と見なして相互作用表示を採用し，$t \to -\infty$ において $A_\mu \to 0$ を仮定すると，A が存在する系の基底状態は，次のような時間発展によって得られる.

$$|\Phi(t)\rangle = T\exp\left[-i\int_{-\infty}^{t}H'(t')dt'\right]|0\rangle \equiv U(t,-\infty)|0\rangle \tag{8.9}$$

$|0\rangle$ は H の基底状態を表し，すべての量は相互作用表示で表される．したがって，状態 $|\Phi(t)\rangle$ における電流密度の期待値は，次のように与えられる.

$$J_\mu(x) = \langle\Phi(t)|j_\mu(\mathbf{r},t)|\Phi(t)\rangle = \langle 0|U^{+}(t,-\infty)j_\mu(\mathbf{r},t)U(t,-\infty)|0\rangle \tag{8.10}$$

我々は A_μ に関して 1 次の項に関心があるので，次式を得る．

$$J_\mu(x) = \frac{e}{mc}\langle 0|\rho_{\mathrm{e}}(x)|0\rangle A_\mu(x)[1-\delta_{\mu,0}] - i\langle 0|\left[j_\mu^{\mathrm{p}}(\mathbf{r},t),\int_{-\infty}^{t}H'(t')dt'\right]|0\rangle \tag{8.11}$$

第 1 項は反磁性電流，第 2 項は常磁性電流を表す．

J_μ における A のゼロ次の項は，平均電子電荷密度 $\langle j_0(x)\rangle$ 以外はゼロになり，平均電荷密度もここでは関心の対象にはならない．式 (8.4)-(8.7) を見ると，外部印加ポテンシャル A_μ と，それに対する J_μ の線形応答は，非局所的な積分核 $K_{\mu\nu}$ によって関係づけられることが分かる．

$$J_\mu(x) = -\frac{c}{4\pi}\sum_\nu \int K_{\mu\nu}(\mathbf{r},t;\mathbf{r}',t')A_\nu(\mathbf{r}',t')\,d^3r'dt' \tag{8.12}$$

ここでは空間内の積分を単位体積で行い，時間に関する積分は $-\infty$ から ∞ まで行う．電磁応答核 $K_{\mu\nu}$ は，次のように与えられる．

$$K_{\mu\nu}(x;x') = -\frac{4\pi i}{c^2}\langle 0|[j_\mu^p(x),j_\nu^p(x')]|0\rangle \theta(t-t')$$
$$-\frac{4\pi e}{mc^2}\langle 0|\rho_e(x)|0\rangle \delta^4(x-x')\delta_{\mu\nu}[1-\delta_{\nu,0}] \tag{8.13a}$$

$$\theta(t-t') = \begin{cases} 1 & (t>t') \\ 0 & (t<t') \end{cases} \tag{8.13b}$$

系が連続並進対称性を持つならば，$K_{\mu\nu}$ は4元相対座標 $x-x' = (\mathbf{r}-\mathbf{r}',t-t')$ だけに依存する．この場合，次のような $K_{\mu\nu}$ の空間Fourier変換を利用すると都合がよい．

$$K_{\mu\nu}(\mathbf{q},t-t') = \int K_{\mu\nu}(x;x')e^{-i\mathbf{q}\cdot(\mathbf{r}-\mathbf{r}')}d^3rd^3r'$$
$$= -\frac{4\pi i}{c^2}\langle 0|[j_\mu^p(\mathbf{q},t),j_\nu^p(-\mathbf{q},t')]|0\rangle \theta(t-t')$$
$$+\frac{4\pi ne^2}{mc^2}\delta(t-t')\delta_{\mu\nu}(1-\delta_{\nu,0}) \tag{8.14}$$

n は単位体積あたりの電子数である．式(8.14)の反磁性項(第2項)は具体的に分かったので，常磁性項(第1項)の方を考えることにして，そのための応答関数を定義する．

$$R_{\mu\nu}(\mathbf{q},\tau) = -i\langle 0|[j_\mu^p(\mathbf{q},\tau),j_\nu^p(-\mathbf{q},0)]|0\rangle \theta(\tau) \tag{8.15}$$

もし基底状態の波動関数が，(横波励起に限らず)"あらゆる"摂動に対して"堅い"とするならば，$R_{\mu\nu}$ は恒等的にゼロであり，式(8.12)はLondon方程式に帰着する．

$$J_i(x) = -\frac{ne^2}{mc}A_i(x) \qquad (\mu=i=1,2,3) \tag{8.16}$$

この関係式は，予想される電流がゲージの選択に依存してしまうので，ゲージ不変性を持たないことは明らかである．しかしLondon方程式では，$\mathbf{A}$ のうちの横波成分だけを用いることになっており [1]，そのため $\mathbf{J}$ はゲージ不変である[‡]．$\mathbf{A}$ の縦波成分は縦波励起と結合するので，波動関数はこの種の摂動に対して"堅い"わけではなく，この場合には常磁性項がゼロにならない．実際，$\mathbf{A}$ が純粋な縦波ポテンシャルであれば，ゲージ不変性によって要請されるように，常磁性項と反磁性項が正確に打ち消

[‡](訳註) 確認しておくと (式(8.81)参照)，$\mathbf{A}$ の一般的なゲージ変換は，時空内の任意関数 Λ を用いて，$\mathbf{A}' = \mathbf{A} + \nabla\Lambda$ と表される．そして $\mathbf{B} = \nabla \times \mathbf{A}$ である．変換前後で $\mathbf{B}$ が不変でなければならないので，$\mathbf{A}$ の横波成分を変更しないようにゲージ変換が定義されている．つまり "$\mathbf{A}$ の横波成分" はゲージ不変である．

8.2. 弱い外部磁場に対する応答

し合う.$K_{\mu\nu}$の近似的な評価を行うためには,系の横波応答に属する励起だけを正確に扱えばよい.この場合,常磁性電流と反磁性電流は一般に相殺せず,見かけの上で残ってしまう電流は,明白なゲージ不変性を備えていない.それにもかかわらず,このような困難を認識しながら正確に計算された$K_{\mu\nu}$の横波応答成分だけを用いるならば,横波の摂動に関する正確な物理的予言を得ることができる.対形成近似 (BCS近似) によって$K_{\mu\nu}$を評価する場合に我々が遭遇するのは,このような状況に他ならない.縦波に寄与する集団運動モードや超流体の流れを理論に含めると,常磁性項の縦波応答成分が適正に補正され,ゲージ不変性が回復する.

第5章以降の議論では,式(8.15)に現れたような遅延交換子ではなく,常に時間順序化積の期待値を用いてきた.Green関数の体系(スキーム)においては,時間順序化積の方が扱いやすい.幸い$R_{\mu\nu}$も時間に関するFourier変換を考えれば,時間順序化積を用いた関数への移行が可能となる.このことを見るために,まず$R_{\mu\nu}(\mathbf{q},q_\mathrm{o})$を,

$$R_{\mu\nu}(\mathbf{q},\tau) = \int_{-\infty}^{\infty} R_{\mu\nu}(\mathbf{q},q_\mathrm{o})e^{-iq_\mathrm{o}\tau}\frac{dq_\mathrm{o}}{2\pi} \tag{8.17}$$

によって定義し,これがスペクトル表示できることに注意する.

$$R_{\mu\nu}(\mathbf{q},q_\mathrm{o}) = \int_{-\infty}^{\infty}\frac{C_{\mu\nu}(\mathbf{q},\omega)d\omega}{q_\mathrm{o}-\omega+i\delta} \tag{8.18}$$

スペクトル加重関数$C_{\mu\nu}(\mathbf{q},\omega)$は,次のように与えられる.

$$\begin{aligned}C_{\mu\nu}(\mathbf{q},\omega) =& \sum_n \langle 0|j_\mu^\mathrm{p}(\mathbf{q})|n\rangle\langle n|j_\nu^\mathrm{p}(-\mathbf{q})|0\rangle\delta(E_n-E_0-\omega)\\ &-\sum_n \langle 0|j_\nu^\mathrm{p}(-\mathbf{q})|n\rangle\langle n|j_\mu^\mathrm{p}(\mathbf{q})|0\rangle\delta(E_n-E_0+\omega)\end{aligned} \tag{8.19}$$

ただし,

$$H|n\rangle = E_n|n\rangle \tag{8.20}$$

である.上記のスペクトル表示の正当性は,式(8.15)において演算子の間に中間状態$|n\rangle$の完全系を挿入して,式(8.17)-(8.19)から得られる表式と比較することによって確認できる.

常磁性の応答関数$R_{\mu\nu}$に対応する,時間順序化積を導入した常磁性因果関数$P_{\mu\nu}$を考えよう.

$$P_{\mu\nu}(\mathbf{q},\tau) = -i\langle 0|T\{j_\mu^\mathrm{p}(\mathbf{q},\tau)j_\nu^\mathrm{p}(-\mathbf{q},0)\}|0\rangle \tag{8.21}$$

時間に関する Fourier 変換を，ここでも，
$$P_{\mu\nu}(\mathbf{q},\tau) = \int_{-\infty}^{\infty} P_{\mu\nu}(\mathbf{q},q_\mathrm{o}) e^{-iq_\mathrm{o}\tau} \frac{dq_\mathrm{o}}{2\pi} \tag{8.22}$$
によって定義すると，$P_{\mu\nu}(\mathbf{q},q_\mathrm{o})$ のスペクトル表示は，次のように与えられる．
$$P_{\mu\nu}(\mathbf{q},q_\mathrm{o}) = \int_{-\infty}^{\infty} \frac{C_{\mu\nu}(\mathbf{q},\omega)\,d\omega}{q_\mathrm{o} - \omega + i\delta\omega} \tag{8.23}$$
上式も直接の計算によって確認できる．式(8.18) と式(8.23) のスペクトル表示を比較すると，$C_{\mu\nu}(\mathbf{q},\omega)$ が実数の場合，$P_{\mu\nu}$ と $R_{\mu\nu}$ の実部は互いに同じであり，虚部は $q_\mathrm{o} < 0$ において符号因子だけが異なる．
$$\mathrm{Re}\,P_{\mu\nu}(\mathbf{q},q_\mathrm{o}) = \mathrm{Re}\,R_{\mu\nu}(\mathbf{q},q_\mathrm{o}) \tag{8.24a}$$
$$\mathrm{Im}\,P_{\mu\nu}(\mathbf{q},q_\mathrm{o}) = \mathrm{sgn}\,q_\mathrm{o}\,\mathrm{Im}\,R_{\mu\nu}(\mathbf{q},q_\mathrm{o}) \tag{8.24b}$$
より一般には，$P_{\mu\nu}(\mathbf{q},q_\mathrm{o})$ の切断線における不連続から $C_{\mu\nu}$ が決まり，そこから式(8.18) を通じて $R_{\mu\nu}$ が得られる．したがって $P_{\mu\nu}$ が分かれば $R_{\mu\nu}$ も分かったことになる．（$K_{\mu\nu}$ の式自体は A を含まないが，A のない場合に j_μ と j_μ^p は同じなので，演算子 j_μ^p の添字 p はしばしば省略される．）

ここまで得た結果をまとめると，外部から与えられた弱いポテンシャル $A_\mu(q) = [A(q), c\varphi(q)]$ に対する系の応答は，次のように表される．
$$\begin{aligned} J_\mu(q) &= -\frac{c}{4\pi}\sum_\nu K_{\mu\nu}(q) A_\nu(q) \\ &= -\frac{c}{4\pi}\left[\sum_{i=1}^{3} K_{\mu i}(q) A_i(q) - K_{\mu 0}(q) A_0(q)\right] \end{aligned} \tag{8.25}$$
ここで $q \equiv (\mathbf{q}, q_\mathrm{o})$ である．核 $K_{\mu\nu}$ は式(8.14) と式(8.15) を組み合わせて，次のように与えられる．
$$K_{\mu\nu}(q) = \frac{4\pi}{c^2} R_{\mu\nu}(q) + \frac{1}{\lambda_\mathrm{L}^2}\delta_{\mu,\nu}[1 - \delta_{\nu,0}] \tag{8.26}$$
第1項は常磁性項，第2項は反磁性項を表している．$\lambda_\mathrm{L}^2 = mc^2/4\pi ne^2$ は London の磁場浸入深さの自乗である．常磁性応答関数 $R_{\mu\nu}$ は，時間順序化積を用いた常磁性因果関数，
$$P_{\mu\nu}(q) = \int_{-\infty}^{\infty}(-i)\langle 0|T\{j_\mu(\mathbf{q},\tau)j_\nu(-\mathbf{q},0)\}|0\rangle e^{iq_\mathrm{o}\tau}d\tau \tag{8.27}$$
から，式(8.24) を介して得られる．

8.3 Meissner-Ochsenfeld効果

Schafroth が示したように [14] Meissner効果は，核 $K_{\mu\nu}$ の横波応答成分が振動数ゼロ ($q_{o} = 0$) の長波長極限 ($\mathbf{q} \to \mathbf{0}$) において有限値を保持することを要請している．ゲージ不変性と電荷保存則により，$q_{o} = 0$ において次の制約が課される[§]．

$$\sum_{j=1}^{3} K_{ij} q_j = 0 \qquad [\text{ゲージ不変性}] \tag{8.28a}$$

$$\sum_{i} q_i K_{ij} = 0 \qquad [\text{電荷保存則}] \tag{8.28b}$$

これらの関係式を基底状態 $|0\rangle$ の回転不変性と組み合わせると，K_{ij} は次の形を持つことになる．

$$K_{ij}(\mathbf{q}, 0) = \left[\delta_{ij} - \frac{q_i q_j}{\mathbf{q}^2} \right] K(\mathbf{q}^2) \tag{8.29}$$

そうすると，Meissner効果によって，次の条件が要請される．

$$K(\mathbf{q}^2) > 0 \quad \text{as} \quad \mathbf{q}^2 \to 0 \tag{8.30}$$

何故なら，この場合は因子 $\left[\delta_{ij} - q_i q_j / \mathbf{q}^2\right]$ によって，K_{ij} が純粋に横波応答成分だけになることが保証されるからである．

BCSによる元々の J_i の計算は，横波ゲージすなわち $\mathbf{q} \cdot \mathbf{A}(\mathbf{q}) = 0$ の下で行われた．このゲージでは通常 K_{ij} の横波応答成分だけを計算し，式(8.29) によって要請されるように K_{ij} の縦波応答成分がゼロになるかどうかを確認することはない．しかしBCS近似の下で核全体を計算することは，K の正確な縦波応答成分が集団運動モードや超流体の流れに関係することを理解するための背景として，教育的に有意義である．K の常磁性部分を計算するために，ここでは P_{ij} を知る必要がある．

$$P_{ij}(\mathbf{q}, \tau) = -i \langle 0 | T\{j_i(\mathbf{q}, \tau) j_j(\mathbf{q}, 0)\} | 0 \rangle \tag{8.31}$$

電流密度演算子 $\mathbf{j}(\mathbf{q})$ は，式(8.5) の3次元Fourier変換として与えられる．

$$\mathbf{j}(\mathbf{q}) = -\frac{e}{m} \sum_{\mathbf{k},s} \left(\mathbf{k} + \frac{\mathbf{q}}{2} \right) c_{\mathbf{k}s}^{+} c_{\mathbf{k}+\mathbf{q}s} \tag{8.32}$$

[§] (訳註) 式(8.28)-(8.29) から判るように，$K_{\mu\nu}$ は量子電磁力学における光子の自己エネルギー部分 $\Pi_{\mu\nu}$ と，ある意味で共通の性格を持つ．どちらも電磁場 A_μ に対する媒体 (超伝導体もしくは真空) の応答特性を表す．

したがって，P_{ij} は次のようになる．

$$P_{ij}(\mathbf{q},\tau) = -\frac{ie^2}{m^2}\sum_{\mathbf{k},\mathbf{k}',s,s'}\left(\mathbf{k}+\frac{\mathbf{q}}{2}\right)_i\left(\mathbf{k}'+\frac{\mathbf{q}}{2}\right)_j$$
$$\times \langle 0|T\{c_{\mathbf{k}s}^+(\tau)c_{\mathbf{k}+\mathbf{q}s}(\tau)c_{\mathbf{k}'+\mathbf{q}s'}^+(0)c_{\mathbf{k}'s'}(0)\}|0\rangle \quad (8.33)$$

この式を対形成近似の枠内で評価することができる．すなわち，正確な基底状態を BCS 基底状態，

$$|\psi_0\rangle = \prod_{\mathbf{k}}(u_{\mathbf{k}}+v_{\mathbf{k}}b_{\mathbf{k}}^+)|0\rangle \quad (8.34)$$

によって置き換え (式 (2.33))，c を Bogoliubov-Valatin 変換 (2.56) で定義されている準粒子の演算子で表す．時間依存性は自由な準粒子の時間依存性で近似して，真空期待値を通常の方法で評価すればよい．

この作業と等価であるが，容易に対形成近似の枠を外した一般化が可能な別の手続きとして，式 (8.31) を南部の場 $\Psi_\mathbf{p}$ によって表す方法がある [114]．そうしておいて，その期待値を Hartree 型に分解すればよい．南部形式を用いると，$\mathbf{j}(\mathbf{q})$ は次の形になる．

$$\mathbf{j}(\mathbf{q}) = -\frac{e}{m}\sum_{\mathbf{k}}\left(\mathbf{k}+\frac{\mathbf{q}}{2}\right)\left(\Psi_{\mathbf{k}}^+\mathbf{1}\Psi_{\mathbf{k}+\mathbf{q}}\right) \quad (8.35)$$

そして P_{ij} は次のように表される．

$$P_{ij}(\mathbf{q},\tau) = -\frac{ie^2}{m^2}\sum_{\mathbf{k},\mathbf{k}'}\left(\mathbf{k}+\frac{\mathbf{q}}{2}\right)_i\left(\mathbf{k}'+\frac{\mathbf{q}}{2}\right)_j$$
$$\times\langle 0|T\{\Psi_{\mathbf{k}}^+(\tau)\mathbf{1}\Psi_{\mathbf{k}+\mathbf{q}}(\tau)\Psi_{\mathbf{k}'+\mathbf{q}}^+(0)\mathbf{1}\Psi_{\mathbf{k}'}(0)\}|0\rangle \quad (8.36)$$

Hartree 分解の枠内で，この期待値は次のようになる．

$$-\mathrm{Tr}\left[\langle 0|T\{\Psi_{\mathbf{k}+\mathbf{q}}(\tau)\Psi_{\mathbf{k}+\mathbf{q}}^+(0)\}|0\rangle\langle 0|T\{\Psi_{\mathbf{k}}(-\tau)\Psi_{\mathbf{k}}^+(0)\}|0\rangle\right]\delta_{\mathbf{k},\mathbf{k}'}$$
$$= \mathrm{Tr}\left[\mathbf{G}(\mathbf{k}+\mathbf{q},\tau)\mathbf{G}(\mathbf{k},-\tau)\right]\delta_{\mathbf{k},\mathbf{k}'} \quad (8.37)$$

Gor'kov 形式 [121] との関連に言及しておくと，式 (8.37) の対角和(トレース)の計算を行う際に，$G_{11}G'_{11}$ と $G_{22}G'_{22}$ の形の項は Gor'kov 形式の GG' に対応し，$G_{12}G'_{21}$ と $G_{21}G'_{12}$ の項は彼の F 関数の積に対応する．

この Hartree 的な近似の枠内で，P_{ij} の時間に関する Fourier 変換は，次のように与えられる．

8.3. Meissner-Ochsenfeld効果

$$P_{ij}(q) = -\frac{ie^2}{m^2}\int\frac{d^4k}{(2\pi)^4}\left(\mathbf{k}+\frac{\mathbf{q}}{2}\right)_i\left(\mathbf{k}+\frac{\mathbf{q}}{2}\right)_j \operatorname{Tr}\left[\mathbf{G}(k+q)\,\mathbf{G}(k)\right] \tag{8.38}$$

ここで $q \equiv (\mathbf{q}, q_{\mathrm{o}})$ である. 対ポテンシャルに遅延がないと仮定すると, 第7章で見たように, 対形成近似の $\mathbf{G}(k)$ が次のように与えられる (式(7.41)参照).

$$\mathbf{G}(k) = \frac{k_0\mathbf{1} + \epsilon_\mathbf{k}\tau_3 + \Delta_\mathbf{k}\tau_1}{k_0^2 - E_\mathbf{k}^2 + i\delta}\qquad \left[E_\mathbf{k} = (\epsilon_\mathbf{k}^2 + \Delta_\mathbf{k}^2)^{1/2}\right] \tag{8.39}$$

当面は静的な Meissner 効果に関心があるので, $q_{\mathrm{o}} = 0$ と置くと, P_{ij} を次のように表すことができる.

$$P_{ij}(\mathbf{q},0) = -2\left(\frac{e}{m}\right)^2\int\frac{d^3k}{(2\pi)^3}\left(\mathbf{k}+\frac{\mathbf{q}}{2}\right)_i\left(\mathbf{k}+\frac{\mathbf{q}}{2}\right)_j L(\mathbf{k},\mathbf{q}) \tag{8.40a}$$

ここで導入した, $\mathbf{G}(k)$ の自己相関を表すコヒーレンス関数 $L(\mathbf{k},\mathbf{q})$ は,

$$\begin{aligned}L(\mathbf{k},\mathbf{q}) &= \frac{i}{2}\int_{-\infty}^{\infty}\frac{dk_0}{2\pi}\operatorname{Tr}\left[\mathbf{G}(k+q)\,\mathbf{G}(k)\right]\\ &= i\int_{-\infty}^{\infty}\frac{dk_0}{2\pi}\frac{k_0^2+\epsilon_\mathbf{k}\epsilon_{\mathbf{k+q}}+\Delta_\mathbf{k}\Delta_{\mathbf{k+q}}}{(k_0^2-E_\mathbf{k}^2+i\delta)(k_0^2-E_{\mathbf{k+q}}^2+i\delta)}\end{aligned} \tag{8.40b}$$

と定義される. 上の計算では, 以下の関係を利用した.

$$\tau_i^2 = 1$$
$$\operatorname{Tr}\mathbf{1} = 2$$
$$\operatorname{Tr}\tau_i = 0 = -\operatorname{Tr}\tau_i\tau_j \quad (i\neq j) \tag{8.40c}$$

積分の計算は, 複素積分路を上半面側 (もしくは下半面側) で閉じて行えばよい. $L(\mathbf{k},\mathbf{q})$ が次のように, 実数として与えられることが分かる.

$$\begin{aligned}L(\mathbf{k},\mathbf{q}) &= \frac{1}{2}\left(1 - \frac{\epsilon_\mathbf{k}\epsilon_{\mathbf{k+q}}+\Delta_\mathbf{k}\Delta_{\mathbf{k+q}}}{E_\mathbf{k}E_{\mathbf{k+q}}}\right)\frac{1}{E_\mathbf{k}+E_{\mathbf{k+q}}}\\ &= \frac{p^2(\mathbf{k},\mathbf{k}+\mathbf{q})}{E_\mathbf{k}+E_{\mathbf{k+q}}}\end{aligned} \tag{8.41}$$

ここで現れた $p(\mathbf{k},\mathbf{k+q})$ は, 第3章で既に見たコヒーレンス因子である. これは BCS の結果に他ならない [8,9].

対形成近似の下で Meissner 効果を調べるために, まず $\mathbf{q} \to \mathbf{0}$ においてコヒーレンス因子 $p^2(\mathbf{k},\mathbf{q})$ がゼロになるので, $L(\mathbf{k},\mathbf{q}) \to 0$ となることに注意する. 一方でエネルギー分母は有限値を保つ ($E_\mathbf{k}+E_{\mathbf{k+q}} \geq 2\Delta_0$). したがって,

$$\lim_{\mathbf{q}\to 0}P_{ij}(\mathbf{q},0) = \lim_{\mathbf{q}\to 0}R_{ij}(\mathbf{q},0) = 0 \tag{8.42}$$

であり，電磁応答核は，Londonの核に帰着する．

$$\lim_{\mathbf{q} \to 0} K_{ij}(\mathbf{q}, 0) = \frac{1}{\lambda_L^2} \delta_{ij} \qquad (i, j = 1, 2, 3) \tag{8.43}$$

この式の横波応答成分を恣意的に抽出するならば，

$$\lim_{\mathbf{q} \to 0} K_{ij}(\mathbf{q}, 0) = \frac{\delta_{ij} - q_i q_j}{\mathbf{q}^2} \frac{1}{\lambda_L^2} \tag{8.44}$$

である．この結果を一般の形 (8.29) と比べてみると，

$$\lim_{\mathbf{q}^2 \to 0} K(\mathbf{q}^2) = \frac{1}{\lambda_L^2} > 0 \tag{8.45}$$

となり，これは絶対零度における Meissner 効果を表している．残念ながら K の縦波応答成分も，この近似においてはゼロにならず，$(q_i q_j / \mathbf{q}^2)(1/\lambda_L^2)$ と与えられる．しかしながら，以下ではこの非物理的な縦波応答を考えない．

上の導出では Meissner 効果を生じるためのエネルギーギャップの役割が強調されている．式 (8.41) で与えられる量 $L(\mathbf{k}, \mathbf{q})$ は，係数因子を除くと基底状態と横波励起状態の間の磁気摂動行列要素の自乗を，2 準粒子の励起エネルギーで割ったものにあたる．超伝導状態では，$\mathbf{q}^2 \to 0$ (すなわち $p^2(\mathbf{k}, \mathbf{q}) \to 0$) においてこの行列要素がゼロになり，エネルギー分母の方は有限値を保持する．このことは本章の初めに与えた議論と整合している．このようにして長波長極限では $K_{\mu\nu}$ の中の常磁性項が消失して，反磁性項だけが残る．常伝導金属の $L(\mathbf{k}, \mathbf{q})$ は，通常の 2 次摂動の形に帰着する．すなわち $\mathbf{k}$ と $\mathbf{k} + \mathbf{q}$ が Fermi 面の内側と外側に隔てられていれば，

$$L_N(\mathbf{k}, \mathbf{q}) = \frac{1}{|\epsilon_{\mathbf{k}+\mathbf{q}} - \epsilon_{\mathbf{k}}|} \tag{8.46}$$

であり，そうでなければ Pauli 原理の要請に従ってゼロになる．すでに論じたように，常伝導金属では $\mathbf{q}^2 \to 0$ において行列要素がほとんどゼロに近づくにもかかわらず $P_{ij}(\mathbf{q}, 0)$ が有限値を保つが，これはエネルギー分母も一緒にゼロに近づくからである．常伝導状態での常磁性項 P_{ij} の大きさを計算してみると，ほとんど反磁性項と打ち消し合い，弱い Landau 反磁性だけが残ることが分かる．

"ギャップレス"超伝導体においては [172]，行列要素とエネルギー分母が両方ともゼロに近づくが，Fermi 準位付近の状態密度が低すぎて，$\mathbf{q} \to 0$ においても常磁性項 P_{ij} が充分に反磁性項を打ち消すことができない．

上述の計算を有限温度へ拡張するために，7.4 節で論じた技法を利用して，絶対零度の式 (8.38) を離散的な振動数に関する和を含む形に変換する．$L(\mathbf{k}, \mathbf{q})$ を単に次の

8.3. Meissner-Ochsenfeld効果

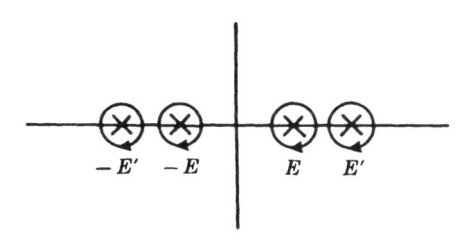

図8.1 静的な電磁応答の核に寄与する極.

ように変更すればよい.

$$L(\mathbf{k},\mathbf{q}) = -\frac{1}{2\beta}\sum_{n=-\infty}^{\infty} \mathrm{Tr}\left[\mathbf{G}(\mathbf{k+q},i\omega_n)\mathbf{G}(\mathbf{k},i\omega_n)\right] \tag{8.47}$$

$\omega_n = (2n+1)\pi/\beta$ である. 前と同様に, 式(7.107)を用いて和を積分に変換すると, 次のようになる.

$$L(\mathbf{k},\mathbf{q}) = -\frac{i}{2}\int_c \frac{d\omega}{2\pi} \mathrm{Tr}\left[\mathbf{G}(\mathbf{k+q},\omega)\mathbf{G}(\mathbf{k},\omega)\right] f(\omega) \tag{8.48}$$

積分路は虚軸全体を反時計回りに囲むように設定する. $f(\omega) \equiv [e^{\beta\omega}+1]^{-1}$ は Fermi 分布関数である. そして図8.1のように, 4箇所の極 $\pm E_\mathbf{k} \equiv \pm E$, $\pm E_\mathbf{k+q} \equiv \pm E'$ を回避して積分路を無限遠に拡げる. これらの除外極からの留数を考えると, 次式が得られる.

$$L(\mathbf{k},\mathbf{q}) = \frac{E^2+\epsilon\epsilon'+\Delta\Delta'}{2E(E^2+E'^2)}\left[1-2f(E)\right] + \frac{E'^2+\epsilon\epsilon'+\Delta\Delta'}{2E'(E'^2-E^2)}\left[1-2f(E')\right] \tag{8.49}$$

これを次のように書き直すこともできる.

$$L(\mathbf{k},\mathbf{q}) = \frac{p^2(\mathbf{k},\mathbf{q})}{E_\mathbf{k}+E_\mathbf{k+q}}\left[1-f(E_\mathbf{k})-f(E_\mathbf{k+q})\right]$$
$$+\frac{l^2(\mathbf{k},\mathbf{q})}{E_\mathbf{k}-E_\mathbf{k+q}}\left[f(E_\mathbf{k+q})-f(E_\mathbf{k})\right] \tag{8.50}$$

コヒーレンス因子 p^2 と l^2 は, 次のように与えられる.

$$\frac{1}{2}\left(1 \mp \frac{\epsilon_\mathbf{k}\epsilon_\mathbf{k+q}+\Delta_\mathbf{k}\Delta_\mathbf{k+q}}{E_\mathbf{k}E_\mathbf{k+q}}\right) \tag{8.51}$$

p^2 には複号の上側，l^2 には下側を充てる．我々は有限温度における Meissner 効果に関心があるので，式 (8.50) において $\mathbf{q} \to \mathbf{0}$ の極限を考える．第 1 項は"超流体"電子 (二流体モデルにおける超流体成分にあたる) の寄与を与え，この極限では絶対零度の場合と同様にゼロになる．第 2 項は熱励起された準粒子 (常流体成分にあたる) の寄与を与え，$\mathbf{q} \to \mathbf{0}$ においても消失しない．エネルギー分母もゼロに近づくからである．これらの 2 つの項の物理的な違いとしては，超流体項が 2 つの準粒子生成を含み，その最低励起エネルギーが有限値 $2\Delta_0$ を取るのに対し，常流体項は"既に存在している準粒子"の散乱を含み，この場合の励起エネルギーは常伝導金属における励起と同様に，任意に小さくできるのである．したがって $L(\mathbf{k}, \mathbf{0})$ は次のようになる．

$$\lim_{\mathbf{q}\to 0} L(\mathbf{k}, \mathbf{q}) = -\frac{\partial f(E_\mathbf{k})}{\partial E_\mathbf{k}} = \frac{\beta e^{\beta E_\mathbf{k}}}{(e^{\beta E_\mathbf{k}} + 1)^2} = \beta f_\mathbf{k}(1 - f_\mathbf{k}) \tag{8.52}$$

そして式 (8.40a) から，次式を得る．

$$\lim_{\mathbf{q}\to 0} P_{ij}(\mathbf{q}, 0) = -2\left(\frac{e}{m}\right)^2 \int \frac{d^3 k}{(2\pi)^3} k_i k_j \beta f_\mathbf{k}(1 - f_\mathbf{k}) \tag{8.53}$$

ここで，温度 T における超流体電子の有効密度 $\rho_\mathrm{s}(T)$ を，次のように定義しておくと都合がよい．

$$\frac{\rho_\mathrm{s}(T)}{\rho_\mathrm{s}(0)} = 1 - \frac{2\beta E_\mathrm{F}}{k_\mathrm{F}^5} \int_0^\infty k^4 \frac{e^{\beta E_\mathbf{k}} dk}{(e^{\beta E_\mathbf{k}} + 1)^2} \tag{8.54a}$$

Fermi エネルギーは $E_\mathrm{F} = k_\mathrm{F}^2/2m$ と与えられる．ここで，

$$\rho_\mathrm{s}(0) = n = \frac{k_\mathrm{F}^3}{3\pi^2} \tag{8.54b}$$

としておけば，$T = 0$ において，すべての価電子が超流体電子として振舞うという形になる．式 (8.53) と式 (8.54) を組み合わせると，次の簡単な式が得られる．

$$\lim_{\mathbf{q}\to 0} P_{ij}(\mathbf{q}, 0) = -\frac{ne^2}{m}\left[1 - \frac{\rho_\mathrm{s}(T)}{\rho_\mathrm{s}(0)}\right]\delta_{ij} \tag{8.55}$$

この結果を K_{ij} の式 (8.24) に適用すると，対形成近似において，次の結果を得る．

$$\lim_{\mathbf{q}\to 0} K_{ij}(\mathbf{q}, 0) = \frac{1}{\lambda_\mathrm{L}^2(0)}\left[\frac{\rho_\mathrm{s}(T)}{\rho_\mathrm{s}(0)}\right]\delta_{ij} \tag{8.56}$$

したがって $\rho_\mathrm{s}(T)$ がゼロでない限り，$K(\mathbf{q}^2)$ (式 (8.29) によって定義される) は $\mathbf{q}^2 \to 0$ においてゼロにならず，Meissner 効果が得られたことになる．$\rho_\mathrm{s}(T)/\rho_\mathrm{s}(0)$ のグラフ

8.4. 有限のqとωにおける電磁的性質

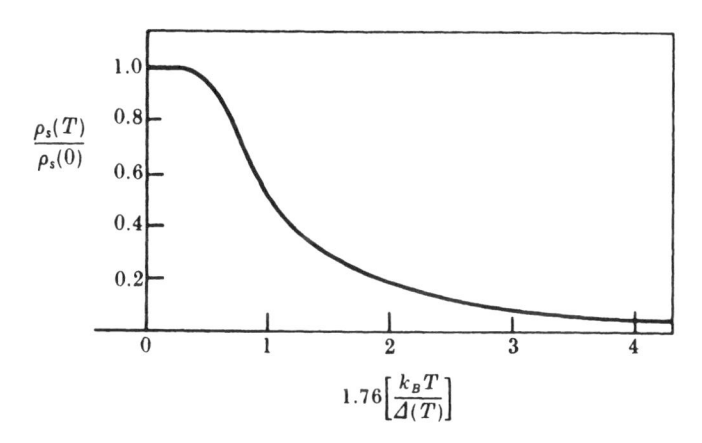

図8.2 超流体密度の温度に対する依存性. $T=0$ ではすべての電子が超流体に属し, $T \geq T_c$ ではすべての電子が常流体に属することになる. (訳註:横軸は絶対温度 T に比例する尺度ではないことに注意されたい. 温度に依存するギャップ関数 $\Delta(T)$ で除算が施されている. T_c 付近で $\Delta(T)$ は急速にゼロに近づくので,この図の横軸において T_c に対応するのは無限大である.)

を図8.2に示す. $T \to T_c$ (図では右方無限遠) とすると,超流体電子密度はゼロになり,弱い Landau 反磁性を持った常伝導状態になる [92].

まとめると,我々は対形成近似の枠内で,次の現象を理論的に確認することができた.

1. $T \leq T_c$ の温度全域において Meissner 効果が得られた.
2. 電磁応答核 K の横波応答成分は,長波長極限において London の形に帰着する (式(8.56)).
3. $\mathbf{q} \to 0$ のときに超流体電子だけが K の横波応答成分へ有限の寄与を持つことを認識することによって,超流動電子密度 $\rho_s(T)$ の T 依存性が得られた (式(8.54)).
4. この近似の枠内において,電磁応答核 K はゲージ不変性を備えていない.

8.4 有限のqとωにおける電磁的性質

対形成近似の範囲内で Meissner 効果が現れることは喜ばしいが,更に一般の $\mathbf{q}$, ω, T の値の下でも,応答核 $K_{ij}(\mathbf{q}, \omega, T)$ の挙動を知る必要があるし,この関数に

対する不純物の影響にも関心が持たれる．このような問題は Mattis and Bardeen [69a] によって扱われた．しかし彼らの Green 関数形式による導出 [69b,c] を，ここでは詳述せず，結果だけを示すことにする．多くの目的のために，応答関数を $\mathbf{q}$ 空間ではなく座標空間において表しておくほうが都合がよい．横波ゲージ，

$$\nabla \cdot \mathbf{A}(\mathbf{r},\omega) = 0 \tag{8.57}$$

を採用すると，次式を得る．

$$\mathbf{J}(\mathbf{r},\omega) = -\alpha \int d^3 r' \frac{\mathbf{R}[\mathbf{R}\cdot\mathbf{A}(\mathbf{r}')]}{R^4} I(\omega, R, T) e^{-R/l} \tag{8.58}$$

ここで $\mathbf{R} \equiv \mathbf{r} - \mathbf{r}'$ であり，定係数 α は次のように与えられる．

$$\alpha = \frac{e^2 N(0) v_\mathrm{F}}{2\pi^2 \hbar c} \tag{8.59}$$

v_F は Fermi 速度である (本節では $\hbar$ を明示する)．式(8.58)の形は意図的に，Pippard [33] が Meissner 効果に対して与えた式，および Chambers [34] が異常表皮効果を説明した式に似せた体裁にしてある．$e^{-R/l}$ は不純物散乱の効果を考慮するための因子で，l は常伝導状態における電子の平均自由行程を表す．重要な関数 $I(\omega, R, T)$ は，次のように表わされる．

$$I(\omega, R, T) = \int_{-\infty}^{\infty} \int_{-\infty}^{\infty} \left\{ L(\omega, \epsilon, \epsilon') - \frac{[f(\epsilon) - f(\epsilon')]}{\epsilon' - \epsilon} \right\} \cos\left[\frac{R(\epsilon - \epsilon')}{\hbar v_\mathrm{F}}\right] d\epsilon d\epsilon' \tag{8.60}$$

f は Fermi 分布関数である．関数 $L(\omega, \epsilon, \epsilon')$ は，前節で扱ったコヒーレンス関数 $L(\mathbf{k}, \mathbf{q})$ を一般化したものであり，次のように与えられる．

$$\begin{aligned}
L(\omega, \epsilon, \epsilon') = & \frac{1}{2} p^2(\epsilon, \epsilon') \left[\frac{1}{E + E' + \hbar\omega - i\delta} + \frac{1}{E + E' - \hbar\omega + i\delta}\right] \\
& \times \left[1 - f(E) - f(E')\right] \\
& + \frac{1}{2} l^2(\epsilon, \epsilon') \left[\frac{1}{E - E' + \hbar\omega - i\delta} + \frac{1}{E - E' - \hbar\omega + i\delta}\right] \\
& \times \left[f(E') - f(E)\right]
\end{aligned} \tag{8.61}$$

上式中のコヒーレンス因子は，次のように定義される．

$$\begin{aligned}
p^2(\epsilon, \epsilon') &= \frac{1}{2}\left(1 - \frac{\epsilon\epsilon' + \Delta\Delta'}{EE'}\right) \\
l^2(\epsilon, \epsilon') &= \frac{1}{2}\left(1 + \frac{\epsilon\epsilon' + \Delta\Delta'}{EE'}\right)
\end{aligned} \tag{8.62}$$

8.4. 有限の q と ω における電磁的性質

$E = (\epsilon^2 + \Delta^2)^{1/2}$ である. 幾通りかの極限を想定してみると, $I(\omega, R, T)$ は簡単な形に帰着する.

1. $\hbar\omega \gg \Delta_0$：この極限は, 特例として常伝導金属の場合も含んでいるものと見なせる. I は,

$$I(\omega, R, T) = i\pi\hbar\omega e^{iR\omega/v_F} \tag{8.63}$$

となり, 式(8.58) は Chambers の異常表皮効果の式に帰着する. このことにより, 常伝導金属の異常極限における表面インピーダンスから, 係数 α を評価することが可能となる.

2. $\omega = 0$：この低振動数極限において, 式(8.58) は Pippard の式と密接に関係する形に簡約される. 慣例として, 次式によって関数 $J(R, T)$ を導入する (電流密度 **J** と混同しないこと).

$$I(0, R, T) = \left[\frac{\rho_s(T)}{\rho_s(0)}\right]\frac{\pi\hbar v_F}{\xi_0} J(R, T) \tag{8.64}$$

Pippard のコヒーレンス距離 ξ_0 は, 微視的なパラメーターから, 次のように定義される.

$$\xi_0 = \frac{\hbar v_F}{\pi\Delta_0} \tag{8.65}$$

この極限において式(8.58) は次のようになる.

$$\mathbf{J}(\mathbf{r}) = \frac{-3}{4\pi c\Lambda(T)\xi_0}\int\frac{\mathbf{R}[\mathbf{R}\cdot\mathbf{A}(\mathbf{r}')]}{R^4} J(R, T) e^{-R/l} d^3 r' \tag{8.66}$$

ここで導入した $\Lambda(T) = m/\rho_0(T)e^2$ は London のパラメーター [1] である. この式は, 因子 e^{-R/ξ_0} が $J(R, T)$ に置き換わっている点を除けば, Pippard の式と同じ形をしている. $J(R, T)$ を定義する式(8.64) によれば, これと e^{-R/ξ_0} は, $T \leq T_c$ の全温度領域において, R に関する積分が等しいという関係にある.

$$\int_0^\infty J(R, T) dR = \xi_0 = \int_0^\infty e^{-R/\xi_0} dR \tag{8.67}$$

これらは単に積分値が同じというだけではなく, R と T の全範囲にわたって互いに良く似た関数である. たとえば $J(R, 0)$ と e^{-R/ξ_0} は R の全領域にわたって5%以内の精度で一致する. また $J(0, 0) = 1$ で, $J(0, T_c) = 1.33$ である.

3. $q\xi_0 \ll 1$, $\omega = 0$：この振動数ゼロの長波長極限に関しては，我々は清浄な超伝導体において，これが London 理論に帰着することを既に見ている．

$$\mathbf{J}_{\mathrm{s}}(\mathbf{r}) = -\frac{\rho_{\mathrm{s}}(T)e^2}{mc}\mathbf{A}(\mathbf{r}) = -\frac{1}{c\Lambda(T)}\mathbf{A}(\mathbf{r}) \tag{8.68}$$

これが式 (8.66) と整合することは，この極限において後者の $\mathbf{A}$ を積分の外に出せば確認できる．平均自由行程が短い極限 $l \ll \xi_0$ では，余分の因子 $J(0,T)l/\xi_0 \simeq l/\xi_0$ が生じるが，このことは不純物濃度が高くなると London の浸入深さが伸びることを意味する．

4. $R/\xi_0 \ll 1$ ($q\xi_0 \gg 1$)：磁場が空間内において，尺度 ξ_0 に比べてよく局在している場合，すなわち表皮深さが $\lambda \ll \xi_0$ であったり，薄膜試料において厚さ $d \ll \xi_0$ である場合には，式 (8.58) において $I(\omega, R, T)$ を $R = 0$ において評価してしまい，積分の外に出すことができる．残る積分は，この極限では (すなわち $e^{i\omega R/v_{\mathrm{F}}} \simeq 1$) 常伝導金属と同じになるので，電流を常伝導電流によって規格化し，2 つの状態における複素表面導電率の比として表すことができる．

$$\frac{\sigma_{\mathrm{s}}}{\sigma_{\mathrm{n}}} = \frac{\sigma_1 + i\sigma_2}{\sigma_{\mathrm{n}}} = \frac{I(\omega, 0, T)}{i\pi\hbar\omega} \tag{8.69}$$

$\sigma_1/\sigma_{\mathrm{n}}$ の式は，第 3 章において与えてある (式 (3.35)-(3.36))．σ_2 については，

$$\frac{\sigma_2}{\sigma_{\mathrm{n}}} = \frac{1}{\hbar\omega}\int_{\Delta-\hbar\omega,-\Delta}^{\Delta}\frac{[1 - 2f(E + \hbar\omega)][E^2 + \hbar\omega E + \Delta^2]dE}{\{[\Delta^2 - E^2][(E + \hbar\omega)^2 - \Delta^2]\}^{1/2}} \tag{8.70}$$

と与えられる．積分範囲の下限は $\Delta - \hbar\omega$ と $-\Delta$ の大きい方を選ぶ．絶対零度における $\sigma_2/\sigma_{\mathrm{n}}$ は，

$$\frac{\sigma_2}{\sigma_{\mathrm{n}}} = \frac{1}{2}\left(1 + \frac{2\Delta}{\hbar\omega}\right)E(k') - \frac{1}{2}\left(1 - \frac{2\Delta}{\hbar\omega}\right)K(k') \tag{8.71}$$

となり，$\sigma_1/\sigma_{\mathrm{n}}$ (吸収的な部分) は，次のようになる．

$$\frac{\sigma_1}{\sigma_{\mathrm{n}}} = \left(1 + \frac{2\Delta}{\hbar\omega}\right)E(k) - \frac{4\Delta}{\hbar\omega}K(k) \tag{8.72}$$

上の式における E と K は，完全楕円積分を表しており，

$$k' = (1 - k^2)^{1/2} \quad \text{where} \quad k = \left|\frac{2\Delta - \hbar\omega}{2\Delta + \hbar\omega}\right| \tag{8.73}$$

である．$T = 0$ における σ_1 と σ_2 は Tinkham [129] によって計算された．$T \neq 0$ の表面導電率を求めるには数値計算が必要である．しかし低振動数の極限では，

$$\frac{\sigma_2}{\sigma_{\mathrm{n}}} = \frac{\pi\Delta}{\hbar\omega}\tanh\frac{\Delta}{2k_{\mathrm{B}}T} \tag{8.74}$$

のように簡単な形になる．広範囲の振動数と温度における計算が Miller [130a] によって行われている．

一般に，対形成理論に基づくこれらの予言と実験結果は定量的によく一致している．第 3 章で述べたように，ギャップ端より下の $\omega/2\Delta \sim 0.85$ に予兆的な吸収が観測された報告例がある．$l \neq 0$ であれば，この領域でも集団運動モードによる吸収が起こり得るが，理論的に予想されるそのような吸収は弱く，実験結果を説明できない．その後，これらの実験結果には疑念が持たれている．

8.5　ゲージ不変性

単純な対形成近似は横波電磁場に対する系の応答を正確に説明できるが，縦波電磁場に対する応答について一般に正しい結果を与えない．特に前節において見たように，電磁ポテンシャルを記述するゲージの選択に依存するような，非物理的な縦波電流が予言されてしまう．この困難の物理的な起源を最初に認識したのは Bardeen [131] である．彼は (縦波の) ゲージポテンシャルが電子系の集団運動モード (すなわち電子気体におけるプラズモン) と結合することを指摘し，対形成理論の形式を，矛盾のない方法でこのようなモードを含めるように一般化できれば，ゲージ不変な理論が得られるであろうと論じた．この問題を解決するために多くの研究者が寄与しているが，Anderson による先駆的な仕事 [47] と，それに続く Rickayzen の仕事 [132] によって，これらの効果を考慮できるように一般化された対形成理論の基礎が立てられた．彼らのアプローチの本質は，乱雑位相近似を，対相関を含むように拡張することにあった．

よく知られているように，ゲージ不変な応答は，系における局所的な電荷保存則からの帰結である．局所的な電荷保存とは，電子の電流密度演算子と電荷密度演算子が，あらゆる時空点において，連続の方程式,

$$\nabla \cdot \mathbf{j}(\mathbf{r},t) + \frac{\partial \rho_e(\mathbf{r},t)}{\partial t} = 0 \tag{8.75}$$

を満たすことを意味する．この式に Fourier 変換を施すと，次式が得られる．

$$\mathbf{q} \cdot \mathbf{j}(\mathbf{q},q_o) - q_o \rho_e(\mathbf{q},q_o) = 0 \tag{8.76a}$$

4 元電流密度の定義式 (8.5)(8.6) と，前と同様の計量 $(1,1,1,-1)$ を用いると，4 元

電流に関する連続の方程式は，次のように表される．

$$\sum_{\mu=0}^{3} q_\mu j_\mu(q) = 0 \tag{8.76b}$$

ここでも $q = (\mathbf{q}, q_\mathrm{o})$ である．この関係から，電流密度の期待値，

$$J_\mu(\mathbf{r}, t) = \langle j_\mu(\mathbf{r}, t) \rangle \tag{8.77}$$

は，やはり連続の方程式，

$$\nabla \cdot \mathbf{J}(\mathbf{r}, t) + \frac{\partial J_0(\mathbf{r}, t)}{\partial t} = 0 \tag{8.78a}$$

を満たす．これをFourier変換空間において表現すると，次のようになる．

$$\sum_{\mu=0}^{3} q_\mu J_\mu(q) = 0 \tag{8.78b}$$

我々はポテンシャル A_μ に対する系の線形応答を関心の対象として，次のように応答核 K を定義する (式(8.25)参照)．

$$J_\mu(q) = -\frac{c}{4\pi} \sum_{\nu=0}^{3} K_{\mu\nu}(q) A_\nu(q) \tag{8.79}$$

連続の方程式(8.78b)により，応答核 $K_{\mu\nu}(q)$ は次式を満たす必要がある．

$$\sum_{\mu=0}^{3} q_\mu K_{\mu\nu}(q) = 0 \tag{8.80}$$

($q_\mathrm{o} = 0$ と置くと，この条件は静的なMeissner効果の議論に用いた条件(8.28b)に帰着する．)

ゲージ不変性の下で K に課される制約を見るために，まず最も一般的なゲージ変換の形を確認しておく．

$$\begin{aligned}\mathbf{A}(\mathbf{r}, t) &\Rightarrow \mathbf{A}(\mathbf{r}, t) + \nabla \Lambda(\mathbf{r}, t) \\ c\varphi(\mathbf{r}, t) &\Rightarrow c\varphi(\mathbf{r}, t) - \frac{\partial \Lambda(\mathbf{r}, t)}{\partial t}\end{aligned} \tag{8.81a}$$

観測される電場と磁場は，

$$\begin{aligned}\mathbf{E}(\mathbf{r}, t) &= -\frac{1}{c}\frac{\partial \mathbf{A}(\mathbf{r}, t)}{\partial t} - \nabla \varphi(\mathbf{r}, t) \\ \mathbf{B}(\mathbf{r}, t) &= \nabla \times \mathbf{A}(\mathbf{r}, t)\end{aligned} \tag{8.81b}$$

8.5. ゲージ不変性

と与えられ，これらはゲージ変換の下で不変である．Fourier空間において，ゲージ変換は次のように表される．

$$A_\mu(q) \Rightarrow A_\mu(q) + iq_\mu \Lambda(q) \tag{8.81c}$$

観測される電流が，ゲージ変換の下で不変であるならば，K が次式を満たすことを要請しなければならない．

$$\sum_{\nu=0}^{3} K_{\mu\nu}(q) q_\nu = 0 \tag{8.82}$$

局所的な電荷保存 (8.80) とゲージ不変性 (8.82) が等価であることを示すために，$K_{\mu\nu}(q)$ が次の対称性を持つことに注意する．

$$\operatorname{Re} K_{\mu\nu}(q) = \operatorname{Re} K_{\nu\mu}(-q) \tag{8.83a}$$

$$\operatorname{Im} K_{\mu\nu}(q) = -\operatorname{Im} K_{\nu\mu}(-q) \tag{8.83b}$$

この対称性は，定義式 (8.26) と，遅延交換子関数 $R_{\mu\nu}$ のスペクトル表示 (8.18) からの帰結である．したがって，ダミー添字を変更することにより，電荷保存条件 (8.80) の実部を，次のように書くことができる．

$$\sum_\nu q_\nu \operatorname{Re} K_{\nu\mu}(q) = \sum_\nu \operatorname{Re} K_{\mu\nu}(-q) q_\nu = 0 \tag{8.84a}$$

あるいは，$q_\mu \to -q_\mu$ とすると，

$$\sum_\nu \operatorname{Re} K_{\mu\nu}(q) q_\nu = 0 \tag{8.84b}$$

である．これはゲージ不変性の条件 (8.82) の実部にあたる．同様の方法により，虚部に関しても，

$$\sum_\nu q_\nu \operatorname{Im} K_{\nu\mu}(q) = -\sum_\nu \operatorname{Im} K_{\mu\nu}(-q) q_\nu = 0 \tag{8.84c}$$

もしくは，

$$\sum_\nu \operatorname{Im} K_{\mu\nu}(q) q_\nu = 0 \tag{8.84d}$$

となるが，これはゲージ不変性の条件 (8.82) の虚部と同じである．したがって正確な計算の下では，局所的な電荷保存の帰結として，ゲージ不変性は必ず保証されるべきものである．

残念ながら，近似的な $K_{\mu\nu}$ の下では局所的な電荷保存が保証されず，ゲージ不変な結果が導かれない．しかしながら，この類の困難は超伝導を扱う場合に限って生じるものでは"ない"．単純な対形成近似において見られるゲージ不変性破綻の原因は，波動関数が粒子数の確定した系の状態を記述していないことにある，という見解を目にすることが少なくない．しかしこれが真の原因でないことは，応答核 K に入る行列要素に含まれる演算子 j_μ が，"同じ"粒子数の状態 $|\alpha, N\rangle$ だけを結合する事を認識していれば明白である．行列要素の計算に用いる状態 $|\alpha\rangle$ が粒子数 N の異なる多数の状態 $|\alpha, N\rangle$ の統計集団であっても，BCSのアプローチと同様に，各々の粒子数の成分から行列要素の統計平均が得られることになり，それらを構成する各行列要素は，同じ粒子数の間で評価される行列要素である．これらの確定した粒子数 N に関する行列要素は，N に対する変化が緩やかな関数なので，統計平均の措置が全体の結果に特異な影響を及ぼすことはない．

この問題の本当の原因は，対形成近似において準粒子励起が充分に正確に扱われておらず，あらゆる条件下で局所的な電荷保存を保証することができないという点にある．Baym and Kadanoff [133] が示したように，常伝導状態を扱う場合において，仮にあらわに N 粒子系を記述する状態を用いたとしても，"粒子数を保存する"近似の枠内で手続きを行わないならば，やはりゲージ不変性破綻の問題が生じることになる．Feynman and Cohen [135] が超流動ヘリウムにおける励起を論じた際に強調したのと同様に，媒質中の電子の移動を扱う際にも，着目する電子の周辺にある他の電子による背景流動(バックフロー)を含めて考える必要がある [132,134]．この背景流動は長距離において双極子構造を持つ．準粒子が横波の場によって励起される場合，背景流動はそれ自身を打ち消すことが示される [9]．したがって，横波の場に対する系の応答を計算する場合，背景流動(バックフロー)による電流は結果的に何の役割を果たすこともなく，この複雑な効果を無視した近似の下でも，前節で見たように正確な結果を得ることができる．

他方において，系の縦波応答を考える場合，準粒子のまわりの背景流動(バックフロー)は外部ポテンシャルと結合する．そのポテンシャルは長波長極限において，裸の準粒子によって生じるポテンシャルと同じ強さで反対符号を持つ．したがって Pines と著者が論じたように [134]，衣をまとった準粒子 (すなわち裸の準粒子と背景流動(バックフロー)の雲を合わせた総体) は，ゆるやかに変化する縦波ポテンシャルと非常に弱く結合する．このように背景流動(バックフロー)を適正に考慮するならば，系には縦波の励起モードも存在することになる．これが集団密度ゆらぎモードである [47,52]．この集団運動モードは，単純に超流体における物理的な圧縮波と見なせばよい．この描像の下で，このモードに関する電流と粒子密度は連続の方程式を満たすと考えられる．長波長極限において，この密度ゆ

8.5. ゲージ不変性

らぎモードだけが縦波ポテンシャルと結合できるので，この効果を含めておけばゲージ不変な応答が得られるという事情は理に適っている．

Kadanoff and Ambegaokar は長波長極限の集団運動モードを，エネルギーギャップパラメーターがその大きさを保ったまま，位相が空間と時間の中で周期的に変動する状態として記述できることを示した．ギャップパラメーターの位相は，超流体を構成する電子対の局所的な重心運動量を与えるので，位相の周期変動は，まさに超流体の運動量密度が周期的に変動する状況を表している [136]．

背景流動(バックフロー)と集団運動モードを考慮する定式化の方法は，現在ではいろいろある．この問題を扱う最も簡明な方法は，"一般化された Ward 恒等式[†] (ウォード・アイデンティティ)"(GWI) を利用するものである．この恒等式は Green 関数を対象とした，連続の方程式の類似物にあたる．この恒等式に整合する近似の下では，局所的な電荷保存とゲージ不変性が保証される．このアプローチを最初に論じたのは南部である [114]．以下に彼の議論の筋道を辿ってみる．

南部の場 Ψ を含み，時間順序化積の期待値によって定義される次の量 $\Lambda_\mu(x,y,z)$ を考える．

$$\Lambda_\mu(x,y,z) = \langle 0|T\{j_\mu(z)\Psi(x)\Psi^+(y)\}|0\rangle \tag{8.85}$$

4元電流密度 j_μ は式 (8.6) によって定義される．後から示すように，常磁性応答関数 $R_{\mu\nu}$ は式 (8.85) の Λ_μ から勾配と対角和(トレース)を取ることによって計算できる．

結節部分関数(ヴァーテックス) $\Gamma_\mu(x',y',z)$ を，ここでは次の関係式によって定義する[‡]．

$$\Lambda(x,y,z) = e\int \mathbf{G}(x,x')\Gamma_\mu(x',y',z)\mathbf{G}(y',y)d^4x'd^4y' \tag{8.86}$$

ここで，

$$\mathbf{G}(x,x') = -i\langle 0|T\{\Psi(x)\Psi^+(x')\}|0\rangle \tag{8.87}$$

[†](訳註)"Ward-高橋の恒等式"とも呼ばれる．これは"粒子"が運動量の移行 $(p \to p+q)$ を起こす結節部分と，運動量移行を起こす前後の伝播関数との関係を規定する恒等式である (式 (8.93b) 参照)．一般化する前の "Ward 恒等式" は，運動量の移行を無視できる場合 $(q \to 0)$ の関係式を指す（伝播関数の逆数の差を，自己エネルギーの導関数を用いて表現する）．この恒等式は，本文中に示されるように局所的な電荷保存則から導かれるが（式(8.90)），基礎理論的な観点から言えば"大域的なゲージ対称性の原理"からの帰結である（式(8.83)-(8.84)参照）．

[‡](訳註) 式(8.85)-(8.86) を見ると分かるように，場の量子論における一般的な"結節部分"は3つ以上の場の演算子 $A, B, C, \cdots$ を用いた演算子積 (T積) の期待値 $\langle |T\{A(x)B(x')C(x'')\cdots|\rangle$ から"外側の伝播関数"を除いた部分として定義されるもので，演算子の組合せは，系の相互作用の性質や計算の意図・目的に応じて選ばれる．式 (6.38) や式 (7.4) で用いられている結節部分 Γ は〈フォノン場-電子場-電子場〉の結節部分であったが，ここで導入されているのは〈4元電流場-南部場-南部場〉の結節部分であって，フォノンの関わらない電磁的な効果を表す．

は南部形式の1粒子Green関数である．系が連続並進対称性を持つものと仮定して，次のように書く．

$$\Gamma_\mu(x', y', z) = \int \Gamma_\mu(p+q, p) e^{i[p(x'-y') + q(x'-z)]} \frac{d^4p \, d^4q}{(2\pi)^8} \tag{8.88}$$

そうすると，超伝導体に関する一般化されたWard恒等式は，次のように表される．

$$\sum_\mu q_\mu \Gamma_\mu(p+q, p) = \sum_{i=1}^{3} q_i \Gamma_i(p+q, p) - q_\circ \Gamma_0(p+q, p)$$
$$= \tau_3 \mathbf{G}^{-1}(p) - \mathbf{G}^{-1}(p+q) \tau_3 \tag{8.89}$$

この恒等式を証明するために，Λ_μ の $z \equiv (\mathbf{z}, z_0 = t_z)$ における4元発散を取る．

$$\sum_{i=1}^{3} \frac{\partial \Lambda_i}{\partial z_i} + \frac{\partial \Lambda_0}{\partial z_0} = \langle 0|T\left\{\left[\sum_{i=1}^{3} \frac{\partial j_i(z)}{\partial z_i} + \frac{\partial j_0(z)}{\partial z_0}\right]\Psi(x)\Psi^+(y)\right\}|0\rangle$$
$$+ \langle 0|T\{[j_0(z), \Psi(x)]\Psi^+(y)\}|0\rangle \delta(z_0 - x_0)$$
$$+ \langle 0|T\{\Psi(x)[j_0(z), \Psi^+(y)]\}|0\rangle \delta(z_0 - y_0) \tag{8.90}$$

右辺の後ろの2つの項は，時間順序化積の時間微分によって生じている．右辺の最初の項は，連続の方程式(8.75)によってゼロになる．Ψ の同時刻反交換関係(7.21)を用いるならば，式(8.90)の交換子は次のようになる．

$$[j_0(z), \Psi(x)]\delta(z_0 - x_0) = e\tau_3 \Psi(z)\delta^4(z - x) \tag{8.91a}$$
$$[j_0(z), \Psi^+(y)]\delta(z_0 - y_0) = -e\Psi^+(y)\tau_3 \delta^4(z - y) \tag{8.91b}$$

これらを式(8.90)に代入し，Λ と $\mathbf{G}$ の定義式(8.86)-(8.87)を用いると，次式が得られる．

$$i\mathbf{G}(x-z)\tau_3 \delta^4(z-y) - i\tau_3 \mathbf{G}(z-y)\delta^4(z-x)$$
$$= -\int \mathbf{G}(x-x')\left[\sum_{i=1}^{3}\frac{\partial \Gamma_i}{\partial z_i} + \frac{\partial \Gamma_0}{\partial z_0}\right]\mathbf{G}(y'-y) d^4x' d^4y' \tag{8.92}$$

Fourier空間に移行すると，式(8.92)は次のようになる．

$$\mathbf{G}(p+q)\tau_3 - \tau_3 \mathbf{G}(p) = \mathbf{G}(p+q)\sum_{\mu=0}^{3} q_\mu \Gamma_\mu(p+q, p) \mathbf{G}(p) \tag{8.93a}$$

8.5. ゲージ不変性

最後に左側から $\mathbf{G}^{-1}(p+q)$ を，右側から $\mathbf{G}^{-1}(p)$ を掛けると，意図した通りに，一般化されたWard恒等式 (GWI) が得られる．

$$\sum_{\mu=0}^{3} q_\mu \mathbf{\Gamma}_\mu(p+q,p) = \tau_3 \mathbf{G}^{-1}(p) - \mathbf{G}^{-1}(p+q)\tau_3 \tag{8.93b}$$

$\mathbf{\Gamma}_\mu$ の物理的な含意は何なのか？ そして何故，この恒等式が関心の対象となるのだろうか？ $\mathbf{\Gamma}_\mu$ の重要性を理解するために，まず4元電流密度の演算子 $j_\mu^\mathrm{p}(\mathbf{q})$ が南部形式において，次のように書かれることに注意する．

$$j_\mu^\mathrm{p}(\mathbf{q}) = \begin{cases} \sum_\mathbf{p} \Psi_\mathbf{p}^+ \left[-\dfrac{e}{m}\left(\mathbf{p}+\dfrac{\mathbf{q}}{2}\right)_i \mathbf{1}\right] \Psi_\mathbf{p+q} & (\mu = i = 1,2,3) \\ \sum_\mathbf{p} \Psi_\mathbf{p}^+ [-e\tau_3] \Psi_\mathbf{p+q} & (\mu = 0) \end{cases} \tag{8.94}$$

ここで"自由な"結節点関数(ヴァーテックス) $\boldsymbol{\gamma}_\mu(\mathbf{p+q},\mathbf{p})$ を，次のように定義しよう．

$$\boldsymbol{\gamma}_\mu(\mathbf{p+q},\mathbf{p}) = \begin{cases} \dfrac{1}{m}\left(\mathbf{p}+\dfrac{\mathbf{q}}{2}\right)_i \mathbf{1} & (\mu = i = 1,2,3) \\ \tau_3 & (\mu = 0) \end{cases} \tag{8.95}$$

そうすると，$j_\mu^\mathrm{p}(\mathbf{q})$ は次のように書かれる．

$$j_\mu^\mathrm{p}(\mathbf{q}) = -e \sum_\mathbf{p} \Psi_\mathbf{p}^+ \boldsymbol{\gamma}_\mu(\mathbf{p+q},\mathbf{p}) \Psi_\mathbf{p+q} \tag{8.96}$$

上記の"自由な"結節点関数(ヴァーテックス) $\boldsymbol{\gamma}_\mu(\mathbf{p+q},\mathbf{p})$ に対して，$\mathbf{\Gamma}_\mu(p+q,p)$ は"衣をまとった"結節部分関数(ヴァーテックス)ということになる．このことを理解するために，一般化されたWard恒等式を，相互作用のない電子系に適用してみる．この極限において $\mathbf{G}^{-1}(p)$ は，

$$\mathbf{G}_0^{-1}(p) = p_0 \mathbf{1} \quad \epsilon_\mathbf{p} \tau_3 \tag{8.07}$$

となる．$\epsilon_\mathbf{p} = (p^2/2m) - \mu$ である．GWIの式(8.93b)は，次のようになる．

$$\sum_\mu q_\mu \mathbf{\Gamma}_\mu(p+q,p) = (\epsilon_\mathbf{p+q} - \epsilon_\mathbf{p})\mathbf{1} - q_0 \tau_3 \tag{8.98}$$

これは $\mathbf{\Gamma}_\mu$ が自由な結節点関数(ヴァーテックス) $\boldsymbol{\gamma}_\mu$ の場合に恒等的に満たされる関係式である．したがって我々は，衣をまとった電子が，衣をまとった結節部分(ヴァーテックス) $(-e\mathbf{\Gamma}_\mu)$ を通じて電磁場と相互作用をするものと見なすことができる．

第8章 超伝導体の電磁的な性質

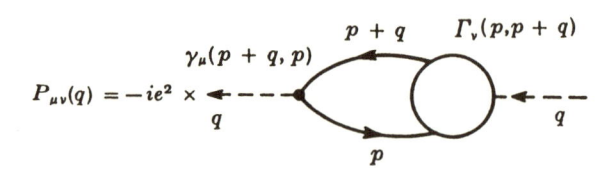

$$P_{\mu\nu}(q) = -ie^2 \times \quad \text{(図:} \gamma_\mu(p+q,p),\ \Gamma_\nu(p,p+q),\ p+q,\ p,\ q\text{)}$$

図8.3 分極関数 $P_{\mu\nu}$ を，裸の結節点 γ_μ，衣をまとった結節部分 Γ_μ，および電子伝播の線によって表したグラフ．

一般化された Ward 恒等式に関心が持たれる理由に関連して，常磁性応答が G と Γ_μ によって簡単に表現されることを，これから見る予定である．そして G と Γ に Ward 恒等式に整合する枠内で近似を施すならば，全電磁応答核 $K_{\mu\nu}$ が明白にゲージ不変性を備えたものになることを示す．時間順序化積を含んだ常磁性因果関数 (分極関数) $P_{\mu\nu}$ の定義(8.21) と Γ_μ の定義(8.85)-(8.86) から，$P_{\mu\nu}(q)$ が次式のように書けることを，直接に示すことができる．

$$P_{\mu\nu}(q) = -ie^2 \int \text{Tr}\left[\gamma_\mu(\mathbf{p},\mathbf{p}+\mathbf{q})\,G(p+q)\,\Gamma_\nu(p+q,p)\,G(p)\right]\frac{d^4p}{(2\pi)^4} \quad (8.99)$$

もし我々が $P_{\mu\nu}$ において μ と ν がゼロ以外の成分だけを考察し，結節部分関数(ヴァーテックス) Γ_ν を裸の結節点関数(ヴァーテックス) γ_ν によって近似するのであれば，対形成近似によって得た式(8.38)に戻ることになる．対形成近似がゲージ不変性を破綻させる原因は，$P_{\mu\nu}$ の計算において，G には衣をまとった関数を充てているにしても，結節部分(ヴァーテックス)には衣をまとっていない関数を充ててしまうためである．この措置のために，一般化された Ward 恒等式が破られるのである．

関係式(8.99) をグラフで表現すると便利である．図8.3 は，衣をまとった電子の線と，裸の結節点(ヴァーテックス)と，衣をまとった結節部分(ヴァーテックス)によって $P_{\mu\nu}(q)$ を表したグラフである[§]．$P_{\mu\nu}$ は μ と ν に関して非対称に見えるけれども，式(8.99) は $\gamma_\mu \to \Gamma_\mu$ および $\Gamma_\nu \to \gamma_\nu$ としても成立する．

ここから，一般化された Ward 恒等式が満たされているならば，$K_{\mu\nu}$ がゲージ不変になることを証明しよう．これは以下のように示される．

[§](訳註) 6.1節の $P(q)$ は "Coulomb線" の途中に挿入される "気泡" を基調とするものであったが，ここで扱う $P_{\mu\nu}(q)$ は "4元電流密度の電磁相互作用線" の途中に挿入される "気泡" のバリエーションにあたる．次節の末尾 (p.222) において，6.1節の $P^{\text{RPA}}(q)$ と $P_{\mu\nu}(q)$ の成分 $P_{00}(q)$ との対応関係について言及がある．

8.5. ゲージ不変性

$$\sum_\nu P_{\mu\nu}(q)q_\nu = -ie^2 \int \mathrm{Tr}\left[\gamma_\mu(\mathbf{p},\mathbf{p}+\mathbf{q})\mathbf{G}(p+q)\sum_\nu q_\nu \mathbf{\Gamma}_\nu(p+q,p)\mathbf{G}(p)\right]\frac{d^4p}{(2\pi)^4}$$

$$= ie^2\int \mathrm{Tr}\Big[\gamma_\mu(\mathbf{p},\mathbf{p}+\mathbf{q})$$
$$\times \mathbf{G}(p+q)\big\{\mathbf{G}^{-1}(p+q)\tau_3 - \tau_3\mathbf{G}^{-1}(p)\big\}\mathbf{G}(p)\Big]\frac{d^4p}{(2\pi)^4}$$

$$= ie^2\int \mathrm{Tr}\Big[\gamma_\mu(\mathbf{p},\mathbf{p}+\mathbf{q})\big\{\tau_3\mathbf{G}(p) - \mathbf{G}(p+q)\tau_3\big\}\Big]\frac{d^4p}{(2\pi)^4} \quad (8.100)$$

上の第 2 式において Ward 恒等式(8.93b) を用いた．τ_3 が γ_μ と交換するので，式 (8.100) の最後の式において対角和の巡回不変性(トレース)を用いると，次式が得られる．

$$\sum_\mu P_{\mu\nu}(q)q_\nu = ie^2\int \mathrm{Tr}\Big[\big\{\gamma_\mu(\mathbf{p}+\mathbf{q},\mathbf{p}) - \gamma_\mu(\mathbf{p},\mathbf{p}-\mathbf{q})\big\}\tau_3\mathbf{G}(p)\Big]\frac{d^4p}{(2\pi)^4} \quad (8.101)$$

γ_μ の定義式(8.95) により，

$$\gamma_\mu(\mathbf{p}+\mathbf{q},\mathbf{p}) - \gamma_\mu(\mathbf{p},\mathbf{p}-\mathbf{q}) = \frac{q_\mu}{m}\big(1 - \delta_{\mu,0}\big) \quad (8.102)$$

なので，次の簡単な式を得る．

$$\sum_\nu P_{\mu\nu}(q)q_\nu = -\frac{ne^2}{m}q_\mu\big(1 - \delta_{\mu,0}\big) \quad (8.103)$$

単位体積あたりの電子数を $\mathbf{G}$ と関係づけるために，式(7.35) を用いた．この式の右辺は実数なので，式(8.24) により，式(8.103) における $P_{\mu\nu}$ を物理的に関係する応答関数 $R_{\mu\nu}$ によって置き換えることができて，最終的には次式が得られる．

$$\sum_\nu R_{\mu\nu}(q)q_\nu = -\frac{ne^2}{m}q_\mu\big[1 - \delta_{\mu,0}\big] \quad (8.104)$$

この結果に基づいて $K_{\mu\nu}$ のゲージ不変性を確認するために，式(8.20) を用いて，ゲージ不変性の条件を次のように書く．

$$\sum_\nu K_{\mu\nu}(q)q_\nu = 0 = \frac{4\pi}{c^2}\sum_\nu R_{\mu\nu}(q)q_\nu + \frac{1}{\lambda_\mathrm{L}^2}q_\mu\big[1 - \delta_{\mu,0}\big] \quad (8.105)$$

$1/\lambda_\mathrm{L}^2 = 4\pi ne^2/mc^2$ なので，式(8.104) により，ゲージ不変性の条件が恒等的に満たされることが明らかになった．

$$\sum_\nu K_{\mu\nu}(q)q_\nu = \left[-\frac{4\pi ne^2}{mc^2} + \frac{1}{\lambda_\mathrm{L}^2}\right]q_\mu\big[1 - \delta_{\mu,0}\big] = 0 \quad (8.106)$$

図8.4 対形成近似では，線が交差しないすべてのグラフの総和によってΣを構成する．

次節では，一般化されたWard恒等式を満足するように，対形成理論を一般化する方法を論じる．

8.6 結節部分関数と集団運動モード

対形成モデルをゲージ不変な形へと一般化するために，南部は場の量子論の処方を利用して，一般化されたWard恒等式(8.89) [137] を満足するような近似を構築した．G がある一連の摂動級数のグラフによって記述されるならば，対応する結節部分関数 Γ_μ (一般化されたWard恒等式を満たすものとする) は，この一連のグラフにおいて，各々の裸の電子の線に対して自由な結節点 γ_μ を挿入したすべてのグラフの和によって与えられる．G に対する対形成近似，

$$G^{-1}(p) = p_o \mathbf{1} - \epsilon_\mathbf{p} \tau_3 - \Sigma(p) \tag{8.107}$$

$$\Sigma(p) = i \int \tau_3 G(p') \tau_3 \mathcal{V}(p-p') \frac{d^4 p'}{(2\pi)^4} \tag{8.108}$$

は，形式的には図8.4に示すように，相互作用線が交差しないすべてのグラフの和を考慮している．これらのグラフにおいて全ての可能な部分に結節点 γ_μ を挿入するならば，得られる級数の総和は，図8.5に示すように，結節部分関数 Γ_μ に対する梯子グラフ近似の形で表現できる．したがって Γ_μ は次の線形積分方程式を満たす．

$$\Gamma_\mu(p+q,p) = \gamma_\mu(\mathbf{p}+\mathbf{q},\mathbf{p}) + i \int \tau_3 G(k+q) \Gamma_\mu(k+q,k) G(k) \tau_3 \mathcal{V}(p-k) \frac{d^4 k}{(2\pi)^4} \tag{8.109}$$

ここでの G は，対形成近似の枠内で評価した南部の関数(8.108)である．この結節部分に関する方程式の解がGWIと整合することを確認するために，次の量を考える．

8.6. 結節部分関数と集団運動モード

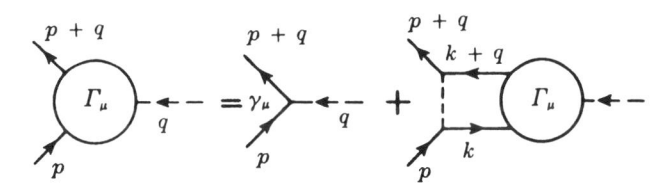

図8.5 対形成概念を一般化して，明確なゲージ不変性を備えた電磁応答核を導くような結節部分関数 Γ_μ を与える関係式．

$$\sum_\mu q_\mu \Gamma_\mu(p+q,p)$$
$$= \sum_\mu q_\mu \gamma_\mu(\mathbf{p}+\mathbf{q},\mathbf{p}) + i\int \tau_3\, \mathbf{G}(k+q) \sum_\mu q_\mu \Gamma_\mu(k+q,k)\, \mathbf{G}(k) \tau_3 \mathcal{V}(p-k) \frac{d^4k}{(2\pi)^4} \quad (8.110)$$

この方程式の右辺は，GWI を仮定することによって簡単になる．すなわち，

$$\sum_\mu q_\mu \Gamma_\mu(k+q,k) = \tau_3\, \mathbf{G}^{-1}(k) - \mathbf{G}^{-1}(k+q)\tau_3 \quad (8.111)$$

を利用することにより，式(8.110) の第2項は次のようになる．

$$\left[i\int \tau_3\, \mathbf{G}(k+q)\tau_3 \mathcal{V}(p-k)\frac{d^4k}{(2\pi)^4}\right]\tau_3 - \tau_3\left[i\int \tau_3\, \mathbf{G}(k)\tau_3 \mathcal{V}(p-k)\frac{d^4k}{(2\pi)^4}\right]$$
$$= \mathbf{\Sigma}(p+q)\tau_3 - \tau_3 \mathbf{\Sigma}(p) \quad (8.112)$$

上式では $\mathbf{\Sigma}(p)$ の式(8.108) を用いた．これに加えて式(8.95) により，自由な結節点(ヴァーテックス)関数は次式を満たす．

$$\sum_\mu q_\mu \gamma_\mu(\mathbf{p}+\mathbf{q},\mathbf{p}) = (\epsilon_{\mathbf{p}+\mathbf{q}} - \epsilon_{\mathbf{p}})\mathbf{1} - q_\mathrm{o}\tau_3 \quad (8.113)$$

これらの結果を組み合わせると，式(8.93b) は次のようになる．

$$\sum_\mu q_\mu \Gamma_\mu(p+q,p) = \tau_3\left[p_\mathrm{o}\mathbf{1} - \epsilon_{\mathbf{p}}\tau_3 - \mathbf{\Sigma}(p)\right] - \left[(p_\mathrm{o}+q_\mathrm{o})\mathbf{1} - \epsilon_{\mathbf{p}+\mathbf{q}}\tau_3 - \mathbf{\Sigma}(p+q)\right]\tau_3$$

$$= \tau_3\, \mathbf{G}^{-1}(p) - \mathbf{G}^{-1}(p+q)\tau_3 \quad (8.114)$$

これは,まさに必要とされている GWI の条件である.したがって,式(8.107),式(8.108),式(8.109) の解として $\mathbf{G}$ と $\mathbf{\Gamma}_\mu$ が与えられれば,そこから式(8.99) を通じて決まる電磁応答核 $K_{\mu\nu}$ は"明らかに"ゲージ不変である.

この形式的な手続きにおいて,どのようにゲージ対称性が回復するのかということを理解するために,再び GWI を見てみよう.仮に,衣をまとった結節部分関数 $\mathbf{\Gamma}_\mu$ ヴァーテックス が,$\mathbf{q}$ と q_o をゼロに近づけても素性のよい関数であると仮定すると,この極限において式(8.114) の左辺はゼロになる一方で,右辺は有限量になる.

$$\tau_3 \mathbf{\Sigma}(p) - \mathbf{\Sigma}(p)\tau_3 = 2i\tau_2 \phi(p) = 2i\tau_2 \Delta_\mathbf{p} \tag{8.115}$$

(第2式は対ポテンシャルに遅延がない場合に成立する.) したがって $\mathbf{\Gamma}_\mu(p+q,p)$ は $q = 0$ において正則ではあり得ない.結節部分の挙動が,系における一連の励起状態を反映していると考えるならば (すなわち $\mathbf{\Gamma}_\mu$ がスペクトルの形で書けるものと考える),$\mathbf{\Gamma}$ が $q = 0$ に特異性を持つことは,低エネルギーの集団運動モードが存在して,その振動数 $\Omega_\mathbf{q}$ が長波長極限においてゼロになることを意味するものと推測される.この考えを検証するために,結節部分方程式(8.109) の具体的な解を求めて,$\mathbf{\Gamma}_\mu$ が実際に $q_o = \Omega_\mathbf{q}$,$\mathbf{q} \neq \mathbf{0}$ において特異性を持つかどうかを調べてみよう.第7章で示したように,この t 行列的な方程式は,$\mathcal{V}(k-p)$ を変数分離形の関数によって近似できるならば,解くことができる.

$$\mathcal{V}(k-p) = \lambda w^*(\mathbf{k})w(\mathbf{p}) \tag{8.116}$$

式(8.109) を解く際には,2×2 行列の $\mathbf{\Gamma}_\mu$ と $\boldsymbol{\gamma}_\mu$ を4成分の列ベクトルとして表現し直したほうが都合がよい.そこで行列要素 $\langle l|\mathbf{\Gamma}_\mu|r\rangle$ を列ベクトル成分 $(\mathbf{\Gamma}_\mu)_{lr}$ に置き換えると,式(8.109) は次のようになる.

$$\begin{aligned}\mathbf{\Gamma}_\mu(p+q,p) = {} & \boldsymbol{\gamma}_\mu(\mathbf{p+q,p}) \\ & + i\lambda w^*(\mathbf{p})\int \tau_3^l \mathbf{G}^l(k+q)\tau_3^r \tilde{\mathbf{G}}^r(k)\mathbf{\Gamma}_\mu(k+q,k)w(\mathbf{k})\frac{d^4k}{(2\pi)^4}\end{aligned} \tag{8.117}$$

添字 l と r は,行列が列ベクトル成分の添字 (lr) のどちらに作用するかを示し,$\tilde{\mathbf{G}}$ は $\mathbf{G}$ の転置を表す.上式の後ろの項は $w^*(\mathbf{p})$ の定数 (行列) 倍なので,次のように書ける.

$$\mathbf{\Gamma}_\mu(p+q,p) = \boldsymbol{\gamma}_\mu(\mathbf{p+q,p}) + w^*(\mathbf{p})C_q \tag{8.118}$$

8.6. 結節部分関数と集団運動モード

上式における定数 C_q は，次のように定義される．

$$C_q = i\lambda \int \tau_3^l \mathbf{G}^l(k+q) \tau_3^r \tilde{\mathbf{G}}^r(k) \mathbf{\Gamma}_\mu(k+q,k) w(\mathbf{k}) \frac{d^4k}{(2\pi)^4} \tag{8.119}$$

式 (8.118) を式 (8.119) に代入して C_q を求めれば，結節部分関数の解が得られる．

$$\mathbf{\Gamma}_\mu(p+q,p) = \boldsymbol{\gamma}_\mu(\mathbf{p+q,p}) + \left[1 - \lambda\phi(q)\right]^{-1} \boldsymbol{\chi}_\mu(q) w^*(\mathbf{p}) \tag{8.120}$$

行列関数 $\phi(q)$ は，$\tilde{\Phi}(q)$ (式 (7.6) 参照) を一般化したものにあたり，次のように与えられる．

$$\phi(q) = i \int \tau_3^l \mathbf{G}^l(k+q) \tau_3^r \mathbf{G}^r(k) |w(\mathbf{k})|^2 \frac{d^4k}{(2\pi)^4} \tag{8.121}$$

また，行列 $\boldsymbol{\chi}(q)$ は，次式で定義される．

$$\boldsymbol{\chi}_\mu(q) = i\lambda \int \tau_3^l \mathbf{G}^l(k+q) \tau_3^r \mathbf{G}^r(k) \boldsymbol{\gamma}_\mu(\mathbf{k+q,k}) w(\mathbf{k}) \frac{d^4k}{(2\pi)^4} \tag{8.122}$$

$\boldsymbol{\chi}_\mu$ は $q_o < 2\Delta_0$ において正則なので，$\mathbf{\Gamma}_\mu$ の特異性は，$[1 - \lambda\phi(q)]^{-1}$ の特異性から生じるはずである．この行列が正則でないためには，逆行列の行列式がゼロでなければならない．したがって集団運動モードの分散則が，次式によって与えられる．

$$\det\left[1 - \lambda\phi(\mathbf{q}, \Omega_\mathbf{q})\right] = 0 \tag{8.123}$$

$\Omega_\mathbf{q}$ は着目する集団運動モードの振動数である．もし s 波の対形成を仮定し，第 7 章と同様に，$w(\mathbf{k})$ を，

$$w(\mathbf{k}) = \begin{cases} 1 & |\epsilon_\mathbf{k}| < \omega_c \\ 0 & \text{otherwise} \end{cases} \tag{8.124}$$

と置くならば，$|\mathbf{q}|\xi_0 \ll 1$ において，次の分散則に従うような，式 (8.123) の解が存在する．

$$\Omega_\mathbf{q} = \frac{v_F}{\sqrt{3}} |\mathbf{q}| \tag{8.125}$$

この音波モードを最初に見いだしたのは Bogoliubov であり [52]，物理的には電子系全体の長波長密度ゆらぎを表している．対相関は，時空内におけるゆるやかな電子密度の変動によって，あまり変更を受けないものと考えられるので，そのような集団

モードは背景のように見なせるものと予想される．実際，式(8.125) は，流体力学における標準的な音速 s の式，

$$s^2 = \frac{dP}{d\rho} \tag{8.126}$$

において，ρ および P をそれぞれ"自由電子気体"の質量密度と圧力と置いた場合に導かれる式に過ぎない．したがって，この近似の枠内で，対相関は，このモードの速度の決定に直接関わっているわけではない．対相関の主たる役割は，低エネルギーにおける1粒子状態を排除して，そのような粒子があれば起こるはずの減衰を抑制している点にある．

結節部分関数(ヴァーテックス)の解(8.120)に戻って，2体ポテンシャルが純粋に s 波的であると仮定すると，χ_μ の横波成分はなくなる．このことは式(8.112) を，対称性を念頭に置いて見れば理解できる．したがってこの場合，結節部分補正は Meissner 核に対して影響を"与えない"．ポテンシャルが引力的な d 波成分を含むならば，d 状態の励起が存在して，それが結節部分関数に対する寄与を持つことになる．しかし Rickayzen の計算によると，これらの集団運動による Meissner 核への補正は一般に小さい．

もし強い d 波の引力ポテンシャルがあれば，d 状態の励起の生成に伴い，ギャップ端以下において予兆的な赤外吸収が認められるはずである [138,139]．そのような異常な赤外吸収が Ginsberg, Richards, および Tinkham によって報告されたが [71,72], 恒藤 (Tsuneto) が示したように [138], 理論的に予想される吸収は，実験の報告に比べて一桁弱くなる．この計算は連続モデルを用いて行われており，吸収過程において運動量は保存している．図8.6 に励起子エネルギーの波数依存性を示してあるが，$q \gtrsim 1/\xi_0$ では励起子の準位が1粒子励起の連続スペクトル領域に入り込んでしまうので，浸入場の長波長成分だけが励起子の生成に寄与を持ち，そのような小さな q-成分は $1/\lambda \gg 1/\xi_0$ に比べて小さいので吸収されにくい．実験的に報告されている予兆的な吸収は，不純物による影響を受けていない [130b]．励起子状態は不純物によって破壊されるはずなので [130c]，この予兆的な吸収は他の機構によって生じているものと思われる．(その後の実験によると，ギャップ端以下の予兆的な吸収は事実としては疑わしい．)

ここまで我々は結節部分関数 Γ_μ における真空分極過程を無視してきた．しかし第6章で見たように，この過程は Coulomb ポテンシャルが長距離ポテンシャルであることから，電子気体における長波長分極に対して支配的に働くはずなので，本来にはこれも "Γ に含める必要がある"．真空分極過程を含めた結節部分関数を与える方程式を，グラフの形で図8.7 に示す．式(8.109) に対して必要となる変更は，右辺への次

8.6. 結節部分関数と集団運動モード　　■ 221 ■

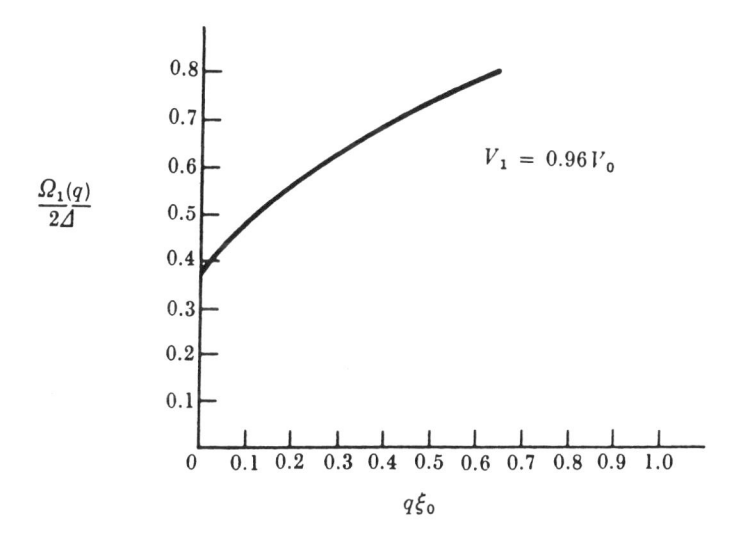

図8.6 p 状態の励起子エネルギーの運動量依存性.

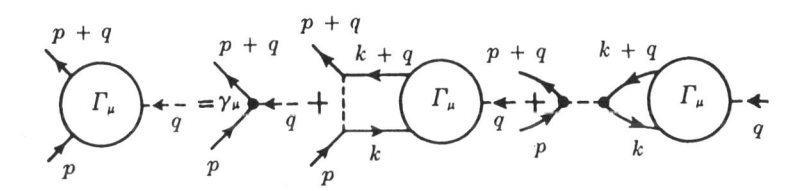

図8.7 図8.5 (p.217) に真空分極補正を加えた"式"を表すグラフ. この補正は $P_{\mu\nu}$ の縦波応答成分に関して重要であり, プラズマ振動を導く.

の項の追加である.

$$-iV_{\rm B}(q)\int {\rm Tr}\left\{\tau_3\,{\bf G}(k+q){\bf \Gamma}_\mu(k+q,k)\,{\bf G}(k)\right\}\frac{d^4k}{(2\pi)^4} \tag{8.127}$$

$V_{\rm B}(q)$ は, 裸の Coulomb 相互作用と, 裸の縦波フォノン相互作用の和を表す.

$$V_{\rm B}(q)=\frac{4\pi e^2}{q^2}+|g_{\bf q l}|^2 D_{0l}(q) \tag{8.128}$$

本章の 4 元電流に関する議論と, 電子気体における Coulomb 場の遮蔽を扱う RPA との関係を理解するために, 常磁性因果関数 $P_{\mu\nu}$ の式(8.99)における P_{00} 成分と $P^{\rm RPA}$

(式(6.2))は,次のような措置の下で比例関係を持つことに注意しておく. (1) Γ_μ の式に,分極項(8.127)"だけ"を含める. (2) すべての G を G_0 で置き換える. (3) $g_\mathbf{q} = 0$ と置く. 容易に分かるように,式(8.127) を含めると,解 $\Gamma_\mu(p+q,p)$ は GWI を満たし,$K_{\mu\nu}$ は明らかにゲージ不変となる. この改良された結節部分(ヴァーテックス)の方程式を具体的に解くと,$V_\mathrm{B}(q)$ が $\mathbf{q} \to \mathbf{0}$ において有限値に近づく場合には Bogoliubov の音波モードが消えないことが分かる. このことを最初に示したのは Anderson である [47]. Coulomb ポテンシャルがある場合には (もちろん現実の金属にはある) Bogoliubov - Anderson モードは高いエネルギーへ押し上げられ,電子系のプラズマ振動になる. したがって,式(8.115) によって要請された $\Gamma_\mu(p+q,p)$ の $q \equiv 0$ における特異性は,実際の金属において,電子間の長距離 Coulomb 相互作用によるボゾンモードが,低エネルギーに現れることを意味していない.

8.7 磁束の量子化

たとえば長い円筒のように,中空の穴を持つ超伝導体の電磁的な挙動を調べると,定性的に新たな効果が見出される. この場合,一旦,穴に磁束を貫通させた状態を形成すると,外部磁場を除いても,その穴に捕獲されている磁束は維持される. London は超伝導体における波動関数の"堅さ"の概念に基づいて,円筒の厚さが磁場浸入深さ λ よりも厚ければ,捕獲される磁束の量が $hc/e = 4 \times 10^{-7}$ gauss cm^2 の整数倍になると推定した [1]. 第1章で見たように,これは低エネルギーで電流を担う状態が,超流動基底状態に1価の位相因子を掛けたものだけであると仮定した場合に導かれる結果である. 我々はこれから,低エネルギー状態の系列が"2つ"あり,一方は London が考えたものであるが,もう一方は基底状態に対して複数の位相因子を掛けることによって生じるような,London の概念には含まれない状態であることを見る. これらの2系列の状態が存在することにより,磁束量子は正確に $hc/2e$,すなわち London が提案した量子の半分になる. Byers and Yang [19] が指摘したことであるが,偶数番の系列が London 型の状態の系列に対応し,奇数番の系列がもう一方の系列に対応する. 超伝導磁束量子の値 $hc/2e$ は Byers and Yang の仕事に先だって,Deaver and Fairbank [20a] および Doll and Näbauer [20b] によって実験的に確認されている [140].

おそらく磁束の量子化を理解するための最も簡単な方法としては,長い円筒の超伝導体を考えるのがよい. 内径を a,外径を b とする. 最初,円筒は常伝導状態で,中

心軸に平行な方向の外部磁場にさらされており，内部にも磁束が貫通しているものとする．そのまま温度を下げて円筒を超伝導状態に転移させると，Meissner効果によって磁場が円筒壁から内外に排除されて，一般には有限の磁束 Φ が穴を貫通している状態になる．円筒壁の厚さ $b-a$ が磁場浸入深さよりもはるかに厚いものと仮定すると，系全体の中で磁場の表面浸入層の効果は極めて小さな摂動にすぎず，これを無視しても結果に影響を与えないと考えてよい．円筒座標系 (r,θ,z) を用いると，ベクトルポテンシャルは次のように与えられる．

$$\oint \mathbf{A}(\mathbf{r}') \cdot d\mathbf{r}' = \int \mathbf{B} \cdot d\mathbf{S} = \Phi(r) \tag{8.129}$$

線積分は半径 r の円周に沿って行う．$\Phi(r)$ は積分径路として設定した円の中を貫く磁束である．$\Phi(r)$ は $r-a \gg \lambda$ において定数 Φ (全捕獲磁束) になるので，

$$A_\theta(r) = \frac{\Phi}{2\pi r} + \frac{\Phi(r) - \Phi}{2\pi r} \equiv A_\theta^{(0)}(r) + A_\theta^{(1)}(r) \tag{8.130}$$

と書いて，ゼロ次項としては $A_\theta^{(0)}(r)$ だけを含め，$A^{(1)}$ は摂動と見なせばよい．まず $A^{(0)}$ の存在の下で定義される1粒子状態を考え，それから，それらを対にした超伝導相を考えることにする．1粒子固有関数の方位角部分は次式を満たす．

$$\frac{\left(p_\theta + \frac{eA_\theta^{(0)}}{c}\right)^2}{2m_e} \psi_M(\theta) = \frac{\hbar^2}{2m_e r^2}(M+\varphi)^2 \psi_M(\theta) \tag{8.131a}$$

ここで，

$$\varphi \equiv \frac{e\Phi}{hc} \tag{8.131b}$$

は，Londonの磁束量子を単位として計った磁束量であり，

$$\psi_M(\theta) = e^{iM\theta} \tag{8.131c}$$

である．ψ_M を1価関数にするためには，M を整数にしなければならない．円筒の厚さ $b-a$ が内径 a に比べて薄いものと仮定すると問題は簡単になる．角運動量エネルギーは $\hbar^2(M+\varphi)^2/2m_e a^2$，すなわち M の二次関数となり，その中心軸は $M=-\varphi$ にある．系の低エネルギー状態を得たいのであれば，(a) 互いに縮退している1粒子状態の対を作り，(b) 2体ポテンシャルの下で他の対状態に結合させなければならない．条件 (a) は，対を形成する状態 M と $\bar{M}$ が次の関係を満たすことを意味する．

$$|M+\varphi| = |\bar{M}+\varphi| \tag{8.132}$$

この条件は，たとえば $M = \bar{M}$ ならば満たされるが，角運動量保存則から，2体ポテンシャルがこのような対の結合を形成することは禁じられる．別の選び方として $M + \varphi = -(\bar{M} + \varphi)$ がある．すなわち $M \equiv m - \varphi$ と $\bar{M} = -m - \varphi$ が対になる．このようにすると，対は M 空間において $M = -\varphi$ に関して対称になる．M と $\bar{M}$ は両方とも整数でなければならないので，m と φ は両方とも整数か，両方とも半奇数である．したがって，この結果と式(8.131b)により，対形成によって系のエネルギーが低くなる状態は，捕獲された磁束が，

$$\Phi = n\left(\frac{hc}{2e}\right) \tag{8.133}$$

のときだけに現れると結論される．n は整数である．図8.8 の (a), (b), (c), (d) に，それぞれ $n = 0, 1, 2, 3$ の対状態を示してある．グラフを幾何的に見て，$M = -n/2$ に関して対称に対をつくればよい．$n = 0$ と $n = 2$ のときの対 (図8.8 の (a) と (c)) を比べると，すべての角運動量量子数が -1 だけ一様にずれている違いしかない．したがって $n = 0$ と $n = 2$ の系の状態を表す波動関数は，位相因子によって関係づけられる．

$$\psi_2(\mathbf{r}_1, \mathbf{r}_2, \ldots, \mathbf{r}_N) = e^{-i\Sigma_j \theta_j} \psi_0(\mathbf{r}_1, \mathbf{r}_2, \ldots, \mathbf{r}_N) \tag{8.134}$$

これは London の議論とも整合している．$n = 1$ と $n = 3$ の状態も，同じように関係する．

$$\psi_3(\mathbf{r}_1, \mathbf{r}_2, \ldots, \mathbf{r}_N) = e^{-i\Sigma_j \theta_j} \psi_1(\mathbf{r}_1, \mathbf{r}_2, \ldots, \mathbf{r}_N) \tag{8.135}$$

重要な点は，n が偶数の状態と n が奇数の状態は，単一の位相因子によって関係づけることが"できない"ことである．たとえば $n = 0$ 状態を $n = 1$ 状態に変更するには，$n = 0$ 状態において，$M = 0$ の右側"だけ"をひと刻み分，動かす必要がある．両者の状態にエネルギーの違いはほとんどないが，London の仮定とは異なり，位相因子によってこの変更を施すことはできない．London の議論に欠けていたのは，この"余分の自由度"であり，これによって磁束量子は hc/e ではなく $hc/2e$ になる．

磁束の量子化からの自然な帰結として，永久電流の安定性が導かれる．円筒を周回して流れる超伝導電流が"減衰する"ためには，系は磁束量子数 n が異なり，巨視的にも区別されるような別の状態へ遷移を起こす必要がある．したがって電流は"小刻みに"散逸することができず，電流が変わるとすれば，巨視的な量の変動が一度に起こらなければならない．そのような巨視的な変化が熱的ゆらぎとして起こる確率は，全く無視してよいほど小さいものと想定される．典型的な熱ゆらぎは同時に数個程度

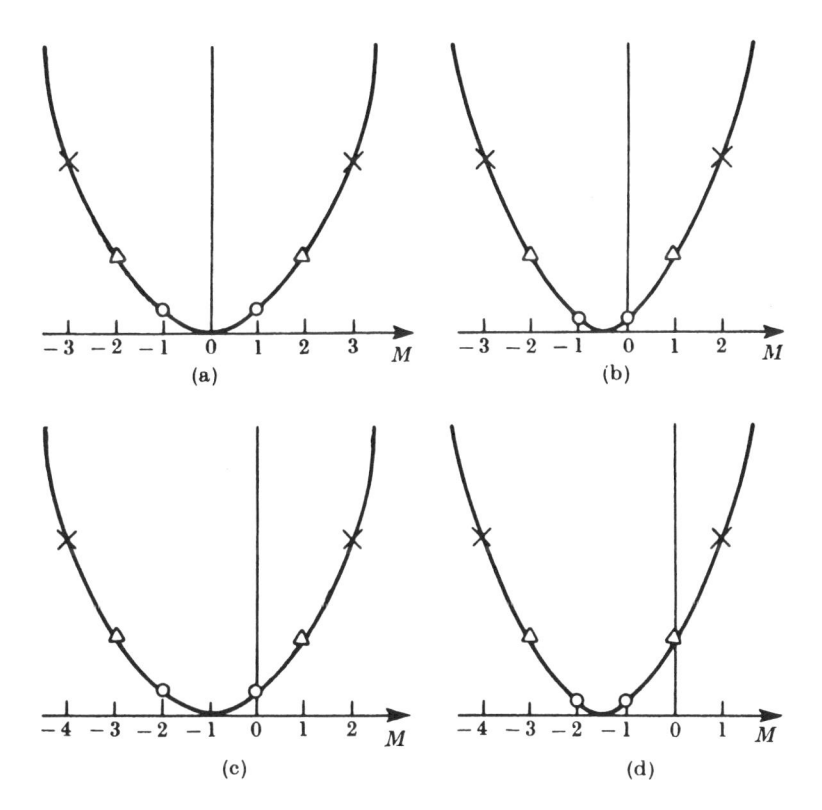

図 8.8 磁束量子数 $n = 0, 1, 2, 3$ にそれぞれ対応する方位角量子数の対の様子を (a), (b), (c), (d) に示す. (式 (8.133) 参照.)

の粒子の励起しか含まず, 系全体の粒子が一斉に励起するようなことは, ほとんどあり得ないないからである. このような観点は Bohr and Mottelson [141] によって強調された. これは精密な理論とは見なせないが, より完全な計算がなされていない状況の中では, 説得力のある議論と言ってよい.

8.8 Knight シフト

本書の前半の議論によれば, 超伝導体における電子系のスピン磁化率は, s 波の対形成を想定するならば, $T \to 0$ においてゼロになることが推定される. この場合,

Pauliの原理に従ってスピン1重項状態の対(つい)が形成されるので，スピンZeemanエネルギー $2\mu_B H$ が対破壊に必要な最低エネルギー $2\Delta_0$ を超える場合にのみ，有限のスピン磁化が現れるはずである．この予言を検証する手段として，Knight(ナイト)シフト(核スピンと電子スピンの偏極との結合による核磁気共鳴振動数の変化)がある[142]．もし電子のスピン偏極"だけ"が(軌道効果ではなく)この現象において重要であるならば，Knightシフトは電子のスピン磁化率を測る手段となる．Reif[143]は超伝導状態の水銀において得たデータを0Kへ外挿すると，磁化率が常伝導状態の約2/3にあたる有限値になることを見いだしたが，これは単純な対(つい)形成理論による予想(磁化率 → 0)とは明らかに異なる結果である．Androes and Knight[144]によると，錫(すず)でも同様の結果が見られるが，バナジウムのKnightシフトはN相とS相においてほとんど同じであった．

理論と実験結果の食い違いを説明するために，いくつかの試みがなされたが，現在のところ，どれも基本的な機構として広く受け入れられるには至っていない．観測されているKnightシフトのある程度の部分は，以下に挙げる機構のいくつかが複合した状況下で生じている可能性もある．

平行スピン対の形成

p 状態(もしくは l が奇数の任意の状態)の対(つい)形成モデルを用いるならば，波動関数の反対称性に伴い，スピン3重項の形成が強いられる．Fisher[59a]はスピンの z 成分が互いに等しい(上向き同士，もしくは下向き同士の)対(つい)形成モデルを考察した．そうすると簡約ハミルトニアンは，2つの互いに相互作用のない部分の和の形になる．この場合，たとえば下向きスピン対(つい)を上向きスピン対(つい)に変えるために，有限のエネルギーを与える必要がないので，スピン偏極の生成に関してエネルギーギャップは存在しない．残念ながら，この種の対(つい)形成は異方的エネルギーギャップを生じ，ギャップがゼロになる結晶方位も存在しなければならないし，低温における比熱の温度依存性は指数関数的にはならない．より一般的な3重項対のモデルがBalian and Werthamer[59c]によって扱われたが，彼らは3重項状態の3つの成分をすべて含めて考察を行った．彼らは清浄な物質において異方的なエネルギーギャップを予想したが，系に少しでも乱れ(disorder)や不純物が加わると(これらは実験に用いられる試料に確実に存在する)，対(つい)状態は破壊されてしまう．このような事情はFisherのモデルでも同様である．

8.8. Knightシフト

表面におけるスピン-軌道結合

Meissner効果は外部磁場を超伝導体表面から $\lambda \sim 5 \times 10^{-6}$ cm 程度までで遮蔽してしまうが,Knightシフトの実験は,磁場強度の不均一による信号線の拡がりを抑制するために,磁場浸入深さ λ に比べて小さい寸法を持つ試料を用いて行われる.試料の粒子が小さいことから,Ferrell [145] は表面付近のスピン-軌道結合が相対的に充分に強くなり,1電子スピン状態を散乱の間に混合して,有限のスピン磁化率を引き起こすという機構を提案した.この効果に関する半定量的な理論が Ferrell および Anderson [146] によって与えられたが,ここでその計算の紹介はしない.既に述べたように,残念ながらバナジウムやアルミニウムを用いた最近の実験 [147] では,これらは軽金属なので水銀や錫よりもスピン-軌道結合が弱いはずであるにもかかわらず,常伝導状態と超伝導状態において"同じ"Knightシフトを与えている.少なくともこれらの実例は,スピン-軌道の結合の効果によるものとは見なせない.

集団的磁化

元々の BCS論文 [8] において,低エネルギーの集団スピン波状態が存在し,観測可能な Knightシフトが生じることが提案されていた.Bardasis and Schrieffer [139] は,2体ポテンシャルに p 波成分を導入して,エネルギーギャップ内においてスピン波状態が存在し得ることを見いだした.しかしながら長波長においてゼロでない磁化率を得るためには,この極限においてエネルギースペクトルがゼロへ低下しなければならない.彼らは2通りの状況が存在し得ることを見いだした.もし2体ポテンシャルの p 波成分が s 波成分よりも弱ければ,スピン波は運動量をゼロに近づけると有限のエネルギーを持ってしまう.一方 p 波の方が s 波よりも強ければ,スピン状態は不安定で,基底状態は p 状態対によって形成される.そうすると,最初の平行スピン対の提案と同じ困難に直面することになる.

修正された反平行スピン対形成

BCS理論が提案されたすぐ後に,Heine and Pippard [148] は,状態 $\mathbf{k}$ が,唯一の別の状態 $\bar{\mathbf{k}}$ と対を形成するという BCS の強い制約を緩和することを提案した.彼らは $\mathbf{k}$ が $\bar{\mathbf{k}}$ を中心とする"一群の"状態と対を形成するならば,有限のスピン磁化率が生じることを論じた.彼らの議論は2粒子密度行列の形に,ある仮定を置いたものであるが,それは一般的な対形成理論によって与えられる形とは整合していない.彼らの密度行列を与えるような波動関数は見いだされておらず,この議論の基本的な仮定を是認することは不可能のように思われる.

Heine and Pippard の提案に続いて,Schrieffer [149] は,磁化状態において対形

成条件が修正されると仮定すれば，有限のスピン磁化率が得られることを論じた．彼はBCSによる互いに縮退したk↑と−k↓の組合せによる対形成ではなく，スピンのZeemanエネルギーを含めた場合に縮退関係になるようなk↑と−k′↓との間の対形成を提案した．このモデルからは正味のスピン磁化率が導かれる．清浄で境界のない試料において，この修正された対には，基本的に対形成によるエネルギーの低下が生じないはずである．運動量保存則により，対の重心運動量が $k - k'$ から，それと一般には異なる $\tilde{k} - \tilde{k}'$ を持つ状態へ遷移することが禁じられるからである．しかし現実の実験条件下では，不純物や表面散乱の影響が充分に強く，運動量空間における1粒子状態 k が"重心"運動量 $\hbar|k-k'| \sim 2\mu_B H/v_F$ と比べて大きな拡がりを持つ．したがって実際の1粒子固有状態 (1粒子の散乱効果を含む) は，上述の方法で対を形成することが可能であり，2体ポテンシャルによって互いに結合する．対形成は，やはり"2つの確定した1粒子状態"によって起こる．対エネルギーが正味のスピン磁気能率に対して滑らかに変化する関数であると仮定することは理に適っており，結果として有限のスピン磁化率が得られる．この考え方はHeine and Pippardによる1粒子状態の"一群"が強く相関する (清浄で境界のない試料においても) という議論とは，著しく対照的である．

最近 Cooper [150] は，Schriefferの概念に現象論的な2体ポテンシャルを導入して検証を行った．ポテンシャルの行列要素は"各々の"対の重心運動量に対して緩やかに変化する関数と仮定された．このモデルから対エネルギーがスピン磁化に対して緩やかに変化することが導かれ，有限のスピン常磁性が得られた．Cooperは，並進対称性を持たない2体ポテンシャルもまた運動量非保存の可能性を高めることを強調している．

軌道常磁性

Clogston, Gossard, Jaccarino, and Yafet [151] は，信頼性のある方法で，バナジウムに見られるKnightシフトは"すべて"温度に依存しない久保-小幡 (Kubo-Obata) の軌道常磁性 [152] に帰するべきものと論じた．この軌道常磁性はN相とS相において等しいはずであり，バナジウムにおいてNightシフトの違いが見られないことは，対形成理論を修正することなく説明される．しかしこの機構が，あらゆる超伝導体のKnightシフトの実験結果を説明できるようには思われない．

8.9 Ginsburg-Landau-Gor'kov理論

ここまで我々は，弱い電磁場に対する超伝導体の応答を集中的に扱ってきた．超伝導に関しては，他にも重要な問題がたくさんある．たとえば N-S 境界，中間状態や混合状態などでは，磁場が摂動では扱えないほど強い影響を系に与えることになる．これらの問題においては，エネルギーギャップパラメーター Δ を，試料内部の位置に依存する関数として扱う必要が生じる．第1章で言及した Ginsburg and Landau による現象論的な理論 [36] (1950年) は，強い磁場が関わる多くの状況に対して適切な説明を与えることができる．Gor'kov [37] は微視的理論の側面から重要な進展をもたらした．彼は対形成理論に立脚して，温度 T が T_c に近く，磁場の空間的な変化がコヒーレンス距離の尺度において緩やかな状況下であれば，GL理論が導出されることを示したのである．Gor'kov は GL 理論の有効波動関数 $\Psi(\mathbf{r})$ がギャップパラメーターの局所的な値 $\Delta(\mathbf{r})$ に比例し，GL理論における有効電荷 e^* が，電子対の電荷 $2e$ に等しくなるべきことを見いだした．しかし興味深いことに，これらの関係は Gor'kov の仕事がなされる前に推測されていた．Bardeen [8] は $\Psi(\mathbf{r})$ と $\Delta(\mathbf{r})$ を同定することを主張していたし，有効電荷が $e^* = 2e$ となることも，BCS理論が提唱される前に，GL理論を実験と整合させるという観点から Ginsburg によって提案されていた [153]．

我々は Gor'kov による GL方程式の導出の要約を以下に与える．読者に Gor'kov 形式に馴染んでもらうために，彼の記法を用いることにする．Gor'kov は議論を簡単にするために，対形成相互作用として遅延がなく拡がりがゼロの (デルタ関数の) 引力ポテンシャルを用いた．この特異なポテンシャルは発散を引き起こすが，導出過程の適当な段階において，運動量空間における切断を導入する．弱い外場を扱った際と同様に，ベクトルポテンシャル $\mathbf{A}(\mathbf{r})$ を自己無撞着に扱うことにする．系のハミルトニアンは次のように与えられる．

$$H = -\sum_s \int \psi_s^+(\mathbf{r}) \left\{ \frac{1}{2m}\left[\nabla - \frac{ie}{c}\mathbf{A}(\mathbf{r})\right]^2 + \mu \right\} \psi_s(\mathbf{r}) d^3r$$
$$- v \int \psi_\uparrow^+(\mathbf{r})\psi_\uparrow(\mathbf{r})\psi_\downarrow^+(\mathbf{r})\psi_\downarrow(\mathbf{r}) d^3r \tag{8.136}$$

ここで $e = -|e|$ はひとつの電子が持つ電荷である．1粒子エネルギーは化学ポテンシャル μ を基準として計る．温度Green関数は，

$$G(x,x') = -\frac{\mathrm{Tr}\left[e^{-\beta H} T\{\psi_\uparrow(x)\psi_\uparrow^+(x')\}\right]}{\mathrm{Tr}\, e^{-\beta H}} \equiv -\langle T\{\psi_\uparrow(x)\psi_\uparrow^+(x')\}\rangle \tag{8.137a}$$

と定義される．ここで用いられる演算子は，次のように仮想的な虚時間の発展をするものと見なされる．

$$\psi(x) \equiv \psi(\mathbf{r}, \tau) = e^{H\tau} \psi(\mathbf{r}, 0) e^{-H\tau} \tag{8.137a}$$

温度Green関数は，次の運動方程式を満たす．

$$\left\{ -\frac{\partial}{\partial \tau} + \frac{1}{2m} \left[\nabla - \frac{ie}{c} \mathbf{A}(\mathbf{r}) \right]^2 + \mu \right\} G(x, x')$$

$$+ V \langle T\{\psi_\uparrow^+(x') \psi_\downarrow^+(x) \psi_\downarrow(x) \psi_\uparrow(x)\} \rangle = \delta(x - x') \tag{8.138}$$

この運動方程式は，式(8.136)と式(8.137)および，演算子が従う次のような運動方程式から導かれる．

$$\frac{\partial \psi_\uparrow(x)}{\partial \tau} = [H, \psi_\uparrow(x)]$$

$$= \left\{ \frac{1}{2m} \left[\nabla - \frac{ie}{c} \mathbf{A}(\mathbf{r}) \right]^2 + \mu \right\} \psi_\uparrow(x) + V \psi_\downarrow^+(x) \psi_\downarrow(x) \psi_\uparrow(x) \tag{8.139}$$

Gor'kov形式において，拡がりのないポテンシャルによる対形成近似を採用するならば，それは式(8.138)における4点関数が，次のように分解できるということに対応する．

$$\langle T\{\psi_\uparrow^+(x') \psi_\downarrow^+(x) \psi_\downarrow(x) \psi_\uparrow(x)\} \rangle \Rightarrow \langle T\{\psi_\uparrow^+(x') \psi_\downarrow^+(x)\} \rangle \langle \psi_\downarrow(x) \psi_\uparrow(x) \rangle$$
$$\tag{8.140}$$

したがって，Gに関する方程式は，次のようになる．

$$\left\{ -\frac{\partial}{\partial \tau} + \frac{1}{2m} \left[\nabla - \frac{ie}{c} \mathbf{A}(\mathbf{r}) \right]^2 + \mu \right\} G(x, x') + \Delta(\mathbf{r}) F^+(x, x') = \delta(x - x')$$
$$\tag{8.141}$$

上式に現れた"異常Green関数"$F^+(x, x')$は，

$$F^+(x, x') = -\langle T\{\psi_\downarrow^+(x) \psi_\uparrow^+(x')\} \rangle \tag{8.142}$$

であり，エネルギーギャップパラメーター$\Delta(\mathbf{r})$は次のように与えられる．

$$\Delta^*(\mathbf{r}) = V \langle \psi_\downarrow(\mathbf{r}) \psi_\uparrow(\mathbf{r}) \rangle^* = V F^+(x, x') \tag{8.143}$$

ここでの関数GとF^+は，それぞれ南部形式におけるG_{11}とG_{21}に対応している．F^+が未知の関数なので，これも運動方程式から決める必要がある．式(8.140)と類

8.9. Ginsburg-Landau-Gor'kov理論

似の変数分離形を利用すると (ここでは4点関数に含まれる演算子が3つの ψ^+ と1つの ψ であるという違いがあるが), 次式が得られる.

$$\left\{\frac{\partial}{\partial\tau}+\frac{1}{2m}\left[\nabla+\frac{ie}{c}\mathbf{A}(\mathbf{r})\right]^2+\mu\right\}F^+(x,x')-\Delta^*(\mathbf{r})G(x,x')=0 \qquad (8.144)$$

第7章で見たように虚時間を用いた温度Green関数は, 離散変数 $\omega_n=(2n+1)\pi/\beta$ (n は整数) を用いた Fourier 級数によって表される. その Fourier 成分 $\mathcal{G}_\omega(\mathbf{r},\mathbf{r}')$ と $\mathcal{F}_\omega(\mathbf{r},\mathbf{r}')$ は, 次の連立方程式を満たす.

$$\left\{i\omega_n+\frac{1}{2m}\left[\nabla-\frac{ie}{c}\mathbf{A}(\mathbf{r})\right]^2+\mu\right\}\mathcal{G}_\omega(\mathbf{r},\mathbf{r}')+\Delta(\mathbf{r})\mathcal{F}_\omega(\mathbf{r},\mathbf{r}')=\delta(\mathbf{r}-\mathbf{r}')$$

$$\left\{-i\omega_n+\frac{1}{2m}\left[\nabla+\frac{ie}{c}\mathbf{A}(\mathbf{r})\right]^2+\mu\right\}\mathcal{F}_\omega(\mathbf{r},\mathbf{r}')-\Delta^*(\mathbf{r})\mathcal{G}_\omega(\mathbf{r},\mathbf{r}')=0$$

$$(8.145)$$

これらの式と, 次の条件式,

$$\Delta^*(\mathbf{r})=\frac{V}{\beta}\sum_n\mathcal{F}_\omega^+(\mathbf{r},\mathbf{r}') \qquad (8.146)$$

から, 原理的には任意の強いポテンシャル A の下で, 任意温度 $k_\mathrm{B}T=1/\beta$ における超伝導体の挙動を決めることが可能である.

これらの式は非線形なので, 一般的に扱うことは簡単ではない. Gor'kov は温度 T が T_c に近く, ギャップパラメーターが小さくて Δ による冪(べき)展開が可能となるような温度領域だけに (GL理論の精神に従って) 関心の対象を限定した. $T\sim T_\mathrm{c}$ においては磁場浸入深さ λ が Pippard のコヒーレンス距離 ξ_0 に比べて充分に長いので, $\mathbf{A}$ は空間的に, コヒーレンス距離の尺度において変化が緩やかな関数となる. この極限において, 電流密度とベクトルポテンシャルの線形な関係は, London 方程式に帰着する. 式(8.145) の解を Δ の冪(べき)級数として求めるために, Gor'kov はこれらの式を積分の形に直した.

$$\mathcal{G}_\omega(\mathbf{r},\mathbf{r}')=\tilde{\mathcal{G}}_\omega(\mathbf{r},\mathbf{r}')-\int\tilde{\mathcal{G}}_\omega(\mathbf{r},\mathbf{s})\Delta(\mathbf{s})\mathcal{F}_\omega^+(\mathbf{s},\mathbf{r}')d^3s \qquad (8.147\mathrm{a})$$

$$\mathcal{F}_\omega^+(\mathbf{r},\mathbf{r}')=\int\mathcal{G}_\omega(\mathbf{s},\mathbf{r}')\Delta^*(\mathbf{s})\tilde{\mathcal{G}}_{-\omega}(\mathbf{s},\mathbf{r})d^3s \qquad (8.147\mathrm{b})$$

$\tilde{\mathcal{G}}$ は磁場中の常伝導金属における1電子Green関数である.

$$\left\{i\omega_n+\frac{1}{2m}\left[\nabla-\frac{ie}{c}\mathbf{A}(\mathbf{r})\right]^2+\mu\right\}\tilde{\mathcal{G}}_\omega(\mathbf{r},\mathbf{r}')=\delta(\mathbf{r}-\mathbf{r}') \qquad (8.148)$$

F^+ に関する解を Δ^4 の精度まで求めることにすると，Δ を決める式(8.146)は，次のようになる．

$$\Delta^*(\mathbf{r}) = \frac{V}{\beta}\sum_n \int \tilde{\mathcal{G}}_\omega(\mathbf{r},\mathbf{r}')\tilde{\mathcal{G}}_{-\omega}(\mathbf{r},\mathbf{r}')\Delta^*(\mathbf{r}')d^3r'$$
$$-\frac{V}{\beta}\sum_n \int \tilde{\mathcal{G}}_\omega(\mathbf{s},\mathbf{r})\tilde{\mathcal{G}}_{-\omega}(\mathbf{s},\mathbf{l})\tilde{\mathcal{G}}_\omega(\mathbf{m},\mathbf{l})\tilde{\mathcal{G}}_{-\omega}(\mathbf{m},\mathbf{r})$$
$$\times \Delta(\mathbf{s})\Delta^*(\mathbf{l})\Delta^*(\mathbf{m})d^3sd^3ld^3m \quad (8.149)$$

右辺第1項を，

$$\int K(\mathbf{r},\mathbf{r}')\Delta^*(\mathbf{r}')d^3r \quad (8.150\text{a})$$

という形で捉えるならば，積分核 $K(\mathbf{r},\mathbf{r}')$ は，

$$K(\mathbf{r},\mathbf{r}') = \frac{1}{\beta}\sum_n \tilde{\mathcal{G}}_\omega(\mathbf{r},\mathbf{r}')\tilde{\mathcal{G}}_{-\omega}(\mathbf{r},\mathbf{r}') \quad (8.150\text{b})$$

であり，$\mathbf{A} = 0$ の場合には，次のようになる．

$$K_0(\mathbf{r}-\mathbf{r}') = K_0(R) = \left[\frac{m}{2\pi R}\right]^2 \frac{1}{\beta}\sinh\left(\frac{2\pi R}{\beta v_\mathrm{F}}\right) \quad (8.150\text{c})$$

$$\tilde{\mathcal{G}}^0_\omega(\mathbf{r}-\mathbf{r}') = -\frac{m}{2\pi R}\exp\left[ip_\mathrm{F}R\operatorname{sgn}\omega_n - \frac{|\omega_n|}{v_\mathrm{F}}R\right] \quad (8.150\text{d})$$

$\mathbf{A}$ はコヒーレンス距離の尺度で変化が緩やかであると仮定してあり，$\tilde{\mathcal{G}}_\omega(\mathbf{r},\mathbf{r}')$ は $|\mathbf{r}-\mathbf{r}'| > v_\mathrm{F}/\omega \simeq \xi_0$ ($\omega \simeq \Delta$) において指数関数的に減衰するので，$\mathbf{A}$ への依存性には WKB 的な近似を適用することが可能であり，次式を得る．

$$K(\mathbf{r},\mathbf{r}') = K_0(\mathbf{r}-\mathbf{r}')\exp\left[2\frac{ie}{c}(\mathbf{r}-\mathbf{r}')\cdot\mathbf{A}(\mathbf{r})\right] \quad (8.150\text{e})$$

$$\tilde{\mathcal{G}}_\omega(\mathbf{r},\mathbf{r}') = \tilde{\mathcal{G}}^0_\omega(\mathbf{r}-\mathbf{r}')\exp\left[\frac{ie}{c}(\mathbf{r}-\mathbf{r}')\cdot\mathbf{A}(\mathbf{r})\right] \quad (8.150\text{f})$$

K_0 の $\mathbf{r} \to \mathbf{r}'$ における特異性は，空間的な拡がりのない2体ポテンシャルから生じている．ポテンシャル $V_{\mathbf{kk}'}$ を，Fermi準位を中心とするエネルギー幅 $-\omega_0 \to \omega_0$ の範囲に限定し，それ以外では切断を施してゼロにするならば，次のようになる．

$$\int K_0(R)dR = N(0)\int_0^{\omega_0}\frac{1}{\epsilon}\tanh\left(\frac{\beta\epsilon}{2}\right)d\epsilon$$
$$= N(0)\left[\int_0^\omega \frac{1}{\epsilon}\tanh\left(\frac{\beta_\mathrm{c}\epsilon}{2}\right)d\epsilon + \int_{\beta_\mathrm{c}\omega_0}^{\beta\omega_0}\frac{\tanh x}{x}dx\right]$$
$$= N(0)\left[\frac{1}{N(0)V} + \ln\left(\frac{T_\mathrm{c}}{T}\right)\right] \quad (8.151)$$

8.9. Ginsburg-Landau-Gor'kov 理論

上式において $k_\mathrm{B} T_\mathrm{c} = 1/\beta_\mathrm{c}$ を決める BCS の式を用いた．常伝導金属の Green 関数を小さい量 $(e/c)(\mathbf{r}-\mathbf{r}')\cdot\mathbf{A}(\mathbf{r})$ の冪（べき）で展開して，$\Delta(\mathbf{r})$ の空間変化がコヒーレンス距離の尺度において緩やかであると仮定して，Gor'kov は次式を得た．

$$\left\{\frac{1}{2m}\left[\nabla + i\frac{2e}{c}\mathbf{A}(\mathbf{r})\right]^2 + \frac{1}{\lambda_\mathrm{G}}\left[\left(1-\frac{T}{T_\mathrm{c}}\right) - \frac{7\zeta(3)}{8(\pi k_\mathrm{B} T_\mathrm{c})^2}|\Delta(\mathbf{r})|^2\right]\right\}\Delta^*(\mathbf{r}) = 0 \tag{8.152}$$

ここで導入した Gor'kov パラメーター λ_G は，

$$\lambda_\mathrm{G} = \frac{7\zeta(3) E_\mathrm{F}}{12(\pi k_\mathrm{B} T_\mathrm{c})^2} \tag{8.153}$$

と定義される．$\zeta(x)$ は Riemann のゼータ関数である（$\zeta(3) \simeq 1.20205\ldots$）．

"波動関数"を，次のように導入してみる．

$$\psi(\mathbf{r}) = \frac{\Delta(\mathbf{r})[7\zeta(3)n]^{1/2}}{4\pi T_\mathrm{c}} \tag{8.154}$$

そうすると，Ginsburg-Landau 方程式に似た式が得られる．

$$\left\{\frac{1}{2m}\left[\nabla - \frac{ie^*}{c}\mathbf{A}(\mathbf{r})\right]^2 + \frac{1}{\lambda_\mathrm{G}}\left[\left(1-\frac{T}{T_\mathrm{c}}\right) - \frac{2}{N}|\psi(\mathbf{r})|^2\right]\right\}\psi(\mathbf{r}) = 0 \tag{8.155}$$

ここで $e^* = 2e$ である．電流密度は，

$$\mathbf{J}(\mathbf{r}) = \left[\frac{ie}{m}(\nabla_{\mathbf{r}'} - \nabla_{\mathbf{r}}) G(x, x') - \frac{2e^2}{mc}\mathbf{A}(\mathbf{r}) G(x, x')\right]_{t'=t^+, \mathbf{r}=\mathbf{r}'} \tag{8.156}$$

と表されるが，上述の Δ の 2 次までの摂動展開を利用し，ψ と Δ の関係を用いると，次式が得られる．

$$\mathbf{J}(\mathbf{r}) - \frac{ie^*}{2m}(\psi^*\nabla\psi + \psi\nabla\psi^*) - \frac{e^{*2}}{mc}\mathbf{A}(\mathbf{r})|\psi(\mathbf{r})|^2 \tag{8.157}$$

これは GL 理論による式と一致している．

最近，Gor'kov の導出が Werthamer [154] や Tewordt [155] によって全温度へと拡張された．ただし彼らも $\mathbf{A}$ と Δ の空間的変化がコヒーレンス距離の尺度において緩やかであることを仮定している．予想される通り，彼らの式は Ginsburg-Landau -Gor'kov の式よりも，いくらか複雑になっている．Gor'kov は有限の平均自由行程の影響を含めるように理論を拡張した．彼は上と同じ形の式が得られることを見いだしたが，実効的な "質量" m は，清浄な材料の場合よりも大きくなるという結果を得ている．

第 9 章 結言

　本書では主に超伝導理論の微視的な側面を論じた．微視的な理論は当然のことながら，多くの巨視的な予言をもたらすことになるが，そのような広範な議論は，本書が扱う範囲外のことである．特に関心が持たれるのは，第 II 種超伝導体 ('硬い' 超伝導体) に関する理論であろう [156]．緒論において言及したように，これらの材料の超伝導状態における磁化曲線は，臨界磁場において急峻な低下を示さない点で，第 I 種超伝導体 ('軟かい' 超伝導体) と区別される．第 II 種超伝導体は下部臨界磁場 H_{c1} までは完全な Meissner 効果を示し，それから連続的に磁化率が減少して，上部臨界磁場 H_{c2} においてゼロになる．超伝導体が第 I 種か第 II 種かを決定するのは Ginsburg-Landau パラメーター κ であるが，これは試料の不純物濃度や冷間加工処理などの影響を受けるので，磁気的な挙動の異なる 2 種類の状態の間の転移の挙動は研究の対象となり得る [157,158]．

　また，超伝導特性に対する磁性不純物と非磁性不純物の影響を扱っている文献も多い [159,160]．この分野における重要な進展は Anderson [146] によってもたらされた．彼は非磁性の (時間反転不変な) 不純物が存在する場合に，1 粒子状態として既に不純物による散乱の効果を含めた状態を考えて，その対形成を考えるべきであると論じた．この概念に基づいて，彼は低濃度の非磁性不純物による主要な効果として，エネルギーギャップの結晶方位に依存する異方性を除き，転移温度を低下させることを示した [161]．しかしながら，この場合にギャップ端が拡がることはない．不純物濃度が高くなると，伝電子密度の変更や，電子やフォノンのバンド構造の変化など，いろいろの他の効果が重要となって，T_c を推定する問題は極めて複雑になる．

　磁性不純物は一般に，超伝導転移温度を低下させる傾向がある．電子-磁性イオン相互作用は常伝導電子に起こりやすく，超伝導状態における反平行のスピン相関とは相容れないからである [162,163]．しかしながら局在磁気能率が発生せず，T_c が上昇するという例もある [160]．更に磁性不純物は，限られた濃度範囲において "ギャップレス" 超伝導をもたらす [172]．この重要な効果は Abrikosov and Gor'kov によって予言され，Reif and Woolf によって観測された．遷移金属における超伝導や，強

磁性と超伝導の関係などの問題が，将来的にかなり関心が持たれるであろうことに疑いはない．

多大な関心を集めているもうひとつの問題は，強磁場下における微小な試料や薄膜の挙動である [164]．これに関連して，超伝導体と常伝導金属の接合 (境界) の問題もあるし，常伝導金属と超伝導金属の積層試料の問題もある [165]．超伝導体と常伝導金属が接していると，界面付近で両者の電子が相互に拡散し，常伝導金属の一部にも超伝導の性質が染み出すことが知られている．この効果が生じる範囲や，このような金属間の相互作用に対する磁場や磁性不純物の影響などは，詳しく研究する価値がある．

対形成理論が成功に結び付いた別の分野として，原子核構造論がある．Bohr, Mottelson, and Pines [166] による最初の提案に続いて，多くの研究者が重い原子核における1粒子励起や集団励起のスペクトルの計算に対形成理論を利用している．この理論は原子核の偶数粒子系と奇数粒子系に見られる低エネルギーの1粒子励起スペクトルの違いをよく説明している．偶数-偶数原子核では対時間相互作用が働いて，1個の中性子もしくは1個の陽子を励起する際に1 meVのオーダーのエネルギーギャップが存在する．偶数-奇数系もしくは奇数-奇数系の原子核では，核の中に対を形成していない核子が存在するために，励起エネルギーは1/4程度もしくはそれ以下になる．回転運動や振動運動のスペクトルについても，対相関を考慮した理論予測は一般に実験結果とよく一致する．ピックアップ反応やストリップ反応によって裸の粒子のエネルギー分布が測定されるが，その実験結果は対形成理論に基づいて想定される不鮮明化したFermi面の性質とよく整合する．原子核における対相関の効果は，超伝導の場合ほど劇的なものではないが，原子核の性質を決める上で対相関も重要な役割を担うことは明らかである [167]．

対形成理論における概念が応用されているもうひとつの分野は，素粒子の質量スペクトルの問題である．超伝導体における準粒子エネルギー $E_\mathbf{p} = (\epsilon_\mathbf{p}^2 + \Delta^2)^{1/2}$ と，相対論的な粒子のエネルギー $E_p = (p^2 + m^2)^{1/2}$ との類似関係には抗し難い魅力がある．南部 [168] とその共同研究者たちは，対形成の形式に基礎を置いた素粒子模型の構築を試みており，Fisher [169] も同様の検討を行っている．これらの試みが，質量スペクトル問題の解決に向けて，究極的に重要な役割を担うことになるかどうかは，現在のところ明らかではない．

対形成理論は He^3 の超流動相の理論的な可能性の追求にも応用されている [170]．

しかし今のところ 0.01 K までにおいて，そのような転移は観測されていない[†].

現在までほとんど注目されていないけれども，3個以上の粒子群(クラスター)が強い相関を持つような系があり得るかどうかという問題もある．軽い原子核ではアルファ粒子の相関が重要であることが知られており，Little [171] は大きな粒子群(クラスター)の解釈の可能性のある実験データを示している．しかしながら我々は，対(つい)形成理論の基礎を与えている対相関こそが，超伝導状態において観測される基本的な諸現象を説明するために本質的に必要とされる相関であると結論すべきである．

[†](訳註) 原著者による「改訂版への序」にも言及があるが，その後1972年に He^3 の超流動転移が確認された．転移温度は 1 mK 程度であり，p 波の対(つい)形成によって転移を起こす．

付録 A 第二量子化

この付録では，第二量子化に関する簡単な要約を与えておく．

A.1 占有数表示

同種粒子によって構成されている n 粒子系を考えよう．Schrödinger表示において，ハミルトニアンが次のように与えられるものとする．

$$H(x_1 \cdots x_n) = \sum_i \frac{p_i^2}{2m} + \sum_i V_1(x_i) + \frac{1}{2} \sum_{i \neq j} V_2(x_i, x_j) \tag{A.1}$$

座標 x_i は i 番目の粒子の位置とスピンを表す．3 体相互作用項や，さらに多体の間の相互作用項までを直接ハミルトニアンに含めることも可能であるが，ここでは 2 体相互作用までに限定した議論を行う．

多体系の Schrödinger 方程式は，次のように与えられる．

$$H(x_1 \cdots x_n)\Psi(x_1 \cdots x_n, t) = i\hbar \frac{\partial \Psi(x_1 \cdots x_n, t)}{\partial t} \tag{A.2}$$

n 粒子波動関数の完全系 Φ を導入しよう．これらは 1 粒子波動関数 $u_k(x)$ の積を適正に対称化もしくは反対称化することによって構築される．ここに用いる 1 粒子波動関数 $u_k(x)$ は，完全正規直交系を構成する．

$$\int u_{k'}^*(x) u_k(x) dx = \delta_{kk'} \qquad \text{(正規直交性)} \tag{A.3}$$

$$\sum_k u_k^*(x') u_k(x) = \delta(x - x') \qquad \text{(完全性)} \tag{A.4}$$

関数 Φ は，次のように与えられる．

$$\Phi = \mathcal{P} u_{k_1}(x_1) u_{k_2}(x_2) \cdots u_{k_n}(x_n) \tag{A.5}$$

粒子が Bose 統計に従う場合には $\mathcal{P} = (1/n!)\sum P$，Fermi 統計に従う場合には $\mathcal{P} = (1/n!)\sum (-1)^P P$ と置き，和は座標 $x_1, \ldots, x_n$ に関する $n!$ 通りのすべての置換に

ついて行う．p は置換の階数である．Φ に量子数 $k_1, k_2, \ldots, k_n$ の指標(ラベル)を付ける代わりに，多体系の波動関数を構成する積が，各1粒子状態の波動関数を何回含んでいるかを指定することによって，多体系の状態を指定することにしよう．1粒子状態 k における占有数を n_k と書く．そうすると一連の数 $n_1, n_2, \ldots, n_k, \ldots$ を決めれば，一意的に対称化 (もしくは反対称化) された状態 $\Phi_{n_1, n_2, \ldots, n_k, \ldots}$ が特定される．もし我々が n 粒子系を記述するならば，必然的に $\sum_k n_k = n$ である．Fermi統計の場合には，占有数 n_k の値は 0 もしくは 1 だけに制約されるが，Bose統計の占有数は 0 以上の任意の整数値を取り得る．一連の関数 $\Phi_{n_1, \ldots, n_k, \ldots}(x_1, \ldots, x_n)$ は，フェルミオン系であれば因子 $(n!)^{1/2}$ を掛けることによって完全正規直交系となり，ボゾン系であれば因子 $(n!/n_1! n_2! \cdots)^{1/2}$ を掛けることで正規直交系になる ($0! = 1$ と定義されている)．正規直交条件は，次のように表される．

$$\int \Phi^*_{n'_1, n'_2, \ldots}(x_1 \cdots x_n) \Phi_{n_1, n_2, \ldots}(x_1 \cdots x_n) dx_1 \cdots dx_n = \delta_{n'_1, n_1} \delta_{n'_2, n_2} \cdots \tag{A.6}$$

一般に，全Schrödinger波動関数を，完全系 $\Phi_{n_1 \cdots n_k \cdots}$ を用いて展開することができる．

$$\Psi(x_1 \cdots x_n, t) = \sum A(n_1 \cdots n_k \cdots, t) \Phi_{n_1 \cdots n_k \cdots}(x_1 \cdots x_n) \tag{A.7}$$

係数 $A(n_1 \cdots n_k \cdots, t)$ は，占有数表示における波動関数と解釈することができる．これらのノルムは，それぞれの1粒子状態 k において n_k 個の粒子を見いだす確率を与える．

A.2 ボゾン系の第二量子化

Bose統計に従う粒子系において，次のように定義される演算子 a_k と a_k^+ を導入する．

$$a_k^+ \Phi_{n_1 \cdots n_k \cdots}(x_1 \cdots x_n) = (n_k + 1)^{1/2} \Phi_{n_1 \cdots (n_k+1) \cdots}(x_1 \cdots x_{n+1})$$
$$a_k \Phi_{n_1 \cdots n_k \cdots}(x_1 \cdots x_n) = (n_k)^{1/2} \Phi_{n_1 \cdots (n_k-1) \cdots}(x_1 \cdots x_{n-1}) \tag{A.8}$$

演算子 a_k^+ (生成演算子) は状態 k の粒子をひとつ追加し，a_k (消滅演算子) は，状態 k の粒子をひとつ除く．状態 Φ において $n_k = 0$ であれば，これに a_k を作用させるとゼロになり，状態ベクトル自体が消える．

A.2. ボソン系の第二量子化

a_k^+ は a_k のエルミート共役にあたるが，このことは，次のことに注意すれば理解できる．a_k の行列要素のうち，ゼロでないものは，

$$\langle \Phi_{n_1 \cdots (n_k-1) \cdots} | a_k | \Phi_{n_1 \cdots n_k \cdots} \rangle$$

だけで，それぞれ $(n_k)^{1/2}$ である．したがって，これとエルミート共役な演算子に含まれるゼロでない行列要素は，

$$\langle \Phi_{n_1 \cdots n_k \cdots} | a_k | \Phi_{n_1 \cdots (n_k+1) \cdots} \rangle^* = (n_k)^{1/2}$$

となる．このような行列要素を持つ演算子とは，a_k^+ の定義そのものに他ならない．新たな演算子 $N_k = a_k^+ a_k$ を導入すると，式(A.8)より，この演算子の固有値方程式が，次のように与えられる．

$$N_k \Phi_{n_1 \cdots n_k \cdots}(x_1 \cdots x_n) = n_k \Phi_{n_1 \cdots n_k \cdots}(x_1 \cdots x_n) \tag{A.9}$$

したがって N_k は状態 k にある粒子の数を計る演算子 (個数演算子もしくは占有数演算子) と解釈される．ここから，系の全粒子数を計る演算子 N を次のように構築できる．

$$N = \sum_k N_k = \sum_k a_k^+ a_k \tag{A.10}$$

生成演算子と消滅演算子の交換関係が，

$$[a_k, a_{k'}^+] = \delta_{kk'} \qquad [a_k, a_{k'}] = [a_k^+, a_{k'}^+] = 0 \tag{A.11}$$

であることは容易に確認できる．たとえば次のようになる．

$$\left(a_k a_k^+ - a_k^+ a_k \right) \Phi_{n_1 \cdots n_k \cdots} = \left[(n_k + 1) - n_k \right] \Phi_{n_1 \cdots n_k \cdots} = 1 \Phi_{n_1 \cdots n_k \cdots}$$

ハミルトニアンを，占有数表示の形式で表現しなおすと，次のようになる．

$$H = \sum_{k,k'} \langle k' | H_1 | k \rangle a_{k'}^+ a_k + \frac{1}{2} \sum_{k_1', k_2', k_1, k_2} \langle k_1', k_2' | V_2 | k_1, k_2 \rangle a_{k_1'}^+ a_{k_2'}^+ a_{k_1} a_{k_2} \tag{A.12}$$

$$\langle k' | H_1 | k \rangle = \int u_{k'}^*(x) \left\{ \frac{p^2}{2m} + V_1(x) \right\} u_k(x) dx$$

$$\langle k_1', k_2' | V_2 | k_1, k_2 \rangle = \int u_{k_1'}^*(x_1) u_{k_2'}^*(x_2) V_2(x_1, x_2) u_{k_1}(x_1) u_{k_2}(x_2) dx_1 dx_2$$

上のような表記の正当性は，完全系 $\Phi_{n_1 \cdots}$ を用いたハミルトニアン(A.12) のすべての行列要素が，配位空間における元々のハミルトニアン(A.1) によって評価した行列

要素と一致することにより証明される．ここで完全な証明を与えることはしないが，手順の概要を示しておく．

最初に，ハミルトニアン(A.12)のすべての行列要素を評価する．基本的な規則としては，Φの正規直交性と，生成消滅演算子の定義(A.8)を利用すればよい．式(A.12)を左側の波動関数に作用させて得た行列要素と，右側の波動関数に作用させて得た行列要素は，等しくなければならない．

1. 対角要素でゼロでない寄与を持つ項は，$k = k'$ で，$k_1 = k_1'$, $k_2 = k_2'$, もしくは $k_1 = k_2'$, $k_2 = k_1'$, もしくは $k_1 = k_2 = k_1' = k_2'$ のものだけである．何故なら，これらの項だけが，右側の波動関数を変更しないからである．したがって，対角要素は次のように表される．

$$\langle \Phi_{n_1,n_2,\ldots}|H|\Phi_{n_1,n_2,\ldots}\rangle = \sum_k \langle k|H_1|k\rangle n_k$$
$$+ \frac{1}{2}\sum_{k_1 \neq k_2} n_{k_2} n_{k_1}\{\langle k_1 k_2|V_2|k_1 k_2\rangle + \langle k_2 k_1|V_2|k_1 k_2\rangle\}$$
$$+ \frac{1}{2}\sum_{k_1} n_{k_1}(n_{k_1} - 1)\langle k_1 k_1|V_2|k_1 k_1\rangle \quad (A.13)$$

2. 2つの状態 i と j の占有数が異なる波動関数の間の非対角行列要素について調べよう．2つの波動関数として，

$$\Phi_{\ldots n_i n_j \ldots} \quad \text{and} \quad \Phi_{\ldots m_i m_j \ldots}$$

を考える．系の粒子数を保存させるために，

$$n_i + n_j = m_i + m_j$$

とする．ゼロでない行列要素が現れるのは，以下の何れかの場合に限られる．

(1) $\quad n_j = m_j \mp 1 \quad n_i = m_i \pm 1$

(2) $\quad n_j = m_j \mp 2 \quad n_i = m_i \pm 2$

複号の上側を選ぶならば，(1) は，

$$\langle k_i|H_1|k_j\rangle\bigl[(m_i+1)m_j\bigr]^{1/2}$$
$$+ \sum_l m_l\bigl[(m_i+1)m_j\bigr]^{1/2}\bigl(\langle k_l k_i|V|k_l k_j\rangle + \langle k_l k_i|V|k_j k_l\rangle\bigr) \quad (A.14)$$

(2) は,
$$\frac{1}{2}\left[m_i(m_i-1)(m_j+1)(m_j+2)\right]^{1/2}\langle k_jk_j|V_2|k_ik_i\rangle$$

となる. 複号の下側を選ぶならば, 上式の i と j を入れ換えた式が得られる.

3. 3つの状態 i, j, l だけで占有数が異なる場合の非対角要素を考えよう. ゼロ以外の行列要素を与える条件は, 次のようになる.

$$n_i = m_i \pm 1 \qquad n_j = m_j \pm 1 \qquad n_l = m_l \mp 2$$

複号の上側を選ぶと,
$$\frac{1}{2}\left[(m_l+2)(m_l+1)m_jm_i\right]^{1/2}\left\{\langle k_lk_l|V_2|k_jk_i\rangle + \langle k_lk_l|V_2|k_ik_j\rangle\right\}$$

複号の下側を選ぶと, 次のようになる.
$$\frac{1}{2}\left[(m_j+1)(m_i+1)(m_l-1)m_l\right]^{1/2}\left\{\langle k_ik_j|V_2|k_lk_l\rangle + \langle k_jk_i|V_2|k_lk_l\rangle\right\} \tag{A.15}$$

4. 4つの状態 k_i, k_j, k_l, k_s の占有数が異なる状態間の非対角要素は, 次の条件においてゼロでない値を取り得る.

$$n_i = m_i \mp 1 \qquad n_j = m_j \mp 1 \qquad n_l = m_l \pm 1 \qquad n_s = m_s + 1$$

複号の上側を選ぶと, 行列要素は,
$$\left[m_im_j(m_l+1)(m_s+1)\right]^{1/2}\left\{\langle k_lk_s|V_2|k_ik_j\rangle + \langle k_lk_s|V_2k_jk_i\rangle\right\} \tag{A.16}$$

となる. 複号の下側を選ぶと, l, s と i, j が入れ替わった式が得られる.

上記の1, 2, 3, 4と同じ行列要素が, 元のハミルトニアン(A.1)からも得られる. 例として, 最後の場合を見てみよう. 他の場合でも確認の方法は基本的に同じである. 評価したいのは, 次の量である.

$$\left\langle \Phi_{\cdots m_i-1, m_j-1, m_l+1, m_s+1 \cdots} \left| \frac{1}{2}\sum_{p,q}V_2(p,q) \right| \Phi_{\cdots m_i, m_j, m_l, m_s \cdots} \right\rangle$$

まず, p と q が何であれ, p と q 以外の全ての変数に関する積分によって, 規格化係数を簡単にすることができる.

$$\left[(m_i-1)!\,(m_j-1)!\,(m_l+1)!\,(m_s+1)!\,m_i!\,m_j!\,m_l!\,m_s!\right]^{-1/2}$$
$$\times \big\langle u_i(1)\cdots u_i(m_i-1)\,u_l(m_i)\cdots u_l(m_i+m_l)\,u_j(m_i+m_l+1)\cdots$$
$$\cdots u_j(m_i+m_j+m_l-1)\,u_s(m_i+m_j+m_l)\cdots u_s(m_i+m_j+m_l+m_s)\big|$$
$$\times \frac{1}{2}\sum_{p,q} V_2(p,q)$$
$$\times \big|\,P\,u_i(1)\cdots u_i(m_i)\,u_l(m_i+1)\cdots u_l(m_i+m_l)\,u_j(m_i+m_l+1)\cdots$$
$$\cdots u_j(m_i+m_j+m_l)\,u_s(m_i+m_j+m_l+1)\cdots u_s(m_i+m_j+m_l+m_s)\big\rangle$$

P はすべての可能な粒子の置換を意味する. $p=m_i$ で $q=m_i+m_j+m_l$ もしくはこの逆の場合, この積分から得られる量は,

$$\langle k_l k_s|V_2|k_i k_j\rangle + \langle k_l k_s|V_2|k_j k_i\rangle$$

に因子 $m_i!m_j!m_l!m_s!$ を掛けたものになる. この因子は右側の波動関数において, 同じ状態の粒子を入れ換える置換から生じる. 演算子の中の p と q に関する和のために, 全ての項について,

$$m_i \leq p \leq (m_i+m_l)$$

および,

$$(m_i+m_j+m_l) \leq q \leq (m_i+m_j+m_l+m_s)$$

の和を考える必要がある. このことから, さらに係数因子 $(m_l+1)(m_s+1)$ が生じる. すべての因子と規格化係数を掛けると, 次式が得られる.

$$\left[m_i m_j(m_l+1)(m_s+1)\right]^{1/2}\left\{\langle k_l k_s|V_2|k_i k_j\rangle + \langle k_l k_s|V_2|k_j k_i\rangle\right\}$$

これは, 式(A.16) と一致している.

ここで, 状態の指標 k ではなく, 位置座標変数 x に依存する演算子を導入する.

$$\psi(x) = \sum_k u_k(x) a_k$$
$$\psi^+(x) = \sum_k u_k^*(x) a_k^+ \qquad (A.17)$$

これらは "波動場" の演算子と呼ばれ, 次の交換関係を満たす.

A.2. ボゾン系の第二量子化

$$[\psi(x), \psi^+(x')] = \sum_{k,k'} u_k(x) u_k^*(x') [a_k, a_{k'}^+] = \delta(x-x')$$
$$[\psi(x), \psi(x')] = [\psi^+(x), \psi^+(x')] = 0 \tag{A.18}$$

波動場の演算子の有用性を明らかにするために，次のことを指摘しよう．x 空間における粒子の密度は $\rho(x) = \psi^+(x)\psi(x)$ と表され，粒子の個数演算子は次のように与えられる．

$$N = \int \rho(x) dx = \sum_{k,k'} a_{k'}^+ a_k \int u_{k'}^*(x) u_k(x) dx = \sum_k a_k^+ a_k \tag{A.19}$$

多くの場面において，ρ の Fourier 変換が重要となるが，これは次のように与えられる．

$$\rho_{\mathbf{q}} = \int e^{i\mathbf{q}\cdot\mathbf{x}} \rho(x) dx = \sum_{k,k'} a_k^+ a_k \int e^{i\mathbf{q}\cdot\mathbf{x}} u_{k'}^*(x) u_k(x) dx \tag{A.20}$$

$u_k(x)$ として平面波 $e^{i\mathbf{k}\cdot\mathbf{x}}$ を選び，これを単位体積で規格化する場合には，$\mathbf{k}' = \mathbf{k} - \mathbf{q}$ と置くことができて，次のようになる．

$$\rho_{\mathbf{q}} = \sum_{\mathbf{k}'} a_{\mathbf{k}'}^+ a_{\mathbf{k}'+\mathbf{q}} \tag{A.21}$$

ハミルトニアン演算子を，場の演算子 $\psi(x)$ を用いて表現し直すことも可能である．式 (A.12) と ψ の定義により，次式が得られる．

$$H = \int \psi^+(x) H_1(x) \psi(x) dx + \frac{1}{2} \int \psi^+(x) \psi^+(x') V_2(x,x') \psi(x') \psi(x) dx dx' \tag{A.22}$$

演算子の順序付けに伴い，2体ポテンシャルにおける $i = j$ の項が確実に省かれる．$V_2(x, x') = V_2(x - x')$ すなわち2体演算子が連続並進不変性を持つならば，ハミルトニアンは次のように書かれる．

$$H = \int \psi^+(x) H_1(x) \psi(x) dx + \frac{1}{2} \sum_{\mathbf{q}} V_2(\mathbf{q}) \eta(\rho_{\mathbf{q}}^+ \rho_{\mathbf{q}}) \tag{A.23}$$

η は正規積を表す．すなわち後ろの括弧内の演算子積の順序を変更して ψ^+ をすべて左側に，ψ をすべて右側に移行させる作用を意味する．上式の証明は，$V_2(x-x')$ を Fourier 展開し，$\rho_{\mathbf{q}}$ の定義を適用することによって得られる．

ここまで来ると，一般的な ν 体相互作用を占有数表示で表す方法は明らかである．

$$V_\nu = \frac{1}{\nu!}\int \psi^+(x_1)\cdots\psi^+(x_\nu)V_\nu(x_1\cdots x_\nu)\psi(x_\nu)\cdots\psi(x_1)dx_1\cdots dx_\nu \quad (A.24)$$

このような観点の下で,我々は Φ における変数 $x_1\cdots x_n$ を表示せず,系の状態を次のように表現し直すことが可能である.

$$\Phi_{n_1\cdots n_i\cdots}(x_1\cdots x_n) = |n_1\cdots n_i\cdots\rangle \quad (A.25)$$

Φ と全く同様に, $|n_1\cdots n_i\cdots\rangle$ もヒルベルト空間内のベクトルと見なされる.このようなベクトルについて,位置の固有ベクトルの完全系 $|x_1\cdots x_n\rangle$ から見た成分 $\langle x_1\cdots x_n|n_1\cdots n_i\cdots\rangle$ を考えると,これは通常の波動関数,

$$\Phi_{n_1\cdots n_i\cdots}(x_1\cdots x_n)$$

に同定される.

n 体 Schrödinger 方程式は, a_k 表示の下で,次のように表される.

$$H\Psi(t) = i\hbar\frac{\partial\Psi(t)}{\partial t}$$
$$\Psi(t) = \sum_{n_1,n_2,\cdots} A(n_1,n_2\cdots,t)|n_1,n_2\cdots\rangle \quad (A.26)$$
$$H = H_1 + V_2 + \cdots + V_\nu + \cdots$$

これが第二量子化形式である.

A.3 フェルミオン系の第二量子化

Fermi 統計に従う粒子系に関しては,生成演算子 c_k^+ と消滅演算子 c_k が用いられるが,これらは式(A.8)において,波動関数を反対称化されたものに置き換えた式によって定義される.これらの演算子は,次のように反交換関係を満たす.

$$\{c_k^+, c_{k'}\} = \delta_{kk'}$$
$$\{c_k, c_{k'}\} = 0 = \{c_k^+, c_{k'}^+\} \quad (A.27)$$

ここで用いた反交換子 $\{\ ,\ \}$ の定義は,

$$\{A,B\} = AB + BA$$

A.3. フェルミオン系の第二量子化

である.反交換関係の採用により,状態 k における占有数は,Fermi統計から要請される通りに,0 もしくは 1 だけに制限される.実際 $c_k c_k \Phi_{n_k} = 0 = (n_k - 1)^{1/2} (n_k)^{1/2} \Phi_{n_k-2}$ である.この制約を念頭に置くと,c_k の定義は次のように表される.

$$c_k \Phi_{\cdots n_k \cdots} = \begin{cases} \Phi_{\cdots n_k-1 \cdots} & (n_k = 1) \\ 0 & (n_k = 0) \end{cases}$$

$$c_k^+ \Phi_{\cdots n_k \cdots} = \begin{cases} \Phi_{\cdots n_k+1 \cdots} & (n_k = 0) \\ 0 & (n_k = 1) \end{cases} \tag{A.28}$$

第二量子化形式のハミルトニアン演算子は,次のように与えられる.

$$H = \sum_{k',k,s} \langle k's|H_1|ks\rangle c_{k's}^+ c_{ks} + \frac{1}{2} \sum_{i,j,k,l,s,s'} \langle ij|V|lk\rangle c_{is}^+ c_{js'}^+ c_{ks'} c_{ls} \tag{A.29}$$

s と s' は粒子のスピンを表す.

波動場は,

$$\psi(x) = \sum_k u_k(x) c_k$$

と定義され,次の反交換関係を満たす.

$$\{\psi(x), \psi^+(x')\} = \delta(x - x')$$
$$\{\psi(x), \psi(x')\} = 0 = \{\psi^+(x), \psi^+(x')\}$$

式(A.29)において,2体相互作用項における行列要素の添字の順序と演算子の順序の対応関係が,消滅演算子は生成演算子と逆になっていることに注意してもらいたい.式(A.24) の ν 体演算子は,次のようになる.

$$V_\nu = \frac{1}{\nu!} \sum_{k'_\nu s'_\nu \cdots k'_1 s'_1 k_\nu s_\nu \cdots k_1 s_1} \langle k'_\nu \cdots k'_1 | V_\nu | k_\nu \cdots k_1 \rangle c_{k'_\nu s'_\nu}^+ \cdots c_{k'_1 s'_1}^+ c_{k_1 s_1} \cdots c_{k_\nu s_\nu}$$
(A.24′)

フェルミオン演算子同士を交換する際には,反交換関係のために符号が変わるので,演算子の順序は任意ではない.式(A.29),式(A.24′),式(A.24),式(A.22)によって,フェルミオン演算子とボゾン演算子の両方について正しい符号が得られる.

ゼロでないスピン値を持つ粒子を扱う場合には,指標 k はスピン変数も含んでおり,座標 x は空間座標変数とスピン変数の両方を表す.x に関する積分は,空間における積分と,スピン変数を変更した和を同時に表すものと見なす.

参考文献と註釈

1. F. London, *Superfluids*, Vol. I, Wiley, New York, 1950.
2. C. J. Gorter and H. G. B. Casimir, *Phys. Z.*, **35**, 963 (1934); *Z. Tech. Phys.*, **15**, 539 (1934).
3. F. London, *Superfluids*, Vol. II, Wiley, New York, 1950.
4. D. Schoenberg, *Superconductivity*, Cambridge, New York, 1952.
5. F. London, *Phys. Rev.*, **74**, 562 (1948).
6. W. Meissner and R. Ochsenfeld, *Naturwiss.*, **21**, 787 (1933).
7. H. Kamerlingh Onnes, *Comm. Phys. Lab. Univ. Leiden*, Nos. 119, 120, 122 (1911).
8. J. Bardeen, L. N. Cooper, and J. R. Schrieffer, *Phys. Rev.*, **106**, 162 (1957); **108**, 1175 (1957).
9. J. Bardeen and J. R. Schrieffer, *Progr. Low Temp. Phys.*, Vol III, North-Holland, Amsterdam, 1961.
10. H. Frohlich, *Phys. Rev.*, **79**, 845 (1950).
11. C. A. Reynolds, B. Serin, W. H. Wright, and L. B. Nesbitt, *Phys. Rev.*, **78**, 487 (1950).
12. E. Maxwell, *Phys. Rev.*, **78**, 477 (1950).
13. J. Bardeen, *Rev. Mod. Phys.*, **23**, 261 (1951).
14. M. R. Schafroth, *Helv. Phys. Acta*, **24**, 645 (1951).
15. A. B. Migdal, *Soviet Phys. JETP*, **1**, 996 (1958).
16. (a) 文献 [1] 参照.
    (b) B. Serin, *Handbuch der Physik*, **15**, 210, Springer, Berlin, 1950.
    (c) J. Bardeen, *Handbuch der Physik*, **15**, 274, Springer, Berlin, 1950.
    (d) M. A. Biondi, A. T. Forrester, M. P. Garfunkel, and C. B. Satterthwaite, *Rev. Mod. Phys.*, **30**, 1109 (1958).
    (e) E. A. Lynton, *Superconductivity*, Methuen, London, 1963.
    (f) M. Tinkham, *Low Temperature Physics*, p.149, Gordon and Breach, New York, 1962.
    (g) D. H. Douglass and L. M. Falicov, *Progr. Low Temp. Phys.*, Vol. IV, C. J. Gorter (ed.), North-Holland, Amsterdam, 1963.

17. A. A. Abrikosov, *J. Exptl. Theoret. Phys. (USSR)*, **32**, 1442 (1957), translated as *Soviet Phys. JETP*, **5**, 1174 (1957).

18. (a) M. Tinkham, *Phys. Rev.*, **129**, 2413 (1963).

    (b) P. W. Anderson, *Proc. Ravello Spring School*, 1963.

19. N. Byers and C. N. Yang, *Phys. Rev. Letters*, **7**, 46 (1961).

20. (a) B. D. Deaver, Jr. and W. M. Fairbank, *Phys. Rev. Letters*, **7**, 43 (1961).

    (b) R. Doll and M. Näbauer, *Phys. Rev. Letters*, **7**, 51 (1961).

21. W. H. Keesom and J. H. van den Ende, *Commun. Phys. Lab. Univ. Leiden*, No. 2196 (1932); W. H. Keesom and J. A. Kok, *Physica*, **1**, 175 (1934).

22. D. Mapother, 私信.

23. T. H. Geballe, B. T. Matthias, G. W. Hull, Jr., and E. Corenzwit, *Phys. Rev. Lett.* **6**, 275 (1961); T. H. Geballe and B. T. Matthias, *IBM J. Res. Develop.*, **6**, 256 (1962).

24. J. W. Garland, *Phys. Rev. Letters*, **11**, 111, 114 (1963).

25. R. E. Glover, III, and M. Tinkham, *Phys. Rev.*, **108**, 243 (1957); M. A. Biondi and M. Garfunkel, *Phys. Rev.*, **116**, 853 (1959).

26. I. Giaever, *Phys. Rev. Letters*, **5**, 147, 464 (1960).

27. (a) R. W. Morse, *Progr. Cryog.*, Vol I, p. 220, K. Mendelssohn (ed.), Heywood, London, 1959.

    (b) B. T. Geilikman and V. Z. Kresin, *J. Exptl. Theoret. Phys. (USSR)*, **41**, 1142 (1961), translated in *Soviet Phys. JETP*, **14**, 816 (1961).

    (c) V. L. Pokrovskii, *J. Exptl. Theoret. Phys. (USSR)*, **40**, 143 (1961), translated in *Soviet Phys. JETP*, **13**, 100 (1961).

28. L. C. Hebel and C. P. Slichter, *Phys. Rev.*, **113**, 1504 (1959); L. C. Hebel, *Phys. Rev.* **116**, 79 (1959).

29. A. G. Redfield, *Phys. Rev. Letters*, **3**, 85 (1959); A. G. Redfield and A. G. Anderson, *Phys. Rev.*, **116**, 583 (1959).

30. J. Bardeen, G. Rickayzen, and L. Tewordt, *Phys. Rev.*, **113**, 982 (1959).

31. F. London and H. London, *Proc. Roy. Soc. (London)*, **A 149**, 71 (1935); *Physica*, **2**, 341 (1935).

32. L. Onsager, *Phys. Rev. Letters*, **7**, 50 (1961).

33. A. B. Pippard, *Proc. Roy. Soc. (London)*, **A 216**, 547 (1953).

34. R. G. Chambers, *Proc. Roy. Soc. (London)*, **A 65**, 458 (1952).

35. R. A. Ferrell and R. E. Glover, III, *Phys. Rev.* **109**, 1398 (1958); M. Tinkham and R. A. Ferrell, *Phys. Rev. Letters*, **2**, 331 (1959).

36. V. L. Ginsburg and L. D. Landau, *J. Exptl. Theoret. Phys. (USSR)*, **20**, 1064 (1950).

37. L. P. Gor'kov, *J. Exptl. Theoret. Phys. (USSR)*, **36**, 1918 (1959), translated in *Soviet Phys. JETP*, **9**, 1364 (1959).

38. (a) N. R. Werthamer, *Phys. Rev.*, **132**, 663 (1963).

    (b) L. Tewordt, *Phys. Rev.*, **132**, 595 (1963).

参考文献と註釈　　　　　　　　　　■251■

39. C. N. Yang, *Rev. Mod. Phys.*, **34**, 694 (1962).
40. P. W. Anderson, *Phys. Chem. Solids*, **11**, 26 (1959).
41. L. N. Cooper, *Phys. Rev.*, **104**, 1189 (1956).
42. M. R. Schafroth, J. M. Blatt, and S. T. Butler, *Helv. Phys. Acta*, **30**, 93 (1957). Bardeen, Cooper, and Schrieffer の仕事の後で, 松原 (Matsubara) と Blatt は, SBB の取扱いを改善することを試みた. しかしこのような定式化は複雑で, 計算を実行して結果を BCS のそれと比較することはできず, BCSのギャップ方程式に対応するような単純な方程式も, 準粒子スペクトルも得られなかった. T. Matsubara and J. M. Blatt, *Progr. Theoret. Phys. (Kyoto)*, **23**, 451 (1960) を参照. このアプローチは, 後から対形成理論の結果が得られるように拡張された. J. M. Blatt, *Progr. Theoret. Phys. (Kyoto)*, **27**, 1137 (1963) や, M. Baranger, *Phys. Rev.*, **130**, 1244 (1963) も参照されたい.
43. M. R. Schafroth, *Phys. Rev.*, **111**, 72 (1958).
44. D. Pines, *The Many-Body Problem*, Benjamin, New York, 1962.
45. L. D. Landau, *J. Exptl. Theoret. Phys. (USSR)*, **30**, 1058 (1956).
46. J. M. Luttinger and P. Nozières, *Phys. Rev.*, **127**, 1423, 1431 (1962).
47. Anderson は交換関係(2.21)と虚構的 (fictitious) な Pauli スピン演算子 S_k の組合せの交換関係に見出される形式的な類似性を利用した. 両者の関係は,

$$2S_{zk} = 1 - (n_{k\uparrow} + n_{-k\downarrow})$$
$$S_{xk} + iS_{yk} = b_k^+$$
$$S_{xk} - iS_{yk} = b_k$$

である. 彼はこの虚構的なスピン系を半古典的に扱うことにより, BCS理論の結果を再現した. P. W. Anderson, *Phys. Rev.*, **110**, 827 (1958); **112**, 1900 (1958) を参照.
48. S. Tomonaga, *Progr. Theoret. Phys. (Kyoto)*, **2**, 6 (1947).
49. (a) T. D. Lee, F. Low, and D. Pines, *Phys. Rev.*, **90**, 297 (1953).
    (b) T. D. Lee and D. Pines, *Phys. Rev.*, **92**, 883 (1953).
50. L. P. Kadanoff and P. C. Martin, *Phys. Rev.*, **124**, 670 (1961).
51. (a) J. M. Blatt, *Progr. Theoret. Phys. (Kyoto)*, **27**, 1137 (1962); *Proc. Superconductivity Conference*, Cambridge 1959, 未出版; *Theory of Superconductivity*, Academic, New York, 1964.
    (b) M. Baranger, *Phys. Rev.*, **130**, 1244 (1963).
    (c) F. Bloch and H. E. Rorschach, *Phys. Rev.*, **128**, 1697 (1962).
52. N. N. Bogoliubov, *Nuovo Cimento*, **7**, 6, 794 (1958); N. N. Bogoliubov, V. V. Tolmachev, and D. V. Shirkov, *A New Method in the Theory of Superconductivity*, Consultants Bureau, New York, 1959 も参照.
53. J. Valatin, *Nuovo Cimento*, **7**, 843 (1958).
54. (a) N. N. Bogoliubov, *Physica, Suppl.*, **26**, 1 (1960).
    (b) J. Bardeen and G. Rickayzen, *Phys. Rev.*, **118**, 936 (1960).
    (c) B. Mühlschlegel, *J. Math. Phys.*, **3**, 522 (1962).
    (d) D. C. Mattis and E. Leib, *J. Math. Phys.*, **2**, 602 (1961).
    (e) R. Haag, 私信.

55. J. Valatin, 私信, 1957.
56. 演算子 R はトンネル電流の計算において特に有用である. J. Bardeen, *Phys. Rev. Letters*, **9**, 147 (1962); B. D. Josephson, *Phys. Letters*, **1**, 251 (1962).
57. (a) H. Suhl, *Bull. Am. Phys. Soc.*, **6**, 119 (1961).
    (b) Y. Wada, *Rev. Mod. Phys.*, **36**, 253 (1964).
58. P. W. Anderson, *Phys. Rev.*, **112**, 1900 (1958).
59. (a) J. C. Fisher, 私信, 1959.
    (b) K. A. Brueckner, T. Soda, P. W. Anderson, and P. Morel, *Phys. Rev.*, **118**, 1442 (1990).
    (c) R. Balian and N. R. Werthamer, *Phys. Rev.*, **131**, 1553 (1963).
60. B. Bayman, *Nucl. Phys.*, **15**, 33 (1960).
61. B. R. Mattelson, *The N-Body Problem*, Wiley, New York, 1959.
62. ここでの有限温度の計算において採用した観点は, J. Bardeen に依る.
63. L. I. Schiff, *Quantum Mechanics*, Chap. 8, McGraw-Hill, New York, 1949. 原書第3版 (1968年) の訳：シッフ著, 井上健訳『量子力学』新版 (上/下) 吉岡書店 (1985/1983).
64. ここでの議論に ϵ_p と $\epsilon_{p'}$ の制約が影響しないためには, $|q_0|\xi_0 \gg 1$ という条件が満たされなければならない. $|q_0|\xi_0 \ll 1$ であれば $\epsilon_p \epsilon_{p'} \to \epsilon_p^2$ となり, 平均化によってゼロにはならない. この場合コヒーレンス因子の平均は $|q_0|\xi_0 \gg 1$ の場合に比べて2倍になる. しかし小さな q_0 に関しては状態の半分だけしか和に寄与しないので, どちらの場合でも結果的に α の式は同じになる.
65. (a) 文献 [9] を参照.
    (b) D. H. Douglass and L. M. Falicov, *Progr. Low Temp. Phys.*, Vol. IV, C. J. Gorter (ed.), North-Holland, Amsterdam (出版予定).
    (c) J. Bardeen, *Rev. Mod. Phys.*, **34**, 667 (1962).
    (d) M. Tinkham, *Phys. Rev.*, **129**, 2413 (1963).
    (e) B. T. Matthias, T. H. Geballe, V. B. Compton, *Rev. Mod. Phys.*, **35**, 1 (1963).
    (f) E. A. Lynton, *Superconductivity*, Methuen, London, 1963.
66. S. B. Chandrasekhar and J. A. Rayne, *Phys. Rev.*, **124**, 1011 (1961). Anderson は音波速度の相対的なずれを $(m/M) \simeq 10^{-5}$ のオーダーと見積もったが, これは Chandrasekhar and Rayne の結果と整合している (*Phys. Rev.*, **112**, 1900 (1958)). 一方 Ferrell (*Phys. Rev. Letters*, **6**, 541 (1961)) は, $q\xi_0 > 1$ において, フォノン振動数のずれとして $\delta\omega_q/\omega_q \sim 0.1$ を主張した. Markowitz (私信) や Toxin and Liu (私信) の詳しい計算によると, ずれは全振動数領域において1％未満である. R. E. Prange, *Phys. Rev.*, **129**, 2495 (1963) を参照.
67. A. B. Pippard, *Phil. Mag.*, **46**, 1104 (1955); *Low Temperature Physics*, Gordon and Breach, New York, 1962; J. R. Liebowitz, *Bull. Am. Phys. Soc.*, Ser. II, **9**, 267 (1964).
68. C. P. Slichter, *Principles of Magnetic Resonance*, Harper, Yew York, 1963.
69. (a) D. C. Mattis and J. Bardeen, *Phys. Rev.*, **111**, 412 (1958).
    (b) A. A. Abrikosov and L. P. Gor'kov, *Soviet Phys. JETP*, **35**, 1558 (1958), translated in **8**, 1090 (1959); **36**, 319 (1959), translated in **9**, 220 (1959).

(c) G. Rickayzen, in C. Fronsdal (ed.), *The Many-Body Problem*, Benjamin, New York, 1961.

70. P. B. Miller, *Phys. Rev.*, **113**, 1209 (1959).

71. D. M. Ginsberg and M. Tinkham, *Phys. Rev.*, **118**, 990 (1960); D. M. Ginsberg, P. L. Richards, and M. Tinkham, *Phys. Rev. Letters*, **3**, 337 (1959).

72. P. L. Richards and M. Tinkham, *Phys. Rev.*, **119**, 575 (1960).

73. D. M. Ginsberg and J. D. Leslie, *Rev. Mod. Phys.*, **36**, 198 (1964); J. Bardeen, *Rev. Mod. Phys.*, **36**, 198 (1964); D. J. Scalapino, J. R. Schrieffer, and J. W. Wilkins (出版予定).

74. J. Bardeen, *Phys. Rev. Letters*, **6**, 57 (1961); **9**, 147 (1962).

75. M. H. Cohen, L. M. Falicov, and J. C. Phillips, *Phys. Rev. Letters*, **8**, 316 (1962).

76. R. E. Prange, *Phys. Rev.*, **131**, 1083 (1963).

77. W. A. Harrison, *Phys. Rev.*, **123**, 85 (1961).

78. (a) J. R. Schrieffer, D. J. Scalapino, and J. W. Wilkins, *Phys. Rev. Letters*, **10**, 336 (1963).

    (b) *Phys. Rev.* (出版予定).

79. (a) J. W. Wilkins, Ph. D. thesis, University of Illinois, 1963.

    (b) J. R. Schrieffer, *Rev. Mod. Phys.*, **36**, 200 (1964).

    (c) J. R. Schrieffer, in T. Bak (ed.), *Phonons and Phonon Interactions*, Benjamin, New York, 1964.

80. E. Burstein, D. N. Langenberg, and B. N. Taylor, *Phys. Rev. Letters*, **6**, 92 (1961); *Advances in Quantum Electronics*, J. R. Singer (ed.), Columbia Univ. Press, New York, 1961.

81. B. N. Taylor and E. Burstein, *Phys. Rev. Letters*, **10**, 14 (1963).

82. J. R. Schrieffer and J. W. Wilkins, *Phys. Rev. Letters*, **10**, 17 (1963).

83. B. D. Josephson, *Phys. Rev. Letters*, **1**, 251 (1962).

84. P. W. Anderson, *Proc. Ravello Spring School*, 1963; R. A. Ferrell and R. E. Prange, *Phys. Rev. Letters*, **10**, 479 (1963); V. Ambegaokar and A. Baratoff, *Phys. Rev. Letters*, **10**, 486 (1963).

85. P. W. Anderson and J. M Rowell, *Phys. Rev. Letters*, **10**, 230 (1963).

86. (a) J. M. Rowell, *Phys. Rev. Letters*, **11**, 200 (1963); *Rev. Mod. Phys.*, **36**, 199 (1964).

    (b) B. D. Josephson, Thesis, Cambridge University, 1962; *Phys. Rev. Letters*, **1**, 251 (1962); *Rev. Mod. Phys.*, **36**, 216 (1964).

    (c) S. Shapiro et al., *Rev. Mod. Phys.*, **36**, 223 (1964).

87. I. Giaever, H. R. Hart, and K. Megerle, *Phys. Rev.*, **126**, 941 (1962).

88. J. M. Rowell, P. W. Anderson, and D. E. Thomas, *Phys. Rev. Letters*, **10**, 334 (1963).

89. R. A. Ferrell, *Phys. Rev. Letters*, **3**, 262 (1959).

90. P. W. Anderson, *Phys. Rev. Letters*, **3**, 325 (1959).

91. (a) D. J. Thouless, *The Quantum Mechanics of Many-Body Systems*, Academic, New York, 1961.
    サウレス著, 松原武生訳『多体系の量子力学』新版 吉岡書店 (1975).

    (b) D. Pines, *The Many-Body Problem*, Benjamin, New York, 1962.

    (c) L. P. Kadanoff and G. Baym, *Quantum Statistical Mechanics*, Benjamin, New York, 1962.

    (d) P. Nozières, *Le problem du N corpes*, Dunod, Paris, 1963, translated as *The Theory of Interacting Fermi Systems*, Benjamin, New York, 1963.

    (e) T. D. Schultz, *Quantum Field Theory and the Many-Body Problem*, Gordon and Breach, New York, 1963.

    (f) V. L. Bonch-Bruevitch and S. V. Tyablikov, *Method Funcii Grina Statisticeskei Mexanike*, Moscow, 1960, translated by D. Ter Haar, North-Holland, Amsterdam, 1962.

    (g) A. A. Abrikosov, L. P. Gor'kov, and I. E. Dzyaloshinskii, *Methods of Quantum Field Theory in Statistical Mechanics*, Prentice-Hall, Englewood Cliffs, N. J., 1963.
    アブリコソフ, ゴリコフ, ジャロシンスキー著, 松原武生他訳『統計物理学における場の量子論の方法』東京図書 (1970).

    (h) *1962 Cargèse Lectures in Theoretical Physics*, M. Lévy (ed.), Benjamin, New York, 1962.

    (i) *The Many-Body Problem*, C. Fronsdal (ed.), Benjamin, New York, 1962.

    (j) *The Many-Body Problem* (Les Houches Notes), Dunod, Paris, 1959.

92. R. E. Peierls, *Quantum Theory of Solids*, Clarendon Press, Oxford, 1956.
    パイエルス著, 碓井恒丸他訳『固体の量子論』吉岡書店 (1957).

93. J. Bardeen and D. Pines, *Phys. Rev.*, **99**, 1140 (1953).

94. J. Wilkins, Ph. D. thesis, University of Illinois, 1963.

95. F. Bassani, J. Robinson, B. Goodman, and J. R. Schrieffer, *Phys. Rev.*, **127**, 1969 (1962).

96. J. M. Ziman, *Electrons and Phonons*, Clarendon Press, Oxford, 1960; *The Fermi Surface*, W. A. Harrison and M. B. Webb (eds.), Wiley, New York, 1960.

97. L. J. Sham, *Proc. Phys. Soc. (London)*, **78**, 895 (1961).

98. W. A. Harrison, *Phys. Rev.*, **129**, 2503 (1963); **129**, 2512 (1963); **131**, 2433 (1963).

99. (a) J. Schwinger, *Proc. Natl. Acad. Sci. (U.S.)*, **37**, 452 (1951).

    (b) P. C. Martin and J. Schwinger, *Phys. Rev.*, **115**, 1342 (1959).

100. V. M. Galitskii and A. B. Migdal, *Soviet Phys. JETP*, **7**, 96 (1958).

101. (a) L. P. Kadanoff and P. C. Martin, *Phys. Rev.*, **124**, 670, (1961).

    (b) L. P. Kadanoff, *Proc. Ravello Spring School*, 1963. この不安定性の時間依存の形は, 1957-1958年頃に, Goldstone, Anderson, Bogoliubov などの多くの研究者によって見出された.

102. (a) R. P. Feynman, *Phys. Rev.*, **76**, 769 (1949).

(b) S. Tomonaga, *Progr. Theoret. Phys. (Kyoto)*, **1**, 27 (1946).

(c) F. J. Dyson, *Phys. Rev.*, **75**, 486 (1949).

103. (a) J. Hubbard, *Proc. Roy. Soc. (London)*, **A 240**, 539 (1957).

(b) N. N. Bogoliubov and D. V. Shirkov, *Introduction to the Theory of Quantized Fields*, Wiley-Interscience, New York, 1959.

104. L. I. Schiff, *Quantum Mechanics*, McGraw-Hill, New York, 1949.
原書第3版 (1968年) の訳：シッフ著，井上健訳『量子力学』新版（上/下）吉岡書店 (1985/1983).

105. D. Bohm and D. Pines, *Phys. Rev.*, **92**, 609 (1953).

106. M. Gell-Mann and K. Brueckner, *Phys. Rev.*, **106**, 364 (1957).

107. P. Nozières and D. Pines, *Phys. Rev.*, **111**, 442 (1958).

108. J. Lindhard, *Kgl. Danske Videnskab, Selskab. Mat. Fys. Medd.*, **28**, 8 (1954).

109. (a) J. S. Langer and S. H. Vosko, *Phys. Chem. Solids*, **12**, 196 (1959).

(b) W. Kohn and S. H. Vosko, *Phys. Rev.*, **119**, 912 (1960).

(c) J. Friedel, *Phil. Mag.*, **43**, 153 (1952); *Nuovo Cimento Suppl.*, **2**, 287 (1958).

110. T. J. Rowland, *Phys. Rev.*, **125**, 459 (1962).

111. R. P. Feynman and M. Cohen, *Phys. Rev.*, **102**, 1189 (1956).

112. D. Pines and J. R. Schrieffer, *Nuovo Cimento*, **10**, 496 (1958).

113. G. Rickayzen, *Phys. Rev.*, **115**, 765 (1959).

114. Y. Nambu, *Phys. Rev.*, **117**, 648 (1960).

115. J. J. Quinn and R. A. Ferrell, *Phys. Rev.*, **112**, 812 (1958).

116. M. Gell-Mann, *Phys. Rev.*, **106**, 359 (1957).

117. P. Nozières and D. Pines, *Phys. Rev.*, **111**, 442 (1958).

118. S. D. Silverstein, *Phys. Rev.*, **128**, 631 (1962).

119. T. Staver, Ph.D. thesis, Princeton University, 1952 (未出版).

120. S. Engelsberg and J. R. Schrieffer, *Phys. Rev.*, **131**, 993 (1963).

121. L. P. Gor'kov, *J. Exptl. Theoret. Phys. (USSR)*, **34**, 735 (1958), translated in *Soviet Phys. JETP*, **7**, 505 (1958).

122. G. M. Eliashberg, *J. Exptl. Theoret. Phys. (USSR)*, **38**, 966 (1960), translated in *Soviet Phys. JETP*, **11**, 696 (1960).

123. 文献 [78b] 参照.

124. P. Morel and P. W. Anderson, *Phys. Rev.*, **125**, 1263 (1962).

125. J. C. Swihart, *IBM J. Res. Develop.*, **6**, 14 (1962).

126. G. J. Culler, B. D. Fried, R. W. Huff, and J. R. Schrieffer, *Phys. Rev. Letters*, **8**, 399 (1962).

127. (a) D. J. Scalapino and P. W. Anderson, *Phys. Rev.*, **133**, A 291 (1964).

(b) D. J. Scalapino, *Rev. Mod. Phys.*, **36**, 205 (1964).

128. A. A. Abrikosov, L. P. Gor'kov, and I. E. Dzyaloshinskii, *Soviet Phys. JETP*, **9**, 636 (1959).

129. D. M. Ginsberg and M. Tinkham, *Phys. Rev.*, **118**, 990 (1960).
130. (a) P. B. Miller, *Phys. Rev.*, **118**, 928 (1960).
    (b) D. M. Ginsberg and J. D. Leslie, *Rev. Mod. Phys.*, **36**, 198 (1964).
    (c) K. Maké and T. Tsuneto, *Progr. Theoret. Phys. (Kyoto)*, **28**, 163 (1962).
131. J. Bardeen, *Nuovo Cimento*, **5**, 1766 (1957).
132. G. Rickayzen, *Phys. Rev.*, **115**, 795 (1959).
133. G. Baym and L. P. Kadanoff, *Phys. Rev.*, **124**, 287 (1961).
134. D. Pines and J. R. Schrieffer, *Nuovo Cimento*, **10**, 496 (1958).
135. R. P. Feynman and M. Cohen, *Phys. Rev.*, **102**, 1189 (1956).
136. (a) L. P. Kadanoff and V. Ambegaokar, *Nuovo Cimento*, **22**, 914 (1961).
    (b) V. Ambegaokar and L. P. Kadanoff, *The Many-Body Problem*, C. Fronsdal (ed.), Benjamin, New York, 1962.
    (c) J. C. Ward, *Phys. Rev.*, **78**, 182 (1950).
137. Z. Koba, *Progr. Theoret. Phys. (Kyoto)*, **6**, 322 (1951).
138. T. Tsuneto, *Phys. Rev.*, **118**, 1029 (1960).
139. A. Bardasis and J. R. Schrieffer, *Phys. Rev.*, **121**, 1050 (1961).
140. Deaver and Fairbank や Doll and Näbauer の実験の後に, Little and Parks は超伝導体の円筒試料を用いて, 転移温度が円筒を貫通する磁束 ϕ に対して周期的に変化するという美しい実験結果を得た. 彼らの結果は超伝導磁束量子の単位が $hc/2e$ であることを確実にした. W. A. Little and R. D. Parks, *Phys. Rev. Letters*, **9**, 9 (1962); W. A. Little, *Rev. Mod. Phys.*, **36**, 264 (1964).
141. A. Bohr and B. R. Mottelson, *Phys. Rev.*, **125**, 495 (1962).
142. W. D. Knight, *Solid State Physics*, Vol. 2, Seitz and Turnbull (eds.), Academic, New York, 1956.
143. F. Reif, *Phys. Rev.*, **106**, 208 (1957).
144. G. M. Androes and W. D. Knight, *Phys. Rev. Letters*, **2**, 386 (1959).
145. R. A. Ferrell, *Phys. Rev. Letters*, **3**, 362 (1959).
146. P. W. Anderson, *Phys. Rev. Letters*, **3**, 325 (1959).
147. R. J. Noer and W. D. Knight, *Rev. Mod. Phys.*, **36**, 177 (1964).
148. V. Heine and A. B. Pippard, *Phil. Mag.*, **3**, 1046 (1958).
149. J. R. Schrieffer, *Phys. Rev. Letters*, **3**, 323 (1959). 文献 [9] の p.262 も参照. Blatt は類似の議論を進展させた. J. M. Blatt, *Proc. Superconductivity Conference*, Cambridge, 1959, 未出版.
150. L. N. Cooper, *Phys. Rev. Letters*, **8**, 367 (1962); B. B. Schwartz and L. N. Cooper, *Rev. Mod. Phys.*, **36**, 280 (1964).
151. A. M. Clogston, A. C. Gossard, V. Jaccarino, and Y. Yafet, *Phys. Rev. Letters*, **9**, 262, (1962).
152. R. Kubo and Y. Obata, *J. Phys. Soc. Japan*, **11**, 547 (1956).
153. V. L. Ginsburg, *J. Exptl. Theoret. Phys. (USSR)*, **29**, 748 (1955), translated in *Soviet Phys. JETP*, **2**, 589 (1956).

154. 文献 [38a] 参照.
155. 文献 [38b] 参照.
156. P. W. Anderson, *Proc. Ravello Spring School*, 1963.
157. (a) T. Kinsel et al., *Rev. Mod. Phys.*, **36**, 105 (1964).
    (b) L. Dubeck et al., *Rev. Mod. Phys.*, **36**, 110 (1964).
158. (a) T. G. Berlincourt, *Rev. Mod. Phys.*, **36**, 19 (1964).
    (b) P. W. Anderson and Y. B. Kim, *Rev. Mod. Phys.*, **36**, 39 (1964).
159. G. Chanin, E. A. Lynton, and B. Serin, *Phys. Rev.*, **114**, 719 (1959).
160. (a) B. T. Matthias et al., *Rev. Mod. Phys.*, **36**, 155 (1964).
    (b) B. T. Matthias, T. H. Geballe, and V. B. Compton, *Rev. Mod. Phys.*, **35**, 1 (1963).
161. (a) T. Tsuneto, *Progr. Theoret. Phys. (Kyoto)*, **28**, 857 (1962).
    (b) P. G. de Gennes et al., *Phys. Condensed Matter*, **1**, 176 (1963).
    (c) D. Markowitz and L. P. Kadanoff, *Phys. Rev.* **131**, 563 (1963).
    (d) L. Gruenberg (出版予定).
162. H. Suhl and B. T. Matthias, *Phys. Rev.*, **114**, 977 (1959).
163. W. Baltenspenger, *Rev. Mod. Phys.*, **36**, 157 (1964).
164. J. Bardeen, *Rev. Mod. Phys.*, **34**, 667 (1962); D. H. Douglass, *Rev. Mod. Phys.*, **36**, 316 (1964).
165. P. G. de Gennes, *Rev. Mod. Phys.*, **36**, 225 (1964).
166. A. Bohr, B. R. Mottelson, and D. Pines, *Phys. Rev.*, **110**, 936 (1958).
167. (a) A. Bohr and B. R. Mottelson (書籍出版予定).
    (b) M. Baranger, *Cargèse Lectures 1962 in Theoretical Physics*, M. Lévy (ed.), Benjamin, New York, 1963.
168. Y. Nambu and G. Jona-Lasinio, *Phys. Rev.*, **122**, 345 (1961); **124**, 246 (1961).
169. J. C. Fisher, *Phys. Rev.*, **129**, 1414 (1963).
170. K. A. Brueckner, T. Soda, P. W. Anderson, and P. Morel, *Phys. Rev.*, **118**, 1442 (1960).
171. W. A. Little, *Rev. Mod. Phys.*, **36**, 264 (1964).
172. (a) A. A. Abrikosov and L. P. Gor'kov, *J. Exptl. Theoret. Phys. (USSR)*, **39**, 1781 (1960), translated in *Soviet Phys. JETP*, **12**, 1243 (1961).
    (b) F. Reif and M. A. Woolf, *Phys. Rev. Letters*, **9**, 315 (1962).
    (c) J. C. Phillips, *Phys. Rev. Letters*, **10**, 96 (1963).
    (d) H. Suhl and D. R. Fredkin, *Phys. Rev. Letters*, **10**, 131, 268 (1963).

訳者あとがき

　超伝導の理論は，現代の物理学史においてユニークな位置を占めている．超伝導現象の発見から，金属超伝導の微視的な基礎理論である BCS 理論が発表されるまで半世紀以上の年月を要しており，まずはそれ自体が 20 世紀の量子物理学におけるひとつの頂点と見なされる．狭義の BCS 理論は一見アクロバティックで恣意的にも見えるが，複雑な問題の本質的な部分を巧妙に抽出して解釈を与えることに成功しており，このような成功例は多体量子問題におけるモデル構築の方法論という側面において多くの示唆を含んでいると言える．

　しかし超伝導理論の成功の意義は，凝縮系物理の枠内だけに留まらない．超伝導理論が内包していた"自発的な対称性の破れ"の概念は，南部陽一郎などによって素粒子論にも持ち込まれて広汎な概念として再認識され，宇宙における"真空"の意味を変革することにも結びついた．素粒子論のような立場からは，ともすれば"応用"の分野に見られがちでもある凝縮系の理論から，基礎理論においても不可欠となるような概念が創出されたことは特筆されるべきであろう．原著者 J. R. シュリーファーも単なる固体理論の専門家ということではなく，素粒子や原子核も含めた理論物理学全般への関心に基づいた普遍的な方法論への志向を持っていることは，改訂版の序文や本文の特に後半の記述から明確に見て取ることができる．

　本書では第3章までに BCS 理論の解説を与えてあり，もちろん理論の提唱者ならではの見識 (BCS 波動関数の着想の背景に，朝永振一郎の中間結合理論があったことなど) も示されていて含蓄が深く興味深い．しかしむしろ第4章以降は狭義の BCS 理論から離れて金属電子系に対する場の量子論の技法を新たに展開し，普遍的な理論的枠組みに基づいて，改めて強結合を含めた超伝導現象の意味を明らかにしている．多体問題に対する場の量子論の技法を説いた定番の教科書には Abrikosov らのものや Fetter & Walecka などがあるが，これらの書籍は具体論のための前提となるいささか迂遠な定式的議論の記述が多く，初学者が具体的な考え方を呑み込むに至るまでに，かなりの労力を強いられるようになっている．本書では冗長になりがちな形式的

議論にはこだわらず，むしろ具体的な応用に概念的に直結するような解説がなされていて，定番の教科書よりも物理的な含意に馴染みやすいのではないかと思う．Green関数やDyson方程式，南部形式の導入もそうであるが，特に最後の章においてWard-高橋の恒等式を用いて近似モデルのゲージ不変性を回復し，そこから集団運動モードを導くといった論法などには，分野の枠を超えて興味を感じる人も多いのではないだろうか．本書は単に超伝導に関心を持つ人だけのための専門書ということでなく，理論物理に関心を持つ広範囲の人々にとって，いろいろな意味において教訓を含み，かつ読みやすい教育的な本であると訳者は考えている．

　今回も訳書の出版にあたり，水越真一氏，戸辺幸美氏ほか，丸善プラネット株式会社の関係者各位に世話になった．御礼を申し上げたい．

2010年8月
茨城県ひたちなか市にて

樺沢　宇紀

索 引

<あ行>
Abrikosovの渦糸, 19
イオン-プラズマ振動数, 86
ヴァーテックス(結節部分)関数, 145
　　　　電磁的な—, 211
　　　　電子-フォノン系の—, 145, 154
van Hove特異点, 179
Ward-高橋の恒等式, 211
渦糸, 19
運動方程式の線形化, 45
永久電流, 191, 224
SBB (Schafroth-Blatt-Butler) 理論, 28
エネルギーギャップ, 5, 6, 21, 37
　　　　—と臨界温度の比, 51
　　　　—に対する不純物の影響, 80
Eliashbergの積分法, 170
Eliashberg方程式, 175
温度Green関数, 182
音波減衰(吸収), 6, 58, 62, 71

<か行>
核スピン緩和 (核磁気緩和), 6, 64
簡約ハミルトニアン, 32, 34
軌道常磁性, 228
気泡(バブル)型グラフ, 127
擬ポテンシャル, 173
既約な分極部分, 128
ギャップ方程式, 37, 50
　　　　有限温度の—, 50
ギャップレス超伝導, 80, 190, 200
強結合／弱結合, 4, 37
凝縮エネルギー, 37
Ginsburg-Landau理論, 16, 229
Cooper問題, 24
Green関数(伝播関数), 97

　　　　—の解析的な性質, 106
　　　　—のスペクトル表示, 103
　　　　—の摂動計算規則, 117
　　　　—の物理的な解釈, 107
　　　　—の分散関係, 106
　　　　温度—, 182
　　　　自由Fermi気体における(裸の)—, 100, 102, 117
　　　　南部形式の(超伝導状態を表す)—, 163
　　　　2粒子—, 102
　　　　フォノンの—, 114, 116
　　　　有限温度の電子-フォノン系における電子の—, 186
ゲージ不変性, 11, 194, 207
　　　　—と局所的な電荷保存, 209
　　　　電磁応答核の—, 218
結節部分(ヴァーテックス)関数, 145
　　　　電磁的な—, 211
　　　　電子-フォノン系の—, 145, 154
原子核の対形成理論, 236
現象論的な理論, 7
減衰効果 [準粒子], 23, 179
Gorter-Casimirの二流体モデル, 7
コヒーレンス因子, 59, 65, 69
　　　　—の物理的な起源, 69
コヒーレンス距離, 15, 30
　　　　実効的な—, 15
　　　　微視的パラメーターと—, 39, 205
コヒーレンス効果, 6, 59
固有演算子, 46
Gor'kov理論, 229

<さ行>
ジェリウムモデル, 93

時間順序化積(T積), 98
時間反転不変性 [不純物散乱], 80
自己エネルギー, 120
　　　常伝導金属における電子の―, 139, 140
　　　電子の(既約な)―, 120
　　　フォノンの―, 137
　　　有限温度の電子-フォノン系における電子
　　　　の―, 184, 186
磁性不純物, 80, 235
磁束の量子化, 4, 12, 222
磁場浸入深さ, 9, 10
弱結合／強結合, 4, 37
遮蔽, 127
　　　―波数, 129
　　　過剰―, 141
　　　反―, 141
自由エネルギー, 51
修正された反平行スピン対形成, 227
集団運動モード, 23, 207
　　　Bogoliubov-Andersonの―, 222
　　　Bogoliubovの―, 219
集団的磁化 [Knightシフト], 227
Schrödinger描像, 95
準粒子, 36, 43
　　　―近似(の妥当性), 113, 147, 179
　　　―のエネルギー, 36
　　　―のエネルギーと減衰率, 109, 121
　　　―の演算子, 43
　　　―の励起, 40
　　　Bogoliubov-Valatinの―, 43
　　　Landau理論の―, 31
常磁性電流, 192
状態対応の法則, 83
常伝導相の不安定性, 28, 153
常流体, 1, 202
Josephson効果, 72, 78
真空ゆらぎ, 123
Schafroth-Blatt-Butler(SBB)理論, 28
スピン-軌道相互作用, 90, 227
スペクトル加重関数, 74, 104
　　　―の解釈, 110
　　　超伝導(BCS近似)における―, 113, 167
　　　フォノンの―, 115
相互作用描像, 96

<た行>
第I種／第II種超伝導体, 3, 235
Dyson方程式, 120, 138
　　　南部形式における―, 167
第二量子化, 239
　　　フェルミオン系の―, 246
　　　ボゾン系の―, 240
ダイヤグラム規則, 117, 125
遅延効果 [相互作用], 75, 141, 168
超流体, 1, 202
対(つい)形成近似(BCS近似), 22, 32
対(つい)条件, 21
対(つい)相関, 22
対(つい)-対(つい)相関, 2, 22
対(つい)粒子(ペアロン)の演算子, 34
T積(時間順序化積), 98
Debyeエネルギー, 37
電子-イオン系, 83
電磁応答核, 194
　　　ゲージ不変な―, 218
電磁的性質 $(q, \omega > 0)$, 203
電磁波の吸収, 67, 71
　　　予兆的な―, 69, 207
電子比熱, 52
電子-フォノン(イオン)系, 94
電子-フォノン(イオン)相互作用, 58, 90
　　　遮蔽された―, 139
電流輸送状態, 54
同位体効果, 2, 5, 179
導電率, 67
トンネル, 6, 72
　　　―状態密度, 74, 177
　　　―ハミルトニアン, 73
　　　Josephson―, 72, 78
　　　2粒子―, 79

<な行>
Knightシフト, 225
南部(-Gor'kov)形式, 157
　　　―の場とハミルトニアン, 162, 163
二流体モデル, 7, 23, 202

<は行>
Hartree-Fock(HF)近似, 119, 158, 160
　　　一般化された―, 161, 166

Heisenberg描像, 95
Pauli行列, 162
裸の電子, 88
　　— とLandauの準粒子, 31
バックフロー(背景流動), 134, 210
反磁性電流, 192
BCS近似(対形成近似), 22, 32
BCS波動関数, 35
BCS理論, 2, 33
非磁性不純物, 80, 235
Pippardの理論, 14
Fourier変換, 98, 99
Fermi液体, 30
Fermi統計, 240
フォノン, 85
　　衣をまとった —, 138
　　ジェリウムモデルの(縦波の) —, 93
　　縦波／横波 —, 63, 86, 176
　　裸の —, 85
プラズマ振動数, 131
　　イオン・—, 86
ペアロン(対粒子)の演算子, 34
平行スピン対の形成, 226
Bose気体, 53
Bose統計, 240
Bogoliubov-Valatin(B-V)変換, 43, 59

＜ま行＞
Meissner(-Ochsenfeld)効果, 3, 9, 200
Migdalの定理, 146
　　— の破綻, 153
無限大の電気伝導率, 191

＜や行＞
有効質量, 31
　　Coulomb相互作用による —, 135
　　電子-フォノン系の —, 144
　　Bloch状態の —, 61
誘電異常[電子-フォノン系], 141
誘電関数, 128, 129, 132
予兆的な電磁波吸収, 69, 207

＜ら行＞
乱雑位相近似(RPA), 127
　　— の超伝導への一般化, 207

フォノンの自己エネルギーに対する —, 137
有効Coulomb相互作用に対する —, 127
粒子数のゆらぎ, 35
臨界温度(転移温度), 1, 5, 51
臨界磁場, 4, 38, 52
Londonの'堅さ'の概念, 1, 12, 189

訳者略歴
1990年　大阪大学大学院基礎工学研究科物理系専攻前期課程修了
　　　　㈱日立製作所 中央研究所 研究員
1996年　㈱日立製作所 電子デバイス製造システム推進本部 技師
1999年　㈱日立製作所 計測器グループ 技師
2001年　㈱日立ハイテクノロジーズ 技師

著書
Studies of High-Temperature Superconductors, Vol. 1
　（共著，Nova Science，1989）
Studies of High-Temperature Superconductors, Vol. 6
　（共著，Nova Science，1990）

訳書
『多体系の量子論』（シュプリンガー，1999）
『現代量子論の基礎』（丸善プラネット，2000）
『メソスコピック物理入門』（吉岡書店，2000）
『量子場の物理』（シュプリンガー，2002）
『ニュートリノは何処へ？』（シュプリンガー，2002）
『低次元半導体の物理』（シュプリンガー，2004）
『素粒子標準模型入門』（シュプリンガー，2005）
『半導体デバイスの基礎（上/中/下）』（シュプリンガー，2008）
『ザイマン現代量子論の基礎―新装版』（丸善プラネット，2008）
『現代量子力学入門―基礎理論から量子情報・解釈問題まで』（丸善プラネット，2009）
『サクライ上級量子力学（Ⅰ/Ⅱ）』（丸善プラネット，2010）

シュリーファー「超伝導の理論」

2010年10月20日　初版発行
2012年10月10日　第2刷発行

訳　者　　樺　沢　宇　紀　　　Ⓒ 2010

発行所　　丸善プラネット株式会社
　　　　　〒101-0051　東京都千代田区神田神保町2-17
　　　　　電　話　03-3512-8516
　　　　　http://planet.maruzen.co.jp/

発売所　　丸善株式会社出版事業部
　　　　　〒101-0051　東京都千代田区神田神保町2-17
　　　　　電　話　03-3512-3256
　　　　　http://pub.maruzen.co.jp/

印刷・製本/富士美術印刷株式会社

ISBN 978-4-86345-062-2 C3042